唯美

中文版Photoshop CC平面设计从入门到精通

（微课视频 全彩版）

230集同步视频+手机扫码看视频+在线交流

☑ 配色宝典 ☑ 构图宝典 ☑ 创意宝典 ☑ 商业设计宝典 ☑ 行业色彩应用宝典

☑ Illustrator基础 ☑ CorelDRAW基础 ☑ PPT课件 ☑ 资 源 库 ☑ 工具速查表

唯美世界 瞿颖健 编著

U0280842

中国水利水电出版社
www.waterpub.com.cn
·北京·

内 容 简 介

《中文版Photoshop CC平面设计从入门到精通（微课视频 全彩版）》是一本系统讲述使用Photoshop（简称PS）进行平面设计的Photoshop完全自学教程、Photoshop视频教程。其内容涵盖平面设计中常用的抠图、修图、调色、合成、特效等PS核心技术，并通过实例详细介绍了PS在标志设计、海报设计、版式设计、网页设计、企业VI设计、包装设计和UI设计中的具体应用。

《中文版Photoshop CC平面设计从入门到精通（微课视频 全彩版）》分为3部分：第一部分是基础知识介绍，主要包括平面设计的基础知识以及Photoshop的基本操作；第二部分是Photoshop的核心功能，主要学习绘图、文字的应用、抠图与合成、图像处理及调色等；第三部分为综合实战，通过大量的平面设计案例，将各知识点落实到实际操作中，提升动手操作与实际应用能力。

《中文版Photoshop CC平面设计从入门到精通（微课视频 全彩版）》的各类学习资源有：

1. 230集同步视频＋素材源文件＋手机扫码看视频＋在线交流。

2. 赠送《配色宝典》《构图宝典》《创意宝典》《商业设计宝典》《行业色彩应用宝典》等电子书。

3. 赠送PPT课件、素材资源库、工具速查表、色谱表等。

4. 赠送《Illustrator基础视频》(36集)《CorelDRAW基础视频》(77集)等。

《中文版Photoshop CC平面设计从入门到精通（微课视频 全彩版）》采用四色印刷，图文对应，效果精美，适合Photoshop CC平面设计初、中级用户使用，也适合作为培训机构的教学参考书。

图书在版编目（CIP）数据

中文版 Photoshop CC 平面设计从入门到精通 : 微课
视频 : 全彩版 : 唯美 / 唯美世界编著 . — 北京 : 中国水利
水电出版社 , 2019.8

ISBN 978-7-5170-7471-7

Ⅰ. ①中… Ⅱ. ①唯… Ⅲ. ①平面设计—图像处理
软件 Ⅳ. ① TP391.413

中国版本图书馆 CIP 数据核字 (2019) 第 031156 号

丛 书 名	唯美
书 名	中文版Photoshop CC平面设计从入门到精通（微课视频 全彩版） ZHONGWENBAN Photoshop CC PINGMIAN SHEJI CONG RUMEN DAO JINGTONG
作 者	唯美世界　瞿颖健　编著
出版发行	中国水利水电出版社 （北京市海淀区玉渊潭南路1号D座 100038） 网址：www.waterpub.com.cn E-mail：zhiboshangshu@163.com 电话：（010）62572966-2205/2266/2201（营销中心）
经 售	北京科水图书销售中心（零售） 电话：（010）88383994、63202643、68545874 全国各地新华书店和相关出版物销售网点
排 版	北京智博尚书文化传媒有限公司
印 刷	北京天颖印刷有限公司
规 格	203mm×260mm　16开本　30印张　1068千字　4插页
版 次	2019年8月第1版　2019年8月第1次印刷
印 数	0001—5000册
定 价	128.00元

第3章 绘图
使用画笔工具制作光效海报

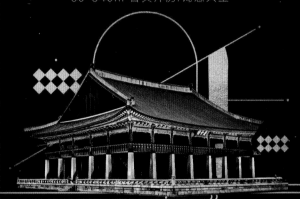

NEW LIFE

珍藏自然 享受生活

50-340m²古典洋房/阔意人生

TO SEE A WORLD IN A FLOWER,
◆ EACH LEAF HAS A LIFE. ◆

[VIP LINE 000-8888888]
XX市XXXX新区XXX路6666号

第9章 海报设计
房地产海报

第7章 调色
冷调杂志大片调色

第4章 文字
制作简单的会议背景图

第13章 包装设计
罐装饮品包装设计-立体

第2章 Photoshop基础
使用新建、置入、储存命令制作创意广告

第7章　调色
制作不同颜色的珍珠戒指

第3章　绘图
矩形选框、椭圆选框制作光盘

第6章　图像处理
使用彩色半调滤镜制作音乐海报

第5章　选区、抠图、合成
举一反三：去除抠图之后的像素残留

第7章　调色
使用渐变映射制作对比色版面

第8章　标志设计
图文结合的标志设计

第6章 图像处理
为商品照片批量添加水印

第5章 选区、抠图、合成
使用磁性套索工具抠图

第6章 图像处理
夏日感美妆促销广告

第11章 网页设计与淘宝美工
青春感网店首页设计

CHANGE YOUR LIFE
NOW

Fresh feeling   02.12.2023

Fashion beauty NO.1 | Selection NO.2 | Characteristic NO.3

PURE *AND* FRESH

第4章　文字
制作黑金属文字

Letitia Pearl

everything about our creative work

第4章　文字
使用样式面板快速为图层赋予样式

off

☀ Fresh feeling

第7章　调色
HDR感暖调复古色

第6章　图像处理
举一反三，制作纯黑背景

第14章 UI设计
手机APP登录界面展示效果

第2章 Photoshop基础
使用对齐分布制作整齐的杂志版面

第14章 UI设计
视频播放器UI设计

第2章 Photoshop基础
变换图层制作立体书籍

第13章 包装设计
食品纸袋包装设计

第11章 网页设计与淘宝美工
可爱风格网站活动页面的制作

第9章 海报设计
旅行宣传海报

第14章 UI设计
购物APP启动页面

第4章 文字
使用图层样式制作宝石效果

第5章 选区、抠图、合成
使用多种蒙版制作箱包创意广告

前 言

Preface

　　Photoshop（简称PS）软件是Adobe公司研发的一款功能强大的图像处理软件，广泛应用于平面设计、插画设计、服装设计、室内设计、建筑设计、园林景观设计、创意设计等艺术与设计领域。本书将详细介绍Photoshop在平面设计领域的具体应用，如标志设计、海报设计、版式设计、网页设计与淘宝美工、视觉形象设计、包装设计、UI设计等。

　　本书依据Photoshop CC 2018版本编写，同时也建议读者安装Photoshop CC 2018版本进行学习和练习。

本书显著特色

1. 配套视频讲解，手把手教您学习

　　本书配备了大量的同步教学视频，涵盖了全书几乎所有实例，如同老师在身边手把手教您，可以让学习更轻松、更高效！

2. 二维码扫一扫，随时随地看视频

　　本书在章首页、重点、难点、知识点等多处设置了二维码，通过手机扫一扫，可以随时随地在手机上看视频（若个别手机不能播放，可下载到计算机上观看）。

3. 内容极为全面，注重学习规律

　　本书涵盖了Photoshop在平面设计领域需要应用的几乎所有工具、命令，是市场上内容比较全面的图书之一。同时本书采用"知识点+理论实践+实例练习+综合实例+技术拓展+技巧提示"的模式编写，也符合轻松易学的学习规律。在软件功能学习的同时，也介绍了适合初学者学习的平面设计基础知识。读者可在掌握软件操作的同时，尝试迈进平面设计的大门。

4. 实例极为丰富，强化动手能力

　　"动手练"便于读者动手操作，在模仿中学习。"举一反三"可以巩固知识，在练习某个功能时触类旁通。"练习实例"用来加深印象，熟悉实战流程。大型商业案例则是为将来的设计工作奠定基础。

5. 案例效果精美，注重审美熏陶

　　PS只是工具，设计好的作品一定要有美的意识。本书案例效果精美，目的是加强对美感的熏陶和培养。

6. 配套资源完善，便于深度广度拓展

　　除了提供几乎覆盖全书的配套视频和素材源文件外，还根据设计师必学的内容赠送了大量软件学习资源、设计理论及色彩技巧资源以及练习资源。

　　（1）软件学习资源包括《Illustrator基础视频》（36集）和《CorelDRAW基础视频》（77集）。

　　（2）设计理论及色彩技巧资源包括《配色宝典》《构图宝典》《创意宝典》《商业设计宝典》《行业色彩应用宝典》。

　　（3）练习资源包括实用设计素材、Photoshop 资源库、常用颜色色谱表、工具速查表、PPT课件等。

7. 专业作者心血之作，经验技巧尽在其中

本书编者系艺术设计专业高校讲师、Adobe创意大学专家委员会委员、Corel中国专家委员会成员，设计与教学经验丰富。大量的经验技巧融于书中，可以提高学习效率，少走弯路。

8. 提供在线服务，随时随地可交流

提供微信公众号、QQ群等多渠道互动、答疑、下载等服务。

本书服务

1. Photoshop CC 2018软件获取方式

本书依据Photoshop CC 2018版本编写，建议读者安装Photoshop CC 2018版本进行学习和练习。可以通过如下方式获取Photoshop CC简体中文版：

（1）登录Adobe官方网站http://www.adobe.com/cn/下载试用版或购买正版软件。

（2）可到网上咨询、搜索购买方式。

2. 关于本书资源下载

（1）关注右侧的微信公众号（设计指北），然后输入"pingm717"，并发送到公众号后台，即可获取本书资源的下载链接，然后将此链接复制到计算机浏览器的地址栏中，根据提示下载即可。

（2）登录网站xue.bookln.cn，输入书名，搜索到本书后下载。

（3）加入本书学习QQ群：1016757758（请注意加群时的提示，并根据提示加群），可在线交流学习。

说明：为了方便读者学习，本书提供了大量的素材资源供读者下载，这些资源仅限于读者个人学习使用，不可用于其他任何商业用途。否则，由此带来的一切后果由读者个人承担。

关于作者

本书由唯美世界组织编写，瞿颖健担任主要编写工作，其他参与编写的人员还有荆爽、瞿玉珍、瞿雅婷、林钰森、董辅川、王萍、孙晓军、韩雷、靳国娇、孙长继、李淑丽、孙敬敏、杨力、刘彩杰、邢军、胡立臣、刘井文、刘新苹、刘彩艳、邢芳芳、胡海侠、张书亮、曲玲香、刘彩华、石志庆、曹元俊、曹元美、孙翠莲、张吉太、张玉秀、朱于凤、张久荣、瞿君业、曹元杰、张连春、冯玉梅、张玉芬、唐玉明、闫风芝、张吉孟、瞿强业、石志兰、曹元钢、朱美娟、瞿红弟、朱美华、陈吉国、瞿云芳、张桂玲、张玉美、魏修荣、孙云霞、郗桂霞、荆延军、曹金莲、朱保亮、赵国涛、张凤辉、仲米华、瞿学统、谭香从、李兴凤、李芳、瞿学儒、李志瑞、李晓程、尹聚忠、邓霞、尹高玉、瞿秀芳、尹菊兰、杨宗香、尹玉香、邓志云、尹文斌、瞿秀英、瞿学严、马会兰、韩成孝、瞿玲、朱菊芳、韩财孝、瞿小艳、王爱花、马世英、何玉莲等。本书部分插图素材购买于摄图网，在此一并表示感谢。

编 者

目 录
Contents

Chapter

1

第1章

扫一扫，看视频

平面设计基础知识

本章内容简介

对于"新手"而言，想要进入一个全新的领域，首先要做的就是简单地了解一下这个领域的基础知识。认识什么是平面设计；熟悉平面设计的常见类型；了解如何学习平面设计；对色彩搭配、版面布局、字体设计等平面设计核心要素有一个简单的认识；学习印刷相关的基础知识等，这也正是本章所要学习的重点。

重点知识掌握

- 掌握平面设计的类型和需要用到的软件名称。
- 掌握色彩的类型、属性以及简单的色彩搭配方。
- 掌握设计中运用的版面布局方法和字体设计的基本思。
- 对常见的专有名词进行了解。

通过本章学习，我能做什么

本章平面设计相关知识可以说是"基础中的基础"，对于"新手"而言是比较容易理解和掌握的。通过本章的学习，我们会对设计中的色彩搭配、版式布局、字体设计、印刷知识有一个简单的认识。在了解了这些基础知识的基础上，进行后面章节软件功能的学习时，才能够做到更有针对性地学习。

当然，对于平面设计理论方面的学习可以说是"学无止境"的，仅靠本章的知识是远远不够的。学习了本章，我们能够做到的是敲开了平面设计的大门，在掌握了软件制图能力的基础上，仍要坚持学习设计理论知识、大量欣赏优秀作品、勤加练习才能够不断提升自己的设计能力。

优秀作品欣赏

1.1 平面设计第一课

"平面设计"这个词大家都不陌生,但是什么是平面设计? 平面设计如何学起? 学习了平面设计我能从事哪些职业? 接下来就让我们带着这些疑问进行本章的学习吧。

{重点}1.1.1 什么是平面设计

平面设计也被称为视觉传达设计。从其名称中可以提取出两个关键词"视觉"与"传达",即以"视觉"作为信息传递与沟通方式的一种设计类型。而此处"视觉"的产生则需要通过多种方式将符号、图片和文字等视觉元素相结合或创造新的视觉元素,借此用来传达想法或信息,如图1-1所示。

图 1-1

平面设计的构成要素主要包含3个方面:文字、图形、色彩。图1-2～图1-4为优秀的平面设计作品。

文字是进行平面设计的主要应用元素之一,文字不仅仅用于信息的传达,更能够直观体现艺术设计的审美价值和应用价值。设计者在设计时可以根据自身需要灵活地对文字进行变形,让设计更具美感。

图形作为平面设计的基本元素,由点、线、面3个方面组合而成。图形不仅用于辅助信息的传达,图形在版面中能够提升设计整体的空间感和层次感,使受众在对作品欣赏的过程中获得主次分明的视觉感受。

至于色彩,更是平面设计的重中之重。因为色彩能够将设计主题的张力和多样性淋漓尽致地表现出来,一个色彩搭配成功的平面设计,可以迅速地感染受众的眼球,更大地发挥设计文稿和图形的效果。

图 1-2

图 1-3

图 1-4

平面设计是艺术设计的重要类型之一，也是体现艺术设计应用价值的有效途径之一。设计者需要应用诸多设计元素，并通过对各种设计元素的有效把控，使其能够在表达自身设计理念的同时，最大限度地体现平面设计的美感，提升平面设计作品的审美价值。

平面设计的审美特征主要表现为内在的秩序美、艺术作用美和艺术感染力。而在当前多元文化迅速发展的社会赋予了平面设计更高的艺术和文化需求，设计者在进行有效的设计时就要结合多方面的因素，充分发挥平面设计对于受众艺术审美的感染力和带动作用。图1-5和图1-6为优秀的平面设计作品。

图1-5

图1-6

【重点】1.1.2 平面设计常见类型

平面设计的类型有许多，常见的包括海报设计、平面媒体广告设计、DM单设计、POP广告设计、样本设计、书籍设计、刊物设计、VI设计、网页设计、包装设计等。

- 海报设计："海报"又称为"招贴"，英文名称为Poster，其意是指展示于公共场所的告示。目前海报的种类有商业海报、文化海报、电影海报、创意海报、公益海报、游戏海报等，如图1-7所示。
- 平面媒体广告设计：主流媒体包括广播、电视、报纸、杂志、互联网、户外广告等，与平面设计有直接关系的主要是报纸、杂志、互联网、户外广告等的平面设计，如图1-8所示。

图1-7

图1-8

- DM单设计：DM即Direct Mail的缩写，是以邮件方式针对特定消费者寄送的广告宣传方式。DM除了用邮寄以外，还可以借助于其他媒介，如传真、杂志、电视、

电话、电子邮件及直销网络、柜台散发、专人送达、来函索取、随商品包装发出等，可以说是目前最普遍的广告形式，如图1-9所示。

- POP广告设计：POP广告是许多广告形式中的一种，它是英文Point of Purchase Advertising的缩写，意为"购买点广告"。室内POP广告是指商店内部的各种广告，如柜台广告、货架陈列广告、模特广告、室内电子和灯箱广告。而户外POP广告是售货场所门前及周边的POP广告，包括商店招牌、门面装饰、橱窗布置、商品陈列、招贴画广告、传单广告以及广告牌、霓虹灯、灯箱等，如图1-10所示。

图1-9

图1-10

- 样本设计："样本"其实就是通常所说的宣传册，也称为"样册"。种类主要包括形象宣传册、产品宣传册以及年度报告等，如图1-11所示。

图1-11

- 书籍设计："书籍设计"又称为"书籍装帧设计"，是指书籍从文稿到成书出版的整个设计过程，也是完成书籍从平面化到立体化的过程，包含艺术思维、构思创意和技术手法的系统设计。图1-12所示为书籍封面设计。

图1-12

- 刊物设计：刊物设计与书籍设计有许多相似之处，但刊物设计有多个不同的中心点，而每一个中心点在设计理念与设计要求上是不一样的。要根据具体刊物中不同主题内容所要表达的思想和读者定位来进行具体的设计，如图1-13所示。

图1-13

- VI设计：VI的全称为Visual Identity System，意为"视觉识别系统"，是CIS系统中最具传播力和感染力的部分。CIS即企业形象识别系统，包括理念识别系统(MI)、行为识别系统(BI)、视觉识别系统(VI)，其中VI是CIS的核心部分。图1-14所示为企业VI的相关设计。

图1-14

- 网页设计：在这里主要是指静态的网页页面设计，只有平面效果图设计出来，后台的操作人员才能编写程序，让网页在各种显示屏上呈现出来，如图1-15所示。

图1-15

- 包装设计：是从产品的各个角度出发综合考虑产品的各种因素，从而设计出的外包装样式，以达到美化生活和为企业创造价值的目的，如图1-16所示。

图1-16

[重点] 1.1.3　学习平面设计的几点建议

我们都知道Photoshop是平面设计必学的软件之一，所以，有些人会认为学会Photoshop就等于学会了平面设计。其实这种想法是片面的，如果将绘图软件理解为"画笔"，那么没有画笔就画不了画，但是只有画笔没有"颜料"也无法画，而其中的颜料就是"设计思维"。缺少良好的设计思维，软件用得再熟练，工作能力也能只停留在"绘图员"的阶段。只有将平面设计理论的学习与软件的学习相结合，更好地理解设计的内涵所在，才能真正地成为一名合格的"平面设计师"。图1-17和图1-18所示为优秀的平面设计作品。

图1-17

图1-18

平面设计从业人员大多毕业于艺术设计专业院校，而这部分人的前身就是大家经常听到的"艺术生"。艺术生在进入高校开始系统的专业课学习之前，都经历过几年的素描、色彩等的绘画教育。这些绘画方面的课程主要训练他们的绘画造型能力以及色彩的运用，这是作为一个设计师必备的技能。在进入专业院校学习后会经历2～4年相关专业课程的学习，其中包括"平面构成""色彩构成""立体构成"（常被称为三大构成）这样的全方向艺术设计基础课程，又包括平面

中文版Photoshop CC平面设计从入门到精通（微课视频 全彩版）

设计相关理论知识，以及平面设计各个领域(如标志设计、海报设计、网页设计、VI设计等)的实践性课程。图1-19和图1-20所示为优秀的平面设计作品。

图1-19 图1-20

而对于想要自学平面设计的朋友来说，可能无法花费大量的时间接受完整的专业课程的学习，那么可以简单地将平面设计的学习划分为以下几个部分。

(1)设计基础理论：平面构成、色彩构成、立体构成并称为三大构成，是艺术设计学科的基础，需要适当地了解。除此之外，如果具有一定的绘画造型方面的基础理论更佳。

(2)平面设计基础理论：版式设计、色彩搭配、字体设计、创意思维是平面设计重要的基础课程，关乎设计作品的视觉效果，需要着重学习。在此基础上可以学习设计心理学、营销学等方面的理论知识。

(3)行业相关知识：平面设计包括很多分支行业，每个分支行业的工作形式以及成品展现方式都会有所不同。例如从事印刷类产品设计(如名片、宣传单、海报等)需要了解纸张、印刷工艺等方面的知识，而网页设计方向则需了解一定的代码知识。

(4)设计制图软件：Photoshop是绝大多数艺术设计领域都会使用到的位图处理软件，而对于平面设计师而言，至少还需要掌握一款矢量制图软件，如Illustrator或CorelDRAW；如果需要进行大量的排版工作，则需要学习InDesign；除此之外，不同的行业可能还会有特定的工作软件。

(5)大量实战：有了一定的软件操作基础，就可以找一些设计作品进行"临摹"。在临摹的过程中要尽量做到相似，不断地发现技术方面的问题并解决问题，一方面能够提升软件制图的实战能力；另一方面还可将一些设计技巧为我所用。接下来就要将之前所有的学习与积累付诸实践，自己尝试进行设计方案的实现。在进行设计时，最好能够解释自己的设计中用到的设计思维与设计原则，明白自己为什么要这样设计，为以后的工作奠定基础。

(6)大量优秀作品鉴赏：经过了前几个阶段的学习，应该已经能够完成日常的设计工作了，但仍要持续学习，广泛欣赏国内外优秀设计作品。提升审美水平，把握当下流行的设计风格与元素。积极思考，感受优秀作品的成功之处，不断揣摩原作者的设计意图，从中汲取养分，化为己用。图1-21和图1-22所示为优秀的平面设计作品。

图1-21

图1-22

艺术设计理论知识的学习可以说是无止境的，几乎没有哪一个设计师敢大声说出：我精通了全部的设计理论。因为我们都知道，任何一项技术的理论学习都是长期而深入的。读几本艺术设计方面的理论教材可以说是刚刚跨进设计世界的门槛，接下来需要不停地通过设计项目的磨炼，才能使自己得到提升，成为真正优秀的设计师。虽然学海无涯，但是也不要因此觉得害怕。因为艺术是人类的精神家园，艺术设计是创造美的行为。而艺术设计的学习就是在无数"美"的陪伴下，感知"美"，学习"美"，制造"美"，使我们成为"美"的缔造者。

学习向来不是一蹴而就的，是要经过漫长的摸索与积累的。所以平面设计的学习是一个漫长而艰辛的过程，只有不断地学习才能让自己不断地进步，才能跟上时代的潮流。

1.1.4 平面设计常用的软件工具

设计中用到的软件有多种，但在平面设计中常用的软件主要是Photoshop、Adobe Illustrator、CorelDRAW、InDesign等。

- Photoshop：简称PS，是由Adobe Systems公司开发和发行的位图图像处理软件。常用于图像处理以及各种类型的版面的编排，如名片、海报、广告、网页等。因为Photoshop可处理的图形是由像素构成的，将图像放大后，画面的清晰度会降低，形成一种马赛克的视觉效果，所以不适合于制作尺寸过大的文件。

- Adobe Illustrator：简称AI，是一款优秀的矢量图形处理工具，该软件主要应用于印刷出版、海报书籍排版、专业插画、多媒体图像处理和互联网页面的制作等。由于Illustrator是矢量图形处理工具，无论将图形放大到多少倍，图像都能够保持原有的清晰度，不会随着放大而变得模糊，所以比较适合制作大尺寸的文件。
- CorelDRAW：简称CDR，是加拿大Corel公司出品的一款矢量制图软件，也是目前较为常用的一款矢量软件。该软件是Corel公司出品的矢量图形制作工具软件，这个图形工具给设计师提供了矢量动画、页面设计、网站制作、位图编辑和网页动画等多种功能。
- InDesign：简称ID，是一款常用于大量页面排版任务的软件，如书籍排版、杂志排版、画册排版等。

1.2　色彩搭配

色彩搭配在平面设计中占有非常重要的地位。优秀的色彩搭配不仅能够增添作品的冲击力和感染力，而且还能提升作品的吸引力，让观赏者更好地欣赏和理解作品。因此要想成为一位优秀的平面设计师，必须具备较强的色彩搭配能力。色彩的搭配可以说是一门学问，不是一时半会就能学会、领悟的，不仅需要学习理论知识，更需要通过大量的实践。

重点 1.2.1　色彩的类型与属性

简单来说，色彩的类型主要分为两大类：有彩色和无彩色。凡是带有某一种标准色倾向的色，都可以称为有彩色。在我们每一天的生活中就充斥着各种各样的有彩色，小到早上刷牙用的牙刷颜色、化妆品包装颜色、穿的衣服颜色等，大到整个自然的颜色，都是我们肉眼可见的有彩色。图1-23所示为有彩色的平面设计作品。而无彩色就是除了有彩色之外的其他颜色，常见的有黑、白、灰。图1-24所示为无彩色的平面设计作品。

图 1-23

图 1-24

有彩色与无彩色的运用是根据设计主题来定的，不同的主题需要有不同的色彩来搭配。例如某款戒指广告，图1-25所示为黑色背景，整体呈现出高端、奢华的气质，与该产品的品牌定位十分吻合。而图1-26所示将背景更换为暗色调的红，虽然也能凸显出大气与不凡，但它不及黑色的中立和力量之感。有彩色与无彩色没有好坏之分，主要还要看作品的设计想要传达出的内涵与风格。

图 1-25

图 1-26

色彩的三大属性为色相、明度、纯度。色相就是色彩的"样貌"，即肉眼见到的颜色。例如天空的蓝色、初春小草的嫩绿、玫瑰的红色等。明度是眼睛对光源和物体表面明暗程度的感知，也可以简单地理解为颜色的亮度程度，明度越高，色彩越白、越亮；反之，则越暗。纯度是指色彩的鲜浊程度，也就是色彩的饱和度，纯度越高，画面颜色效果越鲜艳、明亮，给人的视觉冲击力越强；反之，色彩的纯度越低，画面的灰暗程度就会增加,其所产生的效果就更加柔和、舒服。所以用不同的色相、纯度、明度的颜色进行搭配,会产生不同的效果。图1-27所示为高纯度的色彩搭配,图1-28所示为低纯度的色彩搭配。

图1-27　　　　　　　　　图1-28

{重点}1.2.2　主色、辅助色、点缀色

在制定一个设计作品的色彩搭配方案时,首先要明确画面中色彩有哪些类别。作品的色彩搭配方案中通常包括主色、辅助色、点缀色。不同类别的颜色在画面中占据的比例有所不同。在使用色彩之前需要制定科学合理的色彩搭配比例,要注重色彩的全局性,不要使色彩偏于一个方向,否则会使设计作品的搭配过于单调乏味。下面来认识一下主色、辅助色与点缀色,如图1-29所示。

图1-29

- 主色:一般来说,设计中占据面积比例最大的颜色即为主色。主色是色彩设计中的主体基调,起着主导的作用,能够让设计作品的思想更明确地传递,主色的设定在整体色彩搭配设计中有着不可忽视的地位。
- 辅助色:辅助色是补充或辅助色彩设计的陪衬色彩,它可以与主色是邻近色,也可以是互补色,不同的辅助色会改变设计的风格,例如采用邻近色作为辅助色,画面整体统一而和谐;采用对比色作为辅助色,画面通常会展现出较强的视觉冲击力。由此可见,辅助色对色彩的主要性。
- 点缀色:点缀色是在色彩搭配中占有极小面积的颜色。点缀色易于变化又能打破整体造型效果,也能够烘托

设计整体风格,彰显出所表现的魅力。可以理解为点睛之笔,是整个设计的亮点所在。

{重点}1.2.3　邻近色、对比色、互补色

在平面设计中,色彩的搭配设计往往遵循总体协调、局部对比的原则。色彩的选用通常以版面主题与效果诉求为根基,并运用邻近色、对比色或互补色的搭配手法进行创作设计,以达到版面的最终目标。

- 邻近色:邻近色即相邻近似的两种颜色,邻近的两种颜色通常是以“你中有我,我中有你”的形式而存在。在24色环上任选一色,任何邻近的两种颜色相距均为90°,其色彩冷暖性质相同,且色彩情感相似,如图1-30所示。
- 对比色:对比色即两种色彩的明显区分,是人的视觉感官所产生的一种生理现象,在24色环上两种颜色相距120°~180°。对比色还可分为冷暖对比、色相对比、明度对比、纯度对比等,对比色的巧妙搭配可增强版面的视觉冲击力,同时还可以增强版面空间感,如图1-31所示。

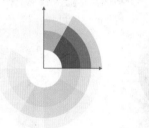

图1-30　　　　　　　　图1-31

- 互补色:互补色即两种颜色相结合产生白色或灰色,在版面中,互补色通常被用于点缀色,且其中一种颜色面积远大于另一种颜色的面积。可以使版面的色彩搭配形成鲜明对比,进而增强版面视觉效果,如图1-32所示。

图1-32

1.2.4　色彩的对比

把两种或两种以上的颜色放在一起,由于相互之间的影响,产生的差别现象称为色彩的对比。色彩的对比分为明度对比、纯度对比、色相对比、面积对比和冷暖对比。不同的色彩对比会产生不同的搭配效果。

- 明度对比:明度对比就是色彩明暗程度的对比,也称为色彩的黑白对比。色彩明暗程度反差越大,对比效果就越强烈;反之则越小,如图1-33所示。
- 纯度对比:纯度对比是指因为颜色纯度差异而产生的颜色对比效果。纯度对比既可以体现在单一色相的对比中,也可以体现在不同色相的对比中,如图1-34所示。

图1-33

图1-34

- 色相对比:色相对比就是两种或两种以上色相之间的差别,如图1-35所示。
- 面积对比:面积对比是在同一画面中因颜色所占面积大小不同而产生的色相、明度、纯度等方面的对比,如图1-36所示。
- 冷暖对比:由于色彩感觉的冷暖差别而形成的色彩对比称为冷暖对比。冷色和暖色是一种色彩感觉,画面中的冷色和暖色的分布比例决定了画面的整体色调,即暖色调和冷色调。不同的色调也能表达不同的意境和情绪,如图1-37所示。

图1-35

图1-36

图1-37

1.2.5　色彩搭配的原则

初学者在刚接触色彩时,可能为了使画面更加丰富而使用较多的颜色进行搭配,这样就会出现画面颜色多而杂的情况。既难以把握颜色之间的关系,又无法使画面产生协调、整体的效果。而使用较少的颜色进行搭配时比较容易使画面整体和谐统一,同时在进行修改处理时也比较容易。总的来说,色彩搭配原则包括合适性原则、鲜明性原则以及平衡性原则。

- 合适性原则:设计中的设计对象和颜色的选择二者要相互适应,让整体协调一致,如图1-38和图1-39所示。

图1-38

图1-39

- **鲜明性原则**：在设计的作品中要有鲜明突出的亮点，以此来吸引大众的眼球。如图1-40所示画面中滚动的啤酒和如图1-41所示人物头顶的装饰物在画面整体中都是亮眼的存在。

图 1-40　　　　　　　图 1-41

- **平衡性原则**：让作品在整体色彩的搭配上要保证相互之间的和谐，达到一种相融相生的状态。图1-42和图1-43所示为同一种产品的宣传广告，因为产品口味的不同就更换不同的颜色，让画面整体和谐统一。

图 1-42　　　　　　　图 1-43

1.3　版面布局

　　版面布局就是将图片、文字以及各种符号在有限的设计空间中，经过合理的摆放和调整大小，让画面整体呈现出和谐统一的美感。一个合理的版面布局可以让整个设计作品给人清晰明快的视觉感受，但在进行版面布局设计时也要遵循一定的原则。

1.3.1　版面布局的原则

　　无论杂志排版、网页设计，还是海报设计，这些都是在一个平面空间中进行设计，这个平面空间就是通常讲的版面。在整个版面中，既有文字，又有图片，甚至可能还有动画，如果将这些内容简单地罗列在一起，那么版本就会变得杂乱无章，这时就需要通过一定的方法将其进行合理布局和编排，使其组成一个有机的整体展示给用户。图1-44和图1-45所示为优秀的平面设计作品。

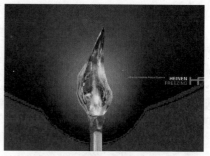

图 1-44

图 1-45

　　版面布局的原则包括：直观性、易懂性、美观性。

- **直观性**：当受众看到一个设计作品时，能够明白这个作品要表达的内容和要传达出的信息，而不是抓不住重点。
- **易懂性**：这个主要就是在文字的编排方面，在设计时要尽可能地增强文字的易懂程度。
- **美观性**：因为设计作品只有足够的漂亮，才能给人带来直观的视觉感受。

　　美观性虽然重要，但也不能只追求美感而忽略直观性和易懂性，一个设计作品再具有美感而不能给人带来实质性的需求，也是缺少生命力的。所以需要这三个方面相互结合，让设计作品呈现出美感与实用并存的版面效果。

【重点】1.3.2　版面布局的方式

　　在平面设计中常见的版式布局有骨骼型、满版型、上下分割型、左右分割型、中轴型、曲线型、倾斜型、对称型、重心型、三角型、并置型、自由型。但根据不同的设计类型的特点以及具体项目的尺寸要求，版式布局规律也会有所变化。

- **骨骼型**：骨骼型是一种规范的理性分割方法。常见的骨骼型有：竖向通栏、双栏、三栏、四栏、横向通栏、双栏、三栏和四栏等，一般以竖向通栏居多。在图片和文字的编排上严格按照骨骼比例进行编排配置，给人以严谨、和谐、理性的美。骨骼经过相互混合后的版式，既理性条理，又活泼而具有弹性，如图1-46所示。

图1-46

- **满版型**：满版型是图像充满整个版面。主要以图像为诉求，视觉传达直观而强烈。文字的配置主要在图像的上下、左右或中部。满版型给人以大方、舒展的感觉，是商品广告常用的版式，如图1-47所示。
- **上下分割型**：上下分割型就是将版面分为上下两个部分，在上半部或下半部配置图片，另一部分则配置文案。配置图片的部分感性而有活力，文案部分则理性而静止。让整个版面在动与静的结合下浑然一体。配置的图片可以是一幅也可以是多幅，这个根据具体版面的实际情况而定，如图1-48所示。

图1-47　　　　　　　图1-48

- **左右分割型**：左右分割型就是将版面分为左右两个部分，分别在左或右配置图像和文案。当左右两部分形成强弱对比时，会给人在视觉上带来不平衡感。此时可以将中间的分割线进行虚化处理，或者将文字进行左右穿插甚至重复，都可以将画面整体变得均衡统一，如图1-49所示。

图1-49

- **中轴型**：中轴型就是将图片在水平或垂直方向排列，文案则在上下或左右配置。水平排列的版式给人以稳定、含蓄之感，而垂直排列的版式则给人强烈、活泼的动感。这两种版式没有好坏之分，根据具体的情况来选取相应的版式类型，如图1-50所示。
- **曲线型**：曲线型就是使图片和文字在版面结构上形成曲线的编排构成，让整体版式产生节奏感和韵律感，如图1-51所示。

图1-50　　　　　　　图1-51

- **倾斜型**：倾斜型就是版面主题形象或多幅图片在版式编排上呈现倾斜，让版面整体呈现不稳定的动感，以引人注目，如图1-52所示。
- **对称型**：对称型就是将图片和文字以对称的形式进行编排。对称的版式给人以庄重、理性之感，对称有绝对对称和相对对称。为了避免对称在视觉上造成过于严谨的感受，在版式方面多采用相对对称，如图1-53所示。
- **重心型**：重心有三种概念：直接以独立而轮廓分明的形象占据版面的中心；视觉元素向版面中心不断聚扰的向心；犹如石子投入水中，产生一圈圈向外扩散弧线的离心。重心型版式容易产生视觉焦点，让主体物强烈而突出，如图1-54所示。

中文版Photoshop CC平面设计从入门到精通（微课视频　全彩版）

图 1-52 图 1-53 图 1-54

- **三角型**：三角型就是将图片和文字以三角形的方式进行编排。因为三角形是最具完全稳定因素的形态，会让整体版面给人以稳定、安全之感，如图 1-55 所示。
- **并置型**：并置型就是将相同或不同的图片进行大小相同而位置不同的重复排列。并置构成的版面有比较、解说的意味，给予原本复杂喧嚣的版面以有序、安静、调和的节奏之感，如图 1-56 所示。
- **自由型**：自由型就是将图片和文字以自由的方式进行排列。让整体版式在无规律和随意的编排下呈现自由、活泼、随性之感，如图 1-57 所示。

图 1-55 图 1-56 图 1-57

【重点】 1.4 字体设计

字体设计就是将文字按照视觉设计规律进行的变形或排布。一个优秀的字体设计能够让人过目不忘，既起着传递信息的功效，又能达到视觉审美的目的。例如，想到"可口可乐"，就能让人一下想到红白相间的、飘动的、带有运动感的可口可乐标志文字，这就是成功的字体设计带给人的视觉感受，如图 1-58 所示。

图 1-58

目前，可供直接使用的字体的样式有很多种，例如具有装饰性的艺术字体、带有古典文雅气息的毛笔字体、快乐活泼的儿童字体等。但已有的字体可能很难满足设计需求，例如在进行标志设计时，经常需要将企业名称文字进行抽象化表现，使之呈现出独特的、具有企业个性的或者带有某种指向性的视觉效果。而此时现有的字体可能很难实现这一目的。这就需要对字体进行"再造"，如图 1-59 所示。

图 1-59

在Photoshop中进行字体的设计，通常会在现有文字的基础上进行变形。首先通过"横排文字工具"将文字输入相应的位置，然后将输入的文字转换为形状，如图1-60所示。接着选择工具箱中的"直接选择工具"，对锚点进行调整，如图1-61所示。在调整时可以根据具体情况对文字进行有针对性的调整，例如，圆润可爱的字型适合活泼的主题；倾斜有力的字型适合运动的主题；棱角分明的字型适合严谨的企业主题。文字变形完成后，可以通过装饰和特效制作出令人满意的效果，如图1-62所示。具体的文字编辑操作将在后面章节进行学习。

图 1-60

图 1-61

图 1-62

在进行文字设计时，一要遵循文字的适用性原则，对文字进行设计就是要让它符合设计的主题与要表达的内涵，而不能随便设计随便使用；二要遵循文字的识别性原则，文字的主要功能就是要向受众群体传达信息，如果设计的字体不能让人识别，那么这个字体设计的效果几乎为零；三要遵循视觉美感原则，只有设计的字体足够漂亮才能吸引大众的眼球；四要遵循个性化原则，在符合产品特色与企业主旨的基础上，进行有个性的字体设计，不仅可以让产品更加突出，给企业带来效益，而且也会给人以独特的视觉感受，如图1-63和图1-64所示。

图 1-63

图 1-64

1.5 印刷常识

1.5.1 印刷的基本流程

印刷是将文字、图画、照片、防伪等，原稿内容经过制版、施墨、加压等工序，使油墨转移到纸张、织品、塑料品、皮革等材料表面上，批量复制原稿内容的技术。简单地说，就是把计算机或其他电子设备中的文字或图片等可见数据通过打印机等设备输出到纸张等记录物上。在印刷之前通常需要在制图软件上将平面图绘制出来(图1-65所示为需要印刷的设计作品)并进行相应的参数设置,设置完成后再印刷出来,这就是我们看到的印刷品,如图1-66所示。

图 1-65

图 1-66

印刷是一种对原稿图文信息的复制技术,它的最大特点是,能够把原稿上的图文信息大量、经济地再现在各种各样的承印物上,而其成品还可以广泛地流传和永久地保存,这是电影、电视、照相等其他复制技术无法与之相比的。所以,了解相关的印刷技术知识对于平面设计师是非常有必要的。任何一件印刷品的完成都需要经过印前处理、印刷、印后加工这三个阶段,缺一不可。

- 印前处理:是指印刷前期的工作,一般指摄影、设计、制作、排版、输出、菲林打样等。
- 印刷:是指印刷中期的工作,通常为印刷机印刷出成品的过程。
- 印后加工:是指印刷后期的工作,一般指印刷品的后加工,包括过胶(覆膜)、过UV、过油、啤、烫金、击凸、装裱、装订、裁切等。

重点 1.5.2 印刷与颜色

印刷品上呈现出的千变万化的颜色其实是由C(青色)、M

(洋红)、Y(黄色)和K(黑色)四种颜色按照不同的百分比混合而组成的,如图1-67所示。C、M、Y、K就是通常采用的印刷四原色。在印刷原色时,这四种颜色都有自己的色版,在色版上记录了这种颜色的网点,这些网点是由半色调网屏生成的,把四种色版合到一起就形成了所定义的原色。调整色版上网点的大小和间距就能形成其他的原色。

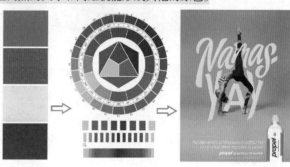

图 1- 67

实际上,在纸张上面的四种印刷颜色是分开的,只是色相很近,由于我们眼睛的分辨能力有一定的限制,所以分辨不出来。我们得到的视觉印象就是各种颜色的混合效果,于是产生了各种不同的原色。

提示:颜色的混合

C(青色)、M(洋红)、Y(黄色)可以合成几乎所有颜色,但还需黑色,因为通过C(青色)、M(洋红)、Y(黄色)产生的黑色是不纯的,在印刷时需更纯的K(黑色),且若用C(青色)、M(洋红)、Y(黄色)来产生黑色会出现局部油墨过多的问题。

在实际印刷时,并不是全部采用四色印刷,很多情况下为了节省成本或者实现特殊效果会采用其他的印刷模式,如单色印刷、双色印刷、四色印刷、专色印刷。

- 单色印刷:通过一版印刷完成。可以是黑版印刷、色版印刷,也可以是专色印刷。单色印刷虽然在印刷时为单色,但同样会产生丰富的色调,达到令人满意的效果。在单色印刷中,可以用色彩纸作为底色,印刷出的效果类似二色印刷,但又有一种特殊韵味。图1-68所示为单色印刷的作品。
- 双色印刷:只有两种颜色的印刷。这两种颜色可以是专色,也可以是印刷四原色(C、M、Y、K)中的颜色。对于双色印刷产品不一定就是用双色机印刷的,也可以用单色机印刷,只不过要用单色机印刷两次。除此之外,也可以用四色机印刷,像印品中有满版底色的就要用四色机印刷。图1-69所示为双色印刷的作品。

图 1-68　　　　　　　　　　　　　　图 1-69

- **四色印刷**：使用黄(Y)、洋红(M)、青(C)和黑(K)4种颜色进行彩色印刷的一种方法。同时也是C、M、Y、K4种颜色通过分色系统，将不同的墨点印刷到纸张上面，从而产生组合颜色的一个过程。因为青色、洋红和黄色很难叠加形成黑色，因此才引入了黑色。黑色的作用是强化暗调，加深暗部色彩。从理论上来讲，四色印刷可以获得成千上万种颜色。但在实际情况中，由于印刷工艺过程中"网点"的变形误差以及视觉辨认阈值的限制，四色印刷能够获得的色彩要比理论上少得多。

提示：采用四色印刷工艺时，如果有较大面积的黑色实地，怎样制版更有利于黑色实地墨色厚实？

采用四色印刷工艺时，为了保证阶调和色彩的正确还原，每一色的墨层厚度都应该严格控制。在四色印刷中，通常黑色的实地密度不超过1.8，以这样的密度印刷大面积黑色实地会缺乏厚实的视觉效果。常用的办法是在大面积黑色实地部分叠印40%左右的青色。

黑色实地叠印少量青色，从色相上看还是黑色，视觉效果却会更加厚实。原本在白纸上只印一色黑时，由于印刷过程中纸毛、纸粉在橡皮布上堆积，或由于其他原因影响到油墨的转移，会使黑色实地上出现白色砂眼，黑白对比非常显眼。如果叠印了青色平网，即使黑色实地上有微小的砂眼，由于露出的不再是白色的纸基，而是青色的网点，相对于黑白对比来说，黑青对比就不那么显眼了，可以使黑底色看起来更加均匀美观。

- **专色印刷**：专色印刷是指采用黄、洋红、青和黑四色墨以外的其他色油墨来复制原稿颜色的印刷工艺。包装印刷中经常采用专色印刷工艺印刷大面积底色。例如在印刷中金色和银色是按专色来处理的，即用金墨和银墨来印刷，故其菲林也应是专色菲林，单独出一张菲林片，并单独晒版印刷。图1-70和图1-71所示为专色印刷的作品。

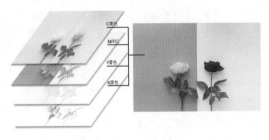

图 1-70　　　　　　　　　　　　　　图 1-71

提示：RGB 模式转为 CMYK 模式的一些问题

在图像由RGB色彩模式转为CMYK色彩模式时，可以看到图像上一些鲜艳的颜色会产生明显的变化，一般会由鲜艳的颜色变成较暗一些的颜色。这是因为RGB的色域比CMYK的色域大，也就是说，有些在RGB色彩模式下能够显示出来的颜色在转为CMYK模式后就超出了CMYK能表达的颜色范围，这些颜色只能用相近的颜色替代。因而这些颜色产生了较为明显的变化。在制作用于印刷的电子文件时，建议最初的文件设置即为CMYK模式，避免使用RGB颜色模式，以免在分色转换时造成颜色偏差。图1-72和图1-73所示为RGB模式与CMYK模式对比效果。

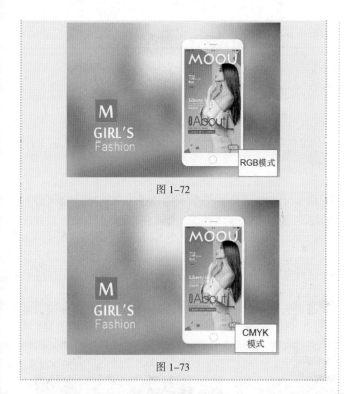

图 1-72

图 1-73

重点 1.5.3 纸张的基础知识

纸张是常见的承印物,由于在制造过程中使用的原材料与生产工艺性能的不同,因此生产的纸张的性能也就不同。关于纸张构成、规格、重量以及印刷时纸张的选择,这些内容对于一个想要从事平面设计行业的人来说还是很有必要了解一下的。

1. 纸张的构成

印刷纸是各种印刷品使用纸的统称,由纤维、填充料、胶料、色料四种主要原料混合制浆,抄造而成。印刷使用的纸张按形式可分为平板纸和卷筒纸两大类。平板纸适用于一般印刷机,卷筒纸一般用于高速轮转印刷机。

纸张一般由植物纤维、填充料、胶料和色料等原料制成,其中植物纤维是纸张的主体。植物纤维可以分为木材纤维、禾本科草类纤维(如芦苇、蔗渣)、种毛纤维(棉花、木棉)、韧皮纤维(种麻、桑皮)。图 1-74 和图 1-75 所示为以各种植物纤维为原料制作的纸张。

图 1-74   图 1-75

2. 印刷常用纸张

印刷常用纸根据用途的不同,可以分为工业用纸、包装用纸、生活用纸、文化用纸等。其中文化用纸中又包括书写用纸、艺术绘画用纸、印刷用纸。在印刷用纸中,根据纸张的性能和特点又分为新闻纸、凸版印刷纸、胶版印刷涂纸、字典纸、地图及海图纸、凹版印刷纸、画报纸、周报纸、白卡纸、书面纸等。另外,一些高档印刷品也广泛地采用艺术绘图类用纸。

- 新闻纸:新闻纸也叫白报纸、再生纸,是报刊及书籍的主要用纸。其特点是纸质轻、弹性大、吸墨性好、不透明性好,适合用于高速轮转印刷。其缺点是若保存时间过长,纸张会发黄变脆,抗水性能差,不宜书写等,如图 1-76 所示。

- 凸版印刷纸:凸版印刷纸简称凸版纸,主要供凸版印刷机印刷书刊、课本、表册用。凸版纸有平面纸和卷筒纸两种。凸版纸按纸张用料成分配比的不同,可分为1号、2号、3号和4号四个级别。纸张的号数代表纸质的好坏程度,号数越大纸质越差。凸版纸同时具有质地均匀、不起毛、略有弹性、不透明、稍有抗水性能、有一定的机械强度等特性。但这种纸写字容易洇,不适用于胶版印刷方法印刷书刊,如图 1-77 所示。

- 字典纸:字典纸是一种高级的薄型书刊用纸,纸薄而强韧耐折,纸面洁白细致,质地紧密平滑,稍微透明,有一定的抗水性能。主要供印刷字典、词典、经典书籍等页码较多、使用率较高、便于携带的书籍类使用。字典纸对印刷工艺中的压力和墨色有较高的要求,因此印刷时必须从工艺上特别重视。图 1-78 所示为字典使用纸。

图 1-76   图 1-77   图 1-78

- 单面胶版纸:单面胶版纸是指一面润滑另一面粗糙的胶版打印纸。这种纸张具有单面光滑的特点,多适用于打印五颜六色的宣传画、烟盒及商标等打印品。图 1-79 所示为使用单面胶版纸印刷的包装盒。

- 双面胶版纸:双面胶版纸是指在造纸过程中把胶料涂敷在纸的两面以改善其表面物性的纸。优点是伸缩性小,对油墨的吸收性均匀,平滑度好,质地紧密不透明,抗水性能强。主要用于印刷封面、画报、上标、插页和宣传画。图 1-80 所示为使用双面胶版纸的画册。

图 1-79　　　　　　　　　　　　　　图 1-80

- **铜版纸**：铜版纸又称印刷涂布纸。在原纸表面涂一层白色涂料，经超级压光加工而成。分单面和双面两种，纸面又分光面和布纹两种。它的优点在于纸表面光滑、洁白度高、吸墨着墨性能很好；缺点是遇潮后粉质容易粘搭、脱落，不能长期保存。这种纸主要用于胶印、凹印细网线印刷品，如高级画册、年历、书刊中的插图等。图 1-81 所示为使用铜版纸印刷的作品。
- **白卡纸**：白卡纸是完全用漂白化学制浆制造并充分施胶的单层或多层结合的纸。这种纸的特点是平滑度高、挺度好，具有整洁的外观和良好的匀度，多用于印刷名片、请柬、证书以及包装盒。图 1-82 所示为使用白卡纸印刷的作品。
- **牛皮纸**：牛皮纸采用硫酸盐针叶木浆为原料，经打浆，在长网造纸机上抄造而成。其特点是强度高、韧性大，通常呈黄褐色，半漂或全漂的牛皮纸浆呈淡褐色、奶油色或白色。从外观上可分成单面光、双面光、有条纹、无条纹等品种。牛皮纸主要用于水泥袋纸、信封纸、胶封纸装、沥青纸、电缆防护纸、绝缘纸等。也可以用于制作小型纸袋、文件袋和内包装袋。图 1-83 所示为使用牛皮纸制作的包装盒。

图 1-81　　　　　　　　　　　图 1-82　　　　　　　　　　　图 1-83

3. 纸张的规格

纸张的规格是指纸张制成后，经过修整切边裁成一定的尺寸。多数国家使用的是 ISO 216 国际标准来定义纸张的尺寸，此标准源自德国。过去是以多少"开"（如 8 开或 16 开等）来表示纸张的大小，现在我国也采用国际标准，规定以 A0、A1、A2、B1、B2 等标记来表示纸张的幅面规格，如图 1-84 所示。印刷品尺寸开度见表 1-1。

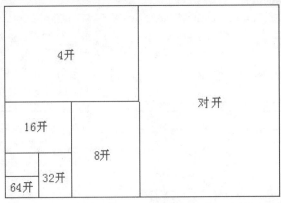

图 1-84

表 1-1

尺　寸	大　　度	正　　度	尺　寸	大　　度	正　　度
全开	1193mm × 889mm	1092mm × 787mm	16开	285mm × 210mm	260mm × 185mm
对开	863mm × 584mm	760mm × 520mm	24开	180mm × 205cm	170mm × 180mm
3开	863mm × 384mm	760mm × 358mm	32开	210mm × 136mm	184mm × 127mm
4开	584mm × 430mm	520mm × 380mm	36开	130mm × 180mm	115mm × 170mm
6开	430mm × 380mm	380mm × 350mm	48开	95mm × 180mm	85mm × 260mm
8开	430mm × 285mm	380mm × 260mm	64开	136mm × 98mm	85mm × 125mm
12开	290mm × 275mm	260mm × 250mm			

4．纸张的重量、令数换算

纸张的重量由定量和令重来表示。一般是以定量居多，即日常俗称的"克重"。定量是指纸张单位面积的质量关系，用 g/m² 表示。如 150g 的纸是指该种纸每平方米的单张重量为 150g。凡重量在 200g/m² 以下（含 200g/m²）的纸张称为"纸"，超过 200g/m² 重量的纸则称为"纸板"。令数也是纸张的计量单位，源自于英国，后来为国际通用。500 张全开纸（全开纸就是没有切过的纸）称为 1 令，每 250 张全开纸或 500 张对开纸均称为半令纸。

1.5.4　印刷的类型

除了选择适当的承印物（纸张或其他承印材料）及油墨外，印刷品的最终效果还是需要通过适当的印刷方式来完成。印刷种类有多款，方法不同，操作也不同，成本与效果也各异。主要分类方法如下。

- 平版印刷：平版印刷也被称为胶版印刷，就是印版上的图文部分与非图文部分几乎处在一个平面上，利用油水相斥的原理进行油墨转移，印到承印物上。凡是线条或网点的中心部分墨色较浓，边缘不够整齐，而且又没有堆起的现象，那就是平版印刷品。在印版上图文部分和非图文部分都是平坦的，而在边缘部分因受到水的侵蚀，而显得不平坦。平版印刷是一种间接的印刷方式，同时也是最常见的印刷方式，可以用于报纸、包装、海报、杂志等的印刷。
- 凹版印刷：凹版印刷是使整个印版表面涂满油墨，然后用特制的刮墨机构把空白部分的油墨去除干净，使油墨只存留在图文部分的网穴之中。然后，再在较大压力的作用下将油墨转移到承印物表面，获得印刷品。因为凹版印刷是将凹版凹坑中所含的油墨直接压印到承印物上，所印画面的浓淡层次是由凹坑大小及深浅决定的。如果凹坑较深，则含的油墨较多，压印后承印物上留下的墨层就较厚；相反，如果凹坑较浅，则含的油墨量就较少，压印后承印物上留下的墨层就较薄。凹版印刷与平版印刷最大的不同之处在于凹版印刷属于直接印刷。该种印刷方式可用于烟酒标、邮票、钱币、糖纸、高档塑料等要求较高的印刷。
- 凸版印刷：凸版印刷是与凹版印刷正好相反的一种印刷方式。在凸版印刷中，印刷机的给墨装置先使油墨分配均匀，然后通过墨辊将油墨转移到印版上，由于凸版上的图文部分远高于印版上的非图文部分，所以墨辊上的油凸版印刷墨只能转移到印版的图文部分，而非图文部分则没有油墨。由于这种印刷方式的制版费、印刷费昂贵，而且制作工艺较为复杂，所以运用的不多。可用于一些有高质量要求的包装纸、不干胶、纸杯的印刷。
- 丝网印刷：丝网印刷又被称为孔版印刷，孔版印刷的原理是印版（纸膜版或其他版的版基上制作出可通过油墨的孔眼）在印刷时，通过一定的压力使油墨通过孔版的孔眼转移到承印物（纸张、陶瓷等）上，形成图像或文字。丝网印刷的承印物很广泛，对于曲面也可以进行印刷，如条幅、水晶、玻璃、金属、木制品等。

1.5.5　套印、压印、陷印

- 套印：套印是指多色印刷时要求各色版图文印刷重叠套准，也就是将原稿分色后制得的不同网线角度的单色印版，按照印版色序依次重叠套合，最终印刷得到与原稿层次、色调相同的印品。
- 压印："压印"即一个色块叠印在另一个色块上。不过印刷时特别要注意黑色文字在彩色图像上的叠印，不要将黑色文字底下的图案镂空，不然印刷套印不准时黑色文字会露出白边。具体地说压印是将板料放在上、下模之间，在压力作用下使其材料厚度发生变化，并将挤压外的材料充塞在有起伏细纹的模具形腔凸、凹处，而在工件表面形成起伏鼓凸字样或花纹的一种成形方法。

- 陷印：陷印也叫补漏白，又称为扩缩。主要是为了弥补因印刷套印不准而造成两个相邻的不同颜色之间的漏白。当人们面对印刷品时，总是感觉深色离人眼近，浅色离人眼远。因此，在对原稿进行陷印处理时，总是设法不让深色下的浅色露出来，而上面的深色保持不变，以保证不影响视觉效果。实施陷印处理时也要遵循一定的原则，一般情况下是扩下色不扩上色，扩浅色不扩深色，还有扩平网而不扩实地的意思。有时还可进行互扩，特殊情况下则要进行反向陷印，甚至还要在两邻色之间加空隙来弥补套印误差，以使印刷品美观。图1-85所示为陷印示意图。

图 1-85

1.5.6 拼版与合开

拼版又称为装版或组版，是手工排版的第二道工序。在我们的生活中有4开、8开、16开等正规开数的纸，但像一些小的包装盒、卡片等是不合开的。所以在打印前需要将成品放在合适的纸张开度范围内进行拼版，以达到节约成本的同时又不浪费纸张的目的。随着印刷技术的不断发展，目前手工拼版已经慢慢被计算机拼版技术所代替。图1-86所示为拼版示意图。

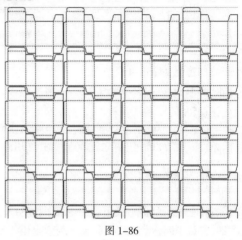

图 1-86

 **读书笔记**

第2章

扫一扫，看视频

Photoshop基础

本章内容简介

本章主要讲解Photoshop的一些基础知识，包括认识Photoshop工作区，在Photoshop中进行新建、打开、置入、存储、打印等文件的基本操作。在此基础上学习在Photoshop中查看图像细节的方法、图层的基本操作、图像尺寸的调整等基础内容。

重点知识掌握

- 熟悉Photoshop的工作界面。
- 掌握新建、打开、置入、存储、存储为命令的使用。
- 掌握图层的基本操作。
- 掌握图像大小的调整方法。

通过本章学习，我能做什么

本章是基础知识章节，通过本章的学习应该能够熟练掌握新建、打开、置入、储存文件等功能，通过使用这些功能能够将多个图片添加到一个文档中，制作出简单的产品展示图，或者为杂志版面添加一些装饰元素。

优秀作品欣赏

2.1 开启 Photoshop 之旅

正式开始学习 Photoshop 的具体功能之前，初学者肯定有好多问题想问。例如：Photoshop 是什么？ Photoshop 难学吗？ 如何安装 Photoshop ？ 这些问题将在本节中解答。

2.1.1 认识 Photoshop

大家口中所说的 PS，也就是 Photoshop，全称是 Adobe Photoshop，是由 Adobe Systems 开发并发行的一款图像处理软件。随着技术的不断发展，Photoshop 的技术团队也在不断地对软件功能进行优化。从 20 世纪 90 年代至今，Photoshop 经历了多次版本的更新，如比较早期的 Photoshop 5.0、Photoshop 6.0、Photoshop 7.0，前几年的 Photoshop CS4、Photoshop CS5、Photoshop CS6，时至今日的 Photoshop CC、Photoshop CC 2015、Photoshop CC 2017 等。图 2-1 所示为不同版本 Photoshop 的启动界面。

图 2-1

目前，Photoshop 的多个版本都拥有数量众多的用户群。每个版本的升级都会有性能的提升和功能上的改进，但是在日常工作中并不一定非要使用最新版本。因为，新版本虽然会有功能上的更新，但是对设备的要求也会有所提升，在软件的运行过程中就可能会消耗更多的资源。如果在使用新版本（如 Photoshop CC 2018）的时候感觉运行起来特别"卡"，操作反应非常慢，非常影响工作效率，这时就要考虑是否因为计算机配置较低，无法更好地满足 Photoshop 的运行要求。可以尝试使用低版本的 Photoshop，如 Photoshop CS6/CC。如果卡顿的问题得以解决，那么就安心地使用这个版本吧！虽然是较早期的版本，但是功能也非常强大，与最新版本之间并没有特别大的差别，几乎不会影响到日常工作。图 2-2 和图 2-3 所示为 Photoshop CC 2018 以及 Photoshop CS5/CS6 的操作界面，除了界面颜色差异，不仔细观察甚至都很难发现两个版本的核心功能差别。因此，即使学习的是 Photoshop CC 2018 版本的教程，使用低版本去练习也是完全可以的，除去几个小功能上的差别，几乎不影响使用。

图 2-2

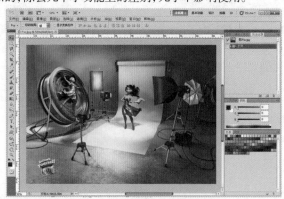

图 2-3

千万不要把学习Photoshop想得太难！Photoshop其实很简单,就像玩手机一样。手机可以用来打电话、发短信,但手机也可以用来聊天、玩游戏、看电影。同样的,Photoshop可以用来工作赚钱,但Photoshop也可以给自己修美照,或者恶搞好朋友的照片。所以,在学习Photoshop之前希望大家一定要把Photoshop当成一个有趣的玩具。首先你得喜欢去"玩",想要去"玩",得像手机一样时刻不离手,这样学习的过程将会是愉悦而快速的。

前面铺垫了很多,相信大家对Photoshop已经有了一定的认识,下面要开始真正地告诉大家如何有效地学习Photoshop。

（1）短教程,快入门。

如果你非常急切地要在最短的时间内达到能够简单使用Photoshop的程度,建议看一套非常简单而基础的教学视频,恰好本书配备了这样一套视频教程——《Photoshop必备知识点视频精讲》。这套视频教程选取了Photoshop中最常用的功能,每个视频讲解一个或者几个小工具,时间都非常短,短到在你感到枯燥之前就结束了讲解。视频虽短,但是建议一定要打开Photoshop,跟着视频一起尝试使用。

由于"入门级"的视频教程时长较短,所以部分参数的解释无法完全在视频中讲解到。所以在练习的过程中如果遇到了问题,马上翻开书找到相应的小节,阅读这部分内容即可。

当然,一分努力一分收获,学习没有捷径。2个小时的学习效果与200个小时的学习效果肯定是不一样的。只学习了简单视频内容是无法参透Photoshop的全部功能的。不过,到了这里你应该能够做一些简单的操作了,比如照片调色、祛斑祛痘去瑕疵,做个名片、标志、简单广告等,如图2-4~图2-7所示。

图2-4 　　　　　　　　图2-5 　　　　　　　　图2-6 　　　　　　　　图2-7

（2）翻开教材+打开Photoshop=系统学习。

经过基础视频教程的学习后,"看上去"似乎学会了Photoshop。但是实际上,之前的学习只接触到了Photoshop的皮毛而已,很多功能只是做到了"能够使用",而不一定能够做到"了解并熟练应用"的程度。因此,接下来要做的就是开始系统地学习Photoshop。本书以操作为主,在翻开教材的同时一定要打开Photoshop,边看书边练习。因为Photoshop是一门应用型技术,单纯的理论灌输很难使我们熟记功能操作;而且Photoshop的操作是"动态"的,每次鼠标的移动或单击都可能会触发指令,所以在动手练习过程中能够更直观有效地理解软件功能。

（3）勇于尝试,一试就懂。

在软件学习过程中一定要"勇于尝试"。在使用Photoshop中的工具或者命令时,我们总能看到很多参数或者选项设置。面对这些参数,看书的确可以了解参数的作用,但是更好的办法是动手去尝试。比如随意勾选一个选项;把数值调到最大、最小、中档,分别观察效果;移动滑块的位置,看看有什么变化。例如,Photoshop中的调色命令可以实时显示参数调整的预览效果,试一试就能看到变化,如图2-8所示。又如,在设置了画笔选项后,在画面中随意绘制也能够看到笔触的差异。从中不难看出,动手试一试更容易,也更直观。

图2-8

（4）别背参数，没用。

另外，在学习Photoshop的过程中切记不要死记硬背书中的参数。同样的参数在不同的情况下得到的效果肯定各不相同。例如同样的画笔大小，在较大尺寸的文档中绘制出的笔触会显得很小，而在较小尺寸的文档中则可能显得很大。所以在学习过程中需要理解参数为什么这么设置，而不是记住特定的参数。

其实，Photoshop的参数设置并不复杂。在独立制图的过程中，涉及参数设置时可以多次尝试各种不同的参数，肯定能够得到看起来很舒服的效果。如图2-9和图2-10所示为同样参数在不同图片上的效果对比。

图 2-9　　　　　　　图 2-10

（5）抓住重点快速学。

为了能够更有效地快速学习，在本书的目录中可以看到部分内容被标注为重点，那么这部分知识需要优先学习。在时间比较充裕的情况下，可以将非重点的知识一并学习。书中的练习案例非常多，案例的练习是非常重要的，通过案例的操作不仅可以掌握本章节学过的知识，还能够复习之前学习过的知识。在此基础上还能够尝试使用其他章节的功能，为后面章节的学习做铺垫。

（6）在临摹中进步。

在这个阶段的学习后，Photoshop的常用功能相信都能够熟练地掌握了。接下来就需要通过大量的制图练习提升技术。如果此时恰好有需要完成的设计工作或者课程作业，那么这将是非常好的练习过程。如果没有这样的机会，那么建议可以在各大设计网站欣赏优秀的设计作品，并选择适合自己水平的优秀作品进行"临摹"。仔细观察优秀作品的构图、配色、元素的应用以及细节的表现，尽可能一模一样地制作出来。在这个过程中并不是教大家去抄袭优秀作品的创意，而是通过对画面内容无限接近的临摹，尝试在没有教程的情况下实现独立思考、独立解决制图过程中遇到技术问题的能力，以此来提升"Photoshop功力"。如图2-11和图2-12所示为难度不同的作品临摹。

图 2-11

图 2-12

（7）网上一搜，自学成才。

当然，在独立作图的时候，肯定会遇到各种各样的问题。例如，临摹的作品中出现了一个火焰燃烧的效果（如图2-13所示），这个效果可能是之前没有接触过的，怎么办呢？这时，"百度一下"就是最便捷的方式，如图2-14所示。网络上有非常多的教学资源，善于利用网络自主学习是非常有效的自我提升途径。

图 2-13

中文版Photoshop CC平面设计从入门到精通（微课视频　全彩版）

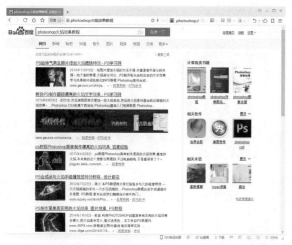

图 2-14

(8) 永不止步地学习。

好了，到这里 Photoshop 软件技术对于我们来说已经不是问题了。克服了技术障碍，接下来就可以尝试独立设计。有了好的创意和灵感，可以通过 Photoshop 在画面中准确有效地表达才是终极目标。要知道，在设计的道路上，软件技术学习的结束并不意味着设计学习的结束。国内外优秀作品的学习、新鲜设计理念的吸纳以及设计理论的研究都应该是永不止步的。

想要成为一名优秀的设计师，自学能力是非常重要的。学校或者老师都无法把全部知识塞进我们的脑袋，很多时候网络和书籍更能够帮助我们。

 提示：快捷键记不记

为了提高操作效率，很多初学者执着于背诵快捷键。的确，熟练掌握快捷键后操作起来很方便，但面对快捷键速查表中列出的众多快捷键，要想全部背下来可能会花费很长时间。并不是所有的快捷键都适合我们使用，有的工具命令在实际操作中几乎用不到。建议大家先不用急着记快捷键，不断尝试使用 Photoshop，在使用的过程中体会哪些操作是常用的，然后再看一下这个命令是否有快捷键。

其实快捷键大多是很有规律的，很多命令的快捷键都与命令的英文名称相关。例如，"打开"命令的英文是 Open，而快捷键就选取了首字母 O 并配合 Ctrl 键使用；"新建"命令则是 Ctrl+N(New 的首字母)。这样记忆就容易多了。

2.1.3　Photoshop 的安装

(1) 想要使用 Photoshop，首先要做的就是将其安装到计算机中。从 CC 版本开始，Photoshop 开始了一种基于订阅的服务。首先打开 Adobe 的官方网站(www.adobe.com/cn)，单

击右上角的"支持与下载"按钮，在弹出的下拉菜单中选择"下载和安装"命令，如图 2-15 所示。在弹出的页面中单击 Photoshop 按钮，如图 2-16 所示。

图 2-15

图 2-16

(2) 在弹出的页面中单击"开始免费试用"按钮，如图 2-17 所示。在弹出的页面中可以选择"登录"或"注册"Adobe 账号，如图 2-18 所示。如果已有 Adobe 账号，则可以单击"登录"按钮，如图 2-19 所示。如果没有 Adobe 账号，则可以在注册页面输入基本信息，如图 2-20 所示。

图 2-17　　　　　　图 2-18

图 2-19　　　　　　图 2-20

(3) 注册完成后登录 Adobe账号。接下来，在弹出的页面中选择自己的软件操作水平，如图 2-21 所示。启动Adobe Creative Cloud 后，在出现的软件列表中找到想要安装的软件，然后单击右侧的“安装”按钮，如图2-22 所示。

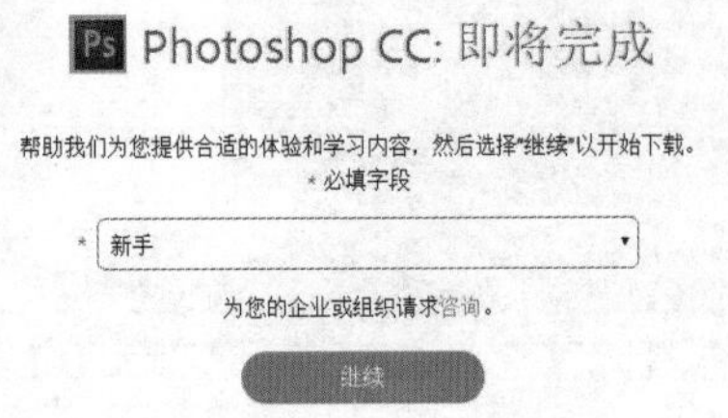

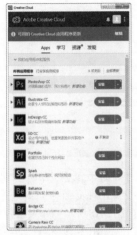

图 2-21

图 2-22

提示：试用与购买

在付费购买Photoshop软件之前，可以免费试用一小段时间；如果需要长期使用，则需要购买。

重点 2.1.4 熟悉Photoshop的工作界面

成功安装Photoshop之后，在“程序”菜单中找到并单击Adobe Photoshop 2018选项，即可将其启动；或者双击桌面上的Adobe Photoshop 2018快捷方式来启动，如图2-23所示。至此终于见到了Photoshop的“芳容”，如图2-24所示。如果之前在Photoshop中曾进行过一些文档的操作，在起始界面中会显示之前操作过的文档，如图2-25所示。

扫一扫，看视频

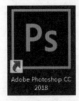

图 2-23

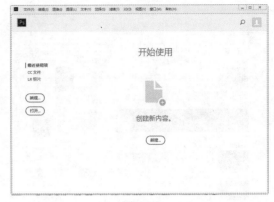

图 2-24

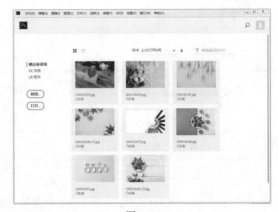

图 2-25

虽然打开了Photoshop，但是此时看到的却不是Photoshop的完整样貌，因为当前的软件中并没有能够操作的文档，所以很多功能都没有显示出来。为了便于学习，可以在这里打开一张图片。单击“打开”按钮，在弹出“打开”的窗口中选择一张图片，然后单击“打开”按钮，如图2-26所示。接着文档被打开，Photoshop的全貌才得以呈现，如图2-27所示。Photoshop的工作界面由菜单栏、选项栏、标题栏、工具箱、状态栏、文档窗口以及多个面板组成。

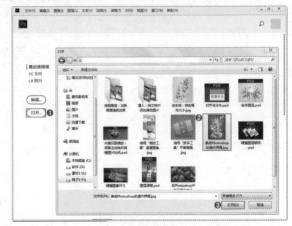

图 2-26

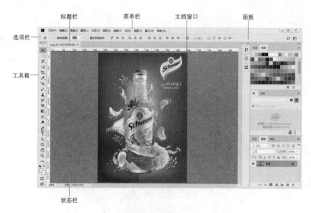

图 2-27

1. 菜单栏

Photoshop的菜单栏中包含多个菜单项,单击某个菜单项,即可打开相应的下拉菜单。每个下拉菜单中都包含多个命令,其中某些命令后方带有▶符号,表示该命令还包含多个子命令;某些命令后方带有一连串的"字母",这些字母就是Photoshop的快捷键。例如,"文件"下拉菜单中的"关闭"命令后方显示了Ctrl+W,那么同时按下键盘上的Ctrl键和W键,即可快速执行该命令,如图2-28所示。

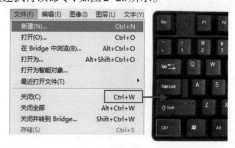

图 2-28

对于菜单命令,本书采用诸如"执行'图像>调整>曲线'命令"的书写方式。换句话说,就是首先单击菜单栏中的"图像"菜单项,接着将光标向下移动到"调整"命令处,在弹出的子菜单中选择"曲线"命令,如图2-29所示。

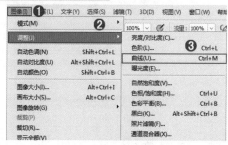

图 2-29

2. 文档窗口

执行"文件>打开"命令,在弹出的"打开"窗口中随意选择一张图片,单击"打开"按钮,如图2-30所示。随即这张图片就会在Photoshop中被打开,在文档窗口的标题栏中将显示这个文档的相关信息(名称、格式、窗口缩放比例以及颜色模式等),如图2-31所示。

图 2-30

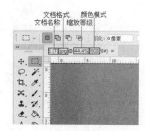

图 2-31

3. 状态栏

状态栏位于文档窗口的下方,可以显示当前文档的大小、文档尺寸、当前工具和测量比例等信息。单击状态栏中的 ❯ 按钮,在弹出的菜单中选择相应的命令,可以设置要显示的内容,如图2-32所示。

图 2-32

4. 工具箱与工具选项栏

工具箱位于Photoshop工作界面的左侧,其中以小图标的形式提供了多种实用工具。有的图标右下角带有 ◢ 标记,表示这是个工具组,其中可能包含多个工具。右击工具组按钮,即可看到该工具组中的其他工具;将光标移动到某个工具按钮上单击,即可选择该工具,如图2-33所示。

图 2-33

选择某个工具后，在其选项栏中可以对相关参数选项进行设置。不同工具的选项栏也不同，如图2-34所示。

图 2-34

提示：双排显示工具箱

当工具箱无法完全显示时，可以将单排显示的工具箱折叠为双排显示。单击工具箱顶部的折叠按钮 可以将其折叠为双栏，单击 按钮即可还原为单栏模式，如图2-35所示。

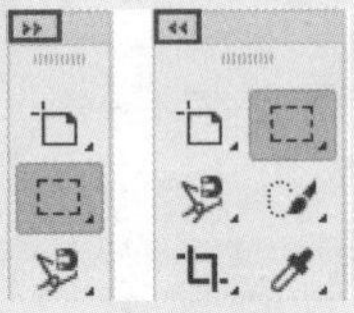

图 2-35

5. 面板

面板主要用来配合图像的编辑、对操作进行控制以及设置参数等。默认情况下，面板堆栈位于文档窗口的右侧，如图2-36所示。面板可以堆叠在一起，单击面板名称(即标签)即可切换到相对应的面板。将光标移动至面板名称(标签)上方，按住鼠标左键拖曳即可将面板与堆栈进行分离，如图2-37所示。如果要将面板堆栈在一起，则可以拖曳该面板到界面上方，当出现蓝色边框后松开鼠标，即可完成堆栈操作，如图2-38所示。

图 2-36

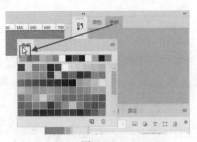

图 2-37

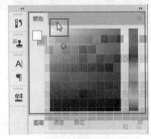

图 2-38

单击面板右上角的 / 按钮，可以折叠或展开面板，如图2-39所示。在每个面板的右上角都有"面板菜单"按钮 ，单击该按钮可以打开该面板的相关设置菜单，如图2-40所示。

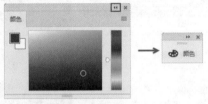

图 2-39

图 2-40

在Photoshop中有很多的面板，通过在"窗口"菜单中选择相应的命令，即可打开或关闭某个面板，如图2-41所示。例如，执行"窗口>信息"命令，即可打开"信息"面板，如图2-42所示。如果在命令前方带有✓标志，则说明这个面板已经打开了，再次执行该命令则将这个面板关闭。

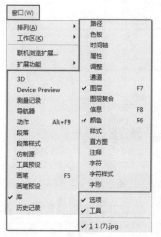

图 2-41　　　　　　　图 2-42

2.1.5　退出 Photoshop

当不需要使用 Photoshop 时，就可以将其关闭。单击工作界面右上角的"关闭"按钮 ✕ ，即可将其关闭；也可以执行"文件>退出"命令（快捷键：Ctrl+Q）退出 Photoshop，如图 2-43 所示。

图 2-43

2.2　学会文档的基本操作

熟悉了 Photoshop 的工作界面后，下面就可以开始正式地接触 Photoshop 的功能了。不过，打开 Photoshop 之后，我们会

发现很多功能都无法使用，这是因为当前的 Photoshop 中没有可以操作的文件。这时就需要新建文件，或者打开已有的图像文件。在对文件进行编辑的过程中经常会用到很多图片素材，这就需要执行"置入"操作。文件制作完成后需要对其进行"存储"，而存储文件时就涉及存储文件格式的选择。下面就来学习一下这些知识。

【重点】2.2.1　动手练：新建文件

打开 Photoshop，此时界面中什么都没有。想要进行设计作品的制作，首先要执行"文件>新建"命令，新建一个文档。

扫一扫，看视频

新建文档之前，需要考虑几个问题：要新建一个多大的文件？分辨率要设置为多少？颜色模式选择哪一种？这一系列问题都可以在"新建文档"窗口中得到解答。

（1）启动 Photoshop 之后，执行"文件>新建"命令（快捷键：Ctrl+N），如图 2-44 所示。随即就会打开"新建文档"窗口，如图 2-45 所示。这个窗口大体可以分为 3 个部分：顶端是预设的尺寸选项卡；左侧是预设选项或最近使用过的项目；右侧是自定义选项设置区域。

图 2-44

图 2-45

（2）如果要选择系统内置的一些预设文档尺寸，可以选择顶端的预设尺寸选项卡，然后在左侧的列表框中选择一种合适的尺寸，单击"创建"按钮，即可完成新建。例如，要新建一个

用于印刷的纸张尺寸的文档，那么选择"打印"选项卡，在左侧列表框中即可看到多种常规尺寸。单击"查看全部预设信息"按钮，可以看到全部的预设尺寸，如图2-46所示。从中选择某一预设尺寸，在右侧区域即可查看相应的尺寸参数。接着单击"创建"按钮，即可完成文件的新建，如图2-47所示。

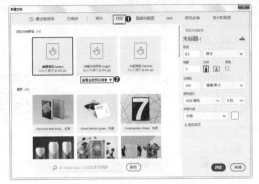

图2-46

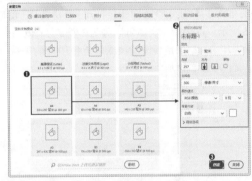

图2-47

提示：预设中提供了哪些尺寸？

根据不同行业的不同需求，Photoshop将常用的尺寸进行了分类。可以根据需要在预设中找到所需要的尺寸。如果用于排版、印刷，那么选择"打印"选项卡，即可在左侧列表框中看到常用的打印尺寸，如图2-48所示。如果你是一名UI设计师，那么选择"移动设备"选项卡，在左侧列表框中就可以看到时下最流行的电子移动设备的常用尺寸，如图2-49所示。

图2-48

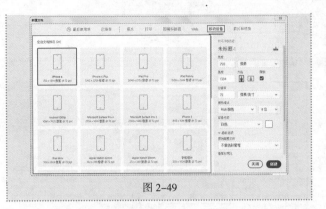

图2-49

(3)如果需要比较特殊的尺寸，就需要自己进行设置。直接在"新建文档"窗口右侧进行"宽度""高度"等参数的设置即可，但是要注意首先设置好尺寸后方的"单位"，避免单位错误，文档尺寸偏差过大，如图2-50所示。

图2-50

- 宽度/高度：设置文件的宽度和高度，其单位有"像素""英寸""厘米""毫米""点"等多种。在进行网页设计时多采用像素为单位，制作广告时常用厘米、毫米作为单位。
- 分辨率：用来设置文件的分辨率大小，其单位有"像素/英寸"和"像素/厘米"两种。创建新文件时，文档的宽度与高度通常与实际印刷的尺寸相同（超大尺寸文件除外）。而在不同情况下，分辨率需要进行不同的设置。通常来说，图像的分辨率越高，印刷出来的质量就越好；但也并不是任何时候都需要将分辨率设置为较高的数值。一般印刷品分辨率为150～300dpi，高档画册分辨率为350dpi以上，网页或者其他用于在电子屏幕显示的图像分辨率为72dpi。
- 颜色模式：设置文件的颜色模式以及相应的颜色深度。需要印刷或打印的设计作品，其颜色模式需要设置为CMYK；进行网页设计时，颜色模式需要设置为RGB。
- 背景内容：设置文件的背景内容，有"白色""背景色""透明"3个选项。

中文版Photoshop CC平面设计从入门到精通（微课视频 全彩版）

- 高级选项：展开该选项组，在其中可以进行"颜色配置文件"以及"像素长宽比"的设置。

[重点]2.2.2　打开已有图像文件

想要处理图像或者继续编辑之前的设计方案，需要在Photoshop中打开已有的文件。执行"文件>打开"命令(快捷键：Ctrl+O)，在弹出的"打开"窗口中找到文件所在的位置，选择需要打开的文件，接着单击"打开"按钮，如图2-51所示。即可在Photoshop中打开该文件，如图2-52所示。

扫一扫，看视频

图 2-51

图 2-52

[重点]2.2.3　动手练：打开多个文档

1. 打开多个文档

在"打开"窗口中可以一次性选择多个文档同时将其打开。可以按住鼠标左键拖曳框选多个文档，也可以按住Ctrl键逐个单击多个文档。

扫一扫，看视频

然后单击"打开"按钮，如图2-53所示。接着被选中的多张图片就都被打开了，但默认情况下当前只能显示其中一张图片，如图2-54所示。

图 2-53

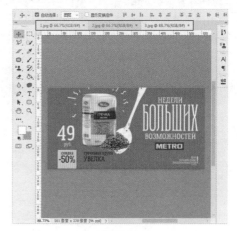

图 2-54

2. 多个文档切换

虽然一次性打开了多个文档，但在文档窗口中只能显示一个文档。单击标题栏中的文档名称，即可切换到相应的文档窗口，如图2-55所示。

图 2-55

3. 切换文档浮动模式

默认情况下，打开多个文档时，多个文档均合并到文档窗口中。除此之外，文档窗口还可以脱离界面呈现"浮动"的状态。将光标移动至文档名称上方，按住鼠标左键向界面外拖曳，如图2-56所示。松开鼠标后，文档即呈现为浮动状态，如图2-57所示。若要恢复为堆叠状态，可以将浮动的窗口拖曳到文档窗口上方，当出现蓝色边框后松开鼠标即可完成堆栈，如图2-58所示。

图 2-56

图 2-57

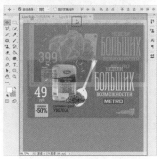
图 2-58

4. 多文档同时显示

要一次性查看多个文档，除了让窗口浮动之外还有一个办法，就是通过设置"窗口排列方式"来查看。执行"窗口>排列"命令，在弹出的子菜单中可以看到多种文档显示方式，选择适合自己的方式即可，如图2-59所示。例如，打开了3张图片，想要同时看到，可以选择"三联垂直"方式，效果如图2-60所示。

图 2-59

图 2-60

 提示：将文件打开为智能对象

执行"文件>打开为智能对象"命令，在弹出的对话框中选择一个文件将其打开，此时该文件将以智能对象的形式被打开。

【重点】2.2.4　动手练：向文档中"置入"素材

扫一扫，看视频

使用Photoshop制作平面设计作品时，经常需要使用其他的图像元素来丰富画面效果。前面学习了"打开"命令，但"打开"命令只能将图片在Photoshop中以一个独立文件的形式打开，并不能添加到当前的文件中；而通过"置入"操作则可以实现。

（1）在已有的文件中执行"文件>置入嵌入对象"命令，在弹出的"置入嵌入的对象"窗口中选择需要置入的文件，单击"置入"按钮，如图2-61所示。随即选择的对象就会被置入到当前文档内。此时置入的对象边缘处带有定界框和控制点，如图2-62所示。将光标定位到对象中，按住鼠标左键拖动可以移动置入素材的位置。

图 2-61

图 2-62

(2) 将光标定位到一角处的控制点上, 按住Shift键的同时拖曳鼠标, 可以等比例缩放(缩放、旋转等操作与"自由变换"操作非常接近, 具体操作方法参见2.6.1节), 如图 2-63 所示。调整完成后按Enter键, 即可完成置入操作。此时定界框会消失。在"图层"面板中也可以看到新置入的智能对象图层(智能对象图层右下角带有🖻图标), 如图 2-64 所示。

图 2-63

图 2-64

(3) 置入后的素材对象会作为智能对象。"智能对象"有几点好处, 如在对图像进行缩放、定位、斜切、旋转或变形操作时不会降低图像的质量。但是"智能对象"无法直接进行内容的编辑(如删除局部、用画笔工具在上方进行绘制等)。例如, 使用"橡皮擦工具"进行擦除, 那么光标显示为🚫, 如图 2-65 所示。如果继续擦除, 则会弹出提示对话框, 单击"确定"按钮即可将智能图层栅格化, 如图 2-66 所示。

图 2-65

图 2-66

(4) 如果想要对智能对象的内容进行编辑, 需要在该图层上右击, 执行"栅格化图层"命令, 如图 2-67 所示。将智能对象转换为普通对象后再进行编辑, 如图 2-68 所示。

图 2-67

图 2-68

【重点】2.2.5　存储文件

对某一文档进行编辑后，可能需要将当前操作保存到当前文档中。这时需要执行"文件>存储"命令（快捷键：Ctrl+S）。如果文档存储时没有弹出任何窗口，则会以原始位置进行存储。存储时将保留所做的更改，并且会替换掉上一次保存的文件。

如果是第一次对文档进行存储，可能会弹出"另存为"窗口，从中可以重新选择文件存储位置，并设置文件存储格式以及文件名。

如要将已经存储过的文档更换位置、名称或者格式后再次存储，可以执行"文件>存储为"命令（快捷键：Shift+Ctrl+S），在弹出的"另存为"窗口中对存储位置、文件名、保存类型等进行设置，然后单击"保存"按钮，如图2-69所示。

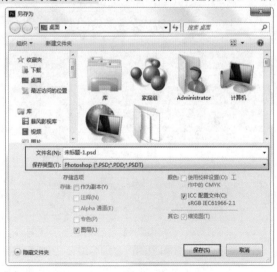

图 2-69

【重点】2.2.6　认识常见的文件存储格式

存储文件时，在弹出的"另存为"窗口的"保存类型"下拉列表框中可以看到有多种格式可供选择，如图2-70所示。但并不是每种格式都经常使用，选择哪种格式才是正确的呢？下面就来认识几种常见的图像格式。

图 2-70

1. PSD：Photoshop 源文件格式，保存所有图层内容

在存储新建的文件时，我们会发现默认的格式为Photoshop(*.PSD;*.PDD;*.PSDT)。PSD 格 式 是 Photoshop 的 默认存储格式，能够保存图层、蒙版、通道、路径、未栅格化的文字、图层样式等。在一般情况下，保存文件都采用这种格式，以便随时进行修改。

选择该格式，然后单击"保存"按钮，在弹出的"Photoshop格式选项"对话框中勾选"最大兼容"复选框，可以保证在其他版本的Photoshop中能够正确打开该文档。默认勾选该复选框，在这里单击"确定"按钮即可。也可以勾选"不再显示"复选框，接着单击"确定"按钮，就可以每次都采用当前设置，并不再显示该窗口，如图2-71所示。

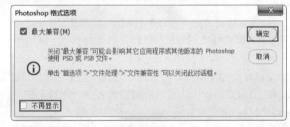

图 2-71

2. JPEG：最常用的图像格式，方便存储、浏览、上传

JPEG格式是平时最常用的一种图像格式。它是一种最有效、最基本的有损压缩格式，被绝大多数的图形处理软件所支持。JPEG格式常用于对质量要求并不是特别高，而且需要上传网络、传输给他人或者在计算机上随时查看的情况。例如，做了一个标志设计的作业、修了张照片等。对于有极高要求的图像输出打印，最好不要使用JPEG格式，因为它是以损坏图像质量而提高压缩质量的。

　　存储时选择这种格式会将文档中的所有图层合并，并进行一定的压缩，存储为一种在绝大多数计算机、手机等电子设备上可以轻松预览的图像格式。在选择格式时可以看到保存类型显示为JPEG(*.JPG;*.JPEG;*.JPE)，JPEG是这种图像格式的名称，而这种图像格式的后缀名可以是JPG、JPEG或JPE。

　　选择此格式并单击"保存"按钮之后，在弹出的"JPEG选项"对话框中可以进行图像品质的设置。"品质"数值越大，图像质量越高，文件大小也就越大。如果对图像文件的大小有要求，那么可以参考右侧的文件大小数值来调整图像的品质。设置完成后单击"确定"按钮，如图2-72所示。

图 2-72

3. TIFF：高质量图像，保存通道和图层

　　TIFF格式是一种通用的图像格式，可以在绝大多数制图软件中打开并编辑，而且也是桌面扫描仪扫描生成的图像格式。TIFF格式最大的特点就是能够最大限度地保持图像质量不受影响，而且能够保存文档中的图层信息以及Alpha通道。但TIFF并不是Photoshop特有的格式，所以有些Photoshop特有的功能(如调整图层、智能滤镜)就无法被保存下来。这种格式常用于对图像文件质量要求较高，而且还需要在没有安装Photoshop的计算机上预览。例如，制作了一个平面广告，需要发送到印刷厂。选择该格式后，在弹出的"TIFF选项"对话框中可以对图像压缩等内容进行设置。如果对图像质量要求很高，可以选中"无"单选按钮，然后单击"确定"按钮，如图2-73所示。

图 2-73

4. PNG：透明背景，无损压缩

　　当图像文件中有一部分区域是透明的时，存储成JPEG格式会发现透明的部分被填充上了颜色。如果存储成PSD格式不方便打开，存储成TIFF格式文件又比较大。这时不要忘了"PNG格式"。PNG是一种专门为Web开发的，用于将图像压缩到Web上的文件格式。与GIF格式不同的是，PNG格式支持244位图像并产生无锯齿状的透明背景。由于PNG格式可以实现无损压缩，并且背景部分是透明的，因此常用来存储背景透明的素材。选择该格式后，在弹出的"PNG选项"对话框中，对压缩方式进行设置后，单击"确定"按钮完成操作，如图2-74所示。

图 2-74

5. GIF：动态图片、网页元素

　　GIF格式是输出图像到网页时最常用的格式。GIF格式采用LZW压缩，支持透明背景和动画，被广泛应用在网络中。网页切片后常以GIF格式进行输出。除此之外，常见的动态QQ表情、搞笑动图也是GIF格式的。选择这种格式，在弹出的"索引颜色"对话框可以进行"调板""颜色"等设置；如果勾选"透明度"复选框，可以保存图像中的透明部分，如图2-75所示。

图 2-75

2.2.7　关闭文件

　　执行"文件>关闭"命令(快捷键：Ctrl+W)，可以关闭当前所选的文件；单击文档窗口右上角的"关闭"按钮✕，也可以关闭所选文件，如图2-76所示。执行"文件>关闭全部"命令或按Alt+Ctrl+W组合键可以关闭所有打开的文件。

图 2-76

图 2-78

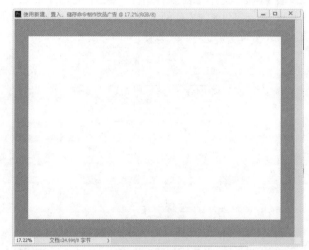

图 2-79

 提示：关闭并退出 Photoshop

执行"文件 > 退出"命令或者单击工作界面右上角的"关闭"按钮，可以关闭所有的文件并退出 Photoshop。

练习实例：使用"新建""置入嵌入对象""存储"命令制作创意广告

文件路径	资源包\第2章\使用"新建""置入嵌入对象""存储"命令制作创意广告
难易指数	★★★★★
技术要点	"新建"命令、"置入嵌入对象"命令、"存储"命令

案例效果

案例效果如图2-77所示。

扫一扫，看视频

图 2-77

操作步骤

步骤 01 执行"文件 > 新建"命令或按快捷键Ctrl+N，在弹出的"新建文档"窗口中选择"打印"选项卡，在"空白文档预设"列表框中选择A4选项，单击 按钮，接着单击"创建"按钮，如图2-78所示。新建文档，如图2-79所示。

步骤 02 执行"文件 > 置入嵌入对象"命令，在弹出的"置入嵌入的对象"窗口中找到素材位置，选择素材1.jpg，单击"置入"按钮，如图2-80所示。接着将光标移动到素材右上角处，按住快捷键Shift+Alt的同时按住鼠标左键向右上角拖动，等比例扩大素材，如图2-81所示。然后双击或者按Enter键，此时定界框消失，完成置入操作，如图2-82所示。

图 2-80

中文版Photoshop CC平面设计从入门到精通（微课视频 全彩版）

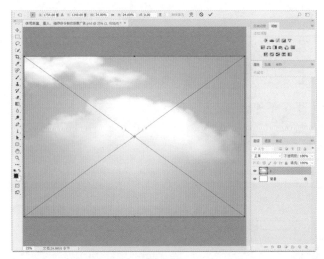

图 2-81

图 2-82

步骤 03 使用同样的方式置入素材 2.png，如图 2-83 所示。完成置入操作后，效果如图 2-84 所示。

图 2-83

图 2-84

步骤 04 由于置入的两个素材都是智能对象，所以需要在"图层"面板中按住 Ctrl 键依次单击两个图层，将其选中后右击，执行"栅格化图层"命令，如图 2-85 所示。随即两个智能对象图层变为普通图层，如图 2-86 所示。

图 2-85

图 2-86

步骤 05 执行"文件>存储"命令，在弹出的"另存为"窗口中找到要保存的位置，设置合适的文件名，设置"保存类型"为 Photoshop(*.PSD;*.PDD;*.PSDT)，单击"保存"按钮，如图 2-87 所示。在弹出的"Photoshop 格式选项"对话框中单击"确定"按钮，即可完成文件的存储，如图 2-88 所示。

图 2-87

图 2-88

步骤 06 在没有安装特定的看图软件和 Photoshop 的计算机上，PSD 格式的文档可能会难以打开并预览效果。为了方便预览，在此将文档存储一份 JPEG 格式。执行"文件>存储为"命令，在弹出的窗口中找到要保存的位置，设置合适的文件名，设置"保存类型"为 JPEG(*.JPG;*.JPEG;*.JPE)，单击"保存"按钮，如图 2-89 所示。在弹出的"JPEG 选项"对话框中设置"品质"为 10，单击"确定"按钮完成设置，如图 2-90 所示。

图 2-89 图 2-90

[重点] 2.2.8 使用"缩放工具"查看图像

进行图像编辑时，经常需要对画面细节进行操作，这就需要将画面的显示比例放大一些。此时可以使用工具箱中的"缩放工具"来完成。单击工具箱中的"缩放工具"按钮 Q，将光标移动到画面中，单击鼠标左键即可放大图像显示比例，如图2-91所示。如需放大多倍可以多次单击，如图2-92所示。也可以直接按快捷键Ctrl+"+"放大图像显示比例。

扫一扫，看视频

"缩放工具"既可以放大，也可以缩小显示比例。在"缩放工具"选项栏中可以切换该工具的模式，单击"缩小"按钮 Q 可以切换到缩小模式，在画布中单击鼠标左键可以缩小图像，如图2-93所示。此外，也可以直接按快捷键Alt+"-"缩小图像显示比例。

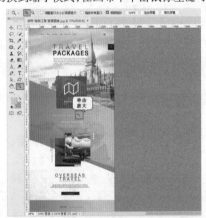

图 2-91 图 2-92 图 2-93

提示："缩放工具"不改变图像本身大小

使用"缩放工具"放大或缩小的只是图像在屏幕上显示的比例，图像的真实大小是不会跟着改变的。

在"缩放工具"选项栏中可以看到其他一些选项设置，如图2-94所示。

图 2-94

- □ 调整窗口大小以满屏显示：勾选该复选框后，在缩放窗口的同时自动调整窗口的大小。
- □ 缩放所有窗口：如果当前打开了多个文档，勾选该复选框后可以同时缩放所有打开的文档窗口。
- ☑ 细微缩放：勾选该复选框后，在画面中按住鼠标左键向左侧或右侧拖动，能够以平滑的方式快速放大或缩小窗口。
- 100% 单击该按钮，图像将以实际像素的比例进行显示。
- 适合屏幕 单击该按钮，可以在窗口中最大化显示完整的图像。

◆ 填充屏幕：单击该按钮，可以在整个屏幕范围内最大化显示完整的图像。

{重点}2.2.9 使用"抓手工具"平移画面

当画面显示比例比较大的时候，有些局部可能就无法显示了。这时可以使用工具箱中的"抓手工具" ，在画面中按住鼠标左键拖动，如图2-95所示。画面中显示的图像区域随之产生了变化，如图2-96所示。

扫一扫，看视频

图 2-95

图 2-96

提示：快速切换到"抓手工具"

在使用其他工具时，按Space键(即空格键)即可快速切换到"抓手工具"状态。此时在画面中按住鼠标左键拖动，即可平移画面。松开Space键时，会自动切换回之前使用的工具。

2.3 撤销错误操作

使用画笔和画布绘画时，如果画错了，需要很费力地擦掉或者盖住；在暗房中冲洗照片时，一旦出现失误，照片可能就无法挽回了。与此相比，使用Photoshop等数字图像处理软件最大的便利之处就在于能够"重来"。操作出现错误没关系，简单一个命令就可以轻轻松松地"回到从前"。

{重点}2.3.1 操作步骤的"后退"与"前进"

很多时候，在操作中需要对之前执行的多个步骤进行撤销，这时就需要用到"编辑>后退一步"命令(快捷键：Alt+Ctrl+Z)。默认情况下，这个命令可以后退最后执行的20个步骤，多次使用该命令即可逐步后退操作。

扫一扫，看视频

如果要取消后退的操作，可以连续执行"编辑>前进一步"命令(快捷键：Shift+Ctrl+Z)来逐步恢复被后退的操作。后退一步与前进一步是很常用的操作，所以一定要学会使用快捷键，以快速高效地完成，如图2-97所示。

编辑(E) 图像(I) 图层(L) 文字(Y) 选择	
还原(O)	Ctrl+Z
前进一步(W)	Shift+Ctrl+Z
后退一步(K)	Alt+Ctrl+Z

图 2-97

执行"编辑>还原"命令(快捷键：Ctrl+Z)，可以撤销最近的一次操作，将其还原到上一步操作状态。如果想要取消还原操作，可以执行"编辑>重做"命令。这个操作仅限于一个操作步骤的还原与重做，所以使用得并不多。

2.3.2 "恢复"文件

对某一文件进行了一些操作后，执行"文件>恢复"命令，可以直接将文件恢复到最后一次保存时的状态。如果一直没有进行过存储操作，则可以返回到刚打开文件时的状态。

{重点}2.3.3 使用"历史记录"面板还原操作

在Photoshop中，对文档进行过的编辑操作被称为"历史记录"。而"历史记录"面板就是用来记录文件的操作历史的。执行"窗口>历史记录"命令，打开"历史记录"面板，如图2-98所示。对文档进行一些编辑操作后，在"历史记录"面板中会出现刚刚进行的操作条目。单击其中某一项历史记录操作，就可以使文档返回之前的编辑状态，如图2-99所示。

扫一扫，看视频

设置历史记录画笔源
历史面板菜单
1234.jpg
快照 1
打开
清除所有参考线
曲线
色相/饱和度
当前状态
黑白
从当前状态创建新文档
删除当前状态
创建新快照

图 2-98

图 2-99

"历史记录"面板还有一项功能，即快照。这项功能可以为某个操作状态快速"拍照"，将其作为一项"快照"，留在"历史记录"面板中，以便在很多操作步骤以后还能返回到之前某个重要的状态。选择需要创建快照的状态，然后单击"创建新快照"按钮 ，如图 2-100 所示。即可出现一个新的快照，如图 2-101 所示。

图 2-100

图 2-101

如需删除快照，在"历史记录"面板中选择需要删除的快照，然后单击"删除当前状态"按钮 🗑 或将快照拖曳到该按钮上，接着在弹出的对话框中单击"是"按钮，即可将其删除。

【重点】2.4 "图层"面板的基本操作

Photoshop 是一款以"图层"为基本操作单位的制图软件。换句话说，"图层"是在 Photoshop 中进行一切操作的载体。顾名思义，图层就是图+层，图即图像，层即分层、层叠。简而言之，就是以分层的形式显示图像。来看一幅漂亮的 Photoshop 作品，在鲜花盛开的草地上，一只甲壳虫漫步其间，

扫一扫，看视频

身上还背着一部老式电话机，如图 2-102 所示。该作品实际上就是将不同图层上大量不相干的元素按顺序依次堆叠形成的。每个图层就像一块透明玻璃，顶部的"玻璃板"上是话筒和拨盘，中间的"玻璃板"上贴着甲壳虫，底部的"玻璃板"上有草地、花朵。将这些"玻璃板"（图层）按照顺序依次堆叠摆放在一起，就呈现出了完整的作品。

图 2-102

2.4.1 了解图层的原理

在"图层"模式下，对图像进行操作非常方便、快捷。如要在画面中添加一些元素，可以新建一个空白图层，然后在新的图层中绘制内容。这样新绘制的图层不仅可以随意移动位置，还可以在不影响其他图层的情况下进行内容的编辑。

图 2-103 为包含多个图层的作品，可以单独移动某个图层的位置，或者对其颜色等进行调整，如图 2-104 所示；还可隐藏其中一个图层，如图 2-105 所示；可以发现所有的这些操作都不会影响到下方图层内容。

(a)移动文字位置　　(b)更改文字颜色

图 2-103　　　　　　　图 2-104

图 2-105

中文版Photoshop CC平面设计从入门到精通（微课视频 全彩版）

了解图层的特性后，来看一下它的"大本营"——"图层"面板。执行"窗口>图层"命令，打开"图层"面板，如图2-106所示。"图层"面板常用于新建图层、删除图层、选择图层、复制图层等，还可以进行图层混合模式的设置，以及添加和编辑图层样式等。

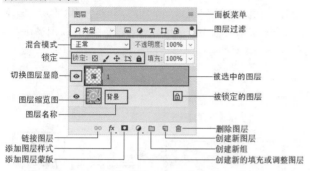

图 2-106

其中各项功能介绍如下。

* 图层过滤 ：用于筛选特定类型的图层或查找某个图层。在左侧的下拉列表框中可以选择筛选方式，在其右侧可以选择特殊的筛选条件。单击最右侧的●按钮，可以启用或关闭图层过滤功能。

* 锁定锁定：⊞ ✔ ✛ ⊡ 🔒：选中图层，单击"锁定透明像素"按钮 ⊞，可以将编辑范围限制为只针对图层的不透明部分；单击"锁定图像像素"按钮 ✔，可以防止使用绘画工具修改图层的像素；单击"锁定位置"按钮 ✛，可以防止图层的像素被移动；单击 ⊡ 按钮，可以防止在画板内外自动套嵌（启用该功能后，在包含多个画板的文档中移动图层时，不会将图层移动到其他画板中）；单击"锁定全部"按钮 🔒，可以锁定透明像素、图像像素和位置，处于这种状态下的图层将不能进行任何操作。

* 设置图层混合模式 正片叠底 ：用来设置当前图层的混合模式，使之与下面的图像产生混合。在该下拉列表框中提供了很多的混合模式，选择不同的混合模式，产生的图层混合效果不同。

* 设置图层不透明度 不透明度：100% ∨ ：用来设置当前图层的不透明度。

* 设置填充不透明度 填充：100% ∨ ：用来设置当前图层的填充不透明度。该选项与"不透明度"选项类似，但是不会影响图层样式效果。

* 处于显示/隐藏状态的图层 ●，□：当该图标显示为 ● 时表示当前图层处于可见状态；而显示为 □ 时则处于不可见状态。单击该图标，可以在显示与隐藏之间进行切换。

* 链接图层 ∞：选择多个图层后，单击该按钮，所选的图层会被链接在一起。被链接的图层可以在选中其中某一图层的情况下进行共同移动或变换等操作。当链接好多个图层以后，图层名称的右侧就会显示链接标志，如图2-107所示。

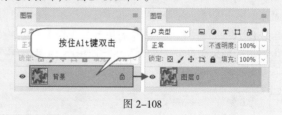

图 2-107

* 添加图层样式 fx：单击该按钮，在弹出的菜单中选择一种样式，可以为当前图层添加该样式。

* 创建新的填充或调整图层 ◐：单击该按钮，在弹出的菜单中选择相应的命令，即可创建填充图层或调整图层。此按钮主要用于创建调色调整图层。

* 创建新组 ▤：单击该按钮，即可新建一个图层组。

* 创建新图层 🗇：单击该按钮，即可在当前图层的上一层新建一个图层。

* 删除图层 🗑：选中图层后，单击该按钮，可以删除该图层。

> **提示：特殊的"背景"图层**
>
> 当打开一张JPEG格式的照片或图片时，在"图层"面板中将自动生成一个"背景"图层，而且"背景"图层后方带有 🔒 图标。该图层比较特殊，无法移动或删除部分像素，有的命令可能也无法使用（如"自由变换""操控变形"等）。因此，如果想要对"背景"图层进行这些操作，需要按住Alt键双击"背景"图层，将其转换为普通图层，之后再进行操作，如图2-108所示。

图 2-108

【重点】2.4.2 选择图层

在使用Photoshop制图的过程中，文档中经常会包含很多图层，所以选择正确的图层进行操作就显得非常重要；否则可能会出现明明想要删除某个图层，却错误地删掉了其他对象。

1. 选择一个图层

当打开一张JPEG格式的图片时，在"图层"面板中将自动生成一个"背景"图层,如图2-109所示。此时该图层处于被选中的状态,所有操作也都是针对这个图层进行的。如果当前文档中包含多个图层(例如,在当前文档中执行"文件>置入嵌入对象"命令,置入一张图片),此时"图层"面板中就会显示两个图层。在"图层"面板中单击新建的图层,即可将其选中,如图2-110所示。在"图层"面板空白处单击鼠标左键,即可取消选择所有图层,如图2-111所示。没有选中任何图层时,图像的编辑操作就无法进行。

图 2-109

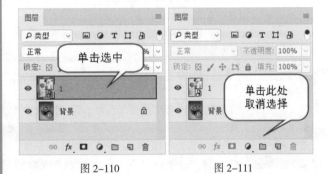

图 2-110   图 2-111

2. 选择多个图层

想要对多个图层同时进行移动、旋转等操作时,就需要同时选中多个图层。在"图层"面板中首先选中一个图层,然后按住Ctrl键的同时单击其他图层(单击名称部分即可,不要单击图层的缩览图部分),即可选中多个图层,如图2-112和图2-113所示。

图 2-112   图 2-113

2.4.3　新建图层

如要向图像中添加一些绘制的元素,最好创建新的图层,这样可以避免绘制失误而对原图产生影响。

在"图层"面板底部单击"创建新图层"按钮 ,即可在当前图层的上一层新建一个图层,如图2-114所示。单击某一个图层即可选中该图层,然后在其中进行绘图操作,如图2-115所示。

图 2-114   图 2-115

当文档中的图层比较多时,可能很难分辨某个图层。为了便于管理,可以对已有的图层进行命名。将光标移动至图层名称处并双击鼠标左键,图层名称便处于激活的状态,如图2-116所示。接着输入新的名称,按Enter键确定,如图2-117所示。

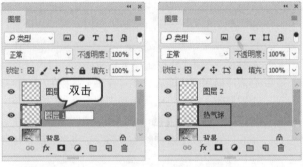

图 2-116   图 2-117

2.4.4　删除图层

选中图层,单击"图层"面板底部的"删除图层"按钮 ,如图2-118所示。在弹出的对话框中单击"是"按钮,即可删除该图层(勾选"不再显示"复选框,可以在以后删除图层时省去这一步骤),如图2-119所示。如果画面中没有选区,直接按Delete键也可以删除所选图层。

图 2-118

图 2-119

 提示：删除隐藏图层

执行"图层>删除图层>隐藏图层"命令，可以删除所有隐藏的图层。

【重点】2.4.5 复制图层

选中图层，使用快捷键 Ctrl+J 可以快速复制图层。如果当前画面中包含选区，则可以快速将选区中的内容复制为独立图层。

【重点】2.4.6 动手练：调整图层顺序

在"图层"面板中，位于上方的图层会遮挡住下方的图层，如图 2-120 所示。当需要调整图层顺序时，可以在"图层"面板中选择该图层，按住鼠标左键向上或向下拖曳，调整图层排列顺序到合适位置后释放鼠标，即可完成图层顺序的调整，如图 2-121 所示。此时画面的效果也会发生改变，如图 2-122 所示。

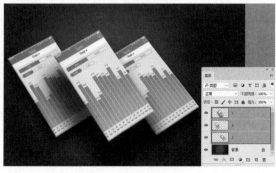

图 2-120

图 2-121

图 2-122

提示：使用菜单命令调整图层顺序

选中要移动的图层，然后执行"图层>排列"子菜单中的命令，也可以调整图层的排列顺序。

2.4.7 动手练：使用"图层组"管理图层

"图层组"就像一个"文件袋"。在办公时如果有很多文件，我们会将同类文件放在一个文件袋中，并在文件袋上标明信息。而在Photoshop中制作复杂的图像效果时也是一样的，"图层"面板中经常会出现数十个图层，把它们分门别类地"收纳"起来是个非常好的习惯，在后期操作中可以更加便捷地对画面进行处理。图 2-123 所示为一个书籍设计作品中所使用的图层，图 2-124 所示为借助"图层组"整理后的"图层"面板。

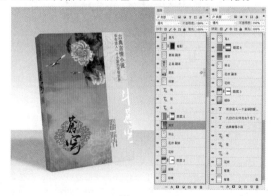

图 2-123

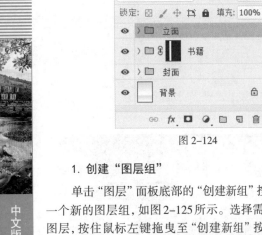

图 2-124

1. 创建"图层组"

单击"图层"面板底部的"创建新组"按钮 ，即可创建一个新的图层组，如图 2-125 所示。选择需要放置在组中的图层，按住鼠标左键拖曳至"创建新组"按钮上(如图 2-126 所示)，则以所选图层创建图层组，如图 2-127 所示。也可以选中需要编组的图层，然后使用快捷键 Ctrl+G 快速地进行图层编组操作。

图 2-125   图 2-126

图 2-127

提示：尝试创建一个"组中组"

图层组中还可以套嵌其他图层组。将创建好的图层组移到其他组中即可创建出"组中组"。

2. 将图层移入或移出图层组

选择一个或多个图层，按住鼠标左键拖曳到图层组内，如图 2-128 所示。松开鼠标就可以将其移入到该组中，如图 2-129 所示。将图层组中的图层拖曳到组外，就可以将其从图层组中移出。

图 2-128   图 2-129

3. 取消图层编组

在图层组名称上右击，在弹出的快捷菜单中选择"取消图层编组"命令，如图 2-130 所示。图层组消失，而组中的图层并未被删除，如图 2-131 所示。

图 2-130

图 2-131

{重点}2.4.8 动手练: 将多个图层合并为一个图层

合并图层是指将所有选中的图层合并成一个图层。例如, 多个图层合并前如图2-132所示, 将"背景"图层以外的图层进行合并后如图2-133所示。经过观察可以发现, 画面的效果并没有什么变化, 只是多个图层变为了一个。

图 2-132

图 2-133

1. 合并图层

想要将多个图层合并为一个图层, 可以在"图层"面板中选中某一图层, 然后按住Ctrl键加选需要合并的图层, 执行"图层>合并图层"命令或按快捷键Ctrl+E。

2. 合并可见图层

执行"图层>合并可见图层"命令或按Ctrl+Shift+E快捷键, 可以将"图层"面板中的所有可见图层合并为"背景"图层。

3. 拼合图像

执行"图层>拼合图像"命令, 即可将全部图层合并到"背景"图层中。如果有隐藏的图层, 则会弹出一个提示对话框, 询问用户是否要扔掉隐藏的图层。

4. 盖印

盖印可以将多个图层的内容合并到一个新的图层中,

同时保持其他图层不变。选中多个图层, 然后按快捷键Ctrl+Alt+E, 可以将这些图层中的图像盖印到一个新的图层中, 而原始图层的内容保持不变。按快捷键Ctrl+Shift+Alt+E, 可以将所有可见图层盖印到一个新的图层中。

{重点}2.4.9 动手练: 移动图层位置

如要调整图层的位置, 可以使用工具箱中的"移动工具" ⊕ 来实现。如要调整图层中部分内容的位置, 可以使用选区工具绘制出特定范围, 然后使用"移动工具"进行移动。

1. 使用"移动工具"

(1) 在"图层"面板中选择需要移动的图层(注意, "背景"图层无法移动), 如图2-134所示。接着选择工具箱中的"移动工具", 如图2-135所示。然后在画面中按住鼠标左键拖曳, 该图层的位置就会发生变化, 如图2-136所示。

图 2-134

图 2-135　　　　图 2-136

(2) ☑ 自动选择: 图层 ∨ :在工具选项栏中选中"自动选择"复选框时, 如果文档中包含多个图层或图层组, 可以在后面的下拉列表框中选择要移动的对象。如果选择"图层"选项, 使用"移动工具"在画布中单击时, 可以自动选择"移动工具"下面包含像素的顶层的图层; 如果选择"组"选项, 在画布中单击时, 可以自动选择"移动工具"下面包含像素的顶层的图层所在的图层组。

(3) ☑ 显示变换控件 :在工具选项栏中选中"显示变换控件"复选框后, 选择一个图层时, 就会在图层内容的周围显示定界框, 如图2-137所示。通过定界框可以进行缩放、旋转、切变等操作, 变换完成后按Enter键确认, 如图2-138所示。

图 2-137

另一个文档中。在一个文档中按住鼠标左键，将图层拖曳至另一个文档中，松开鼠标即可将该图层复制到另一个文档中，如图 2-141 和图 2-142 所示。

图 2-141

图 2-138

提示：水平移动、垂直移动

在使用"移动工具"移动对象的过程中，按住 Shift 键可以沿水平、垂直或斜 45° 的方向移动对象。

2. 移动并复制

在使用"移动工具"移动图像时，按住 Alt 键拖曳图像，可以复制图层。当图像中存在选区时，按住 Alt 键的同时拖动选区中的内容，则会在该图层内部复制选中的部分，如图 2-139 和图 2-140 所示。

图 2-139　　　　　　图 2-140

3. 在不同的文档之间移动图层

在不同的文档之间使用"移动工具"，可以将图层复制到

图 2-142

提示：移动选区中的像素

当图像中存在选区时，选中普通图层，使用"移动工具"进行移动时，选中图层内的所有内容都会移动，且原选区显示透明状态。当选中"背景"图层，使用"移动工具"进行移动时，选区部分将会被移动且原选区被填充背景色。

[重点] 2.4.10　动手练：对齐与分布图层

在版面的编排中，有一些元素是必须要对齐的。那么如何快速、精准地进行对齐呢？使用"对齐"功能可以将多个图层对象排列整齐。

在对图层操作之前，先要选择图层，在此按住 Ctrl 键加选多个需要对齐的图层。接着选择工具箱中的"移动工具" ，在其选项栏中单击对齐按钮 ，即可进行对齐，如图 2-143 所示。例如，单击"垂直居中对齐"按钮 ，效果如图 2-144 所示。

图 2-143

图 2-144

按钮 ，效果如图 2-146 所示。

图 2-145

图 2-146

 提示：对齐按钮

● ▼ (顶对齐)：将所选图层顶端的像素与当前图层顶端的中心像素对齐。

● ▮◆ (垂直居中对齐)：将所选图层的中心像素与当前图层垂直方向的中心像素对齐。

● ▮▮ (底对齐)：将所选图层底端的像素与当前图层底端的中心像素对齐。

● ▮▬ (左对齐)：将所选图层的中心像素与当前图层左边的中心像素对齐。

● ◈ (水平居中对齐)：将所选图层的中心像素与当前图层水平方向的中心像素对齐。

● ▬▮ (右对齐)：将所选图层的中心像素与当前图层右边的中心像素对齐。

提示：分布按钮

● ▦ (垂直顶部分布)：单击该按钮时，将平均每一个对象顶部基线之间的距离，调整对象的位置。

● ▤ (垂直居中分布)：单击该按钮时，将平均每一个对象水平中心基线之间的距离，调整对象的位置。

● ▥ (底部分布)：单击该按钮时，将平均每一个对象底部基线之间的距离，调整对象的位置。

● ▐▌ (左分布)：单击该按钮时，将平均每一个对象左侧基线之间的距离，调整对象的位置。

● ▌▌ (水平居中分布)：单击该按钮时，将平均每一个对象垂直中心基线之间的距离，调整对象的位置。

● ▌▐ (右分布)：单击该按钮时，将平均每一个对象右侧基线之间的距离，调整对象的位置。

　　多个对象已排列整齐了，那么怎么才能让每两个对象之间的距离是相等的呢？这时就需要用到"分布"功能。使用该功能可以将所选的图层以上下、左右两端的对象为起点和终点，将所选图层在这个范围内进行均匀的排列，得到具有相同间距的图层。在使用"分布"命令时，文档中必须包含多个图层(至少为 3 个图层，"背景"图层除外)。

　　首先加选需要进行分布的图层，然后在工具箱中选择"移动工具"，在其选项栏中单击分布按钮 ▦ ▤ ▥ ▐▌ ▌▌ ▌▐，即可进行分布，如图 2-145 所示。例如，单击"水平居中分布"

练习实例：使用对齐、分布制作整齐的杂志版面

文件路径	资源包\第2章\使用对齐、分布制作整齐的杂志版面
难易指数	★★★★★
技术要点	顶对齐、水平居中分布

扫一扫，看视频

案例效果

案例效果如图2-147所示。

图 2-147

操作步骤

步骤 01 执行"文件>打开"命令，将素材1.jpg打开，如图2-148所示。此时图片中版式下方位置没有其他的图片，本例将置入另外3张大小一致的图片，并通过对齐、分布操作制作整齐统一的杂志封面。

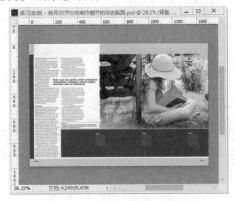

图 2-148

步骤 02 将其他的图片置入到文档中。执行"文件>置入嵌入对象"命令，在弹出的"置入嵌入的对象"窗口中选择素材2.jpg，然后单击"置入"按钮将图片置入。如图2-149所示。将光标放在定界框外，按住Shift键的同时按住鼠标左键将图片进行等比例缩小，操作完成后按Enter键，效果如图2-150所示。

图 2-149

图 2-150

步骤 03 选择置入的素材图层，右击，执行"栅格化图层"命令将图层栅格化，如图2-151所示。

图 2-151

步骤 04 使用同样的方法将素材2.jpg和3.jpg置入到文档中，将其调整到和素材1.jpg一样大小，并进行栅格化处理，如图2-152所示。

图 2-152

步骤 05 按住Ctrl键依次加选3个素材图层，在选项栏中单击"顶对齐"按钮，将3张图片顶部对齐，如图2-153所示。接着将3张图片向下移动至杂志封面底部的灰色矩形内，如图2-154所示。

图 2-153

中文版Photoshop CC平面设计从入门到精通（微课视频 全彩版）

图 2-154

步骤 06 适当调整3张图片之间的间距。在 3 张图片被选中的状态下，在选项栏中单击"水平居中分布"按钮，将图片进行水平居中分布，如图2-155所示。案例完成效果如图2-156所示。

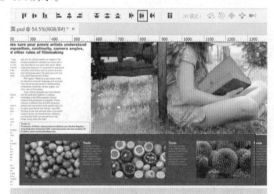

图 2-155

图 2-156

2.5 调整图像的尺寸及方向

在制作设计文档时，经常会对图像的尺寸有一定的要求。例如，在向网站平台上传图片的过程中，经常会限定图片的尺寸和大小。例如，电商平台对主图尺寸的要求是800像素×800像素，大小在500KB内。这时就需要将图片的长度和宽度调整为800像素，而存储之后的文件大小则小于500KB，使之符合上传条件。

重点 2.5.1 动手练：调整图像的尺寸

（1）要想调整图像尺寸，可以使用"图像大小"命令来完成。选择需要调整尺寸的图像，执行"图像>图像大小"命令，打开"图像大小"窗口，如图2-157所示。

扫一扫，看视频

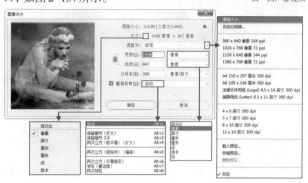

图 2-157

- 尺寸：显示当前文档的尺寸。单击该按钮，在弹出的下拉菜单中可以选择尺寸单位。

- 调整为：在该下拉列表框中可以选择多种常用的预设图像大小。例如，想要将图像制作为适合A4大小的纸张，则可以在该下拉列表框中选择"A4 210×297毫米300dpi"。

- 宽度／高度：在文本框中输入数值，即可设置图像的宽度或高度。输入数值之前，需要在右侧的单位下拉列表框中选择合适的单位，其中包括"像素""英寸""厘米"等。

- 🔗：启用"约束长宽比"按钮🔗时，对图像大小进行调整后，图片还会保持之前的长宽比。🔗未启用时，可以分别调整宽度和高度的数值。

- 分辨率：用于设置分辨率大小。输入数值之前，也需要在右侧的单位下拉列表框中选择合适的单位。需要注意的是，即使增大"分辨率"数值也不会使模糊的图片变清晰，因为原本就不存在的细节只通过增大分辨率是无法"画出"的。

- 重新采样：在该下拉列表框中可以选择重新采样的方式。

- 缩放样式：单击窗口右上角的⚙按钮，在弹出的菜单中选择"缩放样式"命令，此后对图像大小进行调整时，其原有的样式会按照比例进行缩放。

（2）调整图像大小时，首先一定要设置好正确的单位，接着在"宽度"和"高度"文本框中输入数值。默认情况下启用"约束长宽比"🔗，修改"宽度"或"高度"数值时，另一个数值也会随之发生变化。该按钮适用于需要将图像尺寸限定在某个特定范围内的情况。例如，作品要求尺寸最大边长不超过800像素。首先设置单位为"像素"；然后将"宽度"（也就是最长的边)数值改为800像素，"高度"数值也会随之发生变化；最后单击"确定"按钮，如图2-158所示。

图 2-158

（3）如果要输入的长宽比与现有图像的长宽比不同，则需要单击 按钮，使之处于未启用的状态。此时可以分别调整"宽度"和"高度"的数值；但修改了数值之后，可能会造成图像比例错误的情况。

提示：缩放图片尺寸的小技巧

例如，要求照片尺寸为宽300像素、高500像素（宽高比3∶5），而原始图像宽度为600像素、高度为800像素（宽高比为3∶4），那么修改了图像大小之后，照片比例会变得很奇怪，如图2-159所示。此时应该先启用"约束长宽比" ⑧，再按照要求输入较长的边（也就是"高度"）数值，使照片大小缩放到比较接近的尺寸，然后利用"裁剪工具"进行裁切，如图2-160所示。

图 2-159

图 2-160

扫一扫，看视频

【重点】2.5.2 动手练：修改文档的画布大小

执行"图像>画布大小"命令，在弹出的"画布大小"窗口中可以调整可编辑的画面范围。在"宽度"和"高度"文本框中输入数值，可以设置修改后的画布尺寸。

如果选中"相对"复选框，"宽度"和"高度"数值将代表实际增加或减少的区域大小，而不再代表整个文档的大小。输入正值表示增加画布，输入负值则表示减小画布。图2-161所示为原始图片，图2-162所示为"画布大小"窗口。

图 2-161　　　　　图 2-162

* 定位：主要用来设置当前图像在新画布上的位置。图2-163和图2-164所示为不同定位位置的对比效果。

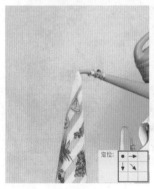　

图 2-163　　　　　图 2-164

* 画布扩展颜色：当"新建大小"大于"当前大小"（即原始文档尺寸）时，在此处可以设置扩展区域的填充颜色。图2-165和图2-166所示分别为使用"前景色"与"背景色"填充扩展颜色的效果。

中文版Photoshop CC平面设计从入门到精通（微课视频 全彩版）

图 2-165　　　　　　　图 2-166

"画布大小"与"图像大小"的概念不同,"画布"指的是整个可以绘制的区域而非部分图像区域。例如,增大"图像大小",会将画面中的内容按一定比例放大;而增大"画布大小",则在画面中增大了部分空白区域,原始图像没有变大,如图 2-167 所示。如果缩小"图像大小",画面内容会按一定比例缩小;缩小"画布大小",图像则会被裁掉一部分,如图 2-168 所示。

(a) 600像素×600像素　(b) 图像大小:1000像素×1000像素　(c) 画布大小:1000像素×1000像素

图 2-167

(a) 600像素×600像素　　(b) 图像大小:300像素×300像素　　(c) 画布大小:300像素×300像素

图 2-168

【重点】2.5.3 裁剪工具:裁剪画面构图

想要裁剪掉画面中的部分内容,最便捷的方法就是在工具箱中选择"裁剪工具" 口,直接在画面中绘制出需要保留的区域即可。图 2-169 所示为该工具选项栏。

图 2-169

(1) 选择工具箱中的"裁剪工具" 口,如图 2-170 所示。在画面中按住鼠标左键拖动,绘制一个需要保留的区域,如图 2-171 所示。接下来还可以对这个区域进行调整,将光标移动到裁剪框的边缘或者四角处,按住鼠标左键拖动,即可调整裁剪框的大小,如图 2-172 所示。

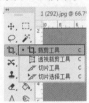

图 2-170

图 2-171

图 2-172

(2) 若要旋转裁剪框,可将光标放置在裁剪框外侧,当它变为带弧线的箭头形状时,按住鼠标左键拖动即可,如图 2-173 所示。调整完成后,按 Enter 键确认,如图 2-174 所示。

图 2-173

图 2-174

（3）"裁剪工具"也能够用于放大画布。当需要放大画布时，若在选项栏中选中"内容识别"复选框，则会自动补全由于裁剪造成的画面局部空缺，如图 2-175 所示；若取消选中该复选框，则以背景色进行填充，如图 2-176 所示。

图 2-175

图 2-176

（4）  用于设置裁切的约束方式。如果想要按照特定比例进行裁剪，可以在该下拉列表框中选择"比例"选项，然后在右侧文本框中输入比例数值即可，如图 2-177 所示。如果想要按照特定的尺寸进行裁剪，则可以在该下拉列表框中选择"宽×高×分辨率"选项，在右侧文本框中输入宽、高和分辨率的数值，如图 2-178 所示。想要随意裁剪的时候则需要单击"清除"按钮，清除长宽比。

图 2-177

图 2-178

（5）在工具选项栏中单击"拉直" 按钮，在图像上按住鼠标左键画出一条直线，松开鼠标后，即可通过将这条线校正为直线来拉直图像，如图 2-179 和图 2-180 所示。

图 2-179 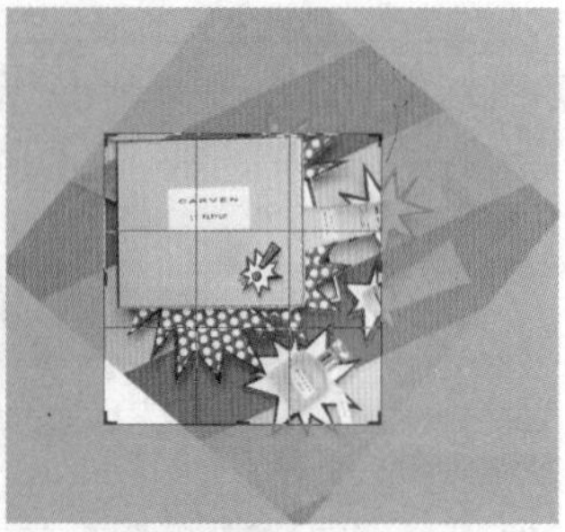　　　　　　　图 2-180

（6）如果在工具选项栏中选中"删除裁剪的像素"复选框，裁剪之后会彻底删除裁剪框外部的像素数据，如图 2-181 所示。如果取消选中该复选框，多余的区域将处于隐藏状态，如图 2-182 所示。如果想要还原到裁切之前的画面，只需要再次选择"裁剪工具"，然后随意操作，即可看到原文档。

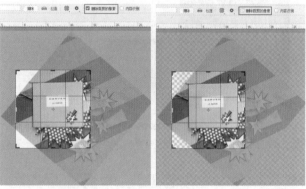

图 2-181　　　　　　　图 2-182

2.5.4　透视裁剪：去除画面透视效果

"透视裁剪工具" 可以在对图像进行裁剪的同时调整图像的透视效果，常用于去除图像中的透视感，或者在带有

中文版Photoshop CC平面设计从入门到精通（微课视频　全彩版）

透视感的图像中提取局部，也可以为图像添加透视感。

（1）例如，打开一幅带有透视感的图像，然后右击工具箱中的裁切工具组按钮，选择"透视裁剪工具"，在画面相应的位置单击，如图2-183所示。接着沿着图像边缘以单击的方式绘制透视裁剪框，如图2-184所示。

图 2-183

图 2-184

（2）继续进行绘制，绘制出4个点即可，如图2-185所示。按Enter键完成裁剪，可以看到原本带有透视感的对象被"拉"成了平面图，如图2-186所示。

图 2-185

图 2-186

（3）如果以当前图像透视的反方向绘制裁剪框（如图2-187所示），则能够起到强化图像透视的作用，如图2-188所示。

图 2-187

图 2-188

【重点】2.5.5　旋转画布到正常的角度

使用相机拍摄照片时，有时会由于相机朝向使照片产生横向或竖向效果。这些问题可以通过"图像>图像旋转"子菜单中的相应命令来解决，如图2-189所示。图2-190所示为原图、"180度""顺时针90度""逆时针90度""水平翻转画布""垂直翻转画布"的对比效果。

图 2-189

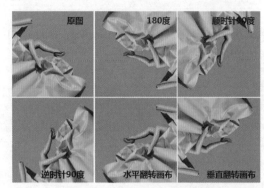

图 2-190

执行"图像>图像旋转>任意角度"命令,在弹出的"旋转画布"窗口中输入特定的旋转角度,并设置旋转方向为"度顺时针"或"度逆时针",如图2-191所示。图2-192所示为顺时针旋转60度的效果。旋转之后,画面中多余的部分被填充为当前的背景色。

图 2-191   图 2-192

2.6 变换图层形状

【重点】2.6.1 动手练:自由变换

在制图过程中,经常需要调整图层的大小、角度,有时也需要对图层的形态进行扭曲、变形,这些都可以通过"自由变换"命令来实现。选中需要变换的图层,执行"编辑>自由变换"命令(快捷键:Ctrl+T)。此时对象进入自由变换状态,四周出现了定界框,4个角点处以及4条边框的中间都有控制点。完成变换后,按Enter键确认。如果要取消正在进行的变换操作,可以按Esc键。右击可以看到其他的变换命令,如图2-193所示。

图 2-193

扫一扫,看视频

1. 放大、缩小

按住鼠标左键拖曳定界框上、下、左、右边框上的控制点,可以进行横向或纵向的放大或缩小,如图2-194所示。按住鼠标左键拖曳角点处的控制点,可以同时对横向和纵向进行放大或缩小,如图2-195所示。

 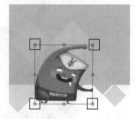

图 2-194   图 2-195

自由变换状态下,按住Shift键的同时拖曳定界框4个角点处的控制点,可以进行等比缩放,如图2-196所示。如果按住Shift+Alt键的同时拖曳定界框4个角点处的控制点,能够以图层中心点作为缩放中心进行等比缩放,如图2-197所示。

图 2-196   图 2-197

2. 旋转

将光标移动至4个角点处的任意一个控制点上,当其变为弧形的双箭头形状 ↱ 后,按住鼠标左键拖动即可进行旋转,如图2-198所示。

图 2-198

中文版Photoshop CC平面设计从入门到精通(微课视频 全彩版)

3. 斜切

在自由变换状态下，右击，执行"斜切"命令，然后按住鼠标左键拖曳控制点，即可看到变换效果，如图2-199所示。

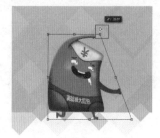

图 2-199

4. 扭曲

在自由变换状态下，右击，执行"扭曲"命令，然后按住鼠标左键拖曳上、下控制点，可以进行水平方向的扭曲，如图2-200所示；按住鼠标左键拖曳左、右控制点，可以进行垂直方向的扭曲，如图2-201所示。

图 2-200   图 2-201

5. 透视

在自由变换状态下，右击，执行"透视"命令，拖曳一个控制点即可产生透视效果，如图2-202和图2-203所示。此外，也可以选择需要变换的图层，执行"编辑>变换>透视"命令。

图 2-202   图 2-203

6. 变形

在自由变换状态下，右击，执行"变形"命令，拖曳网格线或控制点即可进行变形操作，如图2-204所示。此外，也可以在调出变形定界框后，在工具选项栏的"变形"下拉列表框中选择一个合适的形状，然后设置相关参数，效果如图2-205所示。

图 2-204

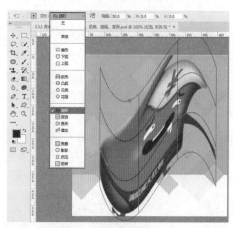

图 2-205

7. 旋转180度、顺时针旋转90度、逆时针旋转90度、水平翻转、垂直翻转

在自由变换状态下，右击，在弹出的快捷菜单的底部还有5个旋转的命令，即"旋转180度""顺时针旋转90度""逆时针旋转90度""水平翻转"与"垂直翻转"命令，如图2-206所示。顾名思义，根据这些命令的名字就能够判断出它们的用途。

图 2-206

提示：复制并重复上一次变换

如要制作一系列变换规律相似的元素，可以使用"复制并重复上一次变换"功能来完成。在使用该功能之前，需要先设定好一个变换规律。

首先确定一个变换规律；然后按快捷键Ctrl+Alt+T调出定界框，将"中心点"拖曳到定界框左下角的位置，如

图2-207所示；接着对图像进行旋转和缩放，按Enter键确认，如图2-208所示；最后多次按快捷键Shift+Ctrl+Alt+T，可以得到一系列规律的变换效果，如图2-209所示。

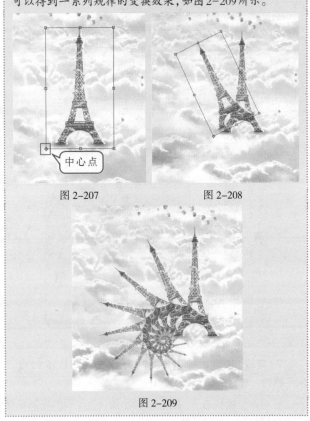

图2-207　　　　　　　图2-208

图2-209

练习实例：变换图层制作立体书籍

文件路径	资源包\第2章\变换图层制作立体书籍
难易指数	★★★★★
技术要点	自由变换

案例效果

案例效果如图2-210所示。

图2-210

操作步骤

步骤 01 执行"文件>打开"命令，将背景素材1.jpg打开，如图2-211所示。

图2-211

步骤 02 执行"文件>置入嵌入对象"命令，在弹出的"置入嵌入的对象"窗口中选中素材2.jpg，然后单击"置入"按钮，如图2-212所示。接着将光标放在定界框外，按住Shift键的同时按住鼠标左键将素材进行等比例缩小，如图2-213所示。操作完成后按Enter键。

图2-212

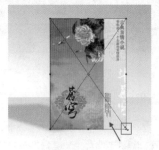

图2-213

步骤 03 选择置入的素材图层，右击，执行"栅格化图层"命令，将素材图层进行栅格化处理，如图2-214所示。

步骤 04 制作立体的书籍封面。选择素材图层，使用自由变

中文版Photoshop CC平面设计从入门到精通（微课视频 全彩版）

换快捷键Ctrl+T调出定界框,将光标放在定界框任意一角,按住鼠标左键将素材进行旋转,如图2-215所示。

图2-214　　　　　　　　　图2-215

步骤 05 在当前自由变换状态下,右击,执行"扭曲"命令,按住鼠标左键拖动调整每个控制点的位置,如图2-216所示。操作完成后按Enter键,此时立体的书籍封面制作完成。

图2-216

步骤 06 制作立体的书脊。置入书脊素材3.jpg,调整大小后放在封面左边位置并将图层栅格化,如图2-217所示。然后使用同样的方法对书脊进行旋转和扭曲,制作出立体的书脊,效果如图2-218所示。此时立体书籍的展示效果制作完成。

图2-217　　　　　　　　　图2-218

【重点】2.6.2　内容识别缩放:保留主体物并调整图片比例

在变换图像时经常要考虑是否等比的问题,因为很多不等比的变形是不美观、不专业、不能用的。不过对于一些图像,等比缩放确实能够保证画面效果不变形,但是图像尺寸可能就不尽如人意了。那有没有一种方法既能保证画面效果不变形,又能不等

扫一扫,看视频

比地调整大小呢?答案是有的,可以使用"内容识别缩放"命令进行缩放操作。"内容识别缩放"命令只适用于普通图层。

(1)在图2-219中,可以看到画面非常宽。如果要将画面的宽度收缩一些,按快捷键Ctrl+T调出定界框,然后横向收缩,画面中的图像就变形了,如图2-220所示。

图2-219　　　　　　　　　图2-220

(2)若执行"编辑>内容识别缩放"命令调出定界框,然后进行横向的收缩,随着拖曳可以看到画面中的主体并未发生变形,而颜色较为统一的位置则进行了压缩,如图2-221所示。如果进行纵向的拉伸,可以看到被放大的是背景色部分,主体物仍然没有发生太多的变化,如图2-222所示。

图2-221

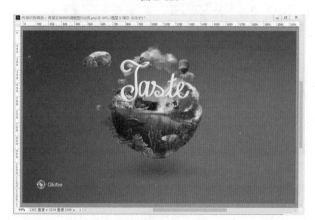

图2-222

(3)如果要缩放人像图片(如图2-223所示),可以在执行完"内容识别缩放"命令之后单击选项栏中的"保护肤色"按钮 ,然后进行缩放。这样可以最大限度地保证人物比例,如图2-224所示。

图 2-223

图 2-224

提示：选项栏中的"保护"选项的用法

选择要保护的区域的Alpha通道。如果要在缩放图像时保留特定的区域，"内容识别缩放"命令允许在调整大小的过程中使用Alpha通道来保护内容。

2.7 打印设置

设计作品制作完成后，经常需要打印成纸质的实物。想要进行打印，首先需要设置合适的打印参数。

[重点]2.7.1 设置打印选项

（1）执行"文件>打印"命令，打开"Photoshop打印设置"窗口，在这里可以进行打印参数的设置。首先需要在右侧顶部设置要使用的打印机，输入打印份数，选择打印版面。单击"打印设置"按钮，在弹出的窗口中设置打印纸张的尺寸等参数，然后单击"确定"按钮返回。

（2）在"位置和大小"选项组中设置文档位于打印页面的位置和缩放大小（也可以直接在左侧打印预览图中调整图像大小）。勾选"居中"复选框，可以将图像定位于可打印区域的中心；关闭"居中"复选框，可以在"顶"和"左"文本框中输入数值来定位图像。也可以在预览区域中移动图像进行自由定位，从而打印部分图像。勾选"缩放以适合介质"复选框，

可以自动缩放图像到适合纸张的可打印区域；取消选中"缩放以适合介质"复选框，可以在"缩放"选项中输入图像的缩放比例，或在"高度"和"宽度"文本框中设置图像的尺寸。勾选"打印选定区域"复选框可以启用裁剪控制功能，调整定界框移动或缩放图像，如图2-225所示。

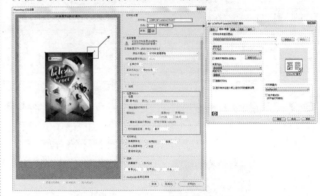

图 2-225

（3）展开"色彩管理"选项组，可以进行颜色的设置，如图2-226所示。

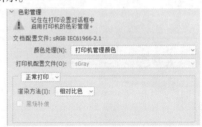

图 2-226

* 颜色处理：设置是否使用色彩管理。如果使用色彩管理，则需要确定将其应用到程序中还是打印设备中。
* 打印机配置文件：选择适用于打印机和将要使用的纸张类型的配置文件。
* 渲染方法：指定颜色从图像色彩空间转换到打印机色彩空间的方式，包括"可感知""饱和度""相对比色""绝对比色" 4种。"可感知"渲染将尝试保留颜色之间的视觉关系，色域外颜色转变为可重现颜色时，色域内的颜色可能会发生变化。因此，如果图像的色域外颜色较多，"可感知"渲染是最理想的选择。"相对比色"渲染可以保留较多的原始颜色，是色域外颜色较少时的最理想选择。

（4）在"打印标记"选项组中可以指定打印的页面标记，如图2-227所示。

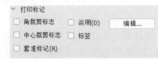

图 2-227

- **角裁剪标志**：在要裁剪页面的位置打印裁剪标记。可以在角上打印裁剪标记。在PostScript打印机上，勾选该复选框也将打印星形靶。
- **说明**：打印在"文件简介"对话框中输入的任何说明文本（最多约300个字符）。
- **中心裁剪标志**：在要裁剪页面的位置打印裁剪标记。可以在每条边的中心打印裁剪标记。
- **标签**：在图像上方打印文件名。如果打印分色，则将分色名称作为标签的一部分进行打印。
- **套准标志**：在图像上打印套准标记（包括靶心和星形靶）。这些标记主要用于对齐PostScript打印机上的分色。

（5）展开"函数"选项组，如图2-228所示。

图 2-228

- **药膜朝下**：使文字在药膜朝下（即胶片或相纸上的感光层背对）时可读。在正常情况下，打印在纸上的图像是药膜朝上打印的，感光层正对时文字可读。打印在胶片上的图像通常采用药膜朝下的方式打印。
- **负片**：打印整个输出（包括所有蒙版和任何背景色）的反相版本。
- **背景**：选择要在页面上的图像区域外打印的背景色。
- **边界**：在图像周围打印一个黑色边框。
- **出血**：在图像内而不是在图像外打印裁剪标记。

（6）全部设置完成后单击"打印"按钮，即可打印文档。单击"确定"按钮会保存当前的打印设置。

2.7.2 打印一份

执行"文件>打印一份"命令，即可按之前所做的打印设置快速打印当前文档。

2.7.3 创建颜色陷印

肉眼观察印刷品时，会出现一种深色距离较近、浅色距离较远的错觉。因此，在处理陷印时，需要使深色下的浅色不露出来，而保持上层的深色不变。"陷印"又称为"扩缩"或"补漏白"，主要是为了弥补因印刷不精确而造成的相邻的不同颜色之间留下的无色空隙，如图2-229所示。只有图像的颜色为CMYK颜色模式时，"陷印"命令才可用。执行"图像>陷印"命令，打开"陷印"对话框。其中"宽度"选项表示印刷时颜色向外扩张的距离(图像是否需要陷印一般由印刷商决定，如果需要陷印，印刷商会告诉用户要在"陷印"对话框中输入的数值)，如图2-230所示。

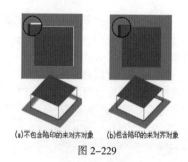

(a)不包含陷印的未对齐对象　(b)包含陷印的未对齐对象

图 2-229

图 2-230

2.8 操作 Photoshop 的便捷方式

在Photoshop中有很多便捷的操作方式，如可以使用快捷键、快捷菜单等。掌握快捷方式的使用可以节约从工作界面中选择工具和菜单命令的时间，提高工作效率。

2.8.1 使用快捷键

使用快捷键是提高工作效率的方法之一。快捷键并不需要死记硬背，只要在操作中多留心，反复使用几次就可以记住。

（1）在Photoshop中，很多工具和菜单命令都带有系统的快捷键。要查看工具的快捷键，可将鼠标指针移到工具箱中的工具按钮上，稍等片刻即可显示快捷键，如图2-231所示。

（2）要查看执行各项菜单命令所应用的快捷键，可在菜单栏中单击各个菜单项，在弹出的下拉菜单右侧即可显示出来，如图2-232所示。

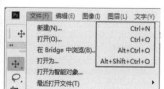

图 2-231　　　　　　图 2-232

2.8.2 巧用右键快捷菜单

右键快捷菜单是用户在右击后弹出的菜单。Photoshop中的很多工具或命令都带有右键快捷菜单。在右键快捷菜单中可以显示当前可执行的一部分操作，从中选择某一命令即可执行相应的操作，这样可以节约从菜单栏中选择所需命令的时间。例如，在这里单击工具箱中的"矩形选框工具"按钮，然后将光标移动至画布中，右击就可以弹出快捷菜单，如图2-233所示。

在各种面板中右击也可以弹出快捷菜单。例如，在"图层"面板的标题栏处右击，弹出的快捷菜单如图2-234所示。

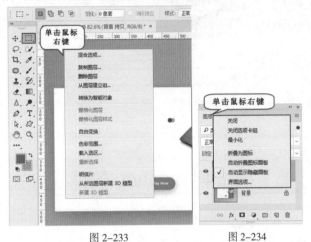

图 2-233　　　　　　　图 2-234

2.8.3　为命令定义独特的快捷键

在Photoshop中有很多默认的快捷键，例如"新建文件"的快捷键为Ctrl+N，"保存文件"的快捷键为Ctrl+S。此外，用户还可以根据自身的习惯设置快捷键。

（1）执行"编辑>键盘快捷键"命令，打开"键盘快捷键和菜单"对话框，如图2-235所示。该对话框是一个快捷键编辑器，它包含了支持快捷键的命令。

图 2-235

（2）打开"快捷键用于"下拉列表框，从中选择需要修改快捷键的项目，如图2-236所示。在这里若要修改"工具"的快捷键，那么就选择"工具"选项。

（3）将"快捷键用于"设置为"工具"后，在"工具面板命令"列表中单击要更改快捷键的命令，在快捷键栏中将出现文字编辑框，如图2-237所示。

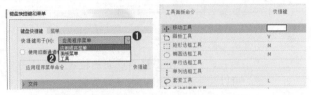

图 2-236　　　　　　　图 2-237

（4）在文字编辑框中输入自定义的快捷键，在这里将"移动工具"的快捷键设置为D。此时可以看到其右侧出现叹号警示图标，表示该快捷键与预设的快捷键冲突（在底部会显示警示内容）。单击右侧的"接受"按钮，即提交该快捷键的设置，那么与之相冲突的快捷键将会被移除，如图2-238所示。

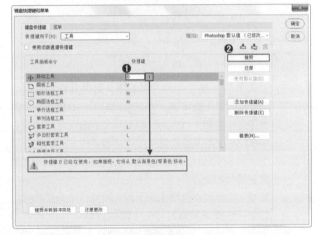

图 2-238

（5）设置完成后，单击"确定"按钮，提交当前操作。将光标移动至工具箱中"移动工具"按钮处，稍等片刻会显示该工具的名称及快捷键，如图2-239所示。可以看到系统显示"移动工具"的快捷键为D。

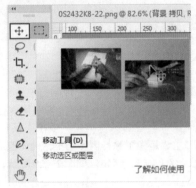

图 2-239

（6）若要复位默认值，可以打开"键盘快捷键和菜单"对话框，然后按住Alt键，此时"取消"按钮会变为"复位"按钮。单击"复位"按钮即可复位默认值，如图2-240所示。

中文版Photoshop CC平面设计从入门到精通（微课视频　全彩版）

图 2-240

2.8.4　快速调整参数值

在实际操作中,经常会遇到设置参数值的操作。在Photoshop中设置参数值的方法大同小异,下面以设置"图层"面板中的"不透明度"的数值为例,来学习设置参数值的方法。

(1)在数值输入框中直接输入数值进行参数值的设置,如图2-241所示。

(2)对于带有下拉按钮的数值输入框,可以单击该下拉按钮,显示出隐藏的控制条。通过拖曳控制条上的滑块可调节数值的大小,如图2-242所示。

图 2-241

图 2-242

(3)也可以将光标移动至参数名称处,当它变为 状时,按住鼠标左键左右拖曳即可更改参数值,如图2-243所示。

图 2-243

2.8.5　使用"学习"面板

针对新手,Photoshop提供了"学习"面板,便于根据提示学习操作。

(1)执行"窗口>学习"命令,打开"学习"面板。该面板中有 4 个主题,即"摄影""修饰""合并图像"和"图形设计",可以根据所要学习的内容进行选择。例如,要给数码照片调色,那么可以单击"摄影"右侧的>按钮,展开隐藏的选项,如图2-244和图2-245所示。

图 2-244

图 2-245

(2)选择"调配颜色",如图2-246所示。打开一个文档,接下来通过这个文档学习操作。

图 2-246

首先查看"学习"面板中的文字说明,然后单击"下一步"按钮,如图2-247所示。

(3)进入到下一个界面中,先阅读"学习"面板中的文字说明,然后根据提示进行操作。在这里执行"图像>调整>亮度/对比度"命令,如图2-248所示。执行命令后会弹出"亮度/对比度"窗口,在该窗口中会有关于参数设置的提示,如图2-249所示。

图 2-247

图 2-248

图 2-249

图 2-250

图 2-251

图 2-252

(4)根据提示进行参数的设置,设置完成后单击"确定"按钮,如图2-250所示。接着即可查看调色效果。在"学习"面板中单击"下一步"按钮进行下一步的操作,如图2-251所示。若要重新操作可以使用快捷键Ctrl+Alt+Z撤销操作,进行重试。

(5)根据提示继续进行操作,操作完成后可以查看调色效果。在"学习"面板中可以继续学习其他知识点的操作,如图2-252所示。

2.9 精准制图的辅助工具

Photoshop提供了多种方便、实用的辅助工具:标尺、参考线、智能参考线、网格、对齐等。使用这些工具,用户可以轻松制作出尺度精准的对象和排列整齐的版面。

【重点】2.9.1 使用标尺

扫一扫,看视频

在对图像进行精确处理时,就要用到标尺工具了。

1. 开启标尺

执行"文件>打开"命令,打开一张图片。执行"视图>标尺"命令(快捷键:Ctrl+R),在文档窗口的顶部和左侧出现标尺,如图2-253所示。

图 2-253

2. 调整标尺原点

虽然标尺只能在窗口的左侧和上方,但是可以通过更改原点(也就是零刻度线)的位置来满足使用需要。默认情况下,标尺的原点位于窗口的左上方。将光标放置在原点上,然后按住鼠标左键拖曳原点,画面中会显示出"十"字线。释放鼠标左键后,释放处便成了原点的新位置,同时刻度值也会发生变化,如图 2-254 和图 2-255 所示。想要使标尺原点恢复默认状态,在左上角两条标尺交界处双击即可。

图 2-254   图 2-255

3. 设置标尺单位

在标尺上右击,在弹出的快捷菜单中选择相应的单位,即可设置标尺的单位,如图 2-256 所示。

图 2-256

{重点}2.9.2　使用参考线

"参考线"是一种很常用的辅助工具,在平面设计中尤为适用。例如,制作对齐的元素时,徒手移动很难保证元素整齐排列;如果有了参考线,则可以在移动对象时自动"吸附"到参考线上,从而使版面更加整齐。除此之外,在制作一个完整的版面时,也可以先使用参考线将版面进行分割,之后再进行元素的添加。

扫一扫,看视频

"参考线"是一种显示在图像上方的虚拟对象(打印和输出时不会显示),用于辅助移动、变换过程中的精确定位。执行"视图>显示>参考线"命令,可以切换参考线的显示和隐藏状态。

1. 创建参考线

首先按快捷键 Ctrl+R,打开标尺。将光标放置在水平标尺上,然后按住鼠标左键向下拖曳,即可拖出水平参考线,如图 2-257 所示;将光标放置在左侧的垂直标尺上,然后按住鼠标左键向右拖曳,即可拖出垂直参考线,如图 2-258 所示。

图 2-257

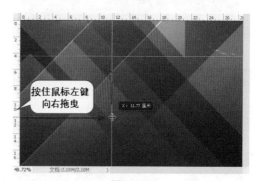

图 2-258

2. 移动和删除参考线

如果要移动参考线,单击工具箱中的"移动工具"按钮 ⊕,然后将光标放置在参考线上,当其变成分隔符形状 ⇔ 时,按住鼠标左键拖动,即可移动参考线,如图 2-259 所示。如果使用"移动工具"将参考线拖曳出画布之外,则可以删除这条参考线,如图 2-260 所示。

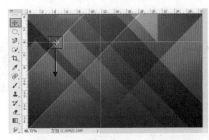

图 2-259

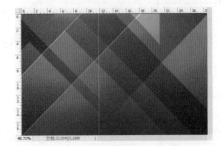

图 2-260

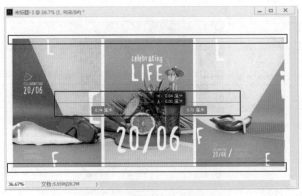

图 2-262

同样,缩放图层到某个图层一半尺寸时也会出现智能参考线,如图 2-263 所示。绘制图形时也会出现,如图 2-264 所示。

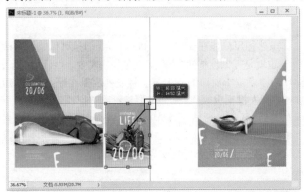

图 2-263

> **提示:参考线可对齐或任意放置**
>
> 在创建、移动参考线时,按住 Shift 键可以使参考线与标尺刻度对齐;在使用其他工具时,按住 Ctrl 键可以将参考线放置在画布中的任意位置,并且可以让参考线不与标尺刻度对齐。

3. 删除所有参考线

若要删除画布中的所有参考线,则可以执行"视图>清除参考线"命令。

2.9.3 智能参考线

"智能参考线"是一种在绘制、移动、变换等情况下自动出现的参考线,可以帮助用户对齐特定对象。例如,使用"移动工具"移动某个图层,如图 2-261 所示。移动过程中与其他图层对齐时就会显示出洋红色的智能参考线,而且还会提示图层之间的间距,如图 2-262 所示。

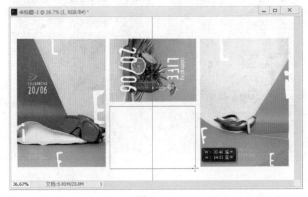

图 2-264

2.9.4 网格

网格主要用来对齐对象。借助网格可以更精准确定绘制对象的位置,尤其是在制作标志、绘制像素画时,网格更是必不可少的辅助工具。在默认情况下,网格显示为不打印出来的线条。打开一张图片,如图 2-265 所示。接着执行"视图>显示>网格"命令,就可以在画布中显示出网格,如图 2-266 所示。

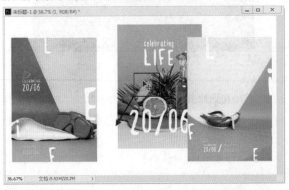

图 2-261

中文版Photoshop CC平面设计从入门到精通(微课视频 全彩版)

图 2-265　　　　　　　　图 2-266

提示：设置不同颜色的参考线和网格

　　默认情况下参考线为青色，智能参考线为洋红色，网格为灰色。如果正在编辑的文档与这些辅助对象的颜色非常相似，则可以更改参考线、网格的颜色。执行"编辑>首选项>参考线、网格和切片"命令，在弹出的"首选项"对话框中可以选择合适的颜色，还可以选择线条类型，如图 2-267 所示。

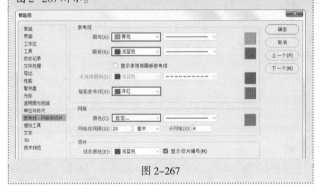

图 2-267

2.9.5　对齐

　　在移动、变换或者创建新图形时，经常会感受到对象自动被"吸附"到另一个对象的边缘或者某些特定位置，这是因为开启了"对齐"功能。"对齐"有助于精确地放置选区、裁剪选框、切片、形状和路径等。执行"视图>对齐"命令，可以切换"对齐"功能的开启与关闭。在"视图>对齐到"菜单下可以设置可对齐的对象，如图 2-268 所示。

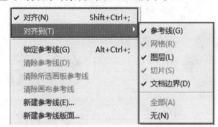

图 2-268

读书笔记

Chapter
3
第3章

扫一扫，看视频

绘图

本章内容简介

在进行平面设计作品的设计时，图形是必不可少的元素。无论作为背景中的装饰元素，还是作为主体物，画面中都会用到形态各异、颜色不同的图形。在 Photoshop 中有多种方法可以进行图形的创建，可以通过创建选区并填充的方式得到图形，也可以使用矢量绘图工具绘制出可进行重复编辑的矢量图形。矢量绘图是一种风格独特的插画，画面内容通常由颜色不同的图形构成，图形边缘锐利，形态简洁明了，画面颜色鲜艳动人。

重点知识掌握

- 熟练掌握颜色的设置。
- 掌握画笔工具、橡皮擦工具的使用方法。
- 掌握选区的创建方法。
- 掌握渐变填充的方式。
- 熟练掌握使用形状工具绘制图形。
- 熟练掌握钢笔工具的使用方法。

通过本章学习，我能做什么

通过本章的学习，能够熟练掌握多种绘图方式，如画笔绘图、绘制选区后进行填充描边以及矢量绘图等，制作形态各异，颜色丰富的作品。

优秀作品欣赏

3.1 设置颜色

当想要画一幅画时,首先想到的是纸、笔、颜料。在Photoshop中,"文档"就相当于纸,"画笔工具"是笔,"颜料"则需要通过颜色的设置得到。需要注意的是,设置好的颜色不是仅用于"画笔工具""渐变工具""填充"命令、"颜色替换画笔",甚至滤镜中都可能涉及颜色的使用。

在Photoshop中可以从拾色器中随意选择任何颜色,还可以从画面中选择某种颜色。本节就来学习几种颜色设置的方法。

重点 3.1.1 设置前景色、背景色

在学习颜色的具体设置方法之前,首先认识一下"前景色"和"背景色"。在工具箱的底部可以看到前景色和背景色设置按钮(默认情况下,前景色为黑色,背景色为白色),如图3-1所示。单击 按钮可以切换所设置的前景色和背景色(快捷键:X),如图3-2所示。单击 按钮可以恢复默认的前景色和背景色(快捷键:D),如图3-3所示。

扫一扫,看视频

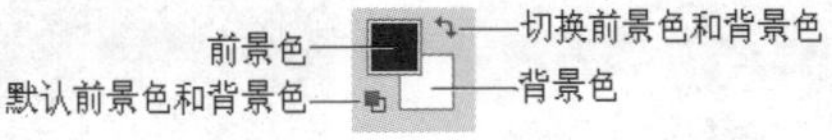

```
切换前景色和背景色
前景色
默认前景色和背景色         背景色
```

图3-1

图3-2　图3-3

通常前景色使用的情况更多些,通常被用于绘制图像、填充某个区域以及描边选区等,如图3-4所示。而背景色通常起到"辅助"的作用,常用于生成渐变填充和填充图像中被删除的区域(例如使用橡皮擦擦除背景图层时,被擦除的区域会呈现出背景色)。一些特殊滤镜也需要使用前景色和背景色,如"纤维"滤镜和"云彩"滤镜等,如图3-5所示。

图3-4　图3-5

认识了前景色与背景色之后,可以尝试单击前景色或背景色的小色块,接下来就会弹出"拾色器"。"拾色器"是Photoshop中最常用的颜色设置工具,不仅在设置前景色/背景色时使用,很多颜色设置(如文字颜色、矢量图形颜色等)都需要使用它。

前景色与背景色的设置方法相同。以设置"前景色"为例,首先单击工具箱底部的"前景色"按钮,弹出"拾色器(前景色)"窗口,拖动颜色滑块到相应的色相范围内,然后将光标放在左侧的"色域"中,单击即可选择颜色,设置完毕后单击"确定"按钮完成操作,如图3-6所示。如果想要设定精确数值的颜色,也可以在"颜色值"处输入数值。设置完毕后,前景色随之发生了变化,如图3-7所示。

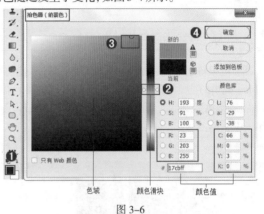

色域　　颜色滑块　　颜色值

图3-6

图3-7

提示:使用"Web安全色"

Web安全色是指在不同操作系统和不同浏览器之中都能正常显示的颜色。为什么在设计网页时需要使用安全色呢?这是由于网页需要在不同的操作系统下或在不同的浏览器中浏览,而不同操作系统或浏览器的颜色都有一些细微的差别。所以,确保制作出的网页颜色能够在所有显示器中显示相同的效果是非常重要的,这就需要在制作网页时使用"Web安全色"。

在"拾色器"中选择颜色时,勾选窗口左下角的"只有Web颜色"复选框,之后,色域中的颜色明显减少,此时选择的颜色皆为安全色,如图3-8所示。

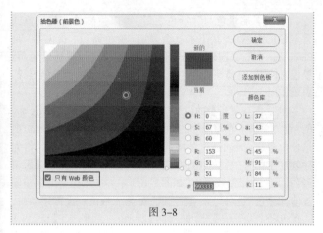

图 3-8

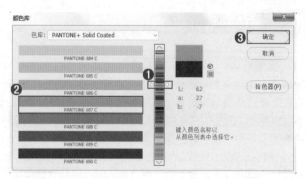

图 3-11

3.1.2 从颜色库中选择颜色

除了可以随意地在拾色器中选择任意颜色，还可以在Photoshop提供的"颜色库"中选择一种颜色。在"拾色器"窗口中单击"颜色库"按钮，如图3-9所示。弹出"颜色库"窗口，如图3-10所示。

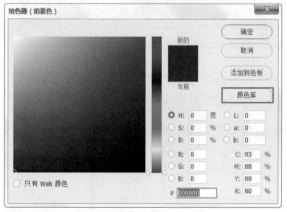

图 3-9

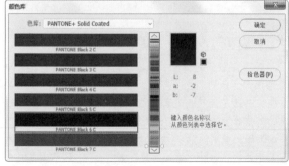

图 3-10

拖动中间的滑块选择一个合适的色相，然后在左侧选择一种颜色，最后单击"确定"按钮完成颜色的选择，如图3-11所示。

扫一扫，看视频

[重点] 3.1.3 快速填充颜色

前景色或背景色的填充是十分常用的，所以通常都使用快捷键进行操作。选择一个图层或者绘制一个选区，如图3-12所示。设置合适的前景色，使用前景色填充快捷键Alt+Delete进行填充，效果如图3-13所示；接着设置合适的背景色，使用背景色填充快捷键Ctrl+Delete进行填充，效果如图3-14所示。

图 3-12

图 3-13

图 3-14

中文版Photoshop CC平面设计从入门到精通（微课视频 全彩版）

{重点}3.1.4 动手练:使用"吸管工具"从画面中取色

"吸管工具" 可以吸取图像中的一种颜色作为前景色或背景色。

在工具箱中单击"吸管工具"按钮,在图像中单击,此时拾取的颜色将作为前景色,如图3-15所示。按住Alt键,然后单击图像中的区域,此时拾取的颜色将作为背景色,如图3-16所示。

图3-15 　　　　　　　　图3-16

- **取样大小**:设置吸管工具取样范围的大小。选择"取样点"选项时,可以选择像素的精确颜色;选择"3×3平均"选项时,可以选择所在位置3个像素区域以内的平均颜色;选择"5×5平均"选项时,可以选择所在位置5个像素区域以内的平均颜色;其他选项以此类推。
- **样本**:可以从"当前图层"或"所有图层"中采集颜色。
- **显示取样环**:勾选该复选框以后,可以在拾取颜色时显示取样环。如果"显示取样环"复选框处于不可用状态,可以执行"编辑>首选项>性能"命令,在弹出的对话框中的"图形处理器设置"选项组下勾选"使用图形处理器"复选框(如果此复选框不可用,那么可能是设备不支持或者显卡驱动的问题)。

 提示:吸管工具使用技巧

使用"吸管工具"采集颜色时,按住鼠标左键将光标拖曳出画布以外,可以采集Photoshop的界面和界面以外的颜色信息。

3.2 画笔绘画

在Photoshop中提供了非常强大的绘制工具和方便的擦除工具,这些工具除了在数字绘画中能够使用到,在平面设计作品的编排中有重要用途。

{重点}3.2.1 画笔工具

当想要"画"点的时候,首先肯定想到的就是要找一支"画笔"。在Photoshop的工具箱中看一下,果然有一个毛笔形状的图标 ——"画笔工具"。"画笔工具"是以"前景色"作为"颜料"在画面中进行绘制的。

绘制的方法也很简单,如果在画面中单击,能够绘制出一个圆点(因为默认情况下的画笔工具笔尖为圆形),如图3-17所示。在画面中按住鼠标左键并拖动,即可轻松绘制出线条,如图3-18所示。(在绘制之前最好新建图层,这样更加便于擦除多余部分,同时也不会对已有图层产生影响。)

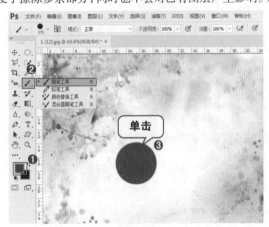

图3-17

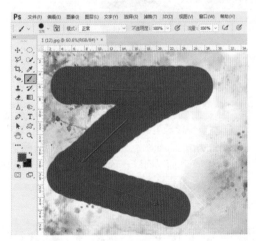

图3-18

单击 按钮,打开"画笔预设"选取器。在"画笔预设"选取器中包括多组画笔,展开其中某一个画笔组,然后选择一种合适的笔尖,并通过移动滑块设置画笔的大小和硬度。使用过的画笔笔尖也会显示在"画笔预设"选取器中,如图3-19所示。

扫一扫,看视频

扫一扫,看视频

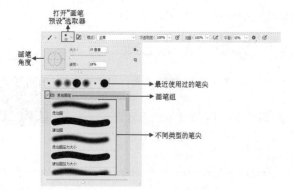

打开"画笔
预设"选取器

画笔
角度

最近使用过的笔尖

画笔组

不同类型的笔尖

图 3-19

提示："画笔预设"选取器的注意事项

当使用画笔工具时，在"画笔预设"选取器中展开不同的组，选择其中不同的笔尖类型时，需要注意画笔预设选取器中的笔尖类型并不都是针对"画笔工具"的，其中有很多类型是针对涂抹工具、橡皮擦工具等其他工具的。所以，在选中了一种笔尖后，一定要看一下选项栏左侧所显示的当前工具是否为画笔工具。图3-20所示为选择了一种针对"涂抹工具"的笔尖。

图 3-20

- **角度/圆度**：画笔的角度指定画笔的长轴在水平方向旋转的角度，如图3-21所示。圆度是指画笔在Z轴（垂直于画面，向屏幕内外延伸的轴向）上的旋转效果，如图3-22所示。

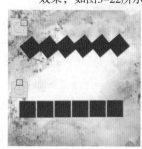

图 3-21   图 3-22

- **大小**：通过设置数值或者移动滑块可以调整画笔笔尖的大小。在英文输入法状态下，可以按"["键和"]"键来减小或增大画笔笔尖的大小，如图3-23和图3-24所示。

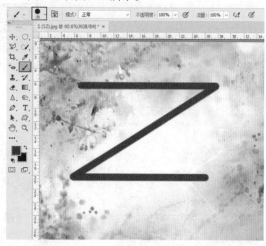

图 3-23

图 3-24

- **硬度**：当使用圆形的画笔时硬度数值可以调整。数值越大画笔边缘越清晰，数值越小画笔边缘越模糊，如图3-25～图3-27所示。

图 3-25

中文版Photoshop CC平面设计从入门到精通（微课视频 全彩版）

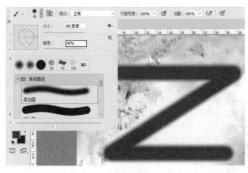

图 3-26

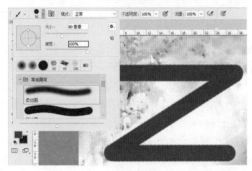

图 3-27

- **模式**：设置绘画颜色与下面现有像素的混合方法，如图3-28和图3-29所示。

图 3-28

图 3-29

- （画笔设置面板）：单击该按钮即可打开"画笔设置面板"。
- **不透明度**：设置画笔绘制出来的颜色的不透明度。数值越大，笔迹的不透明度越高，如图3-30所示；数值越小，笔迹的不透明度越低，如图3-31所示。

图 3-30

图 3-31

提示：设置画笔"不透明度"的快捷键

在使用"画笔工具"绘画时，可以按数字键0~9来快速调整画笔的"不透明度"，数字1代表10%，数字9则代表90%的"不透明度"，0代表100%。

- ：在使用带有压感的手绘板时，启用该项则可以对"不透明度"使用"压力"。在关闭时，"画笔预设"控制压力。
- **流量**：设置当将光标移到某个区域上方时应用颜色的速率。在某个区域上方进行绘画时，如果一直按住鼠标左键，颜色量将根据流动速率增大，直至达到"不透明度"设置。

- 平滑：用于设置所绘制的线条的流畅程度，数值越高线条越平滑。
- ：激活该按钮以后，可以启用喷枪功能，Photoshop会根据鼠标左键的单击程度来确定画笔笔迹的填充数量。例如，关闭喷枪功能时，即使长按左键也不会出现更多笔迹，如图3-32所示；而启用喷枪功能以后，按住鼠标左键不放，即可持续绘制笔迹，如图3-33所示。

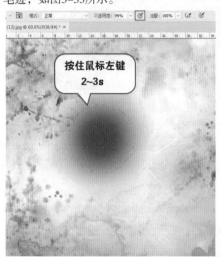

图 3-32

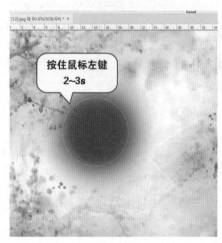

图 3-33

- ：在使用带有压感的手绘板时，启用该项则可以对"大小"使用"压力"。在关闭时，"画笔预设"控制压力。

画笔的形状）变为无论怎么调整大小都没有变化的"十字形"，这时只需要再按一下CapsLock大写锁定键即可恢复成可以调整大小的带有图形的画笔效果。

【重点】3.2.2 橡皮擦工具

既然Photoshop中有"画笔"可以绘画，那么有没有橡皮能擦除呢？当然有！Photoshop中有三种可供"擦除"的工具："橡皮擦工具""魔术橡皮擦"和"背景橡皮擦"。"橡皮擦工具"是最基础也是最常用的擦除工具。直接在画面中按住鼠标左键并拖动就可以擦除对象。而"魔术橡皮擦"和"背景橡皮擦"则是基于画面中颜色的差异擦除特定区域范围内的图像，这两个工具常用于"抠图"。

扫一扫，看视频

"橡皮擦工具"位于橡皮擦工具组中，在"橡皮擦工具"按钮上右击，然后在弹出的工具组列表中选择"橡皮擦工具"。接着选择一个普通图层，在画面中按住鼠标左键拖曳，光标经过的位置像素被擦除了，如图3-34所示。若选择了"背景"图层，使用"橡皮擦工具"进行擦除，则擦除的像素将变成背景色，如图3-35所示。

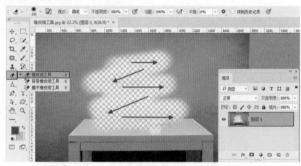

图 3-34

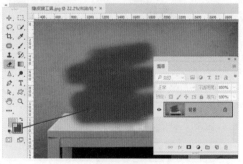

图 3-35

- 模式：选择橡皮擦的种类。选择"画笔"选项时，可以创建柔边擦除效果；选择"铅笔"选项时，可以创建硬边擦除效果；选择"块"选项时，擦除的效果为块状，如图3-36所示。
- 不透明度：用来设置"橡皮擦工具"的擦除强度。设置为100%时，可以完全擦除像素。当设置"模式"为"块"时，该选项将不可用。图3-37所示为设置不同"不透明度"数值的对比效果。

- 流量：用来设置"橡皮擦工具"的涂抹速度。图3-38所示为设置不同"流量"的对比效果。

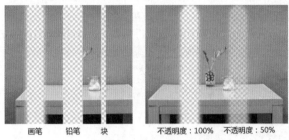

画笔　　铅笔　　块　　　　　不透明度：100% 不透明度：50%
图3-36　　　　　　　　　　　图3-37

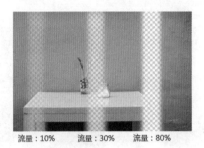

流量：10%　流量：30%　流量：80%
图3-38

- 平滑：用于设置所擦除时线条的流畅程度，数值越高线条越平滑。
- 抹到历史记录：勾选该选项以后，"橡皮擦工具"的作用相当于"历史记录画笔工具"。

【重点】3.2.3　设置不同的笔触效果

画笔除了可以绘制出单色的线条外，还可以绘制出虚线、同时具有多种颜色的线条、带有图案叠加效果的线条、分散的笔触、透明度不均的笔触，如图3-39所示。想要绘制出这些效果都需要借助"画笔设置"面板。"画笔设置"面板并不是只针对"画笔"工具属性的设置，而是针对于大部分以画笔模式进行工作的工具，如画笔工具、铅笔工具、仿制图章工具、历史记录画笔工具、橡皮擦工具、加深工具、模糊工具等。

扫一扫，看视频

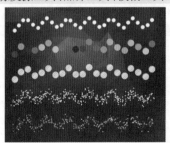

图3-39

在"画笔预设选取器"中能设置笔尖样式、画笔大小、角度以及硬度。但是各种绘制类工具的笔触形态属性可不仅仅是这些，执行"窗口>画笔设置"命令(快捷键：F5)，打开"画笔设置"面板，在这里可以看到非常多的参数设置，底部显示着当前笔尖样式的预览效果。此时默认显示的是"画笔笔尖形状"页面，如图3-40所示。

在面板左侧列表还可以启用画笔的各种属性，如形状动态、散布、纹理、双重画笔、颜色动态、传递、画笔笔势等。想要启用某种属性，需要在这些选项名称前单击，使之呈现出启用状态✅。接着单击选项的名称，即可进入该选项设置页面，如图3-41所示。

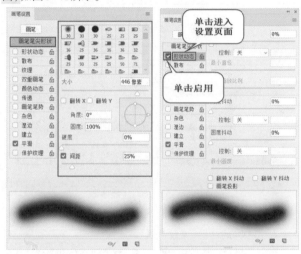

单击进入设置页面
单击启用

图3-40　　　　　　　　　　　图3-41

 提示：为什么"画笔设置"面板不可用？

有的时候打开了"画笔设置"面板，却发现面板上的参数都是"灰色的"，无法进行调整。这可能是因为当前所使用的工具无法通过"画笔设置"面板进行参数设置。而"画笔设置"面板又无法单独对画面进行操作，它必须通过使用"画笔工具"等绘制工具才能够实施操作。所以想要使用"画笔设置"面板，首先需要单击"画笔工具"或者其他绘制工具。

1. 画笔笔尖形状设置

默认情况下"画笔设置"面板显示着"画笔笔尖形状"设置页面，这里可以对画笔的形状、大小、硬度这些常用的参数进行设置，除此之外，还可以对画笔的角度、圆度以及间距进行设置。这些参数选项非常简单，随意调整数值就可以在底部看到当前画笔的预览效果，如图3-42所示。通过设置当前页面的参数可以制作如图3-43和图3-44所示的各种效果。

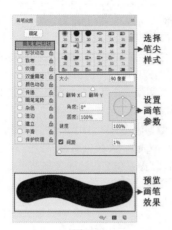

图 3-42

3. 散布

执行"窗口>画笔设置"命令，打开"画笔设置"面板。在左侧列表中单击"散布"前端的方框，使之变为启用状态 ☑，接着单击"散布"处，才能够进入散布设置页面，如图3-47所示。"散布"页面用于设置描边中笔迹的数目和位置，使画笔笔迹沿着绘制的线条扩散。在"散布"页面中可以对散布的方式、数量和散布的随机性进行调整。数值越大，变化范围也就越大。在制作随机性很强的光斑、星光或树叶纷飞的效果时"散布"选项是必须要设置的。图3-48所示是设置了"散布"选项制作的效果。

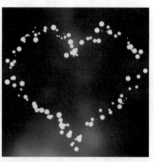

图 3-47   图 3-48

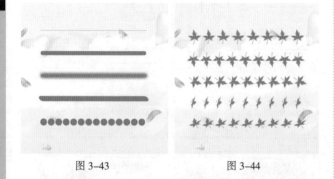

图 3-43   图 3-44

2. 形状动态

执行"窗口>画笔设置"命令，打开"画笔设置"面板。在左侧列表中单击"形状动态"前端的方框，使之变为启用状态 ☑，接着单击"形状动态"处，才能够进入形状动态设置页面，如图3-45所示。"形状动态"页面用于设置绘制出带有大小不同、角度不同、圆度不同的笔触效果的线条。在"形状动态"页面中可以看到"大小抖动""角度抖动""圆度抖动"，此处的"抖动"就是指某项参数在一定范围内随机变换。数值越大，变化范围也就越大。图3-46所示为通过当前页面设置可以制作出的效果。

4. 纹理

执行"窗口>画笔设置"命令，打开"画笔设置"面板。在左侧列表中单击"纹理"前端的方框，使之变为启用状态 ☑，接着单击"纹理"处，才能够进入纹理设置页面，如图3-49所示。"纹理"页面用于设置画笔笔触的纹理，使之可以绘制出带有纹理的笔触效果。在"纹理"页面中可以对图案的大小、亮度、对比度、混合模式等选项进行设置。图3-50所示为添加了不同纹理的笔触效果。

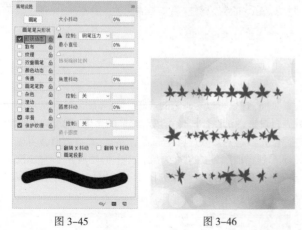

图 3-45   图 3-46

图 3-49   图 3-50

中文版Photoshop CC平面设计从入门到精通（微课视频 全彩版）

5. 双重画笔

执行"窗口>画笔设置"命令,打开"画笔设置"面板。在左侧列表中单击"双重画笔"前端的方框,使之变为启用状态☑,接着单击"双重画笔"处,才能够进入双重画笔设置页面,如图3-51所示。在"双重画笔"设置页面中用于设置绘制的线条呈现出两种画笔混合的效果。在对"双重画笔"设置前,需要先设置"画笔笔尖形状"主画笔参数属性,然后启用"双重画笔"选项。在顶部的"模式"选项选择从主画笔和双重画笔组合画笔笔迹时要使用的混合模式。然后从"双重画笔"选项中选择另外一个笔尖(即双重画笔)。其参数非常简单,大多与其他选项中的参数相同。图3-52所示为不同画笔的效果。

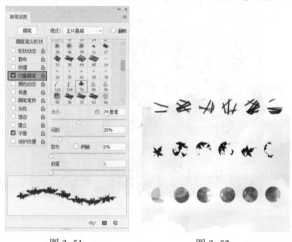

图 3-51　　　　　　图 3-52

6. 颜色动态

执行"窗口>画笔设置"命令,打开"画笔设置"面板。在左侧列表中单击"颜色动态"前端的方框,使之变为启用状态☑,接着单击"颜色动态"处,才能够进入颜色动态设置页面,如图3-53所示。"颜色动态"页面用于设置绘制出颜色变化的效果,在设置颜色动态之前,需要设置合适的前景色与背景色,然后在"颜色动态"设置页面进行其他参数选项的设置,如图3-54所示。

图 3-53　　　　　　图 3-54

7. 传递

执行"窗口>画笔设置"命令,打开"画笔设置"面板。在左侧列表中单击"传递"前端的方框,使之变为启用状态☑,接着单击"传递"处,才能够进入传递设置页面,如图3-55所示。"传递"选项用于设置笔触的不透明度、流量、湿度、混合等数值以用来控制油彩在描边路线中的变化方式。"传递"选项常用于光效的制作,在绘制光效的时候,光斑通常带有一定的透明度,所以需要勾选"传递"选项进行参数的设置,以增加光斑的透明度的变化。效果如图3-56所示。

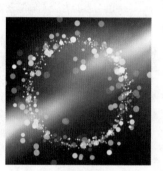

图 3-55　　　　　　图 3-56

8. 画笔笔势

执行"窗口>画笔设置"命令,打开"画笔设置"面板。在左侧列表中单击"画笔笔势"前端的方框,使之变为启用状态☑,接着单击"画笔笔势"处,才能够进入画笔笔势设置页面。"画笔笔势"页面用于设置毛刷画笔笔尖、侵蚀画笔笔尖的角度。选择一个毛刷画笔,在窗口的左上角有笔刷的缩览图,如图3-57所示。接着在"画笔设置"面板中的画笔笔势设置页面进行参数的设置,如图3-58所示。设置完成后按住鼠标左键拖曳进行绘制,效果如图3-59所示。

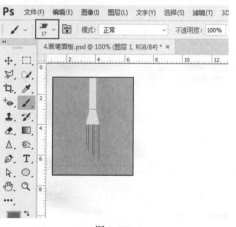

图 3-57

图 3-58　　　　　　　图 3-59

9. 杂色

"杂色"选项为个别画笔笔尖增加额外的随机性，图3-60所示分别是关闭与开启"杂色"选项时的笔迹效果。当使用柔边画笔时，该选项最能出效果。图3-61所示为未启用"杂色"与启用"杂色"的对比效果。

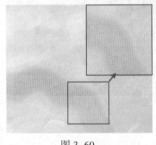
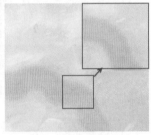

图 3-60　　　　　　　图 3-61

10. 湿边

"湿边"选项可以沿画笔描边的边缘增大油彩量，从而创建出水彩效果。图3-62和图3-63所示分别是关闭与开启"湿边"选项时的笔迹效果。

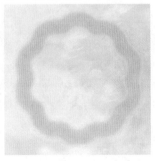
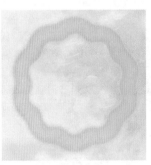

图 3-62　　　　　　　图 3-63

11. 建立

"建立"选项模拟传统的喷枪技术，根据鼠标按键的单击程度确定画笔线条的填充数量。

12. 平滑

"平滑"选项可以在画笔描边中生成更加平滑的曲线。当使用压感笔进行快速绘画时，该选项最有效。

13. 保护纹理

"保护纹理"选项将相同图案和缩放比例应用于具有纹理的所有画笔预设。勾选该选项后，在使用多个纹理画笔绘画时，可以模拟出一致的画布纹理。

练习实例：绘制不同透明度的星星

文件路径	资源包\第3章\绘制不同透明度的星星
难易指数	★★★★★
技术要点	自定形状工具、画笔工具

扫一扫，看视频

案例效果

案例效果如图3-64所示。

图 3-64

操作步骤

步骤 01 执行"文件>打开"命令，打开背景素材1.jpg，如图3-65所示。

图 3-65

步骤 02 执行"文件>打开"命令，打开素材2.jpg，如图3-66所示。执行"编辑>定义画笔预设"命令，在弹出的"画笔名称"窗口中设置合适的名称，如图3-67所示。单击"确定"按钮，完成定义画笔。

中文版Photoshop CC平面设计从入门到精通（微课视频　全彩版）

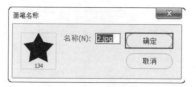

图 3-66　　　　　　　　　　图 3-67

步骤 03 在"图层"面板中单击面板下方的"创建新图层"按钮，得到一个新图层。选择工具箱中的"画笔工具"，在选项栏中打开"画笔预设"选取器，在下拉面板中选中定义的星形画笔，设置"画笔大小"为134像素，如图3-68所示。

图 3-68

步骤 04 设置"前景色"为白色，在选项栏中单击 ☑ 按钮，在弹出的"画笔设置"面板中设置"间距"为200%，如图3-69所示。接着在"画笔设置"面板中单击"形状动态"，设置"大小抖动"为40%，如图3-70所示。

图 3-69　　　　　　　　　图 3-70

步骤 05 在"画笔设置"面板中单击"散布"，设置"散布"为800%，"数量"为1，如图3-71所示。在"画笔设置"面板中单击"传递"，设置"不透明度抖动"为100%，如图3-72所示。此时画笔设置完成。

图 3-71　　　　　　　　　图 3-72

步骤 06 在"图层"面板中选中刚创建的新图层，按住鼠标左键从画面的左下方向右侧快速拖动鼠标，绘制散布的星形，如图3-73所示。为了丰富画面，适当更改画笔大小，继续在圣诞老人的周围按住鼠标左键拖动，绘制大小不一的星形。案例完成效果如图3-74所示。

图 3-73　　　　　　　　　图 3-74

3.3 创建简单选区

　　在创建选区之前，首先了解一下什么是"选区"。可以将"选区"理解为一个限定处理范围的"虚线框"，当画面中包含选区时，选区边缘显示为闪烁的黑白相间的虚线框，如图3-75所示。进行的操作只会对选区以内的部分起作用，如图3-76和图3-77所示。

扫一扫，看视频

图 3-75　　　　　　　　　图 3-76

图 3-77

选区功能的使用非常普遍，无论照片修饰还是平面设计作品，经常都有需要对画面局部进行处理，在特定范围内填充颜色，或者将部分区域删除的情况。这些操作都可以创建出选区，然后进行操作。在 Photoshop 中包含多种选区制作工具，本节将要介绍的是一些最基本的选区绘制工具，通过这些工具可以绘制长方形选区、正方形选区、椭圆选区、正圆选区、细线选区、随意的选区以及随意的带有尖角的选区等，如图 3-78 所示。

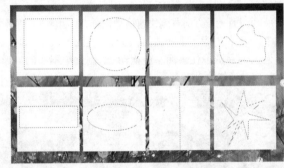

图 3-78

重点 3.3.1 动手练：创建矩形选区

利用"矩形选框工具"可以创建出矩形选区与正方形选区。

单击工具箱中的"矩形选框工具"，将光标移动到画面中，按住鼠标左键并拖动即可出现矩形的选区，松开光标后完成选区的绘制，如图 3-79 所示。在绘制过程中，按住 Shift 键的同时按住鼠标左键拖动可以创建正方形选区，如图 3-80 所示。

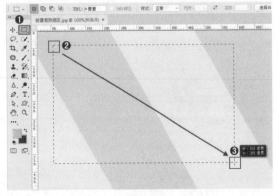

图 3-79

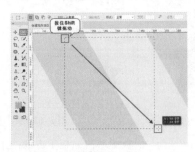

图 3-80

 提示：取消选区

当画面中包含选区时，绝大多数的后续操作都会针对选区范围内的部分。所以，如果后续操作无须针对选区内部区域进行操作，则需要取消选区，使用快捷键 Ctrl+D 即可取消选区。

3.3.2 选区的常用选项设置

在 Photoshop 中有多种选区工具，虽然每种选区工具的使用方法不同，但是不同的选区工具却都有一些共有的选项。

在"矩形选框工具"的选项栏中可以看到选区运算的按钮。选区的运算是指选区之间的"加"和"减"。在绘制选区之前首先要注意此处的设置。如果想要创建出一个新的选区，那么需要单击"新选区"按钮，然后绘制选区。如果已经存在选区，那么新创建的选区将替代原来的选区，如图 3-81 所示。如果之前包含选区，单击"添加到选区"按钮，则可以将当前创建的选区添加到原来的选区中(按住 Shift 键也可以实现相同的操作)，如图 3-82 所示；如果之前包含选区，单击"从选区减去"按钮，则可以将当前创建的选区从原来的选区中减去(按住 Alt 键也可以实现相同的操作)，如图 3-83 所示；如果之前包含选区，单击"与选区交叉"按钮，则接着绘制选区时只保留原有选区与新创建的选区相交的部分(按住快捷键 Shift+Alt 也可以实现相同的操作)，如图 3-84 所示。

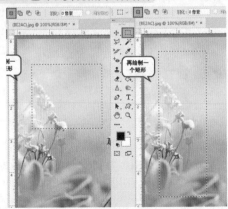

图 3-81

中文版Photoshop CC平面设计从入门到精通（微课视频 全彩版）

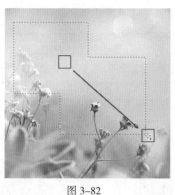

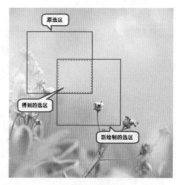

图 3-82   图 3-83   图 3-84

    在选项栏中可以看到"羽化"选项，"羽化"选项主要用来设置选区边缘的虚化程度。若要绘制"羽化"的选区，需要先在控制栏中设置参数，然后按住鼠标左键拖曳进行绘制，选区绘制完成后可能看不出有什么变化，如图 3-85 所示。可以将前景色设置为某一彩色，然后使用快捷键 Alt+Delete 进行前景色填充，再使用快捷键 Ctrl+D 取消选区的选择，此时就可以看到羽化选区填充后的效果，如图 3-86 所示。羽化值越大，虚化范围越宽；反之，羽化值越小，虚化范围越窄。图 3-87 所示为羽化数值为 30 像素的羽化效果。

图 3-85   图 3-86   图 3-87

 提示：选区警告

    当设置的"羽化"数值过大，以至于任何像素都不大于 50% 选择时，Photoshop 会弹出一个警告对话框，提醒用户羽化后的选区将不可见(选区仍然存在)，如图 3-88 所示。

图 3-88

    "样式"选项是用来设置矩形选区的创建方法。当选择"正常"选项时，可以创建任意大小的矩形选区；当选择"固定比例"选项时，可以在"右侧"的"宽度"和"高度"文本框中输入数值，以创建固定比例的选区。例如，设置"宽度"为 1、"高度"为 2，那么创建出来的矩形选区的高度就是宽度的 2 倍，如图 3-89 所示。当选择"固定大小"选项时，可以在右侧的"宽度"和"高度"文本框中输入数值，然后单击鼠标左键，即可创建一个固定大小的选区(单击"高度和宽度互换"按钮 ⇄ 可以切换"宽度"和"高度"的数值)，如图 3-90 所示。

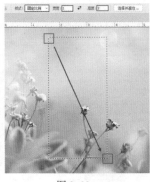

图 3-89   图 3-90

与背景像素之间的颜色过渡效果来使选区边缘变得平滑。图 3-93 所示是未勾选"消除锯齿"选项时的图像边缘效果，图 3-94 所示是勾选了"消除锯齿"选项时的图像边缘效果。由于"消除锯齿"只影响边缘像素，因此不会丢失细节，这在剪切、复制和粘贴选区图像时非常有用。其他选项与"矩形选框工具"相同，这里不再重复讲解。

图 3-93   图 3-94

[重点] 3.3.3   动手练：创建圆形选区

"椭圆选框工具"主要用来制作椭圆选区和正圆选区。

（1）右击工具箱中的"选框工具组"按钮，在弹出的工具组列表中选择"椭圆选框工具"。将光标移动到画面中，按住鼠标左键并拖动即可出现椭圆形的选区，松开光标后完成选区的绘制，如图 3-91 所示。在绘制过程中按住 Shift 键的同时按住鼠标左键拖动，可以创建正圆选区，如图 3-92 所示。

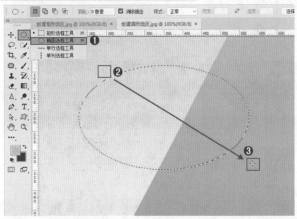

图 3-91

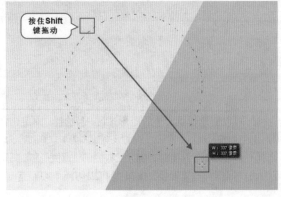

图 3-92

（2）选项栏中的"消除锯齿"选项是通过柔化边缘像素

练习实例：矩形选框、椭圆选框制作光盘

文件路径	资源包\第3章\矩形选框、椭圆选框制作光盘
难易指数	★★★★★
技术要点	矩形选框工具、椭圆选框工具

扫一扫，看视频

案例效果

案例效果如图 3-95 所示。

图 3-95

操作步骤

步骤 01 打开背景素材 1.jpg，如图 3-96 所示。

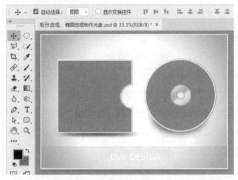

图 3-96

中文版Photoshop CC平面设计从入门到精通（微课视频 全彩版）

步骤 02 执行"文件>置入嵌入对象"命令,将美女素材2.jpg置入到画面左侧,调整其大小及位置后按下Enter键完成置入。在"图层"面板中右击该图层,在弹出的菜单中执行"栅格化图层"命令,如图3-97所示。在"图层"面板中单击美女素材前方的 ⊙ 按钮,将此素材在画面中暂时隐藏,如图3-98所示。

的圆形中间位置按住Alt+Shift组合键并按住鼠标左键拖动绘制一个正圆选区,如图3-100和图3-101所示。松开鼠标,此时将矩形选区右侧减去一部分正圆选区得到包装的选区。

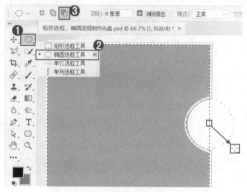

图 3-100

图 3-97

图 3-101

图 3-98

步骤 05 在保持选区不变的状态下,在"图层"面板中单击图层1的"指示图层可见性"按钮,将素材在画面中显示出来,如图3-102所示。接着使用反选快捷键Ctrl+Shift+I将选区反选,如图3-103所示。

步骤 03 在工具箱中选中"矩形选框工具",按住鼠标左键拖动绘制一个与光盘盒接近大小的矩形选区,如图3-99所示。

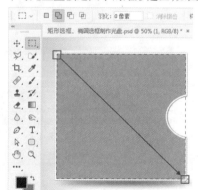

图 3-99

图 3-102

步骤 04 在保持选区不变的状态下,右击工具箱中的"选框工具组"按钮,在弹出的工具组列表中选择"椭圆选框工具",在选项栏中单击"从选区减去"按钮,然后在画面中包装缺失

图 3-103

图 3-106

步骤 06 在"图层"面板中选中图层1,按下 Delete 键将不需要的像素删除,如图 3-104 所示。接着使用快捷键 Ctrl+D 取消选区,如图 3-105 所示。

图 3-104

图 3-105

步骤 07 向画面的右侧置入美女素材,调整大小并将其放置在右侧光盘的上方,将其栅格化,如图 3-106 所示。

步骤 08 将美女素材图层隐藏。在工具箱中选中"椭圆选框工具",然后将光标移动至光盘中心的位置,接着按住 Shift+Alt 组合键并按住鼠标左键拖动以中心等比绘制一个正圆选区,如图 3-107 所示。接着在选项栏中单击"从选区减去"按钮,然后在正圆选区内部绘制一个小正圆选区。效果如图 3-108 所示。

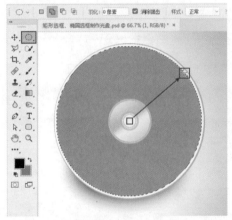

图 3-107

图 3-108

中文版Photoshop CC平面设计从入门到精通（微课视频 全彩版）

步骤 09 在选取不变的状态下,将隐藏的图层显示出来,如图3-109所示。接着使用反选快捷键Ctrl+Shift+I将选区反选,如图3-110所示。

图 3-109

图 3-110

步骤 10 在选取不变的状态下,按下Delete键将不需要的像素删除,如图3-111所示。接着使用快捷键Ctrl+D取消选区。案例完成效果如图3-112所示。

图 3-111

图 3-112

3.3.4 创建单行选区/单列选区

"单行选框工具""单列选框工具"主要用来创建高度或宽度为1像素的选区,常用来制作分隔线以及网格效果。

(1)右击工具箱中的"选框工具组"按钮,在弹出的工具组列表中选择"单行选框工具"。选择工具箱中的"单行选框工具" ,如图3 113所示。接着在画面中单击,即可绘制1像素高的横向选区,如图3-114所示。

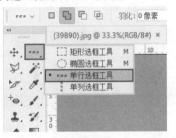

图 3-113

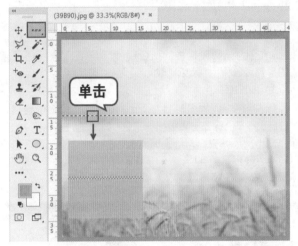

图 3-114

(2)右击工具箱中的"选框工具组"按钮,在弹出的工具组列表中选择"单列选框工具" ,如图3-115所示。接着在画面中单击,即可绘制1像素宽的纵向选区,如图3-116所示。

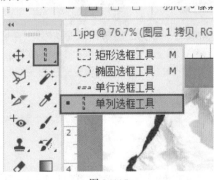

图 3-115

图 3-116

单击确定起点，如图 3-119 所示。接着移动到第二个位置单击，如图 3-120 所示。继续通过单击的方式进行绘制，当绘制到起始位置时，光标变为 🔲 后单击，如图 3-121 所示。随即会得到选区，如图 3-122 所示。

图 3-119　　　　　　　　　图 3-120

重点 3.3.5　套索工具：绘制随意的选区

利用"套索工具" 🔾 可以绘制出不规则形状的选区。例如，需要随意选择画面中的某个部分，或者绘制一个不规则的图形都可以使用"套索工具"。

单击工具箱中的"套索工具"，将光标移动至画面中，按住鼠标左键拖曳，如图 3-117 所示。最后将光标定位到起始位置时，松开鼠标即可得到闭合选区，如图 3-118 所示。如果在绘制中途松开鼠标左键，Photoshop 会在该点与起点之间建立一条直线以封闭选区。

图 3-117　　　　　　　　　图 3-118

重点 3.3.6　多边形套索工具：绘制带有尖角的选区

利用"多边形套索工具"能够创建转角比较强烈的选区。选择工具箱中的"多边形套索工具" 💟，接着在画面中

图 3-121　　　　　　　　　图 3-122

　提示："多边形套索工具"的使用技巧

在使用"多边形套索工具"绘制选区时，按住 Shift 键，可以在水平方向、垂直方向或 45° 方向上绘制直线。另外，按 Delete 键可以删除最近绘制的直线。

练习实例：多边形套索绘制选区

文件路径	资源包\第3章\多边形套索绘制选区
难易指数	★★★★★
技术要点	多边形套索工具、图层蒙版

扫一扫，看视频　**案例效果**

案例效果如图 3-123 所示。

图 3-123

操作步骤

步骤 01 打开背景素材1.jpg，如图3-124所示。

图 3-124

步骤 02 执行"文件>置入嵌入对象"命令，将文件素材2.jpg置入到画面中，调整其大小及位置后按Enter键完成置入，如图3-125所示。在"图层"面板中右击该图层，在弹出的菜单中执行"栅格化图层"命令，如图3-126所示。

图 3-125

图 3-126

步骤 03 右击工具箱中的"套索工具组"按钮，在弹出的工具组列表中选择"多边形套索工具"，接着在选项栏中设置"羽化"为0像素，回到画面中在文件边缘位置单击鼠标左键建立起点，如图3-127所示。接着沿着文件的边缘在下一个位置单击鼠标左键，如图3-128所示。

图 3-127

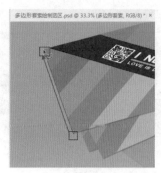

图 3-128

步骤 04 通过单击的方法继续进行绘制，如图3-129所示。当绘制到起点位置时单击即可得到选区，如图3-130所示。

图 3-129

图 3-130

步骤 05 在选区不变的状态下，在"图层"面板中选中图层，使用快捷键Ctrl+J，将选区中的内容复制为独立图层，并隐藏之前的图层，如图3-131所示。案例完成效果如图3-132所示。

图 3-131

图 3-132

3.3.7 选区的基本操作

创建完成的"选区"可以进行一些操作,例如:移动、全选、反选、取消选择、重新选择、存储与载入等。

扫一扫,看视频

1. 取消选区

当绘制了一个选区后,会发现操作都是针对选区内部的图像进行。如果不需要对局部进行操作,就可以取消选区。执行"选择>取消选择"命令或按快捷键Ctrl+D,可以取消选区状态。

2. 重新选择

如果刚刚错误地取消了选区,可以将选区"恢复"回来。要恢复被取消的选区,可以执行"选择>重新选择"命令。

3. 移动选区位置

创建完的选区可以进行移动,但是选区的移动不能使用"移动工具",而要使用选区工具,否则移动的内容将是图像,而不是选区。将光标移动至选区内,光标变为▷ϟ形状后,按住鼠标左键拖曳。如图3-133所示,拖曳到相应位置后松开鼠标,完成移动操作。在包含选区的状态下,按→、←、↑、↓键可以1像素的距离移动选区,如图3-134所示。

图 3-133

图 3-134

4. 全选

"全选"能够选择当前文档边界内的全部图像。执行"选择>全部"命令或按Ctrl+A组合键即可进行全选。

5. 反选

执行"选择>反向选择"命令(快捷键:Shift+Ctrl+I)可以选择反向的选区,也就是原本没有被选择的部分。

6. 隐藏选区、显示选区

在制图过程中,有时画面中的选区边缘线可能会影响观察画面效果。执行"视图>显示>选区边缘"命令(快捷键:Ctrl+H)可以切换选区的显示与隐藏。

7. 载入当前图层的选区

在"图层"面板中按住Ctrl键的同时单击该图层缩略图,即可载入该图层选区,如图3-135所示。

图 3-135

重点 3.3.8 动手练:描边

扫一扫,看视频

"描边"是指为图层边缘或者选区边缘添加一圈彩色边线的操作。使用"编辑>描边"命令可以在选区、路径或图层周围创建彩色的边框效果。"描边"操作通常用于"突出"画面中某些元素,如图3-136所示。或者用于使某些元素与背景中的内容"隔离"开,如图3-137所示。

图 3-136   图 3-137

(1)使用选区工具绘制需要描边部分的选区,如果不绘制选区,则会针对当前图层的外轮廓进行描边,如图3-138所示。执行"编辑>描边"命令,打开"描边"窗口,如图3-139所示。

中文版Photoshop CC平面设计从入门到精通(微课视频 全彩版)

图 3-138　　　　　　　图 3-139

提示：描边的小技巧

在有选区的状态下使用"描边"命令可以沿选区边缘进行描边，在没有选区状态下使用"描边"命令可以沿画面边缘进行描边。

（2）设置描边选项。"宽度"选项用来控制描边的粗细，如图 3-140 所示为"宽度"为 10 像素的效果。"颜色"选项用来设置描边的颜色。单击"颜色"按钮，在弹出的"拾色器"窗口中设置合适的颜色，单击"确定"按钮，如图 3-141 所示。描边效果如图 3-142 所示。

图 3-140

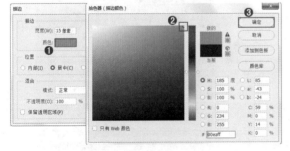

图 3-141

图 3-142

（3）"位置"选项能够设置描边位于选区的位置，包括"内部""居中"和"居外"三个选项。图 3-143 所示为不同位置的效果。

（a）内部　　　　（b）居中　　　　（c）居外

图 3-143

（4）"混合"选项用来设置描边颜色的"混合模式"和"不透明度"。选择一个带有像素的图层，然后打开"描边"窗口，设置"模式"和"不透明度"，如图 3-144 所示。单击"确定"按钮，此时描边效果如图 3-145 所示。如果勾选"保留透明区域"选项，则只对包含像素的区域进行描边。

图 3-144　　　　　　　图 3-145

练习实例：使用"画笔工具"制作光效海报

文件路径	资源包\第3章\使用"画笔工具"制作光效海报
难易指数	★★★★★
技术要点	画笔工具、椭圆选区、描边

扫一扫，看视频

案例效果

案例效果如图 3-146 所示。

图 3-146

操作步骤

步骤 01 执行"文件>打开"命令，打开背景素材1.jpg，如图3-147所示。

图3-147

步骤 02 在"图层"面板中创建一个新图层，选择工具箱中的"画笔工具"，在选项栏中打开"画笔预设"选取器，在下拉面板中单击"常规画笔"组，选择一个"柔边圆"画笔，设置"画笔大小"为70像素，设置"硬度"为0%，如图3-148所示。单击工具箱底部的"前景色"按钮，在弹出的"拾色器"窗口中设置颜色为灰蓝色，然后单击"确定"按钮，如图3-149所示。

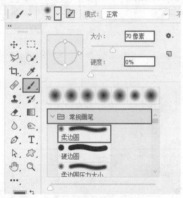

图3-148

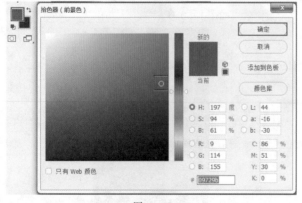

图3-149

步骤 03 画笔设置完成后选中新建图层，在画面中合适的位置按住鼠标拖动绘制灰蓝色，如图3-150所示。

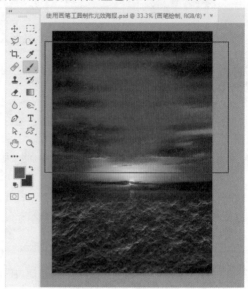

图3-150

步骤 04 单击工具箱中的"椭圆选框工具"，在画面中间位置按住Shift键的同时按住鼠标左键拖动绘制一个正圆形选区，如图3-151所示。

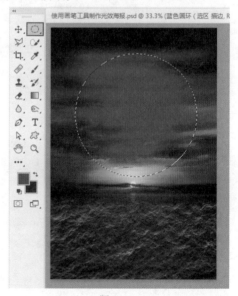

图3-151

步骤 05 新建一个图层，执行"编辑>描边"命令，在弹出的"描边"窗口中设置"宽度"为17像素，"颜色"为灰蓝色，"位置"为"内部"，然后单击"确定"按钮，如图3-152所示。效果如图3-153所示。接着使用快捷键Ctrl+D取消选区。

中文版Photoshop CC平面设计从入门到精通（微课视频 全彩版）

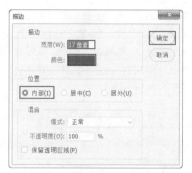

图 3-152

图 3-153

步骤 06 使用同样的方法将画面中的白色正圆绘制出来，如图 3-154 所示。

图 3-154

步骤 07 制作闪亮光斑。创建新图层，选择工具箱中的"画笔工具"，在选项栏中设置一个画笔大小为 400 像素的柔边圆画笔，设置"前景色"为白色，选中新建图层，在画面中合适的位置单击鼠标绘制白色作为光效，如图 3-155 所示。

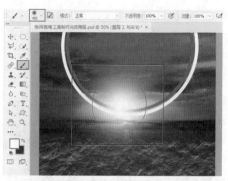

图 3-155

步骤 08 选中光效，使用"自由变换"快捷键 Ctrl+T 调出定界框，如图 3-156 所示。接着按住定界框上方的控制点向下拖动将光效变形，如图 3-157 所示。调整完毕之后按下 Enter 键结束变换。然后将其移动至合适的位置，如图 3-158 所示。

图 3-156

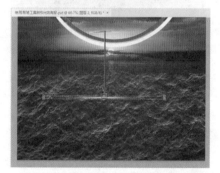

图 3-157

图 3-158

步骤 09 在"图层"面板中选中光效图层，使用快捷键Ctrl+J复制出一个相同的图层，然后使用自由变换快捷键Ctrl+T调出定界框，将其旋转至合适的角度，如图3-159所示。

图 3-159

步骤 10 使用同样的方法将光效复制并旋转，制作出一个"米"字形的光斑，如图3-160所示。

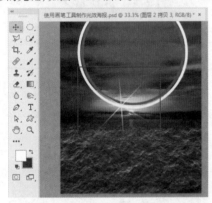

图 3-160

步骤 11 创建新图层，选择工具箱中的"画笔工具"，在选项栏中设置合适画笔大小的柔边圆画笔，设置"前景色"为白色，选中新建图层，在画面中合适的位置单击鼠标绘制白色作为中心光效，如图3-161所示。

图 3-161

步骤 12 制作其他光斑。在"图层"面板中按住Ctrl键依次单击加选所有光效图层及前方的中心光效，如图3-162所示。使用快捷键Ctrl+J，复制加选图层，然后使用合并快捷键Ctrl+E将复制出的图层合并到一个图层上并将此图层命名为"大光斑"，如图3-163所示。

图 3-162   图 3-163

步骤 13 选中大光斑，将其移动至画面左上方合适的位置，如图3-164所示。然后使用自由变换快捷键Ctrl+T调出定界框，将其旋转至合适的角度并缩小一些，如图3-165所示。

图 3-164

图 3-165

中文版Photoshop CC平面设计从入门到精通（微课视频 全彩版）

步骤 14 将大光斑复制一份，移动至画面中合适的位置并将其放大一些，如图3-166所示。

图 3-166

步骤 15 使用同样的方法制作其他的蓝色的线条光效，摆放在圆形内部，如图3-167和图3-168所示。

图 3-167   图 3-168

步骤 16 创建新图层，选择工具箱中的"画笔工具"，在选项栏中设置一个画笔大小为150像素的柔边圆画笔，设置"前景色"为浅蓝色，选中新建图层，在正圆的中心位置按住鼠标左键拖动绘制亮蓝色作为文字背景，如图3-169所示。

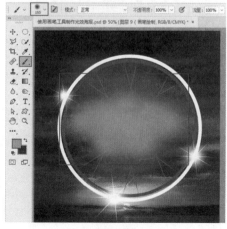

图 3-169

步骤 17 创建一个新图层，选择工具箱中的"画笔工具"，在选项栏中打开"画笔预设"选取器，在下拉面板中单击"常规画笔"组，选择一个"硬边圆"画笔，设置"画笔大小"为4像素，设置"硬度"为100%，接着在选项栏中设置"不透明度"为50%，设置"前景色"为白色。选择刚创建的空白图层，然后按住Shift键拖动绘制一段直线，如图3-170所示。

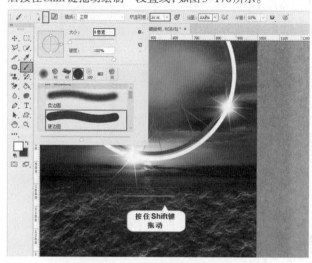

图 3-170

步骤 18 使用同样的方法绘制另外两条直线，如图3-171所示。

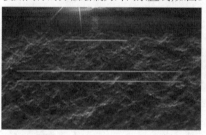

图 3-171

步骤 19 置入文字素材，摆放在画面中合适的位置处，在"图层"面板中设置该图层混合模式为"滤色"，如图3-172所示。最终效果如图3-173所示。

图 3-172

图 3-173

练习实例：填充合适的前景色制作运动广告

文件路径	资源包\第3章\填充合适的前景色制作运动广告
难易指数	★★★★★
技术要点	填充前景色、多边形套索工具

扫一扫，看视频

案例效果

案例效果如图3-174所示。

图3-174

操作步骤

步骤 01 执行"文件>新建"命令，新建一个A4大小的空白文档，如图3-175所示，为背景填充颜色。单击工具箱底部的"前景色"按钮，在弹出的"拾色器"窗口中设置颜色为黄色，然后单击"确定"按钮，如图3-176所示。

图3-175

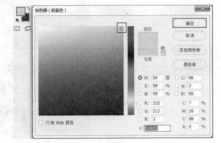

图3-176

步骤 02 在"图层"面板中选择背景图层，使用"前景色填充"快捷键Alt+Delete进行填充，效果如图3-177所示。执行"文件>置入嵌入对象"命令，将背景素材1.jpg置入到画面中，调整其大小及位置如图3-178所示。然后按Enter键完成置入。在"图层"面板中右击该图层，在弹出的菜单中执行"栅格化图层"命令。

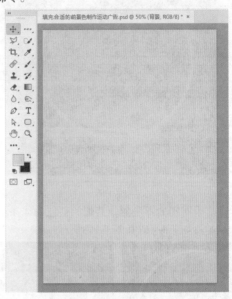

图3-177

图3-178

步骤 03 单击工具箱中的"多边形套索工具"，在画布左侧边缘位置单击确定起点，然后将鼠标移动到右侧边缘单击，继续以单击的方法绘制，当鼠标单击到起点时得到一个平行四边形选区，如图3-179所示。接着新建一个图层，然后按下快捷键Alt+Delete填充之前设置好的前景色颜色，如图3-180所示。接着使用快捷键Ctrl+D取消选区的选择。

中文版Photoshop CC平面设计从入门到精通（微课视频 全彩版）

图 3-179

图 3-180

步骤 04 使用同样的方法绘制另外两个四边形，如图 3-181 所示。执行"文件>置入嵌入对象"命令，将人物素材2.jpg置入到画面中，调整其大小及位置后按下Enter键完成置入。在"图层"面板中右击该图层，在弹出的菜单中执行"栅格化图层"命令，如图 3-182 所示。

图 3-181

图 3-182

步骤 05 制作前方装饰图形。单击工具箱中的"多边形套索"工具，在画布左上角绘制一个三角形选区，如图 3-183 所示。新建图层并选中新建图层，按下快捷键 Alt+Delete 填充之前设置好的前景色颜色，按下 Ctrl+D 组合键取消选区的选择，如图 3-184 所示。

图 3-183

图 3-184

步骤 06 向画面中置入前景文字素材3.png，调整合适的大小及位置然后将其栅格化。案例完成效果如图 3-185 所示。

图 3-185

3.4 图像局部的剪切/复制/粘贴

剪切、复制、粘贴相信大家都不陌生。剪切是将某个对象暂时存储到剪切板备用，并从原位置删除；复制是保留原始对象并复制到剪贴板中备用；粘贴则是将剪贴板中的对象提取到当前位置。扫一扫，看视频

对于图像也是一样。想要使不同位置出现相同的内容需要使用"复制""粘贴"命令；想要将某个部分的图像从原始位置去除，并移动到其他位置，需要使用"剪切""粘贴"命令。

〖重点〗3.4.1 动手练：剪切与粘贴

"剪切"就是暂时将选中的像素放到计算机的"剪贴板"中，而选择的区域中像素就会消失。通常"剪切"与"粘贴"一同使用。

（1）选择一个普通图层（非背景图层），然后选择工具箱中

的"矩形选框"工具，按住鼠标左键拖曳绘制一个选区，这个选区就是选中的区域，如图3-186所示。接着执行"编辑>剪切"命令或按Ctrl+X组合键，可以将选区中的内容剪切到剪贴板上，此时原始位置的图像消失了，如图3-187所示。

图 3-186

图 3-187

提示 为什么剪切后的区域不是透明的？

当被选中的图层为普通图层时，剪切后的区域为透明区域。如果被选中的图层为背景图层，那么剪切后的区域会被填充为当前背景色。如果选中的图层为智能图层、3D图层、文字图层等特殊图层，则不能够进行剪切操作。

（2）执行"编辑>粘贴"命令或按Ctrl+V组合键，可以将剪切的图像粘贴到画布中，如图3-188所示。并生成一个新的图层，如图3-189所示。

图 3-188

图 3-189

【重点】3.4.2　复制

创建选区后，执行"编辑>复制"命令或按快捷键Ctrl+C，可以将选区中的图像复制到剪贴板中，如图3-190所示。然后执行"编辑>粘贴"命令或按快捷键Ctrl+V，可以将复制的图像粘贴到画布中并生成一个新的图层，如图3-191所示。

图 3-190　　　　　　　　图 3-191

提示：合并复制

合并复制就是将文档内所有可见图层复制并合并到剪贴板中。

打开一个多个图层的文档，然后执行"选择>全选"命令或按Ctrl+A组合键全选当前图像。然后执行"编辑>选择性复制>合并复制"命令或按Ctrl+Shift+C组合键。然后使用Ctrl+V组合键可以将合并复制的图像粘贴，得到一个包含完整画面效果的图层。

【重点】3.4.3　清除图像

使用"清除"命令可以删除选区中的图像。清除图像分为两种情况：一种是清除普通图层中的像素；另一种是清除"背景"图层中的像素，两种情况遇到的问题和结果是不同的。

（1）打开一张图片，在"图层"面板中自动生成一个"背景"图层。接着创建一个选区，然后执行"编辑>清除"命令或者按Delete键进行删除，如图3-192所示。在弹出的"填充"窗口中设置填充的内容，如选择"前景色"，然后单击"确定"按钮，如图3-193所示。此时可以看到选区中原有的像素消失了，而以"前景色"进行填充，如图3-194所示。

图 3-192

中文版Photoshop CC平面设计从入门到精通（微课视频 全彩版）

图 3-193

图 3-194

（2）如果选择一个普通图层，然后绘制一个选区，接着按 Delete 键进行删除，如图 3-195 所示。随即可以看到选区中的像素消失了，如图 3-196 所示。

图 3-195

图 3-196

3.5 在画面中填充图案／渐变

在 Photoshop 中有多种方法可以进行图形的创建，有了选区就可以为选区进行颜色的填充，当然也可以为整个画面进行填充。之前学习了单一颜色的填充，在本节中将学习图案以及渐变颜色的填充方式。

【重点】3.5.1　使用"填充"命令

"填充"是指使画面整体或者部分区域被覆盖上某种颜色或者图案，如图 3-197 和图 3-198 所示。在 Photoshop 中有多种可供"填充"的方式，例如使用"填充"命令或"油漆桶工具"等。

扫一扫，看视频

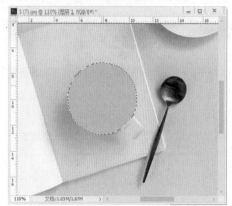

图 3-197

图 3-198

用"填充"命令可以为整个图层或选区内的部分填充颜色、图案、历史记录等，在填充的过程中还可以使填充的内容与原始内容产生混合效果。

执行"编辑＞填充"命令（快捷键：Shift+F5），打开"填充"窗口，如图 3-199 所示。在这里首先需要设置填充的内容，接着还可以进行混合的设置，设置完成后单击"确定"按钮进行填充。需要注意的是对文字图层、智能对象等特殊图层以及被隐藏的图层不能使用"填充"命令。

图 3-199

93

- **内容**：用来设置填充的内容。包含前景色、背景色、颜色、内容识别、图案、历史记录、黑色、50%灰色和白色。
- **模式**：用来设置填充内容的混合模式。混合模式就是此处的填充内容与原始图层中的内容的色彩叠加方式，其效果与"图层"混合模式相同。图3-200所示为"变暗"模式效果；图3-201所示为"叠加"模式效果。

图 3-200　　　　　　　　　　　　　　　图 3-201

- **不透明度**：用来设置填充内容的不透明度。数值为100%时为完全不透明，如图3-202所示；数值为50%时为半透明，如图3-203所示；数值为0%时为完全透明，如图3-204所示。

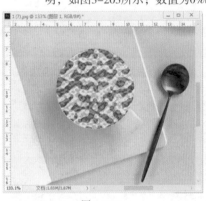

图 3-202　　　　　　　　　　图 3-203　　　　　　　　　　图 3-204

- **保留透明区域**：勾选该选项以后，只填充图层中包含像素的区域，而透明区域不会被填充。

3.5.2　油漆桶工具：为颜色相近的范围填充

"油漆桶工具" 🖌 可以用于填充前景色或图案。如果选中的图层为透明图层，则创建的选区填充的区域为当前选区；如果没有创建选区，则填充的就是整个画面；如果选中的图层带有图像，那么填充的区域为与鼠标单击处颜色相近的区域。

1. 使用"油漆桶工具"填充前景色

右击工具箱中的"渐变工具组"按钮，在其中选择"油漆桶工具"。在选项栏中设置填充模式为"前景色"，"容差"为120，其他参数使用默认值即可，如图3-205所示。更改前景色，然后在需要填充的位置单击即可填充颜色，如图3-206所示。由此可见，使用"油漆桶工具"进行填充无须先绘制选区，而是通过"容差"数值控制填充区域的大小。容差值越大，填充范围越大；容差值越小，填充范围也就越小。如果是空白图层，则会完全填充到整个图层中。

图 3-205

图 3-206

- 模式：用来设置填充内容的混合模式。
- 不透明度：用来设置填充内容的不透明度。
- 容差：用来定义必须填充的像素的颜色的相似程度与选取颜色的差值，例如调到32，会以单击处颜色为基准，把范围上下浮动32以内的颜色都填充。设置较低的"容差"值会填充颜色范围内与鼠标单击处像素非常相似的像素；设置较高的"容差"值会填充更大范围的像素。图3-207所示为不同容差数值的对比效果。

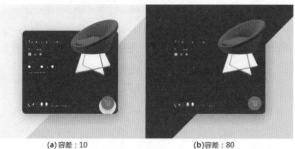

(a)容差：10   (b)容差：80

图 3-207

- 消除锯齿：平滑填充选区的边缘。
- 连续的：勾选该选项后，只填充图像中处于连续范围内的区域；关闭该选项后，可以填充图像中的所有相似像素。
- 所有图层：勾选该选项后，可以对所有可见图层中的合并颜色数据填充像素；关闭该选项后，仅填充当前选择的图层。

2. 使用"油漆桶工具"填充图案

选择"油漆桶工具"，在选项栏中设置填充模式为"图案"，单击图案后侧的 按钮，在下拉面板中选择一个图案，如图3-208所示。在画面中单击进行填充，效果如图3-209所示。

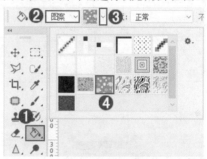

图 3-208

图 3-209

重点 3.5.3 动手练：填充渐变

"渐变"是指多种颜色过渡而产生的一种效果。渐变是设计制图中非常常用的一种填充方式，通过渐变能够制作出缤纷多彩的颜色。"渐变工具"可以在整个文档或选区内填充渐变色，并且可以创建多种颜色间的混合效果。

扫一扫，看视频

1. 渐变工具的使用方法

（1）选择工具箱中的"渐变工具" ，单击选项栏中"渐变色条"右侧的 按钮，在下拉面板中有一些预设的渐变颜色，单击即可选中渐变色。选择后，渐变色条变为选择的颜色，用来预览。在不考虑选项栏中其他选项的情况下，就可以进行填充了。选择一个图层或者绘制一个选区,按住鼠标左键拖曳,如图3-210所示。松开鼠标完成填充操作,效果如图3-211所示。

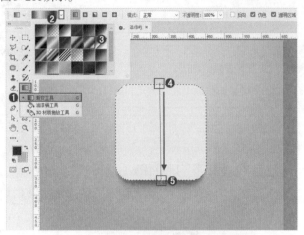

图 3-210

图 3-211

(2)选择好渐变颜色后,需要在选项栏中设置渐变类型。选项栏中 □□□□□ 这五个选项是用来设置渐变类型。单击"线性渐变"按钮□,可以以直线方式创建从起点到终点的渐变;单击"径向渐变"按钮□,可以以圆形方式创建从起点到终点的渐变;单击"角度渐变"按钮□,可以创建围绕起点以逆时针扫描方式的渐变;单击"对称渐变"按钮□,可以使用均衡的线性渐变在起点的任意一侧创建渐变;单击"菱形渐变"按钮□,可以以菱形方式从起点向外产生渐变,终点定义菱形的一个角,如图3-212所示。

(a)线性渐变　(b)径向渐变　(c)角度渐变　(d)对称渐变　(e)菱形渐变

图 3-212

(3)"反向"选项用于转换渐变中的颜色顺序,以得到反方向的渐变结果,图3-213所示分别是正常渐变和反向渐变效果。勾选"仿色"选项时,可以使渐变效果更加平滑,此选项主要用于防止打印时出现条带化现象,但在计算机屏幕上并不能明显地体现出来。

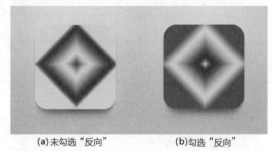

(a)未勾选"反向"　　(b)勾选"反向"

图 3-213

2. 编辑合适的渐变颜色

预设中的渐变颜色是远远不够用的,大多数时候都需要通过"渐变编辑器"窗口自定义适合自己的渐变颜色。

(1)单击选项栏中的"渐变色条" ▬▬▬ ,弹出"渐变编辑器"窗口,如图3-214所示。在"渐变编辑器"窗口的上半部分可以看到很多"预设"效果,单击即可选择某一种渐变效果,如图3-215所示。

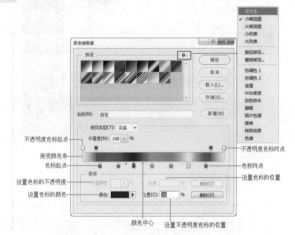

图 3-214

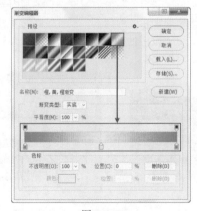

图 3-215

中文版Photoshop CC平面设计从入门到精通(微课视频　全彩版)

(2) 如果没有适合的渐变效果，可以在下方渐变色条中编辑合适的渐变效果。双击渐变色条底部的色标 🏠，在弹出的"拾色器"中设置颜色，如图3-216所示。如果色标不够，则可以在渐变色条下方单击，添加更多的色标，如图3-217所示。

图 3-216

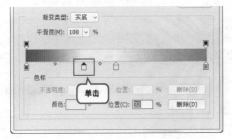

图 3-217

(3) 按住色标并左右拖动可以改变调色色标的位置，如图3-218所示。拖曳"颜色中心"滑块，可以调整两种颜色的过渡效果，如图3-219所示。

图 3-218

图 3-219

(4) 若要制作出带有透明效果的渐变颜色，可以单击渐变色条上的色标。然后在"不透明度"数值框内设置参数，如图3-220所示。若要删除色标，则选中色标后按住鼠标左键将其向渐变色条外侧拖曳，松开鼠标即可，如图3-221所示。

图 3-220

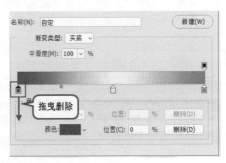

图 3-221

(5) 渐变分为杂色渐变与实色渐变两种，在此之前所编辑的渐变颜色都为实色渐变，在"渐变编辑器"中设置"渐变类型"为"杂色"，可以得到由大量色彩构成的渐变，如图3-222所示。

图 3-222

◆ 粗糙度：用来设置渐变的平滑程度，数值越高颜色层次越丰富，颜色之间的过渡效果越鲜明。图3-223所示为不同参数的对比效果。

图 3-223

- 颜色模型：在下拉列表中选择一种颜色模型用来设置渐变，包括RGB、HSB和LAB。拖曳滑块，可以调整渐变颜色，如图3-224所示。

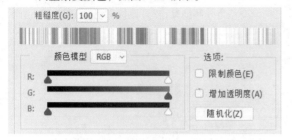

图 3-224

- 限制颜色：将颜色限制在可以打印的范围内，以免颜色过于饱和。
- 增加透明度：可以向渐变中添加透明度像素，如图3-225所示。

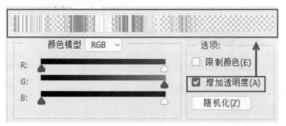

图 3-225

- 随机化：单击该按钮可以生成一个新的渐变颜色。

3.6 矢量绘图

矢量绘图是一种比较特殊的绘图模式。与使用"画笔工具"绘图不同，画笔工具绘出的内容为"像素"，是一种典型的位图绘图方式。而使用"钢笔工具"或"形状工具"绘制出的内容为路径和填色，是一种质量不受画面尺寸影响的矢量绘图方式。"矢量绘图"从画面上看，比较明显的特点有：画面内容多以图形出现，造型随意不受限制，图形边缘清晰锐利，可供选择的色彩范围广，但颜色使用相对单一，放大缩小图像不会变模糊，如图3-226所示。

扫一扫，看视频

图 3-226

矢量图形是由一条条的直线和曲线构成的，在填充颜色时，系统将按照用户指定的颜色沿曲线的轮廓线边缘进行着色处理。矢量图形的颜色与分辨率无关，图形被缩放时，对象能够维持原有的清晰度以及弯曲度，颜色和外形也都不会发生偏差和变形。所以，矢量图经常用于户外大型喷绘或巨幅海报等印刷尺寸较大的项目中。

与矢量图相对应的是"位图"。位图是由一个一个的像素点构成，将画面放大到一定比例，就可以看到这些"小方块"，每个"小方块"都是一个"像素"。通常所说的图片的尺寸为500像素×500像素，就表明画面的长度和宽度上均有500个这样的"小方块"。位图的清晰度与尺寸和分辨率有关，如果强行将位图尺寸增大，会使图像变模糊，影响质量，如图3-227所示。

图 3-227

在 Photoshop 中有两大类可以用于绘图的矢量工具：钢笔工具和形状工具。钢笔工具用于绘制不规则的形态，如图3-228所示。而形状工具则用于绘制规则的几何图形，如椭圆形、矩形、多边形等，如图3-229所示。

图 3-228

图 3-229

3.6.1 矢量绘图的几种模式

在使用"钢笔工具"或"形状工具"绘图前首先要在工具选项栏中选择绘图模式："形状""路径""像素"，如图 3-230 所示。图 3-231 所示为 3 种绘图模式。注意，"像素"模式无法在"钢笔工具"状态下启用。

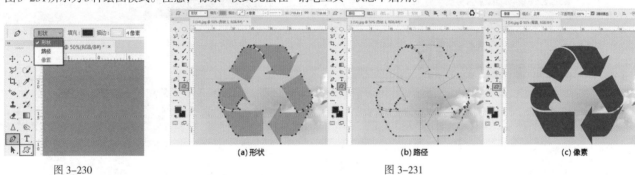

图 3-230　　　　　　　　　　　　　　　　　　　　图 3-231

矢量绘图时经常使用"形状模式"进行绘制，因为可以方便、快捷地在选项栏中设置填充与描边属性。"路径"模式常用来创建路径后转换为选区。而"像素"模式则用于快速绘制常见的几何图形。

总结几种绘图模式的特点如下。

- **形状**：带有路径，可以设置填充与描边。绘制时自动新建的"形状图层"，绘制出的是矢量对象。钢笔工具与形状工具皆可使用此模式。常用于淘宝页面中图形的绘制，不仅方便绘制完毕后更改颜色，还可以轻松调整形态。
- **路径**：只能绘制路径，不具有颜色填充属性。无须选中图层，绘制出的是矢量路径，无实体，打印输出不可见，可以转换为选区后填充。钢笔工具与形状工具皆可使用此模式。此模式常用于抠图。
- **像素**：没有路径，以前景色填充绘制的区域。需要选中图层，绘制出的对象为位图对象。形状工具可用此模式，钢笔工具不可用。

【重点】3.6.2 动手练：使用"形状"模式绘图

在使用"形状工具组"中的工具或"钢笔工具"时，都可将绘制模式设置为"形状"。在"形状"绘制模式下可以设置形状的填充，将其填充为"纯色""渐变""图案"或者无填充。同样还可以设置描边的颜色、粗细以及描边样式，如图 3-232 所示。

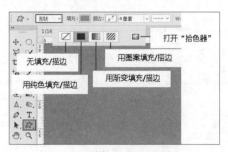

图 3-232

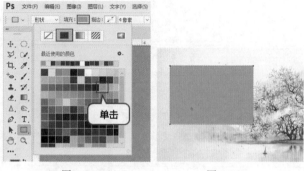

图 3-235　　　　　　　图 3-236

（1）选择工具箱中的"矩形工具" ▢，在选项栏中设置绘制模式为"形状"，然后单击"填充"下拉面板中的"无"按钮 ◰，同样设置"描边"为"无"。"描边"下拉面板与"填充"下拉面板是相同的，如图 3-233 所示。接着按住鼠标左键拖曳图形，效果如图 3-234 所示。

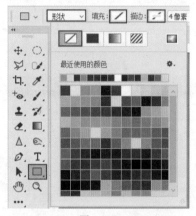

图 3-233

图 3-234

（2）按快捷键 Ctrl+Z 进行撤销。单击"填充"按钮，在下拉面板中单击"纯色"按钮 ◼，在下拉面板中可以看到多种颜色，单击即可选中相应的颜色，如图 3-235 所示。接着绘制图形，该图形就会被填充为该颜色，如图 3-236 所示。

（3）若单击"拾色器"按钮 ◲，则可以打开"拾色器"窗口，自定义颜色，如图 3-237 所示。图像绘制完成后，还可以双击形状图层的缩览图，在弹出的"拾色器"窗口中定义颜色，如图 3-238 所示。

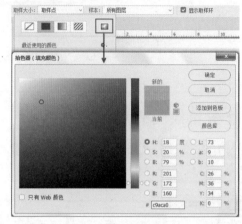

图 3-237

图 3-238

（4）如果想要设置填充为渐变，则可以单击"填充"按钮，在下拉面板中单击"渐变"按钮 ◲，然后在下拉面板中编辑渐变颜色，如图 3-239 所示。渐变编辑完成后绘制图形，效果如图 3-240 所示。此时双击形状图层缩览图可以弹出"渐变填充"窗口，在该窗口中可以重新定义渐变颜色，如图 3-241 所示。

中文版 Photoshop CC 平面设计从入门到精通（微课视频　全彩版）

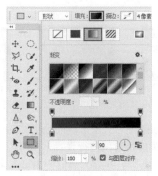

图 3–239

图 3–243

图 3–240

图 3–244

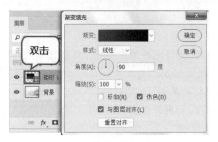

图 3–241

（5）如果要设置填充为图案，则可以单击"填充"按钮，在下拉面板中单击"图案"按钮 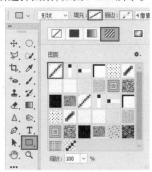，在下拉面板中选择一个图案，如图3-242所示。接着绘制图形，该图形效果如图3-243所示。双击形状图层缩览图可以填充"图案填充"窗口，在该窗口中可以重新选择图案，如图3-244所示。

图 3–242

提示：使用形状工具绘制时需要注意的小状况

当已绘制了一个形状但需要绘制第二个不同属性的形状时，如果直接在选项栏中设置参数，可能会把第一个形状图层的属性更改了。这时可以在更改属性之前，在"图层"面板中的空白位置单击，取消对任何图层的选择。然后在属性栏中设置参数，进行第二个图形的绘制，如图3-245所示。

图 3–245

（6）设置描边颜色，调整描边粗细，如图3-246所示。单击"描边类型"按钮，在下拉列表中可以选择一种描边线条的样式，如图3-247所示。

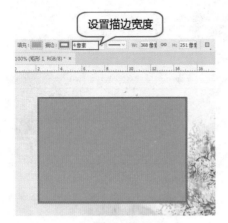

图 3-246

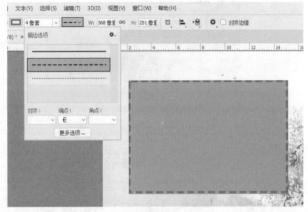

图 3-247

(7)在"对齐"选项中可以设置描边的位置,分别有"内部"▣、"居中"▣ 和"外部"▣ 3个选项,如图 3-248 所示。"端点"选项可以用来设置开放路径描边端点位置的类型,有"端面"E、"圆形"E 和"方形"E 3种,如图 3-249 所示。"角点"选项可以用来设置路径转角处的转折样式,有"斜接"E、"圆形"E 和"斜面"E 3种,如图 3-250 所示。

图 3-248

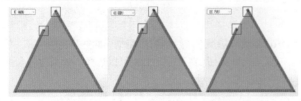

图 3-249

图 3-250

(8)单击"更多选项"按钮,可以弹出"描边"窗口。在该窗口中,可以对描边选项进行设置。还可以勾选"虚线"选项,然后在"虚线"与"间隙"数值框内设置虚线的间距,如图 3-251 所示。效果如图 3-252 所示。

图 3-251

图 3-252

提示:编辑形状图层

形状图层带有 ▣ 标志,它具有填充、描边等属性。在形状绘制完成后,还可以进行修改。选择形状图层,单击工具箱中的"直接选择工具" ▶、"路径选择工具"、▶、"钢笔工具"或者形状工具组中的工具,随即会在选项栏中显示当前形状的属性,如图 3-253 所示。接着在选项栏中进行修改即可,如图 3-254 所示。

图 3-253

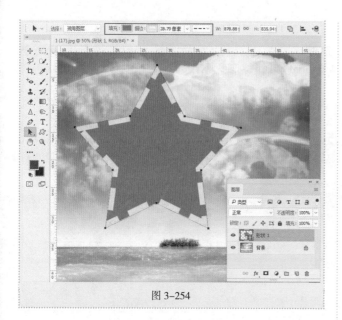

图 3-254

3.6.3 使用"像素"模式绘图

在"像素"模式下绘制的图形是以当前的前景色进行填充，并且是在当前所选的图层中绘制。首先设置一个合适的前景色，然后选择"形状工具组"中的任意一个工具，接着在选项栏中设置绘制模式为"像素"，设置合适的"混合模式"与"不透明度"。然后选择一个图层，按住鼠标左键拖曳进行绘制，如图 3-255 所示。绘制完成后只有一个纯色的图形，没有路径，也没有新出现的图层，如图 3-256 所示。

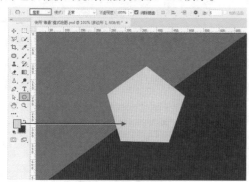

图 3-255

图 3-256

3.6.4 动手练：形状工具的使用方法

右击工具箱中的"形状工具组"按钮■，在弹出的工具组中可以看到 6 种形状工具，如图 3-257 所示。使用这些形状工具可以绘制出各种各样的常见形状，如图 3-258 所示。

　　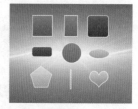

图 3-257　　　　　　图 3-258

1. 使用绘图工具绘制简单图形

绘图工具虽然能够绘制出不同类型的图形，但是它们的使用方法是比较接近的。首先单击工具箱中的相应工具按钮，以使用"圆角矩形工具"为例。右击工具箱中的"形状工具组"按钮，在工具列表中单击"圆角矩形工具"。在选项栏中设置绘制模式和描边填充等属性，设置完成后在画面中按住鼠标左键并拖动，可以看到出现了一个圆角矩形，如图 3-259 所示。

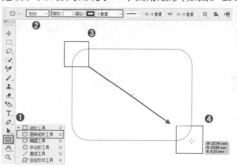

图 3-259

2. 绘制精确尺寸的图形

上面学习的绘制方法属于比较"随意"的绘制方式，如果想要得到精确尺寸的图形，那么可以使用图形绘制工具在画面中单击，然后会弹出一个用于设置精确选项数值的窗口，参数设置完毕后单击"确定"按钮，如图 3-260 所示。即可得到一个精确尺寸的图形，如图 3-261 所示。

图 3-260　　　　　　图 3-261

3. 绘制"正"的图形

在绘制的过程中，按住Shift键拖曳鼠标，可以绘制正方形、正圆形等图形，如图3-262所示。按住Alt键拖曳鼠标可以绘制由鼠标落点为中心点向四周延伸的矩形，如图3-263所示。同时按住Shift和Alt键拖曳鼠标，可以绘制由鼠标落点为中心的正方形，如图3-264所示。

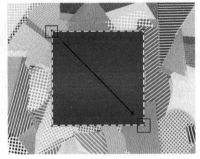
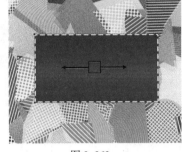
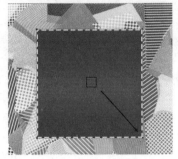

图 3-262　　　　　　　　　图 3-263　　　　　　　　　图 3-264

提示：路径与锚点

使用"路径模式"和"形状模式"绘制出的对象都包含"路径"。"路径"是由一些"锚点"连接而成的线段或者曲线。当调整"锚点"位置或弧度时，路径形态也会随之发生变化，如图3-265和图3-266所示。

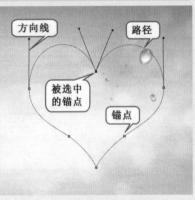
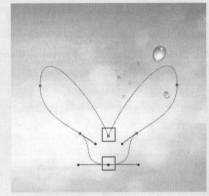

图 3-265　　　　　　　　　　　　　　　图 3-266

"锚点"可以决定路径的走向以及弧度。"锚点"有两种：尖角锚点和平滑锚点。图3-267所示的平滑锚点上会显示一条或两条"方向线"(有时也被称为"控制棒""控制柄")，"方向线"两端为"方向点"，"方向线"和"方向点"的位置共同决定了这个锚点的弧度，如图3-268和图3-269所示。

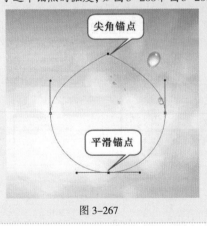
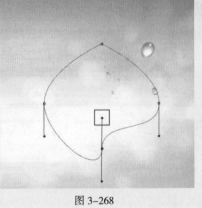
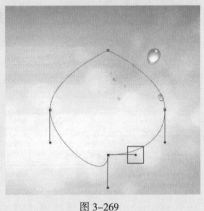

图 3-267　　　　　　　　　图 3-268　　　　　　　　　图 3-269

{重点} 3.6.5 使用"矩形工具"

利用"矩形工具" 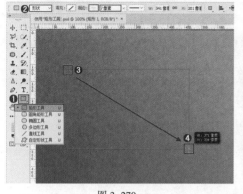 可以绘制出标准的矩形对象和正方形对象。单击工具箱中的"矩形工具"按钮,在画面中按住鼠标左键拖曳,释放鼠标后即可完成一个矩形对象绘制,如图3-270和图3-271所示。在选项栏中单击 ⚙ 图标,打开"矩形工具"的设置选项,如图3-272所示。在绘制过程中按住Shift键可以绘制出正方形。

图 3-270   图 3-271   图 3-272

- **不受约束**:勾选该选项,可以绘制出任意大小的矩形。
- **方形**:勾选该选项,可以绘制出任意大小的正方形。
- **固定大小**:勾选该选项后,可以在其后面的数值输入框中输入宽度(W)和高度(H),然后在图像上单击即可创建出矩形。
- **比例**:勾选该选项后,可以在其后面的数值输入框中输入宽度(W)和高度(H)比例,此后创建的矩形始终保持这个比例。
- **从中心**:以任何方式创建矩形时,勾选该选项,鼠标单击点即为矩形的中心。

{重点} 3.6.6 使用"圆角矩形工具"

圆角矩形在设计中应用非常广泛,它不似矩形那样锐利、棱角分明,它给人一种温和、时尚的感觉,所以也就容易使版面元素变得富有亲和力。使用"圆角矩形工具"可以绘制出标准的圆角矩形对象和圆角正方形对象。

"圆角矩形工具"的使用方法与"矩形工具"一样,右击"形状工具组",选择"圆角矩形工具"。在选项栏中可以对"半径"进行设置,"半径"选项栏用来设置圆角的半径,数值越大圆角越大。设置完成后在画面中按住鼠标左键拖曳,如图3-273所示。拖曳到理想大小后释放鼠标则绘制完成,如图3-274所示。图3-275所示为不同"半径"的对比效果。

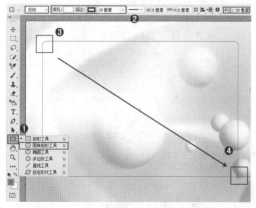

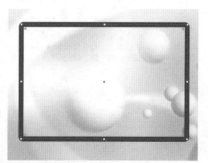

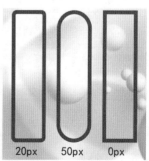

图 3-273   图 3-274   图 3-275

在圆角矩形绘制完成后会弹出"属性"窗口,在该窗口中可以对图像的大小、位置、填充、描边等选项进行设置,还可以设置"半径"参数,如图3-276所示。当处于"链接"状态时,"链接"按钮为深灰色 ∞。此时在数值框内输入数值,按Enter键确定操作，此时圆角半径的四个角都将改变，如图3-277所示。单击"链接"按钮取消链接状态，此时可以更改单个圆角的参数，如图3-278所示。

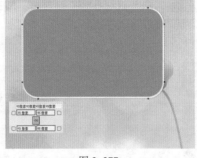

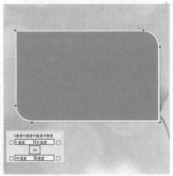

图 3-276   图 3-277   图 3-278

〔重点〕3.6.7 使用"椭圆工具"

使用"椭圆工具"可绘制出椭圆形和正圆形。在"形状工具组"中右击，选择"椭圆工具" ◯。如果要创建椭圆，可以在画面中按住鼠标左键并拖动，如图3-279所示。松开光标即可创建出椭圆形，如图3-280所示。如果要创建正圆形，则可以按住Shift键或Shift+Alt组合键(以鼠标单击点为中心)进行绘制。

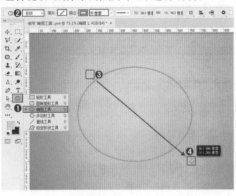

图 3-279   图 3-280

3.6.8 使用"多边形工具"

使用"多边形工具"可以创建出各种边数的多边形(最少为3条边)以及星形。在形状工具组中右击，选择"多边形工具" ◯。在选项栏中可以设置"边"数，还可以在多边形工具选项中设置半径、平滑拐点、星形等参数，如图3-281所示。设置完毕后在画面中按住鼠标左键拖曳，松开鼠标完成绘制操作，如图3-282所示。

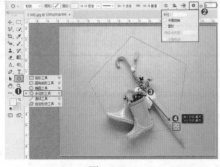

图 3-281   图 3-282

- 边：设置多边形的边数。边数设置为3时，可以绘制出正三角形；设置为5时，可以绘制出正五边形；设置为8时，可以绘制出正八边形。
- 半径：用于设置多边形或星形的半径长度，设置好半径以后，在画面中按住鼠标左键并拖动鼠标即可创建出相应半径的多边形或星形。
- 平滑拐角：勾选该选项以后，可以创建出具有平滑拐角效果的多边形或星形。
- 星形：勾选该选项后，可以创建星形，下面的"缩进边依据"选项主要用来设置星形边缘向中心缩进的百分比，数值越高，缩进量越大。
- 平滑缩进：勾选该选项后，可以使星形的每条边向中心平滑缩进。

3.6.9　使用"直线工具"

使用"直线工具" ╱ 可以创建出直线和带有箭头的形状，如图3-283所示。右击形状工具组，在其中选择"直线工具"，首先在选项栏中设置合适的填充、描边。调整"粗细"数值设置合适的直线的宽度，接着按住鼠标左键拖曳进行绘制，如图3-284所示。"直线工具"还能够绘制箭头。单击 ⚙ 按钮，在下拉面板中能够设置箭头的起点、终点、宽度、长度和凹度等参数。设置完成后按住鼠标左键拖曳绘制，即可绘制箭头形状，如图3-285所示。

图 3-283

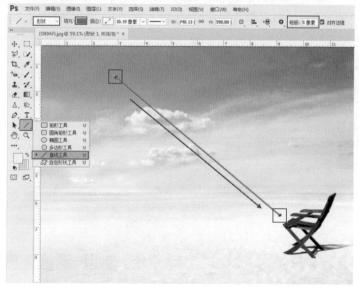

图 3-284

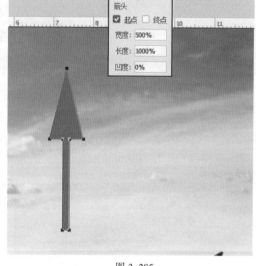

图 3-285

- 起点/终点：勾选"起点"选项，可以在直线的起点处添加箭头；勾选"终点"选项，可以在直线的终点处添加箭头；勾选"起点"和"终点"选项，则可以在两头都添加箭头。
- 宽度：用来设置箭头宽度与直线宽度的百分比，范围为10%～1000%。
- 长度：用来设置箭头长度与直线宽度的百分比，范围为10%～5000%。
- 凹度：用来设置箭头的凹陷程度，范围为-50%～50%。值为0%时，箭头尾部平齐；值大于0%时，箭头尾部向内凹陷；值小于0%时，箭头尾部向外凸出。

3.6.10　动手练：使用"自定形状工具"

（1）使用"自定形状工具" ⬟ 可以创建出非常多的形状。右击工具箱中的形状工具组，在其中选择"自定形状工具"。在选项栏中单击"形状"按钮 ，在下拉面板中选择一种形状，然后在画面中按住鼠标左键拖曳进行绘制，如图3-286所示。释放鼠标后即可看到图形效果，如图3-287所示。

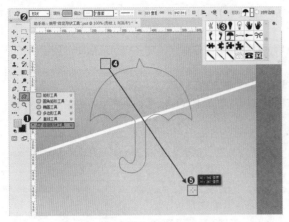

图 3-286

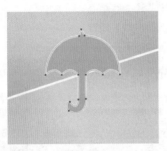

图 3-287

(2) 在 Photoshop 中有很多预设的形状,单击下拉面板右上角的 ⚙ 按钮,在菜单的底部可以看到很多预设形状组,如图 3-288 所示。选择一个形状组,在弹出的对话框中单击"确定"或"追加"按钮,即可将形状组中的形状载入到面板中,如图 3-289 所示。

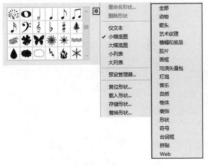

图 3-288

图 3-289

(3) 如果有外挂动作,还可以通过"载入形状"命令进行载入。单击 ⚙ 按钮执行"载入形状"命令,在弹出的"载入"窗口中单击形状文件(格式为 .csh),然后单击"载入"按钮完成载入操作,如图 3-290 和图 3-291 所示。

图 3-290

图 3-291

【重点】3.6.11 动手练:使用"钢笔工具"

"钢笔工具"是一种矢量工具,主要用于矢量绘图和抠图。使用"钢笔工具"绘制的路径可控性极强,而且可以在绘制完毕后进行重复修改,所以非常适合绘制精细而复杂的形状及路径。"钢笔工具"有两种绘制模式:"路径"和"形状",如图 3-292 所示。

图 3-292

使用"形状"模式时可以绘制出带有填充和描边颜色的图形,如图 3-293 所示。而使用"路径"模式时则可以绘制出没有任何颜色的路径,但是有了路径就可以转换为选区,随后可以进行填充等局部处理操作,如图 3-294 所示。

中文版Photoshop CC平面设计从入门到精通(微课视频 全彩版)

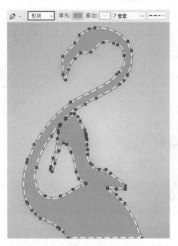

图 3-293

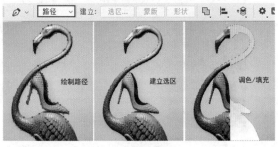

图 3-294

> **提示：两种绘图模式的异同**
>
> 　　无论哪种绘制模式，在绘图的过程中操作都是相同的，都是绘制路径的过程。只不过"路径"模式得到的只有路径，而"形状"模式得到的是带有填色/描边的路径。

　　在使用"钢笔工具"进行绘图的过程中，要用到钢笔工具组和选择工具组。其中包括"钢笔工具""自由钢笔工具""添加锚点工具""删除锚点工具""转换点工具""路径选择工具""直接选择工具"，如图 3-295 和图 3-296 所示。其中"钢笔工具"和"自由钢笔工具"用于绘制路径，而其他工具都是用于调整路径的形态。通常会使用"钢笔工具"尽可能准确地绘制出路径，然后使用其他工具进行细节形态的调整。

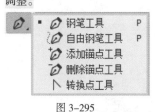

图 3-295　　　　　　　　　　图 3-296

　　无论是使用"形状"模式还是"路径"模式，绘制的方式都是相同的，这里以使用"路径"模式为例进行学习。

1. 绘制直线／折线路径

　　单击工具箱中的"钢笔工具"按钮 ，在其选项栏中设置"绘制模式"为"路径"。在画面中单击，画面中出现一个锚点，这是路径的起点，如图 3-297 所示。接着在下一个位置单击，在两个锚点之间可以生成一段直线路径，如图 3-298 所示。继续以单击的方式进行绘制，可以绘制出折线路径，如图 3-299 所示。

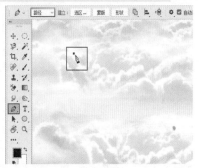

图 3-297

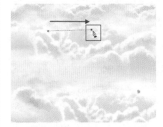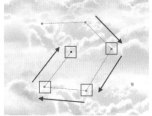

图 3-298　　　　　　　　　　图 3-299

> **提示：终止路径的绘制**
>
> 　　如果要终止路径的绘制，则可以在使用"钢笔工具"的状态下按 Esc 键；单击工具箱中的其他任意一个工具，也可以终止路径的绘制。

2. 绘制曲线路径

　　曲线路径由平滑的锚点组成。使用"钢笔工具"直接在画面中单击，创建出的是尖角的锚点。想要绘制平滑的锚点，需要按住鼠标左键拖动，此时可以看到按下鼠标左键的位置生成了一个锚点，而拖曳的位置显示了方向线，如图 3-300 所示。此时可以按住鼠标左键，同时上、下、左、右拖曳方向线，调整方向线的角度，曲线的弧度也随之发生变化，如图 3-301 所示。

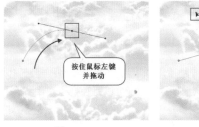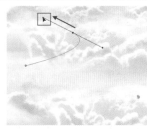

图 3-300　　　　　　　　　　图 3-301

3. 绘制闭合路径

路径绘制完成后，将"钢笔工具"光标定位到路径的起点处，当它变为 ![钢笔闭合图标] 形状时（如图3-302所示），单击即可闭合路径，如图3-303所示。

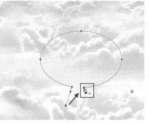 

图 3-302　　　　　　图 3-303

 提示：删除路径

路径绘制完成后，如果需要删除路径，可以在使用"钢笔工具"的状态下单击鼠标右键，在弹出的快捷菜单中选择"删除路径"命令。

4. 继续绘制未完成的路径

对于未闭合的路径，如要继续绘制，可以将"钢笔工具"光标移动到路径的一个端点处，当它变为 ![图标] 形状时，单击该端点，如图3-304所示。接着将光标移动到其他位置进行绘制，可以看到在当前路径上向外产生了延伸的路径，如图3-305所示。

 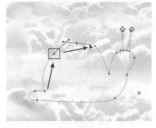

图 3-304　　　　　　图 3-305

 **提示：继续绘制路径时的注意事项**

如果光标变为 ![图标]，那么此时绘制的是一条新的路径，而不是在之前路径的基础上继续绘制。

3.6.12　动手练：调整锚点、路径形态

1. 选择路径、移动路径

单击工具箱中的"路径选择工具"按钮 ![图标]，在需要选中的路径上单击，路径上出现锚点，表明该路径处于选中状态，如图3-306所示。按住鼠标左键拖动，即可移动该路径，如图3-307所示。

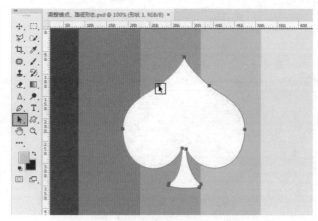

图 3-306

图 3-307

2. 选择锚点、移动锚点

右击选择工具组中的任意一工具按钮，在弹出的选择工具组中选择"直接选择工具" ![图标]。使用"直接选择工具"可以选择路径上的锚点或者方向线，选中之后可以移动锚点、调整方向线。将光标移动到锚点位置，单击可以选中其中某一个锚点，如图3-308所示。框选可以选中多个锚点，如图3-309所示。按住鼠标左键拖动，可以移动锚点位置，如图3-310所示。在使用"钢笔工具"状态下，按住Ctrl键可以切换为"直接选择工具"，松开Ctrl键会变回"钢笔工具"。

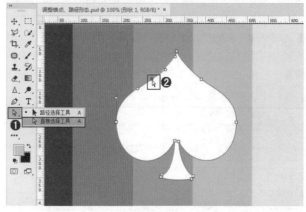

图 3-308

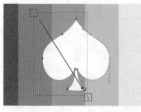

图 3-309　　　　　　　　　图 3-310

提示：快速切换"直接选择工具"

在使用"钢笔工具"状态下，按住Ctrl键切换到"直接选择工具"。

3. 添加锚点

如果路径上的锚点较少，细节就无法精细地刻画。此时可以使用"添加锚点工具" 在路径上添加锚点。

右击钢笔工具组中的任意一组工具按钮，在弹出的钢笔工具组中选择"添加锚点工具"按钮 。将光标移动到路径上，当它变成 形状时单击，如图3-311所示。即可添加一个锚点，如图3-312所示。在使用"钢笔工具"状态下，将光标放在路径上，光标也会变成 形状，单击即可添加一个锚点。

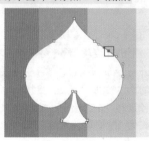

图 3-311　　　　　　　　　图 3-312

4. 删除锚点

要删除多余的锚点，可以使用钢笔工具组中的"删除锚点工具" 来完成。右击钢笔工具组中的任一工具，在弹出的钢笔工具组中选择"删除锚点工具" ，将光标放在锚点上单击，如图3-313所示。即可删除锚点，如图3-314所示。在使用"钢笔工具"状态下，直接将光标移动到锚点上，当它变为 形状时，单击也可以删除锚点。

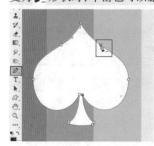

图 3-313　　　　　　　　　图 3-314

5. 转换锚点类型

"转换点工具" 可以将锚点在尖角锚点与平滑锚点之间进行转换。右击钢笔工具组中的任一工具按钮，在弹出的钢笔工具组中单击"转换点工具" ，在平滑锚点上单击，可以使平滑的锚点转换为尖角的锚点，如图3-315所示。在尖角的锚点上按住鼠标左键拖动，即可调整锚点的形状，使其变得平滑，如图3-316所示。在使用"钢笔工具"状态下，按住Alt键可以切换为"转换点工具"，松开Alt键会变回"钢笔工具"。

图 3-315　　　　　　　　　图 3-316

练习实例：短视频 App 图标

文件路径	资源包\第3章\短视频App图标
难易指数	★★★★★
技术要点	圆角矩形工具、矩形工具、钢笔工具、图层样式

扫一扫，看视频

案例效果

案例效果如图3-317所示。

图 3-317

操作步骤

步骤 01 执行"文件>打开"命令，打开背景素材1.jpg。接下来制作图标背景。在工具箱中右击形状工具组，在形状工具组列表中单击"圆角矩形工具"按钮，在选项栏中设置"绘制模式"为"形状"，"填充"为浅灰色，"描边"为无，"半径"为150，设置完成后在画面中按住Shift键的同时按住鼠标左键拖动绘制一个正圆角矩形，如图3-318所示。

图 3-318

步骤 02 为该圆角矩形添加图层样式。在"图层"面板中选中圆角矩形图层，执行"图层>图层样式>投影"命令，在"图层样式"窗口中设置"混合模式"为"正片叠底"，"颜色"为黑色，"不透明度"为60%，"角度"为120度，"距离"为5像素，"大小"为8像素，设置完成后单击"确定"按钮，如图 3-319 所示。此时效果如图 3-320 所示。

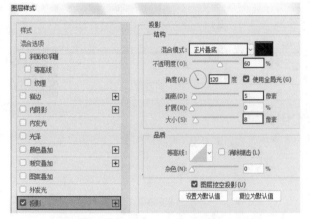

图 3-319

图 3-320

步骤 03 绘制图标内部图形。单击工具箱中的"矩形工具"按钮，在选项栏中设置"绘制模式"为"形状"，"填充"为青绿色，"描边"为无，如图 3-321 所示。接着在圆角矩形上方绘制矩形形状，如图 3-322 所示。

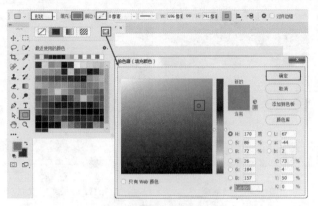

图 3-321

图 3-322

步骤 04 使用"矩形工具"绘制另外几个矩形(由于这几个矩形的宽度均相等，可以绘制其中一个，多次复制，并进行对齐与分布的设置，均匀地排放在一列上，然后对顶部和底部的两个矩形高度进行调整)，如图 3-323 所示。接着使用"路径选择工具"选中小矩形与大矩形，在选项栏中设置合并模式为"排除重叠区域"，然后在"图层"面板中将这些图层选中，使用快捷键Ctrl+E进行合并，这样青绿色的矩形上就出现了镂空效果，如图 3-324 所示。使用同样的方法制作另一侧镂空效果。

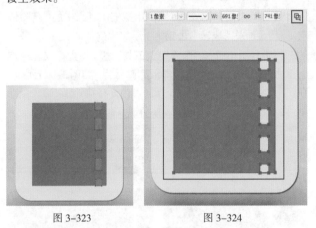

图 3-323　　　　　图 3-324

步骤 05 单击工具箱中的"矩形工具"按钮，在选项栏中设置"绘制模式"为"形状"，"填充"为白色，"描边"为无，设置完成后在图标内部绘制矩形形状,如图3-325所示。接着单击工具箱中的"钢笔工具",在选项栏中设置"绘制模式"为"形状","填充"为墨绿色,"描边"为无,设置完成后在白色矩形上方绘制形状,如图3-326所示。

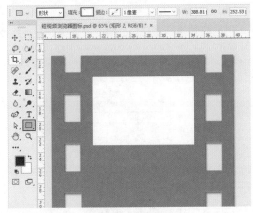

图 3-325

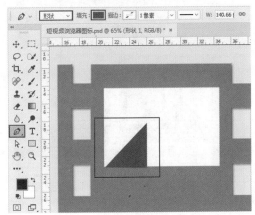

图 3-326

步骤 06 在"图层"面板中选中该图层,使用复制图层快捷键Ctrl+J,复制出一个相同的图层。然后使用"自由变换"快捷键Ctrl+T。此时对象进入自由变换状态,在对象上右击,在弹出的快捷菜单中执行"水平翻转"命令,如图3-327所示。然后按住鼠标左键将自由变换的形状向右拖动,操作完成后单击"确定"按钮,如图3-328所示。

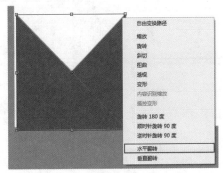

图 3-327

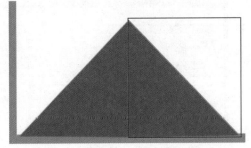

图 3-328

步骤 07 单击该图层,在选项栏中将"填充"更改为稍浅一些的绿色,效果如图3-329所示。

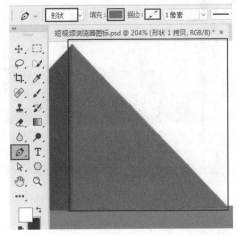

图 3-329

步骤 08 在"图层"面板中选中两个山形形状图层,使用复制图层快捷键Ctrl+J复制出一个相同的图层,如图3-330所示。然后将其向右侧移动,如图3-331所示。

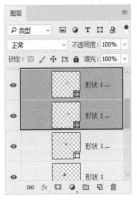

图 3-330

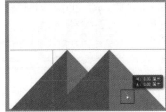

图 3-331

步骤 09 使用"自由变换"快捷键Ctrl+T调出定界框,按住鼠标左键并拖动,将其缩放到合适大小,如图3-332所示。单击这两个图层,在选项栏中更改"填充"颜色,效果如图3-333所示。

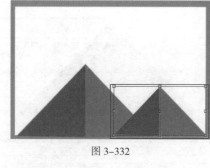

图 3-332

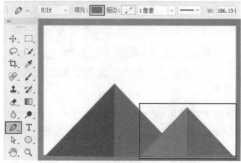

图 3-333

步骤 10 在"图层"面板中选中右侧山形图层,将其移动到左侧山形图层下方,如图 3-334 所示。

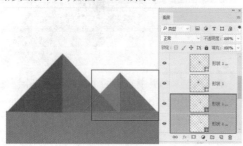

图 3-334

步骤 11 在形状工具组列表中单击"椭圆工具"按钮,在选项栏中设置"绘制模式"为"形状","填充"为墨绿色,"描边"为无,设置完成后在按住 Shift 键的同时按住鼠标左键拖动绘制正圆,如图 3-335 所示。

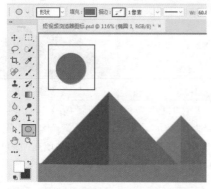

图 3-335

步骤 12 在"图层"面板中按住 Shift 键单击山形图层的首尾图层,此时绘制的所有山形图层被选中。接着单击"图层"面板下方的"创建新组"按钮,此时选中的图层移动到图层组中,如图 3-336 所示。在"图层"面板中选中"山"图层组,使用复制图层快捷键 Ctrl+J 复制出一个相同的图层组。按住 Shift 键的同时按住鼠标左键将复制的图层组向下方拖动,如图 3-337 所示。

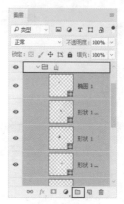

图 3-336

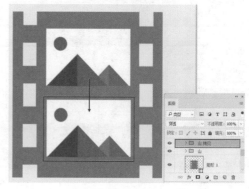

图 3-337

步骤 13 在"图层"面板中打开复制的图层组,选中椭圆图层,按住鼠标左键拖动到"图层"面板下方的"删除图层"按钮上,如图 3-338 所示。此时画面如图 3-339 所示。

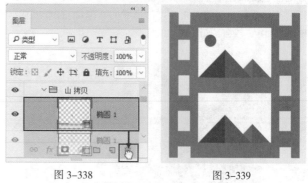

图 3-338　　　　　　　图 3-339

步骤 14 在"图层"面板中按住 Ctrl 键选中两个图层组,单击"图层"面板下方的"创建新组"按钮,将这两个图层组移

中文版Photoshop CC平面设计从入门到精通(微课视频 全彩版)

动到新的图层组中,如图3-340所示。

图3-340

步骤 15 为该图层组添加图层样式。选中圆角矩形图层,在该图层上右击,在弹出的快捷菜单中执行"拷贝图层样式"命令,如图3-341所示。然后单击"组1"图层组,在该图层组上方右击,在弹出的快捷菜单中执行"粘贴图层样式"命令,如图3-342所示。此时该图标制作完成,效果如图3-343所示。

图3-341

图3-342

图3-343

3.6.13 矢量对象的管理操作

1. 对齐、分布路径

对齐与分布可以对路径或者形状中的路径进行操作。如果是形状中的路径,则需要所有路径在一个图层内,接着使用"路径选择工具" ▶ 选择多个路径,然后单击选项栏中的"路径对齐方式"按钮,在弹出的快捷菜单中可以对所选路径进行对齐、分布,如图3-344所示。图3-345所示为底对齐的效果。路径的对齐和分布与图层的对齐和分布的使用方法是一样的。

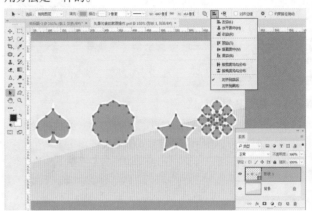

图3-344

图3-345

 提示:删除路径

在进行路径描边之后经常需要删除路径。使用"路径选择工具" ▶ 选择需要删除的路径。接着按Delete键进行删除。或者在使用矢量工具状态下右击,在弹出的快捷菜单中执行"删除路径"命令。

2. 调整路径排列方式

当文档中包括多个路径,或者一个形状图层中包括多个路径时,可以调整这些路径的上下排列顺序,不同的排列顺序会影响到路径运算的结果。选择路径,单击属性栏中的"路径排列方法"按钮,在下拉列表中单击并执行相应的命令,可以将选中的路径的层级关系进行相应的排列,如图3-346所示。

图3-346

3. 路径转换为选区

(1)绘制一个闭合路径,如图3-347所示。要快速地将路径转换为选区可以使用快捷键Ctrl+Enter,如图3-348所示。

图3-347　　　　　　图3-348

(2)还可以在使用"钢笔工具"状态下,在路径上单击鼠标右键,在弹出的快捷菜单中选择"建立选区"命令,如图3-349所示。在弹出的"建立选区"窗口中进行"羽化半径"的设置,可以得到带有羽化效果的选区,如图3-350所示。"羽化半径"为0时,选区边缘清晰、明确;羽化半径越大,选区边缘越模糊。

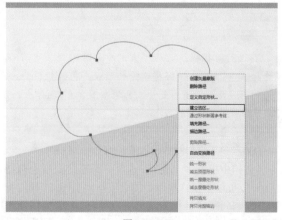

图3-349

图3-350

【重点】3.6.14　动手练:路径的加减运算

当想要制作一些中心镂空的对象,或者想要制作出由几个形状组合在一起的形状或路径时,或是想要从一个图形中去除一部分图形,都可以使用"路径操作"功能。

在使用"钢笔工具"或"形状工具"以"形状"模式或"路径"模式进行绘制时,选项栏中就可以看到"路径操作"按钮,单击该按钮,在下拉菜单中可以看到多种路径的操作方式。想要使路径进行"相加""相减",需要在绘制之前就在选项栏中设置好"路径操作"的方式,然后进行绘制。(在绘制第一个路径/形状时,选择任何方式都会以"新建图层"的方式进行绘制。在绘制第二个图形时,才会以选定的方式进行运算。)

(1)以"减去顶层形状"为例。首先单击矢量工具,在选项栏中单击"路径操作"按钮,在下拉菜单中选中"减去顶层形状",如图3-351所示。然后在之前绘制的形状上绘制另外一个图形,新绘制的路径也位于同一个图层中,图3-352所示画面效果是从之前绘制的对象中去除了部分内容,如图3-353所示。

图3-351

中文版Photoshop CC平面设计从入门到精通(微课视频 全彩版)

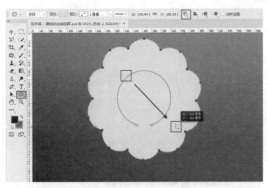

图 3-352

图 3-353

(2) 如果已经绘制了一个对象, 然后设置"路径操作", 可能会直接产生路径运算效果, 例如先绘制了一个图形, 如图 3-354 所示。然后设置"路径操作"为"减去顶层形状", 即可得到反方向的内容, 如图 3-355 所示。

图 3-354

图 3-355

+ 🔲合并形状: 新绘制的图形将添加到原有的图形中, 如图 3-356 所示。
+ 🔲减去顶层形状: 可以从原有的图形中减去新绘制的图形, 如图 3-357 所示。

图 3-356   图 3-357

+ 🔲与形状区域交叉: 可以得到新图形与原有图形的交叉区域, 如图 3-358 所示。
+ 🔲排除重叠形状: 可以得到新图形与原有图形重叠部分以外的区域, 如图 3-359 所示。

图 3-358   图 3-359

+ 🔲合并形状组件: 选中多个路径, 单击该按钮可以将多个路径合并为一个路径, 如图 3-360 所示。

图 3-360

> **提示: 使用"路径操作"的小技巧**
>
> 如果当前画面中包括多个路径组成的对象, 选中其中一个路径, 然后在选项栏中也可以进行路径操作的设置。

综合实例: 使用矢量工具制作图形广告

文件路径	资源包\第3章\使用矢量工具制作图形广告
难易指数	★★★★★
技术要点	自定形状工具、钢笔工具

扫一扫, 看视频

案例效果

案例效果如图 3-361 所示。

图 3-361

操作步骤

步骤 01 执行"文件>新建"命令,创建一个宽度为1200像素,高度为1480像素的新文档,如图3-362所示。效果如图3-363所示。

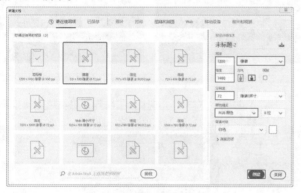

图 3-362

图 3-363

步骤 02 为背景填充颜色。单击工具箱底部的"前景色"按钮,在弹出的"拾色器"窗口中设置颜色为蓝色,然后单击"确定"按钮,如图3-364所示。在"图层"面板中选择背景图

层,使用"前景色填充"快捷键Alt+Delete进行填充,效果如图3-365所示。

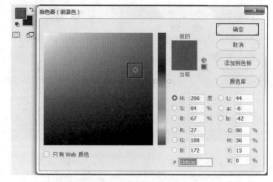

图 3-364

图 3-365

步骤 03 用渐变色的形状点缀背景画面。单击工具箱中的"钢笔工具",在选项栏中设置"绘制模式"为"形状","填充"为无,"描边"为无,在画面左侧边缘合适的位置单击鼠标左键建立起点,如图3-366所示。接着将光标移动到画面下一个位置,按住鼠标左键拖动通过方向线控制路径走向,如图3-367所示。

图 3-366

中文版Photoshop CC平面设计从入门到精通(微课视频 全彩版)

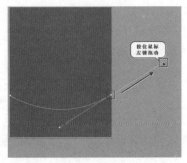

图 3-367

渐变图形制作完成,如图3-372所示。

图 3-371

步骤 04 按住 Alt 键切换到"转换点工具",在锚点上单击将平滑点转换为角点,如图3-368所示。接着沿着画面边缘向下移动鼠标至合适位置单击,如图3-369所示。绘制到起始锚点位置后单击鼠标左键即可得到一个闭合路径,如图3-370所示。

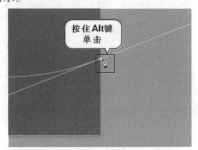

图 3-368

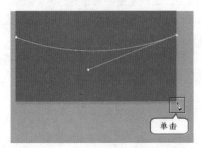

图 3-369

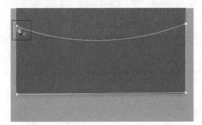

图 3-370

步骤 05 单击选项栏中的"填充"按钮,在下拉面板中单击"渐变"按钮,然后双击左侧滑块,在弹出的"拾色器"窗口中设置深蓝色,然后单击"确定"按钮。继续使用同样的方法将右侧滑块位置颜色设置为蓝色,设置"渐变类型"为"线性渐变",设置"渐变角度"为-90,如图3-371所示。此时第一个

图 3-372

步骤 06 使用同样的方法在画面中绘制多个"弧形"形状,适当改变填充的渐变颜色,依次由下至上排列。画面效果如图3-373所示。

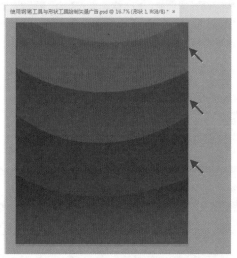

图 3-373

步骤 07 绘制广告底部图案。单击工具箱中的"钢笔工具",在选项栏中设置"绘制模式"为"形状",接着单击选项栏中的"填充",在下拉面板中单击"纯色"按钮,然后在右侧单击"拾色器"

按钮，在弹出的窗口中设置一个橘色，单击"确定"按钮，完成颜色设置，接着在选项栏中设置"描边"为无，如图3-374所示。

图 3-374

步骤 08 设置完成后，在画面的下方以单击的方式绘制一个橘色锯齿图形，如图3-375所示。继续使用同样的方法将前方黄色小锯齿图形绘制完成，如图3-376所示。

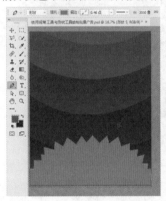 

图 3-375　　　　　　图 3-376

步骤 09 绘制云朵部分。单击工具箱中的"自定形状工具"按钮，然后设置选项栏中的"绘制模式"为"形状"，设置"填充"为淡黄色，"描边"为无。接着单击"自定形状拾色器"按钮，在下拉窗口的右上角位置单击 ✿ 按钮并在列表中执行"全部"命令，接着在弹出的窗口中单击"追加"按钮，然后回到下拉窗口中选中云朵图形，设置完成后在画面的下方绘制一个淡黄色云朵图案，如图3-377所示。

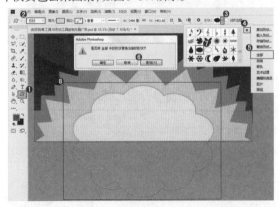

图 3-377

步骤 10 使用同样的方法绘制上方白色云朵图形，如图3-378所示。

图 3-378

步骤 11 执行"文件>置入嵌入对象"命令，将前景素材1.png置入到画面中，调整其大小及位置。然后按Enter键完成置入。在"图层"面板中右击该图层，在弹出的快捷菜单中执行"栅格化图层"命令。案例完成效果如图3-379所示。

图 3-379

Chapter 4
第4章

扫一扫，看视频

文字

本章内容简介

文字是平面设计作品中必不可少的元素，不仅可以用于信息的传达，很多时候也起到美化版面的作用。Photoshop有着非常强大的文字创建与编辑功能，不仅有多种文字工具可供使用，更有多个参数设置面板可以用来修改文字的效果。本章主要讲解多种类型文字的创建、编辑，以及为文字添加丰富的图层样式的方法。

重点知识掌握

· 熟练掌握文字工具的使用方法。
· 熟练使用"字符"面板与"段落"面板。
· 熟练使用图层样式美化文字。

通过本章学习，我能做什么

通过本章的学习，可以在图片上添加各种各样的文字信息，还可以制作出丰富多彩的变形艺术字。结合之前章节所学的知识，可以制作一些常见的海报、名片、标志、书籍内页版面等。

优秀作品欣赏

4.1 文字的创建与使用

在Photoshop的工具箱中右击"横排文字工具"按钮 **T**，打开文字工具组。其中包括4种工具，即"横排文字工具" **T**、"直排文字工具" **↓T**、"横排文字蒙版工具" **T̄** 和"直排文字蒙版工具" **↓T̄**，如图4-1所示。"横排文字工具" **T** 和"直排文字工具" **↓T** 主要用来创建实体文字，如点文本、段落文本、路径文本、区域文本，如图4-2所示；而"直排文字蒙版工具" **↓T̄** 和"横排文字蒙版工具" **T̄** 则是用来创建文字形状的选区，如图4-3所示。

图4-1

图4-2   图4-3

【重点】4.1.1 认识文字工具

"横排文字工具" **T** 和"直排文字工具" **↓T** 的使用方法相同，区别在于输入文字的排列方式不同。"横排文字工具"输入的文字是横向排列的，是目前最为常用的文字排列方式，如图4-4所示；而"直排文字工具"输入的文字是纵向排列的，常用于古典感文字以及日文版面的编排，如图4-5所示。

图4-4   图4-5

在输入文字前，需要对文字的字体、大小、颜色等属性进行设置。这些设置都可以在文字工具的选项栏中进行。单击工具箱中的"横排文字工具"按钮，其选项栏如图4-6所示。

图4-6

提示：设置文字属性

可以先在选项栏中设置好合适的参数，再进行文字的输入；也可以在文字制作完成后选中文字对象，然后在选项栏中更改参数。

- 更改字体方向 **T̄**：单击该按钮，横向排列的文字将变为直排，直排文字将变为横排。其功能与执行"文字>取向>水平/垂直"命令相同。图4-7所示为对比效果。

图4-7

- 设置字体 Arial ▾：单击右侧的下拉按钮，在弹出的下拉列表框中可以选择合适的字体。图4-8为不同字体的效果。

图4-8

- 设置字体样式 Regular ▾：字体样式只针对部分英文字体有效。输入字符后，可以在该下拉列表框中选择需要的字体样式，包含Regular（规则）、Italic（斜体）、Bold（粗体）和Bold Italic（粗斜体）。

- 设置字体大小 **T̄** 12点 ▾：如要设置文字的大小，可以直接输入数值，也可以在下拉列表框中选择预设的字体大小。图4-9为不同大小的对比效果。若要改变部分字符的大小，则需要选中需要更改的字符后进行设置。

(a)80点   (b)80点

图4-9

- 设置消除锯齿的方法 ：输入文字后，可以在该下拉列表框中为文字指定一种消除锯齿的方法。选择"无"时，Photoshop不会消除锯齿，文字边缘会呈现出不平滑的效果；选择"锐利"时，文字的边缘最为锐利；选择"犀利"时，文字的边缘比较锐利；选择"浑厚"时，文字的边缘会变粗一些；选择"平滑"时，文字的边缘会非常平滑。图4-10为不同方式的对比效果。

(a)无　(b)锐利　(c)犀利　(d)浑厚　(e)平滑

图 4-10

- 设置文本对齐方式 ▣ ▤ ▥：根据输入字符时光标的位置来设置文本对齐方式。图4-11为不同对齐方式的对比效果。

图 4-11

- 设置文本颜色 ▇：单击该颜色块，在弹出的"拾色器"窗口中可以设置文字颜色。如果要修改已有文字的颜色，可以先在文档中选择文本，然后在选项栏中单击颜色块，在弹出的窗口中设置所需要的颜色。图4-12为不同颜色的对比效果。

相见欢

图 4-12

- 创建文字变形 ⏛：选中文本，单击该按钮，在弹出的窗口中可以为文本设置变形效果。
- 切换"字符"和"段落"面板 ▤：单击该按钮，可在"字符"面板和"段落"面板之间进行切换。
- 取消所有当前编辑 ⊘：在文本输入或编辑状态下显示该按钮，单击即可取消当前的编辑操作。
- 提交所有当前编辑 ✔：在文本输入或编辑状态下显示该按钮，单击即可确定并完成当前的文字输入或编辑操作。文本输入或编辑完成后，需要单击该按钮，或者按Ctrl+Enter组合键完成操作。
- 从文本创建3D **3D**：单击该按钮，可将文本对象转换为带有立体感的3D对象。

 提示："直排文字工具"选项栏

"直排文字工具"与"横排文字工具"的选项栏参数基本相同，区别在于"对齐方式"。其中，▥ 表示顶对齐文本，▤ 表示居中对齐文本，▥ 表示底对齐文本，如图4-13所示。

图 4-13

【重点】4.1.2 动手练：创建点文本

"点文本"是最常用的文本形式。在点文本输入状态下输入的文字会一直沿着横向或纵向进行排列，如果输入过多会超出画面显示区域，此时需要按Enter键换行。点文本常用于较短文字的输入，如广告中的商品品牌文字、名片上的姓名和电话等。

扫一扫，看视频

（1）点文本的创建方法非常简单。单击工具箱中的"横排文字工具"按钮 **T.**，在其选项栏中设置字体、字号、颜色等文字属性；然后在画面中单击（单击处为文字的起点），出现闪烁的光标，如图4-14所示；输入文字，文字会沿横向进行排列；最后单击选项栏中的 ✔ 按钮（或按快捷键Ctrl+Enter），完成文字的输入，如图4-15所示。

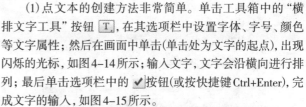

单击

图 4-14

COLOR

图 4-15

（2）此时在"图层"面板中出现了一个新的文字图层。如果要修改整个文字图层的字体、字号等属性，可以在"图层"面板中选中该文字图层（如图4-16所示），然后在选项栏或"字符"面板、"段落"面板中更改文字属性，如图4-17所示。

图4-16　　　　　　　　图4-17

（3）如果要修改部分字符的属性，首先要将其选中。使用"文字工具"在需要选中的文字的一侧单击插入光标，然后向需要选中的文字的方向按住鼠标左键拖动进行选择，如图4-18所示。被选中的文字将高亮显示，然后在选项栏中更改文字属性，如图4-19所示。更改完成后单击✔按钮（或按快捷键Ctrl+Enter键），效果如图4-20所示。

图4-18

图4-19　　　　　　　　图4-20

 提示：方便的字符选择方式

在文字输入状态下，单击3次可以选择一行文字；单击4次可以选择整个段落的文字；按Ctrl+A组合键可以选择所有的文字。

（4）同样，如果要修改文本内容，可以将光标放置在要修改的内容的一侧，按住鼠标左键向另一侧拖动，选中需要更改的字符，如图4-21所示；然后输入新的字符即可，如图4-22所示。

图4-21　　　　　　　　图4-22

 提示：如何使用其他字体？

制作平面设计作品时经常需要根据广告的调性切换各种风格的字体，而计算机自带的字体可能无法满足实际需求，这时就需要安装额外的字体。由于Photoshop中所使用的字体其实是调用操作系统中的系统字体，所以用户只需要把字体文件安装在操作系统的字体文件夹下即可。市面上常见的字体文件多种多样，安装方法也略有区别。安装好字体以后，重新启动Photoshop就可以在文字工具选项栏的"字体"下拉列表框中查找到新安装的字体。

下面列举几种比较常见的字体安装方法。

很多时候用到的字体文件是EXE格式的可执行文件，这种字库文件安装比较简单，双击运行并按照提示进行操作即可。

当遇到后缀名为.ttf、.fon等没有自动安装程序的字体文件时，需要打开"控制面板"（单击计算机桌面左下角的"开始"按钮，在弹出的"开始"菜单中选择"控制面板"命令），然后双击"字体"选项，打开"字体"窗口，接着将.ttf、.fon格式的字体文件复制到其中即可。

[重点]4.1.3　动手练：创建段落文本

顾名思义，"段落文本"是一种用来制作大段文本的常用方式。段落文本可以使文字限定在一个矩形范围内，在这个矩形区域中文字会自动换行，而且文字区域的大小还可以进行方便地调整。配合对齐方式的设置，可以制作出整齐排列的效果。段落文本常用于书籍、画册内页等包含大量文字信息的版面。

扫一扫，看视频

（1）单击工具箱中的"横排文字工具"按钮，在其选项栏中设置合适的字体、字号、文字颜色、对齐方式，然后在画布中按住鼠标左键拖动，绘制出一个矩形的文本框，如图4-23所示。在其中输入文字，文字会自动排列，如图4-24所示。

（2）如果要调整文本框的大小，将光标移动到文本框边缘处，按住鼠标左键拖动即可，如图4-25所示。随着文本框大小的改变，文字也会重新排列。当文本框较小而不能显示全部文字时，其右下角的控制点会变为 -田 形状，如图4-26所示。

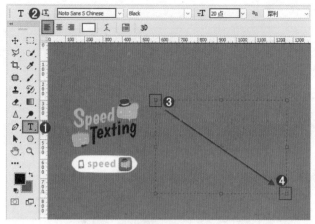

图 4-23

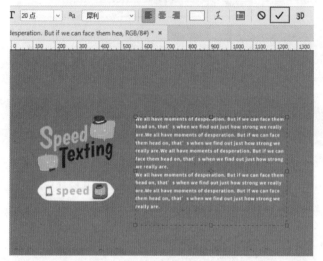

图 4-24

图 4-25

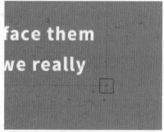

图 4-26

提示：什么是"文本溢出"？

当文本框较小而不能显示全部文字时，这种情况叫作"文本溢出"。当出现文本溢出时，可以调整文本框大小，或者将字号、行间距调小以显示溢出的文本。

（3）文本框还可以进行旋转。将光标放在文本框一角处，当其变为弯曲的双向箭头 ↻ 时，按住鼠标左键拖动，即可旋转

文本框，文本框中的文字也会随之旋转(在旋转过程中如果按住Shift键，则能够以15°角为增量进行旋转)，如图4-27所示。单击工具选项栏中的 ✔ 按钮或者按快捷键Ctrl+Enter，完成文本编辑。如果要放弃对文本的修改，可以单击工具选项栏中的 ⊘ 按钮或者按Esc键。

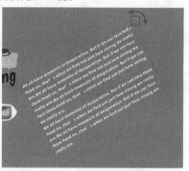

图 4-27

提示：点文本和段落文本的转换

如果当前选择的是点文本，执行"文字 > 转换为段落文本"命令，可以将点文本转换为段落文本；如果当前选择的是段落文本，执行"文字 > 转换为点文本"命令，可以将段落文本转换为点文本。

【重点】4.1.4 动手练：创建路径文字

与前面介绍的两种排列比较规则的文字不同，有时可能需要一些排列得不那么规则的文字效果，比如使文字围绕在某个图形周围、使文字像波浪线一样排布。这时就要用到"路径文字" 扫一扫，看视频 功能。"路径文字"比较特殊，它是使用"横排文字工具"或"直排文字工具"创建出的依附于"路径"上的一种文字类型。依附于路径上的文字会按照路径的形态进行排列。

（1）为了制作路径文字，需要先绘制路径，如图4-28所示。然后在工具箱中选择"横排文字工具"，将光标移动到路径上并单击，此时路径上出现了文字的输入点，如图4-29所示。

图 4-28

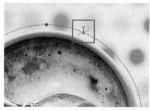

图 4-29

（2）输入文字后，文字会沿着路径进行排列，如图4-30所示。改变路径形状时，文字的排列方式也会随之改变，如图4-31所示。

图 4-30

图 4-31

练习实例：使用路径文字制作标志

文件路径	资源包\第4章\使用路径文字制作标志
难易指数	★★★★★
技术要点	椭圆工具、横排文字工具

扫一扫，看视频

案例效果

案例效果如图 4-32 所示。

图 4-32

操作步骤

步骤 01 执行"文件>打开"命令，打开素材 1.jpg，如图 4-33 所示。选择工具箱中的"椭圆工具"，在选项栏中设置"绘制模式"为"形状"，"填充"为无，"描边"颜色为深绿色，"大小"为 8 点。设置完成后，在背景中间位置按住 Shift 键的同时按住鼠标左键拖动，绘制一个正圆，如图 4-34 所示。

图 4-33

图 4-34

步骤 02 使用同样的方法再次绘制一个描边正圆，效果如图 4-35 所示。要注意的是，绘制的两个描边正圆分别在不同的图层。接着需要在圆环中间添加路径文字。再次选择"椭圆工具"，在选项栏中设置"绘制模式"为"路径"，然后在圆环中间位置绘制一条正圆路径，如图 4-36 所示。

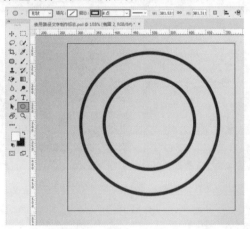

图 4-35

步骤 03 沿着正圆路径添加文字。选择工具箱中的"横排文字工具"，在路径上方单击插入光标，确定路径文字的起点，如图 4-37 所示。然后在选项栏中设置合适的字体和字号，颜色设置为深绿色。设置完成后，沿着正圆路径输入文字，如图 4-38 所示。文字输入完成后，按下快捷键 Ctrl+Enter 完成操作。

中文版Photoshop CC平面设计从入门到精通（微课视频 全彩版）

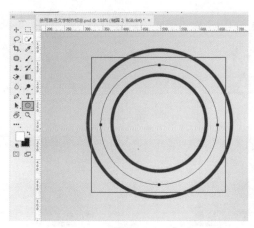

图 4-36

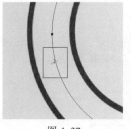

图 4-37

图 4-38

步骤 04 使用同样的方法继续绘制正圆路径并在路径上单击输入文字,效果如图4-39所示。此时路径文字制作完成。执行"文件>置入嵌入对象"命令,置入素材2.png,效果如图4-40所示。

图 4-39

图 4-40

4.1.5 动手练:创建区域文本

"区域文本"与"段落文本"较为相似,都是被限定在某个特定的区域内。"段落文本"处于一个矩形的文本框内,而"区域文本"的外框则可以是任何图形。

扫一扫,看视频

(1)首先绘制一条闭合路径;然后单击工具箱中的"横排文字工具"按钮,在其选项栏中设置合适的字体、字号及文本颜色;将光标移动至路径内,当它变为 ⓘ 形状(如图4-41所示)时,单击即可插入光标,如图4-42所示。

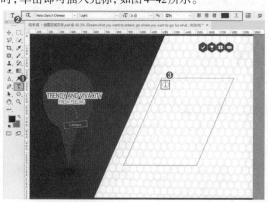

图 4-41

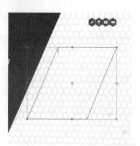

图 4-42

(2)输入文字,可以看到文字只在路径内排列。文字输入完成后,单击选项栏中的"提交所有当前操作"按钮 ✓,完成区域文本的制作,如图4-43所示。单击其他图层即可隐藏路径,如图4-44所示。

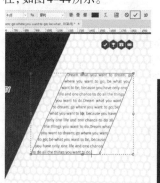

图 4-43

图 4-44

127

4.1.6　制作变形文字

在制作平面设计作品时,经常需要对文字进行变形。利用Photoshop提供的"创建文字变形"功能,可以多种方式进行文字的变形。选中需要变形的文字图层;在使用文字工具的状态下,在选项栏中单击"创建文字变形"按钮 ⚒,打开"变形文字"对话框;在该对话框中,从"样式"下拉列表框中选择变形文字的方式,然后分别设置文本扭曲的方向、"弯曲""水平扭曲""垂直扭曲"等参数,单击"确定"按钮,即可完成文字的变形,如图4-45所示。图4-46所示为选择不同变形方式产生的文字效果。

扫一扫,看视频

图4-45　　　　　　　　图4-46

* 水平/垂直:选中"水平"单选按钮时,文本扭曲的方向为水平方向;选中"垂直"单选按钮时,文本扭曲的方向为垂直方向,如图4-47所示。

*

(a)水平　　　　　　　　(b)垂直

图4-47

* 弯曲:用来设置文本的弯曲程度。图4-48所示为设置不同参数值时的变形效果。

(a)弯曲:30　　　　　　　(b)弯曲:70

图4-48

* 水平扭曲:用来设置水平方向的透视扭曲变形的程度。图4-49所示为设置不同参数值时的变形效果。
* 垂直扭曲:用来设置垂直方向的透视扭曲变形的程度。图4-50所示为设置不同参数值时的变形效果。

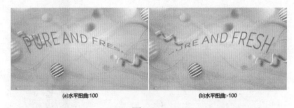

(a)水平扭曲:100　　　　　　(b)水平扭曲:-100

图4-49

(a)垂直扭曲:-50　　　　　　(b)垂直扭曲:50

图4-50

提示:为什么"变形文字"不可用?

如果所选的文字对象被添加了"仿粗体"样式 ⊤,那么在使用"变形文字"功能时可能会出现不可用的提示,如图4-51所示。此时只需单击"确定"按钮,即可去除"仿粗体"样式,并继续使用"变形文字"功能。

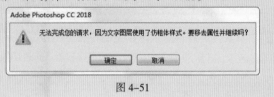

图4-51

{重点}4.1.7　"字符"面板:设置字符属性

扫一扫,看视频

虽然在文字工具的选项栏中可以进行一些文字属性的设置,但并未包括所有的文字属性。执行"窗口>字符"命令,打开"字符"面板。该面板是专门用来定义页面中字符属性的。在"字符"面板中,除了能对常见的字体系列、字体样式、字体大小、文本颜色和消除锯齿的方法等进行设置,也可以对行距、字距等字符属性进行设置,如图4-52所示。

图4-52

* 设置行距⯆:行距就是上一行文字基线与下一行文字基线之间的距离。选择需要调整的文字图层,然后

在"设置行距"文本框中输入行距值或在下拉列表框中选择预设的行距值，最后按Enter键即可。图4-53所示为不同参数值的对比效果。

(a)行距:24点　　　　(b)行距:48点

图 4-53

- 字距微调 VA ：用于设置两个字符之间的字距微调置。在设置时，先要将光标插入到需要进行字距微调的两个字符之间，然后在该文本框中输入所需的字距微调数值（也可在下拉列表框中选择预设的字距微调数值）。输入正值时，字距会扩大；输入负值时，字距会缩小。图4-54为不同参数值的对比效果。

(a)字距微调:0　　　　(b)字距微调:150

图 4-54

- 字距调整 ᗌ ：用于设置所选字符的字距调整置。输入正值时，字距会扩大；输入负值时，字距会缩小。图4-55为不同参数值的对比效果。

(a)字距:-100　　(b)字距:0　　(c)字距:300

图 4-55

- 比例间距 ᗌ ：比例间距是按指定的百分比来减少字符周围的空间，因此字符本身并不会被伸展或挤压，而是字符之间的间距被伸展或挤压。图4-56为不同参数值的对比效果。

(a)比例间距:0%　　　　(b)比例间距:100%

图 4-56

- 垂直缩放 ᛁT /水平缩放 ᛁ ：用于设置文字的垂直或水平缩放比例，以调整文字的高度或宽度。图4-57为不同参数值的对比效果。

(a)垂直缩放:100%　水平缩放:100%　(b)垂直缩放:200%　水平缩放:100%　(c)垂直缩放:100%　水平缩放:200%

图 4-57

- 基线偏移 A ᵃᵍ ：用于设置文字与文字基线之间的距离。输入正值时，文字会上移；输入负值时，文字会下移。图4-58为不同参数值的对比效果。

(a)基线偏移: 0　　(b)基线偏移:100　　(c)基线偏移: 50

图 4-58

- 文字样式 T T TT Tr T¹ T₁ T T ：用于设置文字的特殊效果，包括仿粗体 T 、仿斜体 T 、全部大写字母 TT 、小型大写字母 Tr 、上标 T¹ 、下标 T₁ 、下划线 T 、删除线 T ，如图4-59所示。

图 4-59

- OpenType功能 fi ở st A ad T 1ˢᵗ ½ ：包括标准连字 fi 、上下文替代字 ở 、自由连字 st 、花饰字 A 、替代样式 ad 、标题替代字 T 、序数字 1ˢᵗ 、分数字 ½ 。
- 语言：对所选字符进行有关连字符和拼写规则的语言设置。
- 消除锯齿：输入文字后，可以在该下拉列表框中为文字指定一种消除锯齿的方法。

练习实例：制作简单的会议背景图

文件路径	资源包\第4章\制作简单的会议背景图
难易指数	⭐⭐⭐⭐⭐
技术要点	横排文字工具、图层样式、"字符"面板

扫一扫，看视频

案例效果

案例效果如图4-60所示。

图 4-60

操作步骤

步骤 01 执行"文件>打开"命令，将素材1.jpg打开，如图4-61所示。选择工具箱中的"矩形工具"，在选项栏中设置"绘制模式"为"形状"，"填充"为无，"描边"颜色为白色，"大小"为10像素，设置完成后在画面中间位置绘制一个矩形，如图4-62所示。

图 4-61

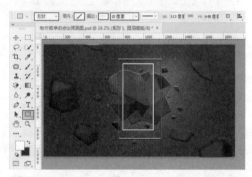

图 4-62

步骤 02 隐藏矩形部分内容，制作出缺口效果。选择矩形图层，单击工具箱中的"矩形选框工具"按钮，在选项栏中设置选区的运算模式为"添加到选区"，然后在矩形上方绘制选区，如图4-63所示。执行"选择>反选"命令，将选区反选，效果如图4-64所示。

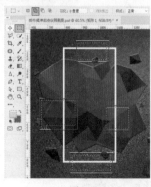
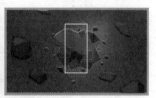

图 4-63   图 4-64

步骤 03 在"图层"面板中选择素材图层，单击面板底部的"添加图层蒙版"按钮，为该图层添加图层蒙版，将不需要的部分隐藏，如图4-65所示。效果如图4-66所示。

图 4-65   图 4-66

步骤 04 在矩形中添加文字。选择工具箱中的"横排文字工具"按钮，在选项栏中设置合适的字体、字号，颜色设置为白色，设置完成后在矩形中单击输入文字，如图4-67所示。文字输入完成后，按快捷键Ctrl+Enter完成操作。

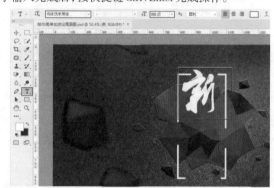

图 4-67

步骤 05 使用同样的方法输入其他两个文字，如图4-68所示(此时需注意输入的文字分别在单独的图层中，这样更便于单独调整每个文字的位置)。继续使用"横排文字工具"，在矩形左边隐藏的部位单击输入文字，效果如图4-69所示。

图 4-68

步骤 06 按住Ctrl键依次加选各个图层，按快捷键Ctrl+G将其编组。然后选择该图层组，执行"图层>图层样式>投影"命令，在弹出的"图层样式"窗口中设置"混合模式"为"正片叠底"，"颜色"为黑色，"不透明度"为75%，"角度"为108度，"距离"为8像素，"扩展"为0%，"大小"为13像素，"杂色"

为0%，单击"确定"按钮，如图4-70所示。效果如图4-71所示。

图4-69

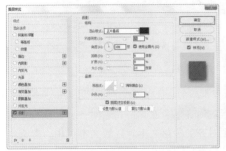

图4-70　　　　　　　　　图4-71

步骤 07 为文字和矩形添加金属质感，让画面更加丰富。执行"文件>置入嵌入对象"命令，在弹出的"置入嵌入的对象"窗口中选择素材2.jpg，然后单击"置入"按钮将素材置入。接着将光标放在定界框外，按住Shift键的同时按住鼠标左键将素材进行等比例放大，使其将文字全部遮挡住，如图4-72所示。按Enter键，完成操作。选择置入的素材图层，右击，执行"栅格化图层"命令，将图层栅格化。

图4-72

步骤 08 选择素材图层，右击，执行"创建剪贴蒙版"命令，创建剪贴蒙版，将素材不需要的部分隐藏，如图4-73所示。效果如图4-74所示。

步骤 09 在工具箱中选择"横排文字工具"，在选项栏中设置合适的字体、字号，颜色设置为白色，设置完成后在矩形下方位置单击输入文字，如图4-75所示。

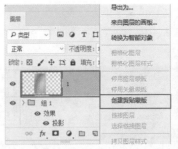

图4-73　　　　　　　　　图4-74

图4-75

步骤 10 选择该文字图层，执行"图层>图层样式>投影"命令，在弹出的"图层样式"窗口中设置"混合模式"为"正片叠底"，"颜色"为黑色，"不透明度"为75%，"角度"为108度，"距离"为8像素，"扩展"为0%，"大小"为13像素，"杂色"为0%，单击"确定"按钮，如图4-76所示。效果如图4-77所示。

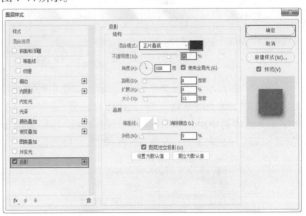

图4-76

图4-77

步骤 11 使用同样的方法在该文字下方位置继续单击输入文字，并设置相同的"投影"图层样式，效果如图4-78所示。

图 4-78

步骤 12 选择该文字图层，执行"窗口>字符"命令，在弹出的"字符"面板中单击"全部大写字母"按钮，将字母全部设置为大写，如图4-79所示。效果如图4-80所示。此时简单的会议背景图制作完成。

图 4-79

图 4-80

【重点】4.1.8 "段落"面板：设置段落属性

"段落"面板用于设置文字段落的属性，如文本的对齐方式、缩进方式、避头尾法则设置、间距组合设置、连字等。在文字工具选项栏中单击"切换字符和段落面板"按钮或执行"窗口>段落"命令，打开"段落"面板，如图4-81所示。

图 4-81

- 左对齐文本 ▤：文本左对齐，段落右端参差不齐，如图4-82所示。
- 居中对齐文本 ▤：文本居中对齐，段落两端参差不齐，如图4-83所示。
- 右对齐文本 ▤：文本右对齐，段落左端参差不齐，如图4-84所示。

图 4-82　　　　　图 4-83　　　　　图 4-84

- 最后一行左对齐 ▤：最后一行左对齐，其他行左右两端强制对齐。段落文本、区域文本可用，点文本不可用，如图4-85所示。
- 最后一行居中对齐 ▤：最后一行居中对齐，其他行左右两端强制对齐。段落文本、区域文本可用，点文本不可用，如图4-86所示。

图 4-85　　　　　　　图 4-86

- 最后一行右对齐 ▤：最后一行右对齐，其他行左右两端强制对齐。段落文本、区域文本可用，点文本不可用，如图4-87所示。
- 全部对齐 ▤：在字符间添加额外的间距，使文本左右两端强制对齐。段落文本、区域文本、路径文字可用，点文本不可用，如图4-88所示。

图 4-87　　　　　　　图 4-88

提示：直排文字的对齐方式

当文字纵向排列(即直排)时，对齐按钮会发生一些变化，如图4-89所示。

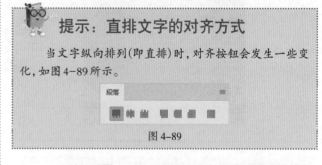

图 4-89

- 左缩进 ▸▮：用于设置段落文本向右（横排文字）或向下（直排文字）的缩进量，如图4-90所示。
- 右缩进 ▮◂：用于设置段落文本向左（横排文字）或向上（直排文字）的缩进量，如图4-91所示。

中文版Photoshop CC平面设计从入门到精通（微课视频　全彩版）

图 4-90   图 4-91

- 首行缩进 ⁺≣：用于设置段落文本中每个段落的第一行向右（横排文字）或第一列文字向下（直排文字）的缩进量，如图4-92所示
- 段前添加空格 ⁺≣：设置光标所在段落与前一个段落之间的间隔距离，如图4-93所示。
- 段后添加空格 ≣₊：设置光标所在段落与后一个段落之间的间隔距离，如图4-94所示。

图 4-92   图 4-93   图 4-94

- 避头尾法则设置：在中文书写习惯中，标点符号通常不会位于每行文字的第一位（日文的书写也遵循相同的规则），如图4-95所示。在Photoshop中可以通过"避头尾法则设置"来设定不允许出现在行首或行尾的字符。"避头尾"功能只对段落文本或区域文本起作用。默认情况下"避头尾法则设置"为"无"；单击右侧的下拉按钮，在弹出的下拉列表框中选择"JIS严格"或者"JIS宽松"，即可使位于行首的标点符号位置发生改变，如图4-96所示。

图 4-95   图 4-96

- 间距组合设置：为日语字符、罗马字符、标点、特殊字符、行开头、行结尾和数字的间距指定文本编排方式。选择"间距组合1"选项，可以对标点使用半角间距；选择"间距组合2"选项，可以对行中除最后一个字符外的大多数字符使用全角间距；选择"间距组合3"选项，可以对行中的大多数字符和最后一个字符使用全角间距；选择"间距组合4"选项，可以对所有字符使用全角间距。
- 连字：勾选 "连字"复选框后，在输入英文单词时，如果段落文本框的宽度不够，英文单词将

自动换行，并在单词之间用连字符连接起来，如图4-97所示。

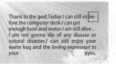

图 4-97

练习实例：书籍内页排版

文件路径	资源包\第4章\书籍内页排版
难易指数	★★★★★
技术要点	横排文字工具、"字符"面板、"段落"面板

案例效果

案例效果如图4-98所示。

图 4-98

操作步骤

步骤 01 执行"文件>新建"命令，创建一个大小合适的空白文档，如图4-99所示。首先制作左页，执行"文件>置入嵌入对象"命令，在弹出的"置入嵌入的对象"窗口中选择素材1.jpg，单击"置入"按钮将素材置入，将光标放在定界框外，按住Shift键的同时按住鼠标左键进行等比例缩小，如图4-100所示。按Enter键，完成操作。选择该素材图层，右击，执行"栅格化图层"命令，将其进行栅格化处理。

图 4-99

图 4-100

步骤 02 为画面增加一些细节。选择工具箱中的"矩形工具",在选项栏中设置"绘制模式"为"形状","填充"为橘色,"描边"为无,设置完成后在画面中间位置绘制矩形,如图 4-101 所示。然后使用同样的方法绘制其他矩形,效果如图 4-102 所示。

图 4-101

图 4-102

步骤 03 选择工具箱中的"钢笔工具",在选项栏中设置"绘制模式"为"形状","填充"为橘色,"描边"为无,设置完成后在画面左下角位置绘制三角形,如图 4-103 所示。此时制作完成的三角形在画面中有些突兀,需要适当降低不透明度。选择三角形图层,设置"不透明度"为80%,效果如图 4-104 所示。

图 4-103

图 4-104

步骤 04 在三角形上添加文字。单击工具箱中的"横排文字工具"按钮,在选项栏中设置合适的字体、字号,颜色设置为白色,设置完成后在三角形左下角位置单击输入文字,如图 4-105 所示。文字输入完成后,按Ctrl+Enter组合键完成操作。

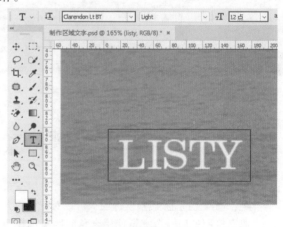

图 4-105

步骤 05 选择该文字图层,设置"不透明度"为50%,如图 4-106 所示。效果如图 4-107 所示。

图 4-106   图 4-107

步骤 06 使用"横排文字工具",用同样的方法在已有文字左下角位置单击输入页码,如图4-108所示。然后在"字符"面板中设置"字符间距"为-100,如图4-109所示。效果如图4-110所示。

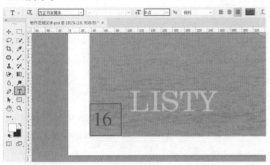

图 4-108

图 4-109   图 4-110

步骤 07 按住 Ctrl 键依次加选各个图层,使用快捷键 Ctrl+G 将其编组,命名为"左页",如图4-111所示。接下来制作右页。选择工具箱中的"矩形工具",在选项栏中设置"绘制模式"为"形状","填充"为浅灰色系渐变,"描边"为无,设置完成后在画面右边位置绘制一个渐变矩形,如图4-112所示。

图 4-111   图 4-112

步骤 08 在渐变矩形上输入段落文本,为了让文字整体排版整齐有序,需要在画面中用标尺和参考线规划出段落文本摆放的区域。按快捷键 Ctrl+R 调出标尺,然后在标尺上按住鼠标左键向画面中拖动,创建出多条参考线,如图4-113所示。接下来,制作标题文字。选择工具箱中的"横排文字工具",在选项栏中设置合适的字体、字号和颜色,设置完成后在渐变矩形上方位置单击输入文字,如图4-114所示。文字输入完成后,按Ctrl+Enter组合键完成操作。

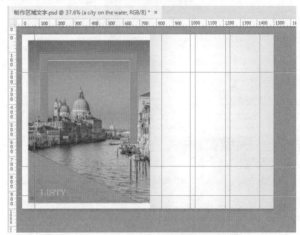

图 4-113

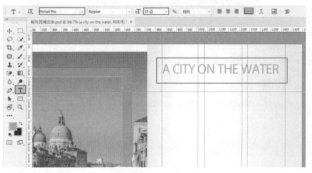

图 4-114

步骤 09 将该文本设置为不同的颜色。在文字输入状态下,选择后面几个英文单词,在选项栏中设置颜色为浅灰色,如图4-115所示。效果如图4-116所示。

图 4-115

步骤10 使用"横排文字工具"，用同样的方法在该文本下方位置单击输入文字，如图4-117所示。接下来制作段落文本。继续使用"横排文字工具"，在选项栏中设置合适的字体、字号和颜色。接着在用标尺和参考线规划好的区域按住鼠标左键绘制文本框，然后在文本框中输入文字，如图4-118所示。按Ctrl+Enter组合键完成操作。

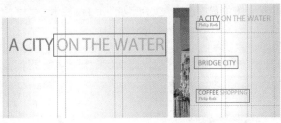

图 4-116　　　　　　　　图 4-117

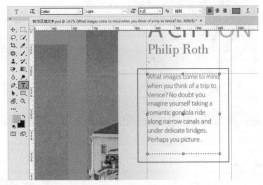

图 4-118

步骤11 选择该段落文本，执行"窗口>段落"命令，在弹出的"段落"面板中单击"最后一行左对齐"按钮，设置文本的对齐方式，如图4-119所示。效果如图4-120所示。

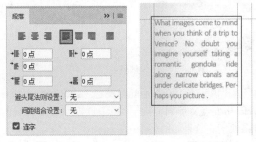

图 4-119　　　　　　　　图 4-120

步骤12 使用同样的方法在画面中输入其他段落文本，设置相应的对齐方式，效果如图4-121所示。接下来制作排列在不规则范围内的区域文本。选择工具箱中的"钢笔工具"，在选项栏中设置"绘制模式"为"路径"，然后在橘色文字右边绘制路径，如图4-122所示。

步骤13 在当前路径状态下，将光标放在路径内部（注意不要将光标放在路径边缘，否则输入的文字会变为路径文字），单击输入大段文字，并设置相应的文本对齐方式，效果如图4-123所示。接着继续使用"横排文字工具"，制作右下角

页码，效果如图4-124所示。

图 4-121　　　　　　　　图 4-122

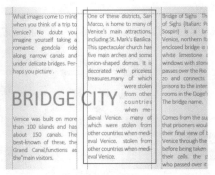

图 4-123

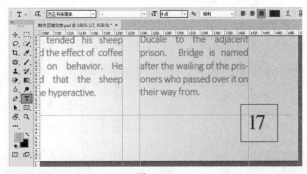

图 4-124

步骤14 按住Ctrl键依次加选各个图层，使用快捷键Ctrl+G将其编组，命名为"右页"。此时右页的区域文本制作完成，效果如图4-125所示。

图 4-125

中文版Photoshop CC平面设计从入门到精通（微课视频 全彩版）

{重点}4.1.9 栅格化:文字对象变为普通图层

"栅格化"在Photoshop中经常会遇到,如栅格化智能对象、栅格化图层样式、栅格化3D对象等。而这些操作通常都是指将特殊对象变为普通对象的过程。文字也是比较特殊的对象,无法直接对其进行形状或者内部像素的更改。而想要进行这些操作,就需要将文字对象转换为普通的图层。此时"栅格化文字"命令就派上用场了。

在"图层"面板中选择文字图层,然后在图层名称上右击,在弹出的快捷菜单中选择"栅格化文字"命令,如图4-126所示。就可以将文字图层转换为普通图层,如图4-127所示。

图 4-126   图 4-127

4.1.10 动手练:文字对象转换为形状图层

"转换为形状"命令可以将文字对象转换为矢量的"形状图层"。转换为形状图层后,就可以使用钢笔工具组和选择工具组中的工具对文字的外形进行编辑。由于文字对象变为了矢量对象,所以在变形的过程中,文字是不会变模糊的。通常在制作一些变形艺术字的时候,需要将文字对象转换为形状图层。

(1)选择文字图层,然后在图层名称上右击,在弹出的快捷菜单中选择"转换为形状"命令(如图4-128所示),文字图层就变为了形状图层,如图4-129所示。

图 4-128

图 4-129

(2)使用"直接选择工具"调整锚点位置,或者使用钢笔工具组中的工具在形状上添加锚点并调整锚点形态(与矢量制图的方法相同),制作出形态各异的艺术字效果,如图4-130和图4-131所示。

图 4-130

图 4-131

练习实例：将文字转换为形状制作发光文字

文件路径	资源包\第4章\将文字转换为形状制作发光文字
难易指数	★★★★★
技术要点	横排文字工具、图层样式、自定形状工具、图层样式

扫一扫，看视频

案例效果

案例效果如图4-132所示。

图4-132

操作步骤

步骤 01 执行"文件>打开"命令，打开背景素材1.jpg，如图4-133所示。单击工具箱中的"横排文字工具"按钮，在选项栏中设置合适的字体、字号，文字颜色设置为白色，设置完成后在画面中合适的位置单击鼠标，建立文字输入的起始点，接着输入文字，文字输入完毕后按快捷键Ctrl+Enter完成操作，如图4-134所示。

图4-133　　　　　　　图4-134

步骤 02 在"图层"面板中选择文字图层，右击，在弹出的快捷菜单中执行"转换为形状"命令，如图4-135所示。此时文字图层变为矢量形状图层，效果如图4-136所示。

图4-135　　　　　　　图4-136

步骤 03 单击工具箱中的"直接选择工具"按钮，在画面中按住鼠标左键拖动框选字母E的上半部锚点，如图4-137所示。然后按住Shift键的同时用鼠标左键按住任意锚点向上拖动，到合适的位置将字母变形，如图4-138所示。

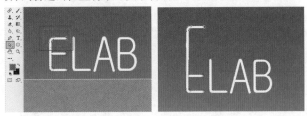

图4-137　　　　　　　图4-138

步骤 04 选择工具箱中的"圆角矩形工具"，在选项栏中设置"绘制模式"为"形状"，"填充"为白色，"描边"为无，单击"路径操作"按钮，在弹出的下拉菜单中选择"合并形状"，然后设置"半径"为5像素，设置完成后在"图层"面板中选中文字变为形状的图层，在字母E的右侧画一个长条白色的圆角矩形，如图4-139所示。

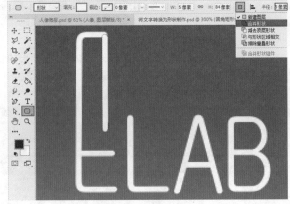

图4-139

步骤 05 在工具箱中选择"直接选择工具"，然后按住鼠标左键拖动框选字母E中间部分的锚点，按住Shift键的同时将其向上拖动至合适的位置，如图4-140所示。文字效果如图4-141所示。

步骤 06 使用同样的方法在字母E的右侧绘制长条圆角矩形，效果如图4-142所示。

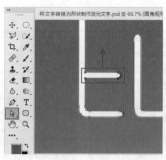

图 4-140

图 4-141

图 4-142

步骤 07 框选字母L上半部的锚点并将其向上拖动,直至和字母E在同一水平高度,如图4-143所示。使用同样的方法框选字母L底部并将其向左拖动,此时字母L变形完毕,效果如图4-144所示。

图 4-143

图 4-144

步骤 08 使用同样的方法框选其他字母的锚点进行拖曳移动,将字母变形,如图4-145所示。

步骤 09 选择工具箱中的"钢笔工具",在选项栏中设置"绘制模式"为"形状","填充"为白色,"描边"为无,单击"路径操作"按钮,在弹出的下拉菜单中选择"合并形状",设置完成后在"图层"面板中选中文字变为形状的图层,在画面中字母A的下方绘制形状,如图4-146所示。

图 4-145　　　　　　　　图 4-146

步骤 10 使用同样的方法在画面的不同位置输入其他文字,并将其他文字转换为形状,将文字变形,效果如图4-147所示。

选择工具箱中的"椭圆工具",在选项栏中设置"绘制模式"为"形状","填充"为白色,"描边"为无,然后在画面的左下方按住Shift键的同时按住鼠标左键拖动,绘制一个装饰正圆形,如图4-148所示。

图 4-147

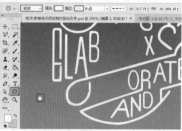

图 4-148

步骤 11 选择工具箱中的"自定形状工具",在选项栏中设置"绘制模式"为"形状","填充"为白色,"描边"为无,单击"形状"按钮,在弹出的下拉面板中选择一个星形,然后在画面上方按住Shift键的同时按住鼠标左键拖动,绘制一个星形,如图4-149所示。使用同样的方法绘制正圆形旁边的形状,效果如图4-150所示。

图 4-149　　　　　　　　图 4-150

步骤 12 单击"图层"面板底部的"创建新组"按钮,创建一个图层组,将所有文字图层和形状图层拖曳至该组内。选中图层组,执行"图层>图层样式>外发光"命令,在弹出的"图层样式"窗口中设置外发光的"混合模式"为"正常","不透明度"为80%,"杂色"为0%,"颜色"为亮青色,"方法"为柔和,"扩展"为8%,"大小"为20像素,然后单击"确定"按钮,如图4-151所示。效果如图4-152所示。

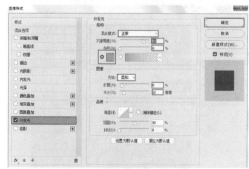

图 4-151

步骤 13 执行"文件>置入嵌入对象"命令,将人物素材2.png置入到画面中,调整其大小及位置后按Enter键完成置入。在

"图层"面板中右击该图层,在弹出的快捷菜单中执行"栅格化图层"命令。案例完成效果如图4-153所示。

图4-152

图4-153

4.1.11 文字蒙版工具: 创建文字选区

文字蒙版工具与其被称为是文字工具,不如称之为选区工具。文字蒙版工具主要用于创建文字的选区,而不是实体文字。使用文字蒙版工具创建文字选区的方法与使用文字工具创建文字对象的方法基本相同,而且设置字体、字号等属性的方法也是相同的。Photoshop中包含两种文字蒙版工具:"横排文字蒙版工具" 和"直排文字蒙版工具" 。这两种工具的区别在于创建出的文字方向不同。

扫一扫,看视频

下面以使用"横排文字蒙版工具" 为例进行说明。

(1) 单击工具箱中的"横排文字蒙版工具"按钮,在其选项栏中进行字体、字号、对齐方式等设置,然后在画面中单击,画面被半透明的红色蒙版所覆盖,如图4-154所示。输入文字,文字部分显现出原始图像内容,如图4-155所示。文字输入完成后,在选项栏中单击"提交所有当前编辑"按钮 ,文字将以选区的形式出现,如图4-156所示。

图4-154

图4-155

图4-156

(2) 在文字选区中可以进行填充(如前景色、背景色、渐变色、图案等),如图4-157所示。也可以删除选区中的像素,如图4-158所示。

图4-157

图4-158

4.2 丰富文字外观效果

"图层样式"是一种附加在图层上的"特殊效果",如浮雕、描边、光泽、发光、投影等。这些样式可以单独使用,也可以多种样式共同使用。

"图层样式"在平面设计作品制图中应用非常广泛,"图层样式"不仅可以用于文字效果的增强,也可以针对图形等对象进行操作。例如制作带有凸起感的艺术字、为商品添加描边使其更突出、为商品添加投影效果增强其立体感、制作水晶质感的按钮、模拟向内凹陷的效果、制作闪闪发光效果等,如图4-159和图4-160所示。

图4-159

图4-160

中文版Photoshop CC平面设计从入门到精通(微课视频 全彩版)

Photoshop中共有10种"图层样式"：斜面和浮雕、描边、内阴影、内发光、光泽、颜色叠加、渐变叠加、图案叠加、外发光与投影。从名称中就能够猜到这些样式是用来做什么效果的。图4-161所示为未添加样式的图层。图4-162所示为这些图层样式单独使用的效果。

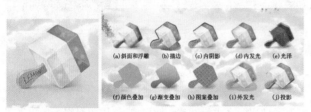

图 4-161　　　　　图 4-162

[重点]4.2.1　动手练：使用图层样式

1. 添加图层样式

（1）想要使用图层样式，首先需要选中图层(不能是空图层)，如图4-163所示。接着执行"图层>图层样式"命令，在子菜单中可以看到图层样式的名称以及图层样式的相关命令，如图4-164所示。单击某一项图层样式命令，即可弹出"图层样式"对话框。也可以在选中图层后，单击"图层"面板底部的"添加图层样式" 按钮，接着在弹出的快捷菜单中可以选择合适的样式，如图4-165所示。或在"图层"面板中双击需要添加样式的图层缩览图，也可以打开"图层样式"对话框。

扫一扫，看视频

图 4-163　　　　　图 4-164

图 4-165

（2）窗口左侧区域为图层样式列表，在某一项样式前单

击，样式名称前面的复选框内有 ☑ 标记，表示在图层中添加了该样式。接着单击样式的名称，才能进入该样式的参数设置页面。调整好相应的设置以后单击"确定"按钮，如图4-166所示。即可为当前图层添加该样式，如图4-167所示。

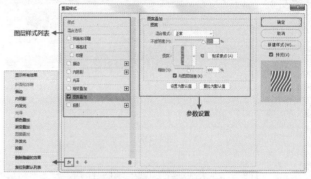

图 4-166

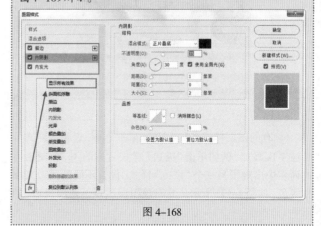

图 4-167

提示：显示所有效果

如果"图层样式"窗口左侧的列表中只显示了部分样式，那么单击左下角的 fx. 按钮，执行"显示所有效果"命令，如图4-168所示。即可显示其他未启用的命令，如图4-169所示。

图 4-168

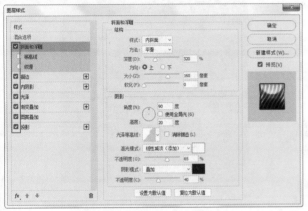

图 4-169

（3）对同一个图层可以添加多个图层样式，在左侧图层列表中单击多个图层样式的名称，即可启用该图层样式，如图 4-170 和图 4-171 所示。

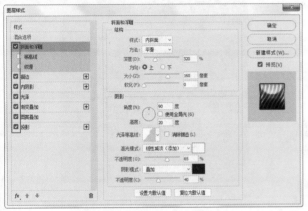

图 4-170

图 4-171

（4）有的图层样式名称后方带有一个 ✚，表明该样式可以被多次添加，例如单击"描边"样式后方的 ✚，在图层样式列表中出现了另一个"描边"样式，设置不同的描边大小和颜色，如图 4-172 所示。此时该图层出现了两层描边，如图 4-173 所示。

图 4-172

图 4-173

（5）图层样式也会按照上下堆叠的顺序显示，上方的样式会遮挡下方的样式。在图层样式列表中可以对多个相同样式的上下排列顺序进行调整。例如，选中该图层三个描边样式中的一个，单击底部的"向上移动效果" ⬆ 按钮可以将该样式向上移动一层，单击"向下移动效果" ⬇ 按钮可以将该样式向下移动一层，如图 4-174 所示。

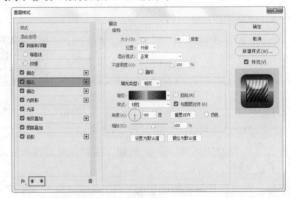

图 4-174

2．编辑已添加的图层样式

为图层添加了图层样式后，在"图层"面板中该图层上会出现已添加的样式列表，单击向下的小箭头 ⯆ 即可展开图层样式堆栈，如图 4-175 所示。在"图层"面板中双击该样式的名称，弹出"图层样式"面板，进行参数的修改即可，如图 4-176 所示。

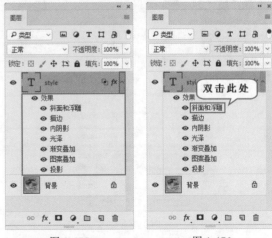

图 4-175　　　　　　　　图 4-176

3. 拷贝和粘贴图层样式

当已经制作好了一个图层的样式,而其他图层或者其他文件中的图层也需要使用相同的样式,可以使用"拷贝图层样式"功能快速赋予该图层相同的样式。选择需要复制图层样式的图层,在图层名称上右击,执行"拷贝图层样式"命令,如图4-177所示。接着选择目标图层,右击,执行"粘贴图层样式"命令,如图4-178所示。此时另外一个图层也出现了相同的样式,如图4-179所示。

图 4-177　　　　　　图 4-178

图 4-179

4. 缩放图层样式

图层样式的参数的取值很大程度上能够影响图层的显示效果。有时为一个图层赋予了某个图层样式后,可能会发现该样式的尺寸与本图层的尺寸不成比例,那么此时就可以对该图层样式进行"缩放"。展开图层样式列表,在图层样式上右击,执行"缩放效果"命令,如图4-180所示。然后可以在弹出的"缩放图层效果"窗口中设置缩放数值,如图4-181所示。经过缩放的图层样式尺寸会相应地放大或缩小,如图4-182所示。

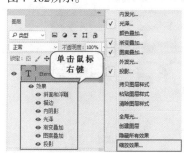

图 4-180　　　　　　图 4-181

图 4-182

5. 隐藏图层效果

展开图层样式列表,在每个图层样式前都有一个可用于切换显示或隐藏的图标 👁,如图4-183所示。单击"效果"前的该按钮可以隐藏该图层的全部样式,如图4-184所示。单击单个样式前的该图标,则可以只隐藏部分样式,如图4-185所示。

图 4-183

图 4-184

图 4-185

体感，常用于制作立体感的文字或者带有厚度感的对象效果。

选中图层，如图4-190所示。执行"图层>图层样式>斜面和浮雕"命令，打开"斜面和浮雕"参数设置窗口，如图4-191所示。所选图层会产生凸起效果，如图4-192所示。

6. 去除图层样式

想要去除图层样式，可以在该图层上右击，执行"清除图层样式"命令，如图4-186所示。如果只想去除众多样式中的一种，则展开样式列表，将某一样式拖曳到"删除图层"按钮上，就可以删除该图层样式，如图4-187所示。

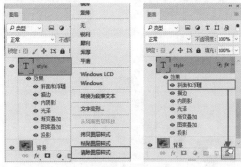

图4-186　　　　图4-187

7. 栅格化图层样式

与栅格化文字、栅格化智能对象、栅格化矢量图层相同，"栅格化图层样式"可以将"图层样式"变为普通图层的一部分，使图层样式部分可以像普通图层中的其他部分一样进行编辑处理。在该图层上右击，执行"栅格化图层样式"命令，如图4-188所示。此时该图层的图层样式也出现在图层的本身内容中，如图4-189所示。

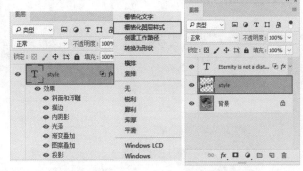

图4-188　　　　图4-189

【重点】**4.2.2　斜面和浮雕**

使用"斜面和浮雕"样式可以为图层模拟从表面凸起的立体感。在"斜面和浮雕"样式中包含多种凸起效果，如"外斜面""内斜面""浮雕效果""枕状浮雕""描边浮雕"。"斜面和浮雕"样式主要通过为图层添加高光与阴影使图像产生立

图4-190

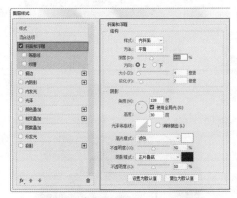

图4-191

图4-192

在样式列表中，"斜面和浮雕"样式下方还有另外两个样式："等高线"和"纹理"。单击"斜面和浮雕"样式下面的"等高线"选项，切换到"等高线"选项窗口，如图4-193所示。使用"等高线"可以在浮雕中创建凹凸起伏的效果。"纹理"样式可以为图层表面模拟凹凸效果，如图4-194所示。

图4-193

图 4-194

{重点}4.2.3 描边

"描边"样式能够在图层的边缘处添加纯色、渐变色以及图案的边缘。通过参数设置可以使描边处于图层边缘以内的部分、图层边缘以外的部分,或者使描边出现在图层边缘内外。

选中图层,如图 4-195 所示。执行"图层>图层样式>描边"命令,在描边窗口中可以对描边大小、位置、混合模式、不透明度、填充类型以及填充内容进行设置,如图 4-196 所示。图 4-197 所示为颜色描边、渐变描边、图案描边效果。

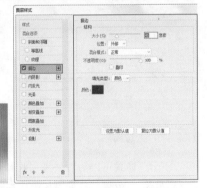

图 4-195   图 4-196

(a)颜色   (b)渐变   (c)图案

图 4-197

练习实例:制作黑金属文字

文件路径	资源包\第4章\制作黑金属文字
难易指数	★★★★★
技术要点	图层样式、横排文字工具

扫一扫,看视频

案例效果

案例效果如图 4-198 所示。

图 4-198

操作步骤

步骤 01 执行"文件>打开"命令,打开背景素材 1.jpg,如图 4-199 所示。单击工具箱中的"横排文字工具"按钮,在选项栏中设置合适的字体、字号,文字颜色设置为黄色,设置完毕后在画面中合适的位置单击鼠标建立文字输入的起始点,接着输入文字,文字输入完毕后按下快捷键 Ctrl+Enter 完成操作。此时将背景图层隐藏观察文字,如图 4-200 所示。

图 4-199   图 4-200

步骤 02 通过"图层样式"模拟文字的立体效果。将背景图显示,然后选中文字,执行"图层>图层样式>斜面和浮雕"命令,在"图层样式"窗口中设置"样式"为"内斜面","方法"为"雕版柔和","深度"为100%,"方向"为上,"大小"为42像素,"角度"为111度,"高度"为16度,"高光模式"为"正常","颜色"为白色,"不透明度"为75%,"阴影模式"为"正常","颜色"为黑色,"不透明度"为75%,如图 4-201 所示。在"图层样式"窗口左侧单击启用"描边",设置"大小"为8像素,"位置"为"外部","混合模式"为"正常","不透明度"为100%,"填充类型"为"渐变","渐变"为金色系的渐变颜色,"样式"为"线性","角度"为90度,参数设置如图 4-202 所示。

步骤 03 在"图层样式"窗口左侧单击启用"投影",设置"混合模式"为"正片叠底","颜色"为黑色,"不透明度"为100%,"角度"为167度,"距离"为31像素,"大小"为13像素,参数设置如图 4-203 所示。设置完成后单击"确定"按钮,显示出背景图层。效果如图 4-204 所示。

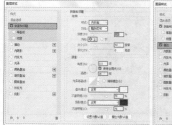
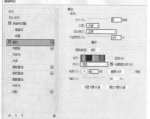

图 4-201　　　　　　图 4-202

图 4-203　　　　　　图 4-204

【重点】4.2.4　内阴影

"内阴影"样式可以为图层添加从边缘向内产生的阴影样式,这种效果会使图层内容产生凹陷效果。

选中图层,如图4-205所示。执行"图层>图层样式>内阴影"命令,在"内阴影"参数面板中可以对"内阴影"的结构以及品质进行设置,如图4-206所示。图4-207所示为添加了"内阴影"样式后的效果。

图 4-205

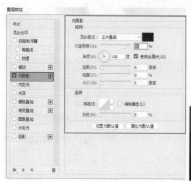

图 4-206　　　　　　图 4-207

【重点】4.2.5　内发光

"内发光"样式主要用于产生从图层边缘向内发散的光亮效果。

选中图层,如图4-208所示。执行"图层>图层样式>内发光"命令,如图4-209所示。在"内发光"参数面板中可以对"内发光"的结构、图素以及品质进行设置,效果如图4-210所示。

图 4-208

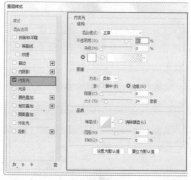

图 4-209　　　　　　图 4-210

4.2.6　光泽

"光泽"样式可以为图层添加收到光线照射后表面产生的映射效果。"光泽"通常用来制作具有光泽质感的按钮和金属。

选中图层,如图4-211所示。执行"图层>图层样式>光泽"命令,如图4-212所示。在"光泽"参数面板中可以对"光泽"的颜色、混合模式、不透明度、角度、距离、大小、等高线进行设置,如图4-213所示。

图 4-211　　　　　　图 4-212

中文版Photoshop CC平面设计从入门到精通（微课视频　全彩版）

图 4-213

练习实例：使用图层样式制作宝石效果

文件路径	资源包\第4章\使用图层样式制作宝石效果
难易指数	★★★★★
技术要点	横排文字工具、图层样式、图层蒙版

扫一扫，看视频

案例效果

案例效果如图 4-214 所示。

图 4-214

操作步骤

步骤 01 执行"文件>打开"命令，打开背景素材 1.jpg，如图 4-215 所示。单击工具箱中的"横排文字工具"按钮，在选项栏中设置合适的字体、字号，文字颜色设置为浅橘色，设置完毕后在画面中间位置单击鼠标建立文字输入的起始点，接着输入文字，文字输入完毕后按下快捷键 Ctrl+Enter。接着选中文字图层，使用快捷键 Ctrl+T 自由变换，将光标放在一角处按住鼠标左键并拖动旋转，如图 4-216 所示。

图 4-215

图 4-216

步骤 02 选择文字，执行"图层>图层样式>描边"命令，在"图层样式"窗口中设置"大小"为 10 像素，"位置"为

"外部"，"混合模式"为"正常"，"不透明度"为 100%，"填充类型"为"颜色"，"颜色"为深红色，如图 4-217 所示。通过勾选"预览"选项进行查看，此时文字效果如图 4-218 所示。

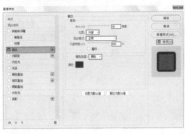

图 4-217

图 4-218

步骤 03 在"图层样式"窗口的左侧单击"光泽"选项，然后设置"光泽"的"混合模式"为"滤色"，"颜色"为粉色，"不透明度"为 50%，"角度"为 120 度，"距离"为 14 像素，"大小"为 6 像素，"等高线"为高斯，如图 4-219 所示。通过勾选"预览"选项进行查看，此时文字效果如图 4-220 所示。

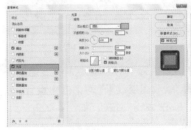

图 4-219

图 4-220

步骤 04 在"图层样式"窗口的左侧单击"投影"选项，然后设置"投影"的"混合模式"为"正片叠底"，"颜色"为黑色，"不透明度"为 75%，"角度"为 120 度，"距离"为 9 像素，"大小"为 5 像素，设置参数如图 4-221 所示。设置完成后单击"确定"按钮，效果如图 4-222 所示。

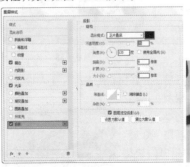

图 4-221

图 4-222

步骤 05 使用同样的方法输入主体文字下方的小文字，并旋转至相同角度，如图 4-223 所示。在"图层"面板中选中主体文字图层，单击鼠标右键，在弹出的快捷菜单中执行"拷贝图层样式"命令，如图 4-224 所示。

图 4-223　　　　　　　　　图 4-224

步骤 06 选中小文字图层，单击鼠标右键，在弹出的快捷菜单中执行"粘贴图层样式"命令，如图 4-225 所示。此时文字效果如图 4-226 所示。

图 4-225　　　　　　　　　图 4-226

步骤 07 选择小文字图层，执行"图层>图层样式>缩放图层样式"命令，在弹出的"缩放图层效果"对话框中设置"缩放"为40%，设置完成后单击"确定"按钮，如图 4-227 所示。文字效果如图 4-228 所示。

图 4-227　　　　　　　　　图 4-228

步骤 08 选中大文字图层，接着执行"文件>置入嵌入对象"命令，将红色纹理素材 2.jpg 置入到画面中，调整其大小及位置后按 Enter 键完成置入。在"图层"面板中右击该图层，在弹出的快捷菜单中执行"栅格化图层"命令，如图 4-229 所示。在"图层"面板中选中红色纹理图层，接着执行"图层>创建剪贴蒙版"命令，画面效果如图 4-230 所示。

图 4-229

步骤 09 向画面中置入蝴蝶结素材 3.png 调整其大小及位置

并将其栅格化，案例完成效果如图 4-231 所示。

图 4-230　　　　　　　　　图 4-231

4.2.7　颜色叠加

　　"颜色叠加"样式可以为图层整体赋予某种颜色。

　　选中图层，如图 4-232 所示。执行"图层>图层样式>颜色叠加"命令，如图 4-233 所示。在选项窗口中可以通过调整颜色的混合模式与透明度来调整该图层的效果，如图 4-234 所示。

图 4-232

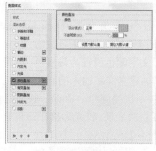

图 4-233　　　　　　　　　图 4-234

4.2.8　渐变叠加

　　"渐变叠加"样式与"颜色叠加"样式非常接近，都是以特定的混合模式与不透明度使某种色彩混合于所选图层，但是"渐变叠加"样式是以渐变颜色对图层进行覆盖，所以该样式主要用于使图层产生某种渐变色的效果。

　　选中图层，如图 4-235 所示。执行"图层>图层样式>渐变叠加"命令，如图 4-236 所示。"渐变叠加"不仅仅能够制作带有多种颜色的对象，更能够通过巧妙的渐变颜色设置制作出突起、凹陷等三维效果以及带有反光的质感效果。在"渐变叠加"参数面板中可以对"渐变叠加"的渐变颜色、混合模式、角度、缩放等参数进行设置,效果如图4-237所示。

图 4-235

图 4-236

图 4-237

4.2.9 图案叠加

"图案叠加"样式与前两种"叠加"样式的原理相似,"图案叠加"样式可以在图层上叠加图案。

选中图层,如图4-238所示。执行"图层>图层样式>图案叠加"命令,如图4-239所示。在"图案叠加"参数面板中可以对"图案叠加"的图案、混合模式、不透明度等参数进行设置,如图4-240所示。

图 4-238

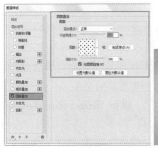

图 4-239

图 4-240

练习实例:制作砖墙文字

文件路径	资源包\第4章\制作砖墙文字
难易指数	★★★★★
技术要点	定义图案、横排文字工具、图层样式

案例效果

案例效果如图4-241所示。

图 4-241

操作步骤

步骤 01 打开背景素材文件1.jpg,如图4-242所示。单击工具箱中的"横排文字工具"按钮,在选项栏中设置合适的字体、字号,文字颜色设置为白色,设置完毕后在画面中合适的位置单击鼠标建立文字输入的起始点,接着输入文字,文字输入完毕后按下快捷键Ctrl+Enter,如图4-243所示。

图 4-242

图 4-243

149

步骤 02 定义砖墙图案。执行"文件>打开"命令，打开砖墙素材文件2.jpg，接着执行"编辑>定义图案"命令，在弹出的"图案名称"窗口中设置合适的名称，单击"确定"按钮，如图4-244所示。

图 4-244

步骤 03 回到制作的作品的文档内，为文字添加图层样式。选择文字图层，执行"图层>图层样式>斜面和浮雕"命令，在"图层样式"窗口中设置"样式"为"内斜面"，"方法"为"雕刻清晰"，"深度"为184%，"方向"为"上"，"大小"为4像素，"角度"为120度，"高度"为70度，"高光模式"为"颜色减淡"，"不透明度"为65%，"颜色"为黄色，"阴影模式"为"差值"，"不透明度"为77%，"颜色"为土红色，如图4-245所示。在"图层样式"窗口中单击启用"纹理"，设置"图案"为刚刚定义的砖墙图案，设置"缩放"为63%，设置"深度"为22%，如图4-246所示。

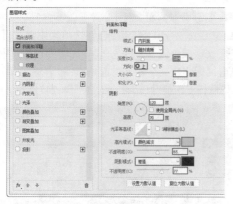

图 4-245

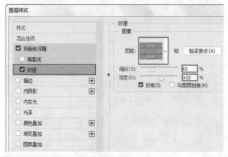

图 4-246

步骤 04 在"图层样式"窗口中单击启用"图案叠加"，设置"混合模式"为"正常"，"不透明度"为100%，"图案"为砖墙图案，"缩放"为63%，如图4-247所示。继续在"图层样式"窗口中单击启用"投影"，设置"混合模式"为"正片叠底"，"不透明度"为75%，"角度"为131度，"距离"为4像素，"大小"

为5像素，如图4-248所示。

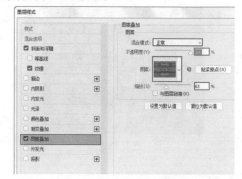

图 4-247

图 4-248

步骤 05 设置完成后单击"确定"按钮，此时可以看到文字上出现了砖墙的效果。最终效果如图4-249所示。

图 4-249

[重点] 4.2.10 外发光

"外发光"样式与"内发光"样式非常相似，"外发光"样式可以沿图层内容的边缘向外创建发光效果。

选中图层，如图4-250所示。执行"图层>图层样式>外发光"命令，如图4-251所示。在"外发光"参数面板中可以对"外发光"的结构、图素以及品质进行设置，效果如图4-252所示。"外发光"效果可用于制作自发光效果以及人像或者其他对象的梦幻般的光晕效果。

图 4-250

图 4-251　　　　　　　图 4-252

[重点]4.2.11　投影

"投影"样式与"内阴影"样式比较相似,"投影"样式是用于制作图层边缘向后产生的阴影效果。

选中图层,如图 4-253 所示。执行"图层>图层样式>投影"命令,如图 4-254 所示。接着可以通过设置参数来增强某部分层次感以及立体感,效果如图 4-255 所示。

图 4-253

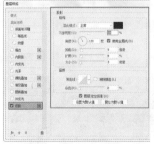

图 4-254　　　　　　　图 4-255

练习实例: 使用"样式"面板快速为图层赋予样式

文件路径	资源包\第4章\使用"样式"面板快速为图层赋予样式
难易指数	⭐⭐⭐⭐⭐
技术要点	横排文字工具、预设管理器、"样式"面板

扫一扫,看视频

案例效果

案例效果如图 4-256 所示。

图 4-256

操作步骤

步骤 01 执行"文件>打开"命令,打开背景素材 1.jpg,如图 4-257 所示。单击工具箱中的"横排文字工具"按钮,在选项栏中设置合适的字体、字号,文字颜色设置为黑色,设置完毕后在画面中间位置单击鼠标建立文字输入的起始点,接着输入文字,文字输入完毕后按下快捷键Ctrl+Enter,如图 4-258 所示。

图 4-257　　　　　　　图 4-258

步骤 02 载入样式素材。执行"编辑>预设>预设管理器"命令,在弹出的"预设管理器"窗口中设置"预设类型"为"样式",然后单击"载入"按钮,如图 4-259 所示。接着会弹出"载入"窗口,找到素材文件夹位置,选择2.asl,然后单击"载入"按钮,如图 4-260 所示。

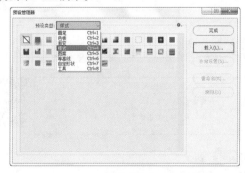

图 4-259

图 4-260

步骤 03 回到"预设管理器"窗口中，载入的样式会出现在所有样式按钮的最后方，然后单击"完成"按钮，完成载入样式操作，如图 4-261 所示。

步骤 04 为文字添加效果。在"图层"面板中选择文字图层，执行"窗口>样式"命令，在弹出的"样式"面板中单击刚刚载入的样式按钮，如图 4-262 所示。

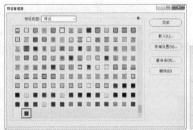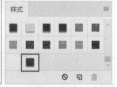

图 4-261　　　　　　　　　图 4-262

步骤 05 此时文字效果如图 4-263 所示。使用同样的方法在下方输入副标题，并为其添加刚刚载入的"样式"。最终效果如图 4-264 所示。

图 4-263　　　　　　　　图 4-264

练习实例：制作动感缤纷的艺术字

文件路径	资源包\第4章\制作动感缤纷的艺术字
难易指数	★★★★★
技术要点	横排文字工具、图层样式、渐变工具、多边形套索工具

扫一扫，看视频

案例效果

案例效果如图 4-265 所示。

图 4-265

操作步骤

步骤 01 执行"文件>打开"命令或按快捷键 Ctrl+O，在弹出的"打开"窗口中选择素材 1.jpg，单击"打开"按钮，如图 4-266 所示。

步骤 02 制作渐变背景。新建图层，单击工具箱中的"渐变工具"按钮，在选项栏中单击渐变色条，在弹出的"渐变编辑器"中编辑一个紫色到黑色渐变，单击"确定"按钮，设置"渐变方式"为"线性渐变"，如图 4-267 所示。接着将光标定位在画面左上角，按住鼠标左键向右下角拖曳填充渐变，如图 4-268 所示。

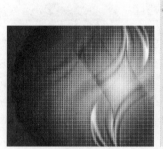

图 4-266　　　　　　　　图 4-267

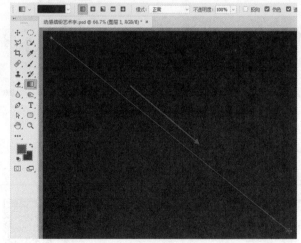

图 4-268

步骤 03 在"图层"面板中选中渐变图层，设置"不透明度"为 90%，如图 4-269 所示。效果如图 4-270 所示。

图 4-269　　　　　　　图 4-270

色，"不透明度"为75%，"阴影模式"为"正片叠底"，"阴影颜色"为黑色，"不透明度"为75%，单击"确定"按钮完成设置，如图4-273所示。效果如图4-274所示。

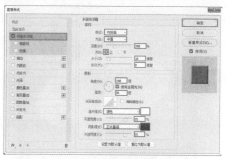

图 4-273

步骤 04 在画面中绘制一个云朵形状。单击工具箱中的"钢笔工具"按钮，在选项栏中设置"绘制模式"为"路径"，接着在画面中绘制路径，如图4-271所示。按快捷键Ctrl+Enter将路径转化为选区，设置"前景色"为白色，新建图层，按快捷键Alt+Delete填充选区，按快捷键Ctrl+D取消选区，效果如图4-272所示。

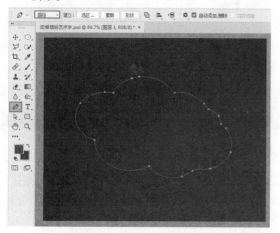

图 4-271

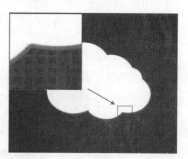

图 4-274

步骤 06 单击工具箱中的"画笔工具"按钮，在选项栏中设置一个画笔"大小"为500像素的柔边圆画笔，设置"前景色"为亮青色。新建图层，在画面中云朵的中间位置按住鼠标左键拖动进行绘制，如图4-275所示。

图 4-275

图 4-272

步骤 05 为云朵添加立体效果。选中云朵，执行"图层>图层样式>斜面和浮雕"命令，在弹出的"图层样式"窗口中设置"样式"为"内斜面"，"方法"为"平滑"，"深度"为358%，"方向"为"上"，"大小"为16像素，"软化"为0像素，"角度"为148度，"高度"为30度，"高光模式"为"滤色"，颜色为白

步骤 07 新建图层。单击工具箱中的"椭圆选框工具"按钮，在画面上部按住Shift键的同时按住鼠标左键拖动绘制一个正圆选区，如图4-276所示。接着单击工具箱中的"渐变工具"按钮，在选项栏中单击"渐变编辑色条"，在弹出的"渐变编辑器"中编辑一个白色到黄色渐变，单击"确定"按钮完成编辑，接着在选项栏中单击"径向渐变"按钮，如图4-277所示。将光标移动到画面中圆形选区的上部，按住鼠标左键向

下拖曳为选区填充渐变，如图4-278所示。接着使用快捷键Ctrl+D取消选区。

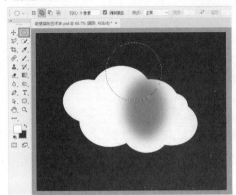

图 4-276

图 4-277

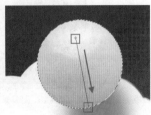

图 4-278

步骤 08 单击工具箱中的"画笔工具"按钮，在选项栏中设置"大小"为500像素，"硬度"为0%，设置"前景色"为橘黄色。新建图层，在画面中黄色圆形的位置单击绘制出圆形的暗部，如图4-279所示。

图 4-279

步骤 09 在圆形中间制作立体投影文字。单击工具箱中的"横排文字工具"按钮，在选项栏中设置合适的字体、字号，文字颜色设置为白色，设置完毕后在画面中合适的位置单击鼠标建立文字输入的起始点，接着输入文字，文字输入完毕后按下快捷键Ctrl+Enter，如图4-280所示。接着使用"自由变换"快捷键Ctrl+T调出界定框，将其适当旋转，按Enter键完成变换，如图4-281所示。

图 4-280

图 4-281

步骤 10 选择文字，执行"图层>图层样式>描边"命令，在弹出的"图层样式"窗口中设置"大小"为3像素，"位置"为"居中"，"混合模式"为"正常"，"不透明度"为100%，"填充类型"为"颜色"，"颜色"为"黄色"，如图4-282所示。勾选"投影"，设置"混合模式"为"正片叠底"，"阴影颜色"为橘黄色，"不透明度"为75%，"角度"为148度，"距离"为26像素，"扩展"为13%，"大小"为21像素，单击"确定"按钮完成设置，如图4-283所示。效果如图4-284所示。

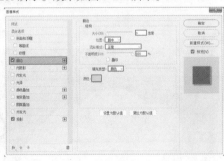

图 4-282

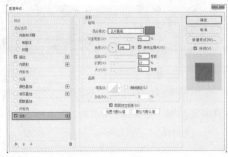

图 4-283

中文版Photoshop CC平面设计从入门到精通（微课视频 全彩版）

步骤 11 使用之前制作文字的方法输入画面中的主题文字,当输入到S更改填充颜色,继续输入,如图4-285所示。

图 4-284　　　　　　图 4-285

步骤 12 制作文字的底色。单击工具箱中的"多边形套索工具"按钮,沿着文字形状绘制选区,如图4-286所示。新建图层,设置"前景色"为深蓝色,使用快捷键Alt+Delete填充颜色,如图4-287所示。接着使用快捷键Ctrl+D取消选区。

图 4-286

图 4-287

步骤 13 使用"多边形套索工具"在文字底色图层中绘制多边形选区,如图4-288所示。创建新图层,单击工具箱中的"渐变工具"按钮,在选项栏中编辑一个蓝色系渐变,设置"渐变方式"为"线性渐变",将光标移动到选区上,按住鼠标左键向右拖动填充渐变,如图4-289所示。使用同样的方法制作其他渐变多边形,如图4-290所示。

步骤 14 为文字底色制作立体效果。选中底色图层,执行"图层>图层样式>斜面和浮雕"命令,在弹出的"图层样式"窗口中设置"样式"为"内斜面","方法"为"平滑","深度"为100%,"方向"为"上","大小"为16像素,"软化"为0像素,"角度"为145度,"高度"为30度,"高光模式"为"滤色","高

光颜色"为白色,"不透明度"为75%,"阴影模式"为"正片叠底","阴影颜色"为"黑色","不透明度"为75%,如图4-291所示。勾选"等高线",设置"范围"为5%,单击"确定"按钮,如图4-292所示。效果如图4-293所示。

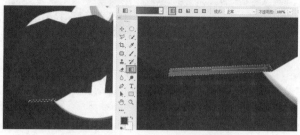

图 4-288　　　　　　图 4-289

图 4-290

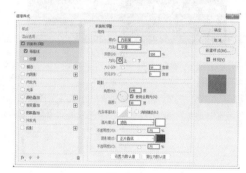

图 4-291

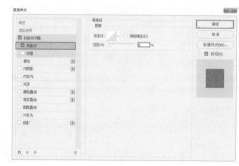

图 4-292

步骤 15 执行"文件>置入嵌入对象"命令,将装饰素材2.png置入到画面中,调整其大小及位置后按Enter键完成置入,然后将该图层栅格化。接着将该图层移动到文字图层的下方,如图4-294所示。

图 4-293　　　　　　　　　图 4-294

步骤 16 为文字添加立体渐变效果，如图 4-295 所示。在"图层"面板中选中主体文字图层，将其移动到文字底色图层的上方，执行"图层>图层样式>斜面和浮雕"命令，在弹出的"图层样式"窗口中设置"样式"为"内斜面"，"方法"为"雕刻清晰"，"深度"为 83%，"方向"为"上"，"大小"为 29 像素，"软化"为 1 像素，如图 4-296 所示。勾选"等高线"，设置"范围"为 57%，如图 4-297 所示。

图 4-295

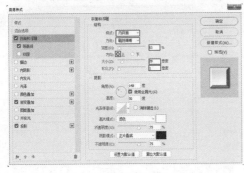

图 4-296

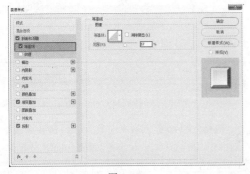

图 4-297

步骤 17 勾选"渐变叠加"，然后在右侧设置"混合模式"为"正常"，"不透明度"为 100%，"渐变"为青色系渐变，"样式"为"线性"，"角度"为 -79 度，"缩放"为 100%，如图 4-298 所示。勾选"投影"，设置"混合模式"为"正片叠底"，"颜色"为黑色，"不透明度"为 75%，"角度"为 148 度，"距离"为 7 像素，"扩展"为 28%，"大小"为 35 像素，单击"确定"按钮完成设置，如图 4-299 所示。效果如图 4-300 所示。

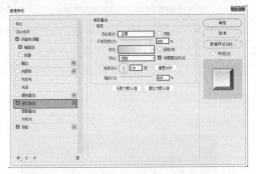

图 4-298

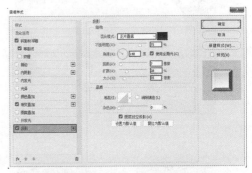

图 4-299

图 4-300

步骤 18 为文字添加彩色光感效果。创建新图层，单击工具箱中的"画笔工具"按钮，在选项栏中设置"大小"为 100像素，"硬度"为 0%，设置"前景色"为亮青色，在画面中文字上方按住鼠标左键拖动进行绘制，如图 4-301 所示。在"图层"面板中选中刚绘制的图层，设置"混合模式"为"叠加"，如图 4-302 所示。效果如图 4-303 所示。

图 4-301

图 4-302

图 4-303

步骤 19 使用同样的方法制作"深蓝色"光影效果，如图 4-304 和图 4-305 所示。

图 4-304

图 4-305

步骤 20 为字母 S 更改黄色系的渐变效果。单击工具箱中的"多边形套索工具"按钮，然后沿着字母 S 的边缘以单击鼠标的方式进行绘制得到字母 S 的选区，如图 4-306 所示。创建新图层，设置"前景色"为黄色，使用快捷键 Alt+Delete 为选区添加颜色，接着使用快捷键 Ctrl+D 取消选区。此时画面效果如图 4-307 所示。

图 4-306

图 4-307

步骤 21 选中黄色文字图层，接着执行"图层>图层样式>斜面和浮雕"命令，在弹出的"图层样式"窗口中设置"样式"为"内斜面"，"方法"为"雕刻清晰"，"深度"为83%，"方向"为"上"，"大小"为32像素，"软化"为1像素，如图 4-308 所示。勾选"渐变叠加"，设置"混合模式"为"正常"，"不透明度"为100%，"渐变"为黄色系渐变，"样式"为"线性"，"角度"为 -69度，"缩放"为100%，单击"确定"按钮完成设置，如图 4-309 所示。效果如图 4-310 所示。

图 4-308

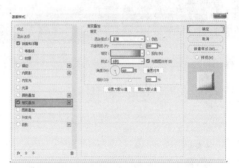

图 4-309

图 4-310

步骤 22 单击工具箱中的"横排文字工具"按钮，在选项栏中设置合适的字体、字号，文字颜色设置为紫色，设置完毕后在画面中合适的位置单击鼠标建立文字输入的起始点，接着输入文字，文字输入完毕后按下快捷键 Ctrl+Enter，如图 4-311 所示。

步骤 23 选择刚刚输入的文字，执行"窗口>字符"命令，在弹出的"字符"面板中单击"仿斜体"按钮，如图 4-312 所示。文字效果如图 4-313 所示。

图 4-311　　　　　　　　　图 4-312

步骤 24 使用同样的方法输入下方其他文字,案例完成效果如图 4-314 所示。

图 4-313　　　　　　　　　图 4-314

综合实例:创意文字海报

文件路径	资源包\第4章\创意文字海报
难易指数	★★★★★
技术要点	拾色器、画笔工具、钢笔工具、横排文字工具、图层样式

案例效果

案例效果如图 4-315 所示。

扫一扫,看视频

图 4-315

操作步骤

步骤 01 执行"文件>新建"命令,创建一个大小合适的空白文档。设置"前景色"为深紫色,使用快捷键 Alt+Delete 进行前景色填充,如图 4-316 所示。接着在背景图层上方新建一个图层,设置"前景色"为黑色,然后选择工具箱中的"画笔工具",

在选项栏中设置大小合适的柔边圆画笔,设置画笔不透明度为50%,设置完成后在背景的周围涂抹,如图 4-317 所示。

图 4-316　　　　　　　　　图 4-317

步骤 02 为背景添加一些细节。选择工具箱中的"钢笔工具",在选项栏中设置"绘制模式"为"形状","填充"为紫色,"描边"为无,设置完成后在画面中绘制形状,如图 4-318 所示。使用同样的方法绘制其他的形状,让整个背景更加丰富。效果如图 4-319 所示。按住 Ctrl 键依次加选各个形状图层,使用快捷键 Ctrl+G 将其编组命名为"背景形状"。

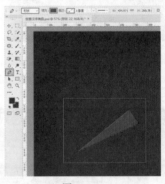

图 4-318　　　　　　　　　图 4-319

步骤 03 此时绘制的形状颜色过亮,需要适当地降低不透明度。选择背景形状图层组设置"不透明度"为30%,如图 4-320所示。效果如图 4-321 所示。

图 4-320　　　　　　　　　图 4-321

步骤 04 为画面添加文字。选择工具箱中的"横排文字工具",在选项栏中设置合适的字体、字号和颜色,设置完成后在画面上方位置单击输入文字,如图 4-322 所示。文字输入完成后按快捷键 Ctrl+Enter 完成操作。

图 4-322

步骤 05 此时文字的颜色为黑色在画面中不突出，需要将文字更改颜色。选择文字图层，执行"图层>图层样式>渐变叠加"命令，在弹出的"图层样式"窗口中设置"混合模式"为"正常"，"不透明度"为100%，"渐变"为粉色系渐变，"样式"为"线性"，"角度"为90度，"缩放"为100%，设置完成后单击"确定"按钮完成操作，如图 4-323 所示。效果如图 4-324 所示。

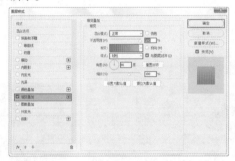

图 4-323

步骤 06 使用"横排文字工具"，在选项栏中设置合适的字体、字号和颜色，设置完成后在画面中单击输入文字，然后用同样的方法设置"渐变叠加"图层样式，对文字的颜色进行更改。效果如图 4-325 所示。此时辅助文字制作完成。

图 4-324

图 4-325

步骤 07 制作主体文字。选择工具箱中的"横排文字工具"，

在选项栏中设置合适的字体、字号和颜色，设置完成后在顶部文字下方位置单击输入文字，如图 4-326 所示。

图 4-326

步骤 08 以该文字的轮廓为基础，对文字进行创意变形。首先制作字母 E。选择工具箱中的"矩形工具"，在选项栏中设置"绘制模式"为"形状"，"填充"为绿色渐变，"描边"为无，设置完成后在已有文字上方绘制形状，如图 4-327 所示。接着使用"钢笔工具"，在选项栏中设置"绘制模式"为"形状"，"填充"为粉色渐变，"描边"为无，设置完成后在已有文字上方绘制形状，如图 4-328 所示。此时字母 E 制作完成。

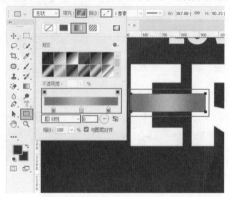

图 4-327

图 4-328

步骤 09 制作字母 R。使用"钢笔工具"，在选项栏中设置"填充"为粉色系渐变，然后设置路径的运算为"减去顶层形状"，再参照下方白色的文字绘制图形，如图 4-329 所示。接着继续在图形内侧绘制路径，制作镂空效果，如图 4-330 所示。

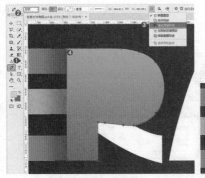

图 4-329　　　　　　图 4-330

所有字母变形完成后将原始文字图层隐藏，画面效果如图 4-333 所示。

图 4-333

步骤 10 使用同样的方法绘制字母 R 最后一笔，设置"渐变"为绿色系渐变，"角度"为 162 度，如图 4-331 所示。接着制作字母 R 的阴影效果。在字母 R 最后一笔形状填充下方新建一个图层，设置"前景色"为灰色，设置完成后使用合适大小的柔边圆画笔在画面中涂抹，制作出立体的遮挡阴影效果，如图 4-332 所示。

步骤 12 此时画面的文字制作完成，需要为画面增添一些细节，让整体效果更加丰富。继续使用"钢笔工具"，在选项栏中设置"绘制模式"为"形状"，"填充"为粉色渐变，"描边"为无，设置完成后在画面中绘制形状，如图 4-334 所示。使用同样的方法绘制其他的图形，如图 4-335 所示。

图 4-331

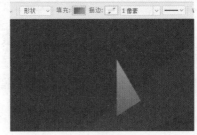

图 4-334　　　　　　图 4-335

步骤 13 使用同样的方法制作其他点缀的小元素，海报制作完成，效果如图 4-336 所示。

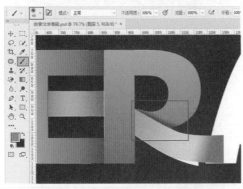

图 4-332

图 4-336

步骤 11 使用同样的方法制作其他字母，在制作时需要注意填充渐变时的角度调整和遮挡时的立体阴影效果。在

扫一扫，看视频

Chapter 5

第5章

选区、抠图、合成

本章内容简介

抠图是平面设计作品制作中的常用操作，不仅在制作人物、产品广告主图时需要用到抠图技术，在美化设计作品版面时也需要利用抠图技术获取特定选区并处理版面元素。抠图，是通过获得主体物或背景的选区，并去除背景的方式来实现的。而完成抠图后，则需要将抠出的对象合成到新的画面中。本章将详细讲解几种比较常见的抠图技法，包括基于颜色差异进行抠图、使用钢笔工具进行精确抠图、使用通道抠出特殊对象等。不同的抠图技法适用于不同的图像，所以在进行实际抠图操作前，首先要判断使用哪种方式更适合，然后进行抠图操作。

重点知识掌握

- 掌握"快速选择工具""魔棒工具""磁性套索工具"等抠图工具的使用方法。
- 熟练使用"钢笔工具"绘制路径并抠图。
- 熟练掌握通道抠图。
- 熟练掌握图层蒙版与剪贴蒙版的使用方法。
- 熟练掌握图层混合与透明度的设置。

通过本章学习，我能做什么

通过本章的学习，可以掌握多种抠图方式。通过这些抠图技法，能够实现绝大部分的图像抠图操作。使用"快速选择工具""魔棒工具""磁性套索工具""魔术橡皮擦工具""背景橡皮擦工具"以及"色彩范围"命令能够抠出具有明显颜色差异的图像；主体物与背景颜色差异不明显的图像可以使用"钢笔工具"抠出；除此之外，类似长发、长毛动物、透明物体、云雾、玻璃等特殊图像，可以通过"通道抠图"抠出。

优秀作品欣赏

5.1 认识抠图

大部分的"合成"作品以及平面设计作品都需要很多元素，这些元素有些可以利用Photoshop提供的相应功能创建出来，而有的元素则需要从其他图像中"提取"。这个提取的过程就需要用到"抠图"。

5.1.1 为什么要抠图

"抠图"是数码图像处理中的常用术语，是指将图像中主体物以外的部分去除，或者从图像中分离出部分元素。图5-1为通过创建主体物选区并将主体物以外的部分清除，实现抠图合成的过程。

图5-1

在Photoshop中抠图的方式有多种，如基于颜色的差异获得图像的选区、使用"钢笔工具进"行精确抠图、通过通道抠图等。在此以基于颜色的差异进行抠图为例进行说明。Photoshop提供了多种通过识别颜色的差异创建选区的工具，如"快速选择工具""魔棒工具""磁性套索工具""魔术橡皮擦工具""背景橡皮擦工具"以及"色彩范围"命令等。这些工具分别位于工具箱的不同工具组以及"选择"菜单中，如图5-2和图5-3所示。

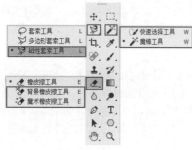

图5-2

图5-3

本章虽然会介绍很多种抠图的方法，但是并不意味着每次抠图都要用到以下所有方法。在抠图之前，首先要分析图像的特点。下面对可能遇到的情况进行分类说明。

（1）主体物边缘清晰且与背景颜色反差较大：利用颜色差异进行抠图的工具有多种，其中"快速选择工具"与"磁性套索工具"最常用，如图5-4和图5-5所示。

图5-4　　　　　　　图5-5

（2）主体物边缘清晰但与背景颜色反差小："钢笔工具"抠图可以得到清晰、准确的边缘，例如人物（不含长发）、产品等，如图5-6和图5-7所示。

图5-6　　　　　　　图5-7

（3）主体物边缘非常复杂且与环境有一定色差：头发、动物毛发、植物一类边缘非常细密的对象可以使用"通道抠图"或者"选择并遮住"命令处理，如图5-8和图5-9所示。

图5-8　　　　　　　图5-9

（4）主体物带有透明区域：婚纱、薄纱、云朵、烟雾、玻璃制品等需要保留局部半透明的对象需要使用"通道抠图"进行处理，如图5-10和图5-11所示。

图5-10　　　　　　　图5-11

（5）边缘复杂且在局部带有毛发/透明的对象：带有多种特征的图像需要借助多种抠图方法完成。例如，长发人像照片就是很典型的此类对象，需要将身体部分利用"钢笔工具"进行精确抠图，然后将头发部分分离为独立图层并进行通道抠图，最后将身体和头发部分进行组合完成抠图，如图5-12所示。

图5-12

5.2 色差抠图法

在Photoshop中有很多工具可以根据画面中的颜色差异创建选区，例如为画面中包含红色的部分创建选区、为光标单击点处相似的颜色创建选区等。而如果想要获得图像中某个对象的选区，且这个对象的色彩与背景部分的色彩有所区别，就可以尝试使用这种方法。

使用"快速选择工具""魔棒工具""磁性套索工具"以及"色彩范围"命令等都可以按照颜色差异制作主体物或背景部分的选区。例如，得到了主体物的选区，如图5-13所示。就可以将选区中的内容复制为独立图层，如图5-14所示。或者将选区反向选择，得到主体物以外的选区，删除背景，如图5-15所示。这两种方式都可以实现抠图操作。而"魔术橡皮擦工具"和"背景橡皮擦工具"则是用于擦除背景部分。

图5-13

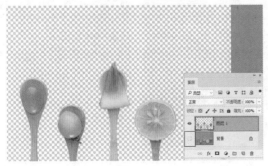

图5-14

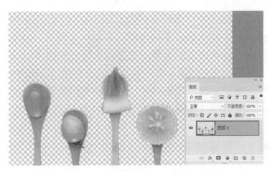

图5-15

【重点】5.2.1 快速选择工具：拖动并自动创建选区

"快速选择工具" ，能够自动查找颜色接近的区域，并创建出这部分区域的选区。单击工具箱中的"快速选择工具"按钮，将光标定位在要创建选区的位置，然后在选项栏中设置合适的绘制模式以及画笔大小，在画面中按住鼠标左键拖动，即可自动创建与光标移动过的位置颜色相似的选区，如图5-16和图5-17所示。

图5-16

图5-17

+ 大小：可以调整选区区域的大小。
+ 硬度：可以调整选区的敏感度。
+ 选区按钮：如果当前画面中已有选区，想要创建新的选区，则单击"新选区"按钮 ✐，然后在画面中按住鼠标左键拖动，如图5-18所示。如果第一次绘制的选区不够，则单击选项栏中的"添加到选区"按钮 ✐，即可在原有选区的基础上添加新创建的选区，如图5-19所示。如果绘制的选区有多余的部分，则单击"从选区减去"按钮 ✐，接着在多余的选区部分涂抹，即可在原有选区的基础上减去当前新绘制的选区，如图5-20所示。

图 5-18

图 5-19

图 5-20

* 对所有图层取样：如果选中该复选框，在创建选区时会根据所有图层显示的效果建立选取范围，而不

仅是只针对当前图层。如果只想针对当前图层创建选区，则需要取消选中该复选框。

* 自动增强：降低选取范围边界的粗糙度与区块感。

练习实例：使用"快速选择工具"制作选区并抠图

文件路径	资源包\第5章\使用"快速选择工具"制作选区并抠图
难易指数	★★★★★
技术要点	快速选择工具、图层蒙版

案例效果

案例效果如图5-21所示。

图 5-21

操作步骤

步骤 01 打开背景素材1.jpg，如图5-22所示。执行"文件>置入嵌入对象"命令，将啤酒素材2.jpg置入到画面中，调整其大小及位置后按Enter键完成置入，如图5-23所示。在"图层"面板中右击该图层，在弹出的快捷菜单中执行"栅格化图层"命令。

图 5-22

图 5-23

中文版Photoshop CC平面设计从入门到精通（微课视频 全彩版）

步骤 02 选择工具箱中的"快速选择工具",在选项栏中单击"添加到选区"按钮,接着打开"画笔预设选取器",在下拉面板中设置"画笔大小"为15像素,设置"硬度"为100%,"间距"为1%,如图5-24所示。设置完成后,在画面中绿色啤酒瓶上方按住鼠标左键拖动得到部分酒瓶的选区,如图5-25所示。

图 5-24

图 5-25

步骤 03 在绿色酒瓶右上方有未被选区选中的位置,将鼠标移动至此位置,如图5-26所示。单击鼠标左键,此时酒瓶右上方位置被添加相应的选区,如图5-27所示。

图 5-26　　　　　　　图 5-27

步骤 04 使用同样的方法将画面中酒瓶未被选区选中的位置依次选中,画面如图5-28所示。

图 5-28

步骤 05 在选区不变的状态下,在"图层"面板中选中啤酒素材图层,单击面板下方的"添加图层蒙版"按钮,基于选区添加图层蒙版,如图5-29所示。此时画面效果如图5-30所示。

图 5-29

图 5-30

步骤 06 执行"文件>置入嵌入对象"命令,将草莓素材3.png置入到画面中,调整其大小及位置后按Enter键完成置入。在"图层"面板中右击该图层,在弹出的快捷菜单中执行"栅格化图层"命令,案例完成效果如图5-31所示。

图 5-31

5.2.2 魔棒工具：获取容差范围内颜色的选区

"魔棒工具" 用于获取与取样点颜色相似部分的选区。使用"魔棒工具"在画面中单击，光标所处的位置就是"取样点"，而颜色是否"相似"则是由"容差"数值控制的，容差数值越大，可被选择的范围越大。

扫一扫，看视频

"魔棒工具"与"快速选择工具"位于同一个工具组中。打开该工具组，从中选择"魔棒工具"；在其选项栏中设置"容差"数值，并指定"选区绘制模式"（□ □ □ □）以及是否"连续"等；然后，在画面中单击，随即便可得到与光标单击位置颜色相近区域的选区，如图5-32所示。

图 5-32

如果画面中选区的大小和位置不够理想，那么此时需要适当增大"容差"数值，然后重新制作选区，如图5-33所示。如果想要得到画面中多种颜色的选区，则需要在选项栏中单击"添加到选区"按钮 □，然后依次单击需要取样的颜色，接下来能够得到这几种颜色选区相加的结果，如图5-34所示。

- 取样大小：用来设置"魔棒工具"的取样范围。选择"取样点"，可以只对光标所在位置的像素进行取样；选择"3×3平均"，可以对光标所在位置3个像素区域内的平均颜色进行取样；其他的以此类推。
- 容差：决定所选像素之间的相似性或差异性，其取值范围为0~255。数值越低，对像素相似程度的要求越高，所选的颜色范围就越小；数值越高，对像素相似程度的要求越低，所选的颜色范围就越大，选区也就越大。图5-35所示为不同"容差"值时的选区效果。
- 消除锯齿：默认情况下，"消除锯齿"复选框始终处于选中状态。选中此复选框，可以消除选区边缘的锯齿。
- 连续：当选中该复选框时，只选择颜色连接的区域；当取消选中该复选框时，可以选择与所选像素颜色接近的所有区域，当然也包含没有连接的区

域，其效果对比如图5-36所示。

图 5-33

图 5-34

（a）容差:20　（b）容差:60　　（a）未勾选"连续"　（b）勾选"连续"

图 5-35　　　　　图 5-36

- 对所有图层取样：如果文档中包含多个图层，当选中该复选框时，可以选择所有可见图层上颜色相近的区域；当取消选中该复选框时，仅选择当前图层上颜色相近的区域。

练习实例：使用"魔棒工具"为人像更换背景

文件路径	资源包\第5章\使用"魔棒工具"为人像更换背景
难易指数	★★★★★
技术要点	魔棒工具

扫一扫，看视频

案例效果

案例效果如图5-37所示。

图5-37

操作步骤

步骤01 打开背景素材1.jpg，如图5-38所示。执行"文件>置入嵌入对象"命令，将人像素材2.jpg置入到画面中，调整其大小及位置后按Enter键完成置入，如图5-39所示。在"图层"面板中右击该图层，在弹出的快捷菜单中执行"栅格化图层"命令。

图5-38

图5-39

步骤02 右击工具箱中的"快速选择工具组"按钮，在弹出的工具组列表中选择"魔棒工具"，在选项栏中设置"容差"为50，勾选"消除锯齿"和"连续"，然后在画面中人物素材上方灰色背景位置单击鼠标左键得到背景的选区，如图5-40所示。得到完整背景选区后，在保持选区不变的状态下，在"图层"面板中选中人物素材图层，按Delete键将人物素材的背景部分删除，接着使用快捷键Ctrl+D取消选区。案例完成效果如图5-41所示。

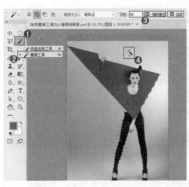

图5-40

图5-41

{重点}5.2.3 磁性套索工具：自动查找色差边缘

"磁性套索工具" ，能够自动识别颜色差别，并自动描边具有颜色差异的边界，以得到某个对象的选区。"磁性套索工具"常用于快速选择与背景对比强烈且边缘复杂的对象。

扫一扫，看视频

（1）"磁性套索工具"工具位于套索工具组中。打开该工具组，从中选择"磁性套索工具" ，然后将光标定位到需要制作选区的对象的边缘处，单击确定起点，如图5-42所示。沿对象边界移动光标，对象边缘处会自动创建出选区的边线，如图5-43所示。

单击

图5-42　　　　　　图5-43

（2）在移动光标过程中如果出现错误的锚点，可以将光标移动至错误锚点的位置按下Delete键进行删除，如图5-44所示。当光标移动至一些颜色比较复杂的区域比较不好定位锚点位置，这时可以以单击的方式进行定位锚点。继续沿着图像边缘拖动光标，当光标移动至起始位置锚点时单击鼠标左键得到闭合的选区，如图5-45所示。

图 5-44

图 5-45

动调节"磁性套索工具"的检测范围。

练习实例：使用"磁性套索工具"抠图

文件路径	资源包\第5章\使用"磁性套索工具"抠图
难易指数	★★★★★
技术要点	磁性套索工具

案例效果

案例效果如图 5-49 所示。

扫一扫，看视频

图 5-49

> **提示：快速得到选区**
>
> 在使用"磁性套索工具"进行绘制时，双击鼠标左键即可得到选区，如图5-46和图5-47所示。
>
>
> 图 5-46
>
>
> 图 5-47

- **宽度**："宽度"值决定了以光标中心为基准，光标周围有多少个像素能够被"磁性套索工具"检测到。如果对象的边缘比较清晰，可以设置较大的值；如果对象的边缘比较模糊，可以设置较小的值。
- **对比度**：主要用来设置"磁性套索工具"感应图像边缘的灵敏度。如果对象的边缘比较清晰，则可以将该值设置得高一些；如果对象的边缘比较模糊，则可以将该值设置得低一些。
- **频率**：在使用"磁性套索工具"勾画选区时，Photoshop会生成很多锚点。"频率"选项就是用来设置锚点的数量的。数值越高，生成的锚点越多，捕捉到的边缘越准确，但是可能会造成选区不够平滑。图5-48所示为设置不同参数值时的对比效果。

(a)频率:20　　(b)频率:100
图 5-48

- **钢笔压力** ✐：如果计算机配有数位板和压感笔，可以单击该按钮，Photoshop会根据压感笔的压力自

操作步骤

步骤01 打开背景素材1.jpg，如图5-50所示。执行"文件>置入嵌入对象"命令，将零食素材2.jpg置入到画面中，调整其大小及位置后按Enter键完成置入，如图5-51所示。在"图层"面板中右击该图层，在弹出的快捷菜单中执行"栅格化图层"命令。

图 5-50

图 5-51

步骤02 单击工具箱中的"套索工具组"按钮，在弹出的工具组列表中选择"磁性套索工具"，然后将鼠标移动至零食的左上角位置，单击鼠标左键建立起点，如图5-52所示。起点建立完成后松开鼠标并拖动鼠标沿着零食的边缘移动，此时画面中鼠标经过的边缘位置会出现多个锚点，如图5-53所示。

步骤03 沿着零食的边缘拖动鼠标直至鼠标回到起点，如图5-54所示。单击鼠标左键得到选区，如图5-55所示。

步骤04 在保持选区不变的状态下，使用快捷键Ctrl+Shift+I将选区反选，如图5-56所示。在"图层"面板中选中零食素材图层，按Delete键将零食素材的背景部分删除，接着使用快捷键Ctrl+D取消选区，如图5-57所示。

图 5-52

图 5-53

图 5-54

图 5-55

图 5-56

步骤 05 执行"文件>置入嵌入对象"命令，将前景装饰素材3.png置入到画面中，调整其大小及位置后按Enter键完

成置入。在"图层"面板中右击该图层，在弹出的快捷菜单中执行"栅格化图层"命令。案例完成效果如图5-58所示。

图 5-57

图 5-58

5.2.4 色彩范围：获取特定颜色选区

"色彩范围"命令可根据图像中某一种或多种颜色的范围创建选区。执行"选择>色彩范围"命令，在弹出的"色彩范围"窗口中可以进行颜色的选择、颜色容差的设置，还可以使用"添加到取样"吸管、"从选区中减去"吸管对选中的区域进行调整。

扫一扫，看视频

（1）打开一张图片，如图5-59所示。执行"选择>色彩范围"命令，弹出"色彩范围"窗口。在这里首先需要设置"选择"（取样方式）。打开该下拉列表框，可以看到其中有多种颜色取样方式可供选择，如图5-60所示。

图 5-59

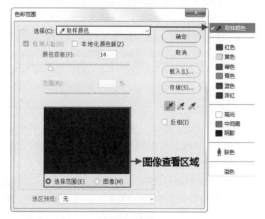

图 5-60

图像查看区域：其中包含"选择范围"和"图像"两个单选按钮。当选中"选择范围"单选按钮时，预览区中的白色代表被选择的区域，黑色代表未选择的区域，灰色代表被部分选择的区域（即有羽化效果的区域）；当选中"图像"单选按钮时，预览区内会显示彩色图像。

（2）如果选择"红色""黄色""绿色"等选项，在图像查看区域中可以看到，画面中包含这种颜色的区域会以白色(选区内部)显示，不包含这种颜色的区域会以黑色(选区以外)显示。如果图像仅部分包含这种颜色，则以灰色显示。例如，图像中粉色的背景部分包含红色，皮肤和服装上也是部分包含红色，所以这部分显示为明暗不同的灰色，如图5-61所示。也可以从"高光""中间调"和"阴影"中选择一种方式，如选择"阴影"，则在图像查看区域可以看到被选中的区域变为白色，其他区域为黑色，如图5-62所示。

图5-61

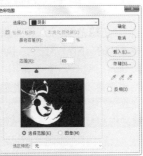
图5-62

- 选择：用来设置创建选区的方式。选择"取样颜色"选项时，光标会变成 ![吸管] 形状，将其移至画布中的图像上，单击即可进行取样；选择"红色""黄色""绿色""青色"等选项时，可以选择图像中特定的颜色；选择"高光""中间调"和"阴影"选项时，可以选择图像中特定的色调；选择"肤色"时，会自动检测皮肤区域；选择"溢色"选项时，可以选择图像中出现的溢色。
- 检测人脸：当"选择"设置为"肤色"时，选中"检测人脸"复选框，可以更加准确地查找皮肤部分的选区。
- 本地化颜色簇：选中此复选框，拖动"范围"滑块可以控制要包含在蒙版中的颜色与取样点的最大距离和最小距离。
- 颜色容差：用来控制颜色的选择范围。数值越高，包含的颜色越多；数值越低，包含的颜色越少。
- 范围：当"选择"设置为"高光""中间调"和"阴影"时，可以通过调整"范围"数值设置"高光""中间调"和"阴影"各个部分的大小。

（3）如果其中的颜色选项无法满足需求，则可以在"选择"下拉列表框中选择"取样颜色"，光标会变成 ![吸管] 形状，将其移至画布中的图像上，单击即可进行取样，如图5-63所示。在

图像查看区域中可以看到与单击处颜色接近的区域变为了白色，如图5-64所示。

图5-63

图5-64

（4）此时如果发现单击后被选中的区域范围有些小，原本非常接近的颜色区域并没有在图像查看区域中变为白色，则可以适当增大"颜色容差"数值，使选择范围变大，如图5-65所示。

图5-65

（5）虽然增大"颜色容差"可以增大被选中的范围，但还是会遗漏一些区域。此时可以单击"添加到取样"按钮 ![吸管+]，在画面中多次单击需要被选中的区域，如图5-66所示。也可以在图像查看区域中单击，使需要选中的区域变白，如图5-67所示。

图5-66

图5-67

- ![吸管工具组]：在"选择"下拉列表中选择"取样颜色"选项时，可以对取样颜色进行添加或减去。使用"吸管工具" ![吸管] 可以直接在画面中单击进行取样。如果要添加取样颜色，则可以单击"添加到取样"按钮 ![吸管+]，然后在预览图像上单击，以取样其

他颜色。如果要减去多余的取样颜色，则可以单击"从取样中减去"按钮 ✏，然后在预览图像上单击，以减去其他取样颜色。

- 反相：将选区进行反转，相当于创建选区后执行了"选择>反选"命令。

（6）为了便于观察选区效果，可以从"选区预览"下拉列表框中选择文档窗口中选区的预览方式。选择"无"选项时，表示不在窗口中显示选区；选择"灰度"选项时，可以按照选区在灰度通道中的外观来显示选区；选择"黑色杂边"选项时，可以在未选择的区域上覆盖一层黑色；选择"白色杂边"选项时，可以在未选择的区域上覆盖一层白色；选择"快速蒙版"选项时，可以显示选区在快速蒙版状态下的效果，如图5-68所示。

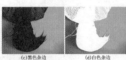

（a）无　　（b）灰度　　（c）黑色杂边　　（d）白色杂边　　（e）快速蒙版

图 5-68

（7）单击"确定"按钮，即可得到选区，如图5-69所示。单击"存储"按钮，可以将当前的设置状态保存为选区预设；单击"载入"按钮，可以载入存储的选区预设文件，如图5-70所示。

图 5-69　　　　　　　图 5-70

重点 5.2.5　魔术橡皮擦工具：擦除颜色相似区域

"魔术橡皮擦工具"可以快速擦除画面中相同的颜色，使用方法与"魔棒工具"非常相似。"魔术橡皮擦"位于橡皮擦工具组中，右击工具组，在弹出的工具列表中选择"魔术橡皮擦工具" ✏ 扫一扫，看视频。首先需要在选项栏中设置"容差"数值以及是否"连续"。设置完成后，在画面中单击，如图5-71所示。即可擦除与单击点颜色相似的区域，如图5-72所示。如果没有擦除干净，则可以重新设置参数进行擦除，或者使用"橡皮擦工具"擦除远离主体物的部分。

- 容差：此处的"容差"与"魔棒工具"选项栏中的"容差"功能相同，都是用来限制所选像素

之间的相似性或差异性。在此主要用来设置擦除的颜色范围。"容差"值越小，擦除的范围相对越小；"容差"值越大，擦除的范围相对越大。图5-73所示为设置不同参数值时的对比效果。

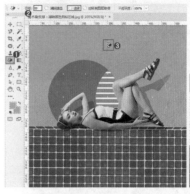 

图 5-71　　　　　　　　　　　图 5-72

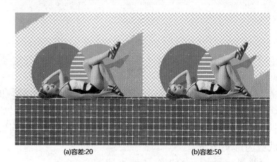

（a）容差：20　　　　　　（b）容差：50

图 5-73

- 消除锯齿：可以使擦除区域的边缘变得平滑。图5-74所示为选中和取消选中"消除锯齿"复选框的对比效果。

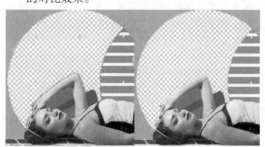

（a）未勾选"消除锯齿"　　　（b）勾选"消除锯齿"

图 5-74

- 连续：选中该复选框时，只擦除与单击点像素相连接的区域。取消选中该复选框时，可以擦除图像中所有与单击点像素相近的像素区域。其对比效果如图5-75所示。
- 不透明度：用来设置擦除的强度。数值越大，擦除的像素越多；数值越小，擦除的像素越少，被擦除的部分变为半透明。数值为100%时，将完全擦除像

素。图5-76所示为设置不同参数值时的对比效果。

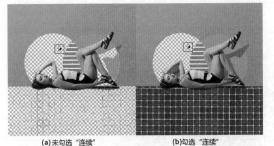

(a)未勾选"连续"　　(b)勾选"连续"

图 5-75

(a)不透明度：20%　　(b)不透明度：50%　　(c)不透明度：100%

图 5-76

5.2.6　背景橡皮擦工具：智能擦除背景像素

　　"背景橡皮擦工具"是一种基于色彩差异的智能化擦除工具，它可以自动采集画笔中心的色样，同时删除在画笔内出现的这种颜色，使擦除区域成为透明区域。

扫一扫，看视频

　　"背景橡皮擦工具"位于橡皮擦工具组中。打开该工具组，从中选择"背景橡皮擦工具" 。将光标移动到画面中，光标呈现出中心带有+的圆形效果，其中圆形表示当前工具的作用范围，而圆形中心的+则表示在擦除过程中自动采集颜色的位置，如图5-77所示。在涂抹过程中会自动擦除圆形画笔范围内出现的相近颜色的区域，如图5-78所示。

擦除的位置
拾取颜色

图 5-77　　　　图 5-78

　◆　取样：用来设置取样的方式，不同的取样方式会直接影响到画面的擦除效果。激活"取样：

连续"按钮 ，在拖动鼠标时可以连续对颜色进行取样，凡是出现在光标中心十字线以内的图像都将被擦除，如图5-79所示。激活"取样：一次"按钮 ，只擦除包含第1次单击处颜色的图像，如图5-80所示。激活"取样：背景色板"按钮 ，只擦除包含背景色的图像，如图5-81所示。

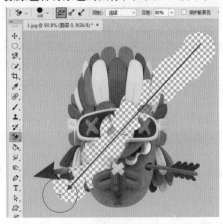

图 5-79

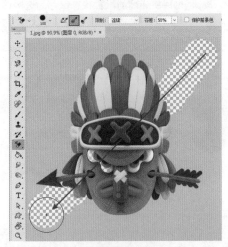

图 5-80

图 5-81

中文版Photoshop CC平面设计从入门到精通（微课视频 全彩版）

连续取样：这种取样方式会随画笔的圆形中心的＋位置的改变而更换取样颜色，所以适合在背景颜色差异较大时使用。

一次取样：这种取样方式适合背景为单色或颜色变化不大的情况。因为这种取样方式只会识别画笔圆形中心的＋第一次在画面中单击的位置，所以在擦除过程中不必特别留意＋的位置。

背景色板取样：由于这种取样方式可以随时更改背景色板的颜色，从而方便地擦除不同的颜色，所以非常适合当背景颜色变化较大，而又不想使用擦除程度较大的"连续取样"方式的情况下。

- 限制：设置擦除图像时的限制模式。选择"不连续"选项时，可以擦除出现在光标下任何位置的样本颜色；选择"连续"选项时，只擦除包含样本颜色并且相互连接的区域；选择"查找边缘"选项时，可以擦除包含样本颜色的连接区域，同时更好地保留形状边缘的锐化程度，如图5-82所示。

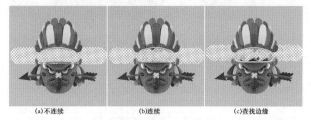

(a)不连续　　　　(b)连续　　　　(c)查找边缘

图 5-82

- 容差：用来设置颜色的容差范围。低容差仅限于擦除与样本颜色非常相似的区域，高容差可擦除范围更广的颜色，如图5-83所示。

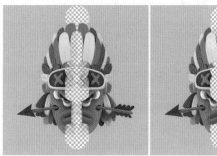

(a)容差：20%　　　　(b)容差：80%

图 5-83

- 保护前景色：选中该复选框后，可以防止擦除与前景色匹配的区域。

5.3 焦点区域：自动获取清晰部分的选区

"焦点区域"命令能够自动识别画面中处于拍摄焦点范围内的图像，并制作这部分的选区。使用"焦点区域"命令可以快速获取图像中清晰部分的选区，常用来进行抠图操作。

扫一扫，看视频

（1）首先打开一张图片，如图5-84所示。接着执行"选择>焦点区域"命令，打开"焦点区域"窗口，单击"视图"后侧的倒三角按钮，在下拉列表中选择一种视图模式，在这里选择了"闪烁虚线"视图，如图5-85所示。稍等片刻可以看到画面中焦点区域的图像被选中，如图5-86所示。

图 5-84

图 5-85　　　　图 5-86

（2）对选区进行调整。此时的选区比较小，向右拖动"焦点对准范围"滑块增加数值，以增加选区的范围，如图5-87所示。此时可以看到选区的范围变大，如图5-88所示。

图 5-87　　　　图 5-88

（3）当处理边缘选区时，可以通过选区的运算进行编辑。单击"焦点区域添加工具"按钮，在选区边缘按住鼠标左键拖动添加到选区，如图5-89所示。如果有多余的选区，则可以单击"焦点区域减去工具"按钮 ，然后在多余选区上方按住鼠标左键拖动减去选区，如图5-90所示。

图 5-89　　　　　　　　　图 5-90

（4）选区调整满意以后，接下来就需要"输出"。单击"输出到"按钮，在下拉菜单中可以选择一种选区保存的方式，如图5-91所示。为了方便后期的编辑处理，在这里选择"图层蒙版"，接着单击"确定"按钮，即可创建图层蒙版，如图5-92所示。此时抠像已经抠取完成，最后可以更换背景进行合成。效果如图5-93所示。

图 5-91　　　　　图 5-92　　　　　图 5-93

- 视图：用来显示选择的区域，默认的视图方式为"闪烁虚线"，即是选区。单击"视图"右侧的"倒三角"按钮可以看到"闪烁虚线""叠加""黑底""白底""黑白""图层"和"显示图层"，如图5-94所示。图5-95所示为"叠加"视图模式，图5-96所示为"黑底"视图模式。

图 5-94　　　　　图 5-95　　　　　图 5-96

- 焦点对准范围：用来调整所选范围，数值越大选择范围越大。
- 图像杂色级别：在包含杂色的图像中选定过多背景时增加图像杂色级别。
- 输出到：用来设置选区的范围的保存方式，包括

"选区""图层蒙版""新建图层""新建带有图层蒙版的图层""新建文档"和"新建带有图层蒙版的文档"选项。

- 选择并遮住：单击"选择并遮住"按钮即可打开"选择并遮住"窗口。
- 添加选区工具 ：按住鼠标左键拖曳可以扩大选区。
- 减去选区工具 ：按住鼠标左键拖曳可以缩小选区。

5.4　毛发抠图

"选择并遮住"命令是一个既可以对已有选区进行进一步编辑，又可以重新创建选区的功能。该命令可以用于对选区进行边缘检测，调整选区的平滑度、羽化、对比度以及边缘位置。由于"选择并遮住"命令可以智能地细化选区，所以常用于长发、动物或细密的植物的抠图，如图5-97和图5-98所示。

图 5-97　　　　　　　　　图 5-98

（1）首先使用"快速选择工具"创建选区，如图5-99所示。然后执行"选择>选择并遮住"命令，此时Photoshop界面发生了改变，如图5-100所示。左侧为一些用于调整选区以及视图的工具，左上方为所选工具的选项，右侧为选区编辑选项。

图 5-99　　　　　　　　　图 5-100

- 快速选择工具 ：通过按住鼠标左键拖曳涂抹，软件会自动查找和跟随图像颜色的边缘创建选区。
- 调整半径工具 ：精确调整发生边缘调整的边界区域。制作头发或毛皮选区时可以使用"调整半径工具"柔化区域以增加选区内的细节。
- 画笔工具 ：通过涂抹的方式添加或减去选区。

单击"画笔工具"，在选项栏中单击"添加到选
区"按钮⊕，单击•按钮，在下拉面板中设置笔尖
的"大小""硬度"和"距离"选项，在画面中按
住鼠标左键拖曳进行涂抹，涂抹的位置就会显示出
像素，也就是在原来选区的基础上添加了选区，如
图5-101所示。若单击"从选区减去"按钮⊖，在画面
中涂抹，即可对选区进行减去，如图5-102所示。

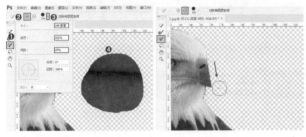

图 5-101   图 5-102

- 套索工具组 ♀ ：在该工具组中有"套索工具"
  和"多边形套索工具"两种工具。使用该工具可
  以在选项栏中设置选区运算的方式，如图5-103所
  示。例如选择"套索工具"，设置运算方式为"添
  加到选区"，然后在画面中绘制选区，效果如
  图5-104所示。

图 5-103   图 5-104

(2)在界面右侧的"视图模式"选项组中可以进行视图显
示方式的设置。单击视图列表，在下拉列表中选择一个合适
的视图模式，如图5-105所示。

- 视图：在"视图"下拉列表中可以选择不同的显示
  效果。图5-106所示为各种方式的显示效果。

图 5-105

图 5-106

- 显示边缘：显示以半径定义的调整区域。
- 显示原稿：可以查看原始选区。
- 高品质预览：勾选该选项，能够以更好的效果预览
  选区。

(3)此时图像对象边缘仍然有黑色的像素，可以设置"边
缘检测"的"半径"选项进行调整。"半径"选项确定发生边
缘调整的选区边界的大小。对于锐边，可以使用较小的半
径；对于较柔和的边缘，可以使用较大的半径。如图5-107和
图5-108所示为将半径分别设置为3和29时的对比效果。

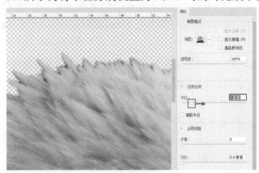

图 5-107

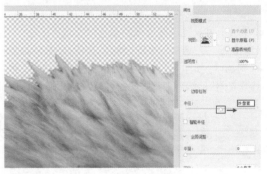

图 5-108

智能半径：自动调整边界区域中发现的硬边缘和柔化边
缘的半径。

(4)"全局调整"选项组主要用来对选区进行平滑、羽化、
对比度和移动边缘等处理，如图5-109所示。因为羽毛边缘
柔和，所以适当调整"平滑"和"羽化"选项，如图5-110所示。

图 5-109   图 5-110

- 平滑：减少选区边界中的不规则区域，以创建较平
  滑的轮廓。图5-111和图5-112所示为不同参数的对

比效果。

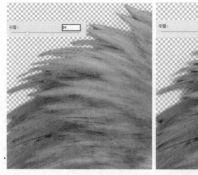
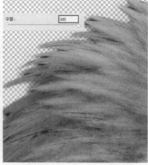

图 5-111　　　　图 5-112

- **羽化**：模糊选区与周围的像素之间的过渡效果。
- **对比度**：锐化选区边缘并消除模糊的不协调感。在通常情况下，配合"智能半径"选项调整出来的选区效果会更好。
- **移动边缘**：当设置为负值时，可以向内收缩选区边界；当设置为正值时，可以向外扩展选区边界。
- **清除选区**：单击该按钮可以取消当前选区。
- **反相**：单击该选项，即可得到反向的选区。

（5）此时选区调整完成，接下来需要进行"输出"，在"输出"选项组中可设置选区边缘的杂色以及选区的输出方式。设置"输出到"为"选区"，单击"确定"按钮，如图 5-113 所示。即可得到选区，如图 5-114 所示。使用快捷键 Ctrl+J 将选区复制到独立图层，然后为其更换背景，效果如图 5-115 所示。

图 5-113　　　图 5-114　　　图 5-115

- **净化颜色**：将彩色杂边替换为附近完全选中的像素颜色。颜色替换的强度与选区边缘的羽化程度是成正比的。
- **输出到**：设置选区的输出方式，单击"输出到"按钮，在下拉列表中可以选择相应的输出方式，如图 5-116 所示。

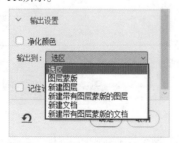

图 5-116

- **记住设置**：选中该选项，在下次使用该命令的时候会默认显示上次使用的参数。
- **复位工作区**：单击该按钮可以使当前参数恢复默认效果。

> 提示：单击"选择并遮住"按钮打开"选择并遮住"窗口
>
> 在画面中有选区的状态下，在选项栏中单击 选择并遮住... 即可打开"选择并遮住"窗口。

5.5　选区的编辑

"选区"创建完成后还是可以对已有的选区进行一定的编辑操作的，如缩放选区、旋转选区、调整选区边缘、创建边界选区、平滑选区、扩展与收缩选区、羽化选区、扩大选取、选取相似等，熟练掌握这些操作对于快速选择需要的部分非常重要。

【重点】5.5.1　变换选区：缩放、旋转、扭曲、透视、变形

"选区"创建完成后，可以对已有的选区进行一定的编辑操作，如缩放选区、旋转选区、调整选区边缘、创建边界选区、平滑选区、扩展与收缩选区、羽化选区、扩大选取、选取相似等，熟练掌握这些操作可以快速选择所需要的部分。

首先绘制一个选区，如图 5-117 所示。执行"选择>变换选区"命令调出定界框，拖曳控制点即可对选区进行变形，如图 5-118 所示。在选区变换状态下，在画布中右击，还可以在菜单中选择其他变换方式，如图 5-119 所示。变换完成之后，按 Enter 键即可完成变换，如图 5-120 所示。

图 5-117　　　　　　图 5-118

图 5-119　　　　　　图 5-120

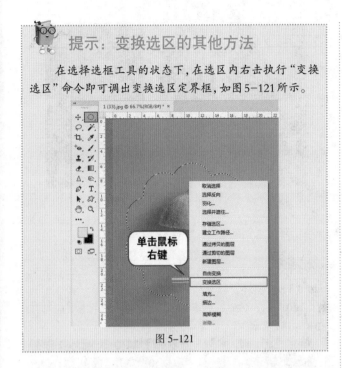

　　在选择选框工具的状态下，在选区内右击执行"变换选区"命令即可调出变换选区定界框，如图5-121所示。

单击鼠标右键

图5-121

重点 5.5.2　动手练：选区边缘的调整

　　对于已有的选区可以对其边界进行向外扩展、向内收缩、平滑、羽化等操作。

　　(1)"边界"命令作用于已有的选区，可以将选区的边界向内或向外进行扩展，扩展后的选区边界将与原来的选区边界形成新的选区。首先创建一个选区，如图5-122所示。执行"选择>修改>边界"命令，在弹出的窗口中设置"宽度"（数值越大，新选区越宽），设置完成后单击"确定"按钮，如图5-123所示。边界选区效果如图5-124所示。

图5-122　　　　　　图5-123　　　　　　图5-124

　　(2)使用"平滑"命令可以将参差不齐的选区边缘平滑化。对选区执行"选择>修改>平滑"命令，在弹出的"平滑选区"窗口设置取样半径选项（数值越大，选区越平滑），设置完成后单击"确定"按钮，如图5-125所示。平滑选区效果如图5-126所示。

图5-125　　　　　　　　　　图5-126

　　(3)"扩展"命令可以将选区向外延展，以得到较大的选区。对选区执行"选择>修改>扩展"命令，打开"扩展选区"窗口，通过设置"扩展量"控制选区向外扩展的距离（数值越大，距离越远），设置完成后单击"确定"按钮，如图5-127所示。扩展选区效果如图5-128所示。

图5-127　　　　　　　　　　图5-128

　　(4)"收缩"命令可以将选区向内收缩，使选区范围变小。对选区执行"选择>修改>收缩"命令，在弹出的"收缩选区"窗口中，通过设置"收缩量"选项控制选区的收缩大小（数值越大，收缩范围越大），设置完成后单击"确定"按钮，如图5-129所示。收缩选区效果如图5-130所示。

图5-129　　　　　　　　　　图5-130

　　(5)"羽化"命令可以将边缘较"硬"的选区变为边缘比较"柔和"的选区。羽化半径越大，选区边缘越柔和。"羽化"命令是通过建立选区和选区周围像素之间的转换边界来模糊边缘的，使用这种模糊方式将丢失选区边缘的一些细节。对选区执行"选择>修改>羽化"命令（快捷键：Shift+F6），打开"羽化选区"窗口，在该窗口中"羽化半径"选项用来设置边缘模糊的强度，数值越大边缘模糊范围越大。设置完成后单击"确定"按钮，如图5-131所示。羽化选区效果如图5-132所示。接着可以按下快捷键Ctrl+Shift+I将选区反选，然后按下Delete键删除选区中的像素，此时边缘的像素呈现出柔和的过渡效果，如图5-133所示。

图5-131

图5-132　　　　　　图5-133

5.6 利用"钢笔工具"精确抠图

虽然前面讲到的几种基于颜色差异的抠图工具可以进行非常便捷的抠图操作，但还是有一些情况无法处理。例如，主体物与背景非常相似的图像、对象边缘模糊不清的图像、基于颜色抠图后对象边缘参差不齐的情况等，这些都无法利用前面学到的工具很好地完成抠图操作。这时就需要使用"钢笔工具"进行精确路径的绘制，然后将路径转换为选区，删除背景或单独把主体物复制出来，即可完成抠图，如图5-134所示。

扫一扫，看视频

(a)原图　(b)钢笔绘制路径　(c)转换为选区　(d)提取主体物　(e)合成

图 5-134

5.6.1 动手练：使用"钢笔工具"抠图

钢笔抠图需要使用的工具已经学习过了，下面梳理一下钢笔抠图的基本思路：首先使用"钢笔工具"绘制大致轮廓(注意，绘制模式必须设置为"路径")，如图5-135所示；接着使用"直接选择工具""转换点工具"等对路径形态进行进一步调整，如图5-136所示，路径准确后转换为选区(在无须设置羽化半径的情况下，可以按Ctrl+Enter组合键)，如图5-137所示；得到选区后选择反相删除背景或者将主体物复制为独立图层，如图5-138所示；抠图完成后可以更换新背景，添加装饰元素，完成作品的制作，如图5-139所示。

图 5-135　　　　　　图 5-136

图 5-137　　　　图 5-138　　　　图 5-139

1. 使用"钢笔工具"绘制人物大致轮廓

(1) 为了避免原图层被破坏，可以复制图层，并隐藏原图层。单击工具箱中的"钢笔工具"按钮，在其选项栏中设置"绘制模式"为"路径"，将光标移至人物边缘，单击生成锚点，如图5-140所示。将光标移至下一个转折点处，单击生成锚点，如图5-141所示。

 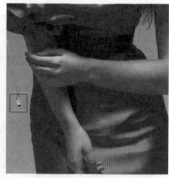

图 5-140　　　　　　　　图 5-141

(2) 沿着人物边缘绘制路径，如图5-142所示。当绘制至起点处光标变为 形状时，单击闭合路径，如图5-143所示。

图 5-142　　　　　　　　图 5-143

2. 调整锚点

（1）在使用"钢笔工具"状态下，按住 Ctrl 键切换到"直接选择工具"。在锚点上按下鼠标左键，将锚点拖动至人物边缘，如图 5-144 所示。继续将临近的锚点移至人物边缘，如图 5-145 所示。

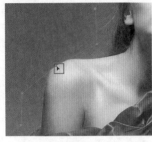 

| 图 5-144 | 图 5-145 |

（2）调整锚点位置。当遇到锚点数量不够的情况时，则可以添加锚点，再继续移动锚点位置，如图 5-146 所示。在工具箱中选择"钢笔工具"，将光标移至路径处，当它变为 ₄ 形状时，单击即可添加锚点，如图 5-147 所示。

| 图 5-146 | 图 5-147 |

（3）若在调整过程中锚点过于密集，如图 5-148 所示，可以将"钢笔工具"光标移至需要删除的锚点位置，当它变为 ₄_ 形状时，单击即可将锚点删除，如图 5-149 所示。

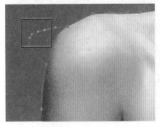 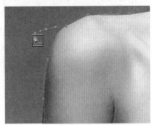

| 图 5-148 | 图 5-149 |

3. 将尖角的锚点转换为平滑锚点

调整了锚点位置后，虽然锚点的位置贴合到人物边缘，但本应是带有弧度的线条却呈现出尖角的效果，如图 5-150 所示。在工具箱中选择"转换点工具" ⌐，在尖角的锚点上按住鼠标左键拖动，使之产生弧度，如图 5-151 所示。接着在方向线上按住鼠标左键拖动，即可调整方向线角度，使之与人物形态相吻合，如图 5-152 所示。

 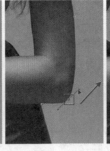 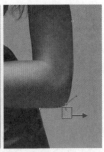

| 图 5-150 | 图 5-151 | 图 5-152 |

4. 将路径转换为选区

路径调整完成，效果如图 5-153 所示。按快捷键 Ctrl+Enter 将路径转换为选区，如图 5-154 所示。按快捷键 Ctrl+Shift+I 将选区反向选择，然后按 Delete 键将选区中的内容删除，此时可以看到手臂处还有部分背景，如图 5-155 所示。同样使用"钢笔工具"绘制路径，转换为选区后删除，如图 5-156 所示。

| 图 5-153 | 图 5-154 |

| 图 5-155 | 图 5-156 |

5. 后期装饰

执行"文件>置入嵌入对象"命令,为人物添加新的背景和前景并摆放在合适的位置,完成合成作品的制作,效果如图5-157和图5-158所示。

图5-157　　　　　　图5-158

举一反三:钢笔抠图的适用情况

需要注意的是,虽然很多时候图片中主体物与背景颜色区别比较大,但是为了得到边缘较为干净的商品抠图效果,仍然建议使用"钢笔抠图"的方法,如图5-159所示。因为在利用"快速选择工具""魔棒工具"等进行抠图的时候,通常边缘不会很平滑,而且很容易残留背景像素,如图5-160所示。而利用"钢笔工具"进行抠图得到的边缘通常是非常清晰而锐利的,这对于主体物的展示是非常重要的,如图5-161所示。

图5-159　　　　图5-160　　　　图5-161

但在抠图的时候也需要考虑到时间成本,基于颜色进行抠图的方法通常比钢笔抠图要快一些。如果要抠图的对象是商品,需要尽可能的精美,那么则要考虑使用"钢笔工具"进行精细抠图。而如果需要抠图的对象为画面辅助对象,不作为主要展示内容,则可以使用其他工具快速抠取。如果在基于颜色抠图时遇到局部边缘不清的情况,则可以单独对局部进行钢笔抠图的操作。另外,在钢笔抠图时,路径的位置可以适当偏向于对象边缘的内侧,这样会避免抠图后遗留背景像素,如图5-162所示。

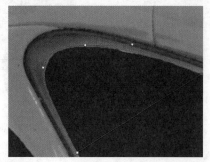

图5-162

5.6.2　动手练:使用磁性钢笔

"磁性钢笔工具"能够自动捕捉颜色差异的边缘以快速绘制路径,与"磁性套索工具"非常相似,但是"磁性钢笔工具"绘制出的是路径,如果效果不满意,可以继续对路径进行调整,常用于抠图操作中。

(1)"磁性钢笔工具"并不是一个独立的工具,而是需要在使用"自由钢笔工具"状态下在选项栏中勾选"磁性的"选项,此时工具将切换为"磁性钢笔工具" ，接着在画面中主体物边缘单击,如图5-163所示。沿着图形边缘拖动鼠标,光标经过的位置会自动追踪图像边缘创建路径,如图5-164所示。

图5-163

(2)在创建路径的过程中,如果锚点没有定位在图像边缘,则可以将光标移动到锚点上方按下Delete键删除锚点。继续沿着主体物边缘拖动光标创建路径,当钢笔移动起始位置时单击鼠标左键闭合路径,如图5-165所示。在得到闭合路径后,如果对路径效果不满意,则可以使用"直接选择工具"对其进行调整,如图5-166所示。

图5-164　　　　　　　图5-165

图5-166

- **宽度**：用于设置磁性钢笔的检测范围，数值越大工具检测的范围越广。
- **对比**：用于设置工具对图像边缘的敏感度，如果图像的边缘与背景的色调比较接近，可以将数值增大。
- **频率**：用于确定锚点的密度，该数值越大，锚点的密度越大。

提示：自由钢笔

"自由钢笔工具"也是一种绘制路径的工具，但并不适合绘制精确的路径。在使用"自由钢笔工具"状态下，在画面中按住鼠标左键随意拖动，光标经过的区域即可形成路径。右击钢笔工具组中的任一工具按钮，在弹出的钢笔工具组中选择"自由钢笔工具" 🖊️，在画面中按住鼠标左键拖动(如图5-167所示)，即可自动添加锚点，绘制出路径，如图5-168所示。在选项栏中单击 ⚙️ 按钮，在弹出的下拉列表框中可以对磁性钢笔的"曲线拟合"数值进行设置。该数值用于控制绘制路径的精度。数值越大，路径越平滑；数值越小，路径越精确。

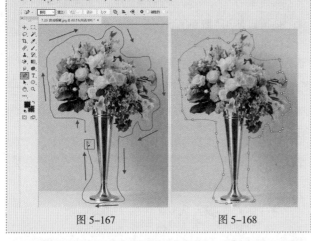

图5-167　　　　　　　图5-168

5.7 利用蒙版进行非破坏性的抠图

"蒙版"这个词语对于传统摄影爱好者来说，并不陌生。"蒙版"原本是摄影术语，是指用于控制照片不同区域曝光的传统暗房技术。Photoshop中蒙版主要用于画面的修饰与"合成"。什么是"合成"呢？"合成"这个词的含义是：由部分组成整体。在Photoshop中，就是由原本不在一张图像上的内容，通过一系列的手段进行组合拼接，使之出现在同一画面中，呈现出一张新的图像，如图5-169所示。看起来是不是很神奇？其实在前面的学习中，已经进行过一些简单的"合成"。例如利用"抠图工具"将人像从原来的照片中"抠"出来，并放到新的背景中，如图5-170所示。

图5-169　　　　　　　图5-170

在这些"合成"的过程中，经常需要将图片的某些部分隐藏，以显示出特定内容。直接擦掉或者删除多余的部分是一种"破坏性"的操作，被删除的像素无法复原。而借助蒙版功能则能够轻松地隐藏或恢复显示部分区域。

Photoshop中共有4种蒙版：剪贴蒙版、图层蒙版、矢量蒙版和快速蒙版。这4种蒙版的原理与操作方式各不相同，下面简单了解一下各种蒙版的特性。

- **剪贴蒙版**：以下层图层的"形状"控制上层图层显示的"内容"。常用于合成中为某个图层赋予另外一个图层中的内容。
- **图层蒙版**：通过"黑白"来控制图层内容的显示和隐藏。图层蒙版是经常使用的功能，常用于合成中图像某部分区域的隐藏。
- **矢量蒙版**：以路径的形态控制图层内容的显示和隐藏。路径以内的部分被显示，路径以外的部分被隐藏。由于以矢量路径进行控制，所以可以实现蒙版的无损缩放。
- **快速蒙版**：以"绘图"的方式创建各种随意的选区。与其说是蒙版的一种，不如称之为选区工具的一种。

重点 5.7.1　动手练：使用"图层蒙版"

"图层蒙版"是淘宝美工制图中十分常用的一项工具。该功能常用于隐藏图层的局部内容，来实现画面局部修饰或者合成作品的制作。这种隐藏而非删除的编辑方式是一种非常方便的非破坏性编辑方式。

扫一扫，看视频

为某个图层添加"图层蒙版"后，可以通过在图层蒙版中绘制黑色或者白色来控制图层的显示与隐藏。图层蒙版是一种非破坏性的抠图方式。在图层蒙版中显示黑色的部分，其图层中的内容会变为透明；灰色部分为半透明；白色则是完全不透明，如图5-171所示。

(a)原图　　　　　(b)图层蒙版　　　　　(c)效果

图 5-171

创建图层蒙版有两种方式,在没有任何选区的情况下可以创建出空的蒙版,画面中的内容不会被隐藏。而在包含选区的情况下创建图层蒙版,选区内部的部分为显示状态,选区以外的部分会隐藏。

1. 直接创建图层蒙版

选择一个图层,单击"图层"面板底部的"创建图层蒙版"按钮▢,即可为该图层添加图层蒙版,如图 5-172 所示。该图层的缩览图右侧会出现一个图层蒙版缩览图的图标,如图 5-173 所示。每个图层只能有一个图层蒙板,如果已有图层蒙版,再次单击该按钮创建出的是矢量蒙版。图层组、文字图层、3D 图层、智能对象等特殊图层都可以创建图层蒙版。

图 5-172　　　　　　　　　图 5-173

单击图层蒙版缩览图,接着可以使用"画笔工具"在蒙版中进行涂抹。在蒙版中只能使用灰度颜色进行绘制。蒙版中被绘制了黑色的部分,图像会隐藏,如图 5-174 所示。蒙版中被绘制了白色的部分,图像相应的部分会显示,如图 5-175 所示。图层蒙版中绘制了灰色的区域,图像相应的位置会以半透明的方式显示,如图 5-176 所示。

图 5-174

图 5-175

图 5-176

还可以使用"渐变工具"或"油漆桶工具"对图层蒙版进行填充。单击图层蒙版缩览图,使用"渐变工具"在蒙版中填充从黑到白的渐变,白色部分显示,黑色部分隐藏。灰度的部分为半透明的过渡效果,如图 5-177 所示。使用"油漆桶工具"在选项栏中设置填充类型为"图案",然后选中一个图案在图层蒙版中进行填充,图案内容会转换为灰度,如图 5-178 所示。

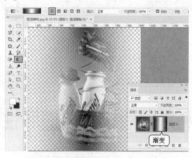

图 5-177

图 5-178

中文版Photoshop CC平面设计从入门到精通（微课视频　全彩版）

2. 基于选区添加图层蒙版

如果当前画面中包含选区，则选中需要添加图层蒙版的图层，单击“图层”面板底部的“添加图层蒙版”按钮 ，选区以内的部分显示，选区以外的图像将被图层蒙版隐藏，如图5-179和图5-180所示。这样既能够实现抠图的目的，又能够不删除主体物以外的部分。一旦需要重新对背景部分进行编辑，还可以停用图层蒙版，回到之前的画面效果。

图 5-179

图 5-180

提示：图层蒙版的编辑操作

(1) 停用图层蒙版：在图层蒙版缩览图上右击，执行“停用图层蒙版”命令，即可停用图层蒙版，使蒙版效果隐藏，原图层内容全部显示出来。

(2) 启用图层蒙版：在停用图层蒙版以后，如果要重新启用图层蒙版，则可以在蒙版缩略图上右击，然后选择“启用图层蒙版”命令。

(3) 删除图层蒙版：如果要删除图层蒙版，则可以在蒙版缩略图上右击，然后在弹出的快捷菜单中选择“删除图层蒙版”命令。

(4) 链接图层蒙版：默认情况下，图层与图层蒙版之间带有一个 链接图标，此时移动/变换原图层，蒙版也会发生变化。如果不想变换图层或蒙版时影响对方，则可以单击链接图标取消链接。如果要恢复链接，则可以在取消链接的地方单击鼠标左键。

(5) 应用图层蒙版：应用图层蒙版可以将蒙版效果应用于原图层，并且删除图层蒙版。图像中对应蒙版中的黑色区域删除，白色区域保留下来，而灰色区域将呈半透明效果。在图层蒙版缩略图上右击，选择“应用图层蒙版”命令。

(6) 转移图层蒙版：图层蒙版是可以在图层之间转移的。在要转移的图层蒙版缩略图上按住鼠标左键并拖曳到其他图层上，松开鼠标后即可将该图层的蒙版转移到其他图层上。

(7) 替换图层蒙版：如果将一个图层蒙版移动到另外一个带有图层蒙版的图层上，则可以替换该图层的图层蒙版。

(8) 复制图层蒙版：如果要将一个图层的蒙版复制到另外一个图层上，则可以按住Alt键的同时，将图层蒙版拖曳到另外一个图层上。

(9) 载入蒙版的选区：蒙版可以转换为选区。按住Ctrl键的同时单击图层蒙版缩览图，蒙版中白色的部分为选区以内，黑色的部分为选区以外，灰色为羽化的选区。

重点 5.7.2 动手练：使用“剪贴蒙版”

“剪贴蒙版”需要至少两个图层才能够使用。其原理是通过使用处于下方图层(基底图层)的形状限制上方图层(内容图层)的显示内容。也就是说，“基底图层”的形状决定了形状，而“内容图层”则控制显示的图案。图5-181所示为一个剪贴蒙版组。

扫一扫，看视频

图 5-181

在剪贴蒙版组中，基底图层只能有一个，而内容图层则可以有多个。如果对基底图层的位置或大小进行调整，则会影响剪贴蒙版组的形态，如图5-182所示。而对内容图层进行增减或者编辑，则只会影响显示内容。如果内容图层小于基底图层，那么露出来的部分则显示为基底图层，如图5-183和图5-184所示。

图 5-182

图 5-183

图 5-184

(1) 想要创建剪贴蒙版，必须有两个或两个以上的图层，一个作为基底图层，其他的图层可作为内容图层。例如这里打开了一个包含多个图层的文档，如图5-185所示。接着在上方的用作“内容图层”的图层上右击，执行“创建剪贴蒙版”

命令，如图5-186所示。

图5-185　　　　　　　图5-186

（2）内容图层前方出现了 ↓ 符号，表明此时已经为下方的图层创建了剪贴蒙版，如图5-187所示。此时内容图层只显示了下方文字图层中的部分，如图5-188所示。

图5-187　　　　　　　图5-188

（3）如果有多个内容图层，可以将这些内容图层全部放在基底图层的上方，然后在"图层"面板中选中，右击"创建剪贴蒙版"命令，如图5-189所示。效果如图5-190所示。

图5-189

图5-190

（4）如果想要使剪贴蒙版组上出现图层样式，那么需要为基底图层添加图层样式，如图5-191和图5-192所示。否则附着于内容图层的图层样式可能无法显示。

图5-191　　　　　　　图5-192

（5）当对内容图层的"不透明度"和"混合模式"进行调整时，只有与基底图层的混合效果发生变化，不会影响到剪贴蒙版中的其他图层，如图5-193所示。当对基底图层的"不透明度"和"混合模式"调整时，整个剪贴蒙版中的所有图层都会以设置不透明度数值以及混合模式进行混合，如图5-194所示。

图5-193

图5-194

💡 提示：调整剪贴组中的图层顺序

（1）剪贴蒙版组中的内容图层顺序可以随意调整，基底图层如果调整了位置，原本剪贴蒙版组的效果会发生错误。

（2）内容图层一旦移动到基底图层的下方，就相当于释放剪贴蒙版。

（3）在已有剪贴蒙版的情况下，将一个图层拖动到基底图层上方，即可将其加入到剪贴蒙版组中。

（6）如果想要去除剪贴蒙版，则可以在剪贴蒙版组中底部的内容图层上右击，然后在弹出的快捷菜单中选择"释放剪

中文版Photoshop CC平面设计从入门到精通（微课视频 全彩版）

贴蒙版"命令,如图5-195所示。可以释放整个剪贴蒙版组,如图5-196所示。如果包含多个内容图层时,想要释放某一个内容图层,则可以在"图层"面板中拖曳该内容图层到基底图层的下方,如图5-197所示。就相当于释放剪贴蒙版,如图5-198所示。

图5-195　　　　　　　图5-196

图5-197　　　　　　　图5-198

练习实例:使用多种蒙版制作箱包创意广告

文件路径	资源包\第5章\使用多种蒙版制作箱包创意广告
难易指数	★★★★★
技术要点	图层蒙版、剪贴蒙版、高斯模糊、画笔工具、直排文字工具

案例效果

案例效果如图5-199所示。

图5-199

扫一扫,看视频

操作步骤

步骤 01 执行"文件>新建"命令,新建一个A4大小的空白文档,如图5-200所示。执行"文件>置入嵌入对象"命令,将风景素材1.jpg置入到画面中,调整其大小及位置,如图5-201所示。然后按Enter键完成置入。在"图层"面板中右击该图层,在弹出的快捷菜单中执行"栅格化图层"命令。

图5-200

图5-201

步骤 02 在"图层"面板中选择风景图层,单击面板底部的"添加图层蒙版"按钮,为该图层添加图层蒙版,如图5-202所示。使用工具箱中的"画笔工具",在选项栏中设置一个"画笔大小"为150像素的"柔边圆"画笔,"不透明度"为65%,设置"前景色"为黑色,选中风景素材图层的图层蒙版,然后在画面下方的草地上按住鼠标左键进行涂抹。效果如图5-203所示。

图5-202　　　　　　　图5-203

步骤 03 在"图层"面板中选中风景素材，执行"滤镜>模糊>高斯模糊"命令，在弹出的"高斯模糊"窗口中设置"半径"为15像素，单击"确定"按钮完成设置，如图5-204所示。此时画面效果如图5-205所示。

图 5-204　　　　　　　图 5-205

步骤 04 执行"图层>新建调整图层>色相/饱和度"命令，在弹出的"新建图层"窗口中单击"确定"按钮。接着在"属性"面板中设置"色相"为+139，单击 按钮使调色效果只针对下方图层，如图5-206所示。此时画面效果如图5-207所示。

图 5-206　　　　　　　图 5-207

步骤 05 执行"图层>新建调整图层>曲线"命令，在弹出的"新建图层"窗口中单击"确定"按钮。接着在"属性"面板中，在曲线中间调的位置单击添加控制点，然后将其向左上方拖动提高画面的亮度，单击 按钮使调色效果只针对下方图层，如图5-208所示。效果如图5-209所示。

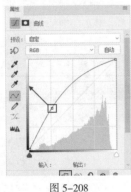 

图 5-208　　　　　　　图 5-209

步骤 06 执行"文件>置入嵌入对象"命令，将云朵素材2.jpg置入到画面中，调整其大小及位置后按下Enter键完成置入。在"图层"面板中右击该图层，在弹出的快捷菜单中执行"栅格化图层"命令，如图5-210所示。在"图层"面板中单击"添加图层蒙版"按钮，如图5-211所示。

图 5-210　　　　　　　图 5-211

步骤 07 在工具箱中选中"画笔工具"，在选项栏中设置一个合适大小的柔边圆画笔。设置"不透明度"为65%，设置"前景色"为黑色，选择云朵图层的图层蒙版，在画面中的云彩上方按住鼠标左键进行涂抹，将其多余的部分隐藏，使之与背景柔和过渡，如图5-212所示。

图 5-212

步骤 08 执行"图层>新建调整图层>曲线"命令，在弹出的"新建图层"窗口中单击"确定"按钮。接着在"属性"面板中，在曲线中间调的位置单击添加控制点，然后将其向左上方拖动提高画面的亮度，单击 按钮使调色效果只针对下方图层，如图5-213所示。效果如图5-214所示。

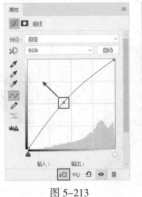 

图 5-213　　　　　　　图 5-214

步骤 09 执行"文件>置入嵌入对象"命令,将石头素材3.jpg置入到画面中,调整其大小及位置,如图5-215所示。然后按Enter键完成置入。在"图层"面板中右击该图层,在弹出的快捷菜单中执行"栅格化图层"命令。

图 5-215

步骤 10 单击工具箱中的"快速选择工具"按钮,在选项栏中单击"添加到选区"按钮,设置一个大小为125像素的画笔,接着在石头素材左侧背景位置按住鼠标左键拖动得到选区,如图5-216所示。接着在石头右侧背景上方按住鼠标左键拖动得到选区,如图5-217所示。

图 5-216

图 5-217

步骤 11 使用快捷键Ctrl+Shift+I将选区反选,如图5-218所示。在"图层"面板中选中石头图层,单击面板下方的"添加

图层蒙版"按钮,基于选区添加图层蒙版,选区以外的部分被隐藏,如图5-219所示。

图 5-218　　　　　　　　图 5-219

步骤 12 在弹出的"新建图层"窗口中单击"确定"按钮。接着在"属性"面板中,在曲线中间调的位置单击添加控制点,然后将其向左上方拖动提高画面的亮度,在曲线阴影位置单击添加控制点,然后将其向右下方拖动增加画面的对比度,单击 按钮使调色效果只针对下方图层,如图5-220所示。效果如图5-221所示。

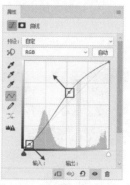　　　　

图 5-220　　　　　　　　图 5-221

步骤 13 置入手拎包素材4.png,调整至合适的大小,放置在合适的位置并将其栅格化,如图5-222所示。

图 5-222

步骤 14 制作"手拎包"的阴影部分。在"图层"面板中手拎包图层下方创建一个新图层,选择工具箱中的"画笔工具",在选项栏中打开"画笔预设"选取器,在下拉面板中单击"常

规画笔"组,选择一个"柔边圆"画笔,设置"画笔大小"为200像素,设置"硬度"为0%,回到选项栏中设置"不透明度"为50%,设置"前景色"为黑色,如图5-223所示。选择刚创建的空白图层,在手拎包下方位置按住鼠标左键拖动进行涂抹绘制投影,如图5-224所示。

图 5-223   图 5-224

步骤 15 向画面下方置入云雾素材5.jpg并将其栅格化,如图5-225所示。接着使用之前制作云朵与背景过渡效果的方法制作云雾与石头过渡效果。为云雾图层添加图层蒙版,使用黑色的柔角画笔在蒙版中进行涂抹,隐藏云的上半部分,如图5-226所示。

图 5-225   图 5-226

步骤 16 置入前景植物素材6.png并将其栅格化,如图5-227所示。向手拎包上方置入光效素材7.jpg,调整大小并将其栅格化,如图5-228所示。

图 5-227   图 5-228

步骤 17 在"图层"面板中选中"光效"图层,设置该图层

的"混合模式"为"滤色",如图5-229所示。此时画面效果如图5-230所示。

图 5-229   图 5-230

步骤 18 在"图层"面板中选中"光效"图层,单击面板下方的"添加图层蒙版"按钮为其添加图层蒙版。选中图层蒙版,使用黑色的柔角画笔在光效上进行涂抹,将主体光源以外的光效隐藏,如图5-231所示。效果如图5-232所示。

图 5-231   图 5-232

步骤 19 置入鹦鹉素材8.jpg,并将该图层栅格化,如图5-233所示。单击工具箱中的"钢笔工具"按钮,设置绘制模式为"路径",沿着鸟的边缘绘制一个闭合路径,如图5-234所示。接着使用快捷键Ctrl+Enter将路径转换为选区,再在"图层"面板中选中鹦鹉图层,然后在面板下方单击"添加图层蒙版"按钮,此时背景部分被隐藏,如图5-235所示。

图 5-233

图 5-234

图 5-235

步骤 20 执行"图层>新建调整图层>曲线"命令,在弹出的"新建图层"窗口中单击"确定"按钮。接着在"属性"面板中,在曲线中间调的位置单击添加控制点,然后将其向左上方拖动提高画面的亮度,单击 ▣ 按钮使调色效果只针对下方图层,如图 5-236 所示。效果如图 5-237 所示。

图 5-236

图 5-237

步骤 21 在"图层"面板中按住 Ctrl 键依次单击加选鹦鹉图层和上方的曲线调整图层,使用复制图层快捷键 Ctrl+J 复制两个相同的图层,如图 5-238 所示。在选中加选复制出的图层的状态下使用快捷键 Ctrl+E 将加选图层合并到一个图层

上,如图 5-239 所示。

图 5-238

图 5-239

步骤 22 回到画面中将复制出的鹦鹉移动至右上方,如图 5-240 所示。接着执行"编辑>变换>水平翻转"命令将其翻转。再选中复制的鹦鹉图层,如图 5-241 所示。按下快捷键 Ctrl+T 调出定界框并将其缩小一些,效果如图 5-242 所示。按下 Enter 键完成变换。

图 5-240

图 5-241

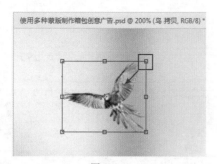

图 5-242

步骤 23 制作文字部分。在"图层"面板中单击面板下方的"创建新组"按钮得到一个新组，如图5-243所示。选中刚创建的新组，单击工具箱中的"直排文字工具"按钮，在选项栏中设置合适的字体、字号，文字颜色设置为白色，设置完毕后在画面中合适的位置单击鼠标建立文字输入的起始点，接着输入文字，文字输入完毕后按下Ctrl+Enter组合键，如图5-244所示。继续使用同样的方法输入右侧文字，如图5-245所示。

图 5-243   图 5-244

图 5-245

步骤 24 向画面中文字上方置入图案素材9.jpg并将其栅格化，如图5-246所示。在"图层"面板中选中图案图层，接着右击执行"创建剪贴蒙版"命令，使文字图层组出现图案效

果。文字效果如图5-247所示。

图 5-246   图 5-247

步骤 25 提亮文字的颜色。执行"图层>新建调整图层>曲线"命令，在弹出的"新建图层"窗口中单击"确定"按钮。接着在"属性"面板中，在曲线中间调的位置单击添加控制点，然后将其向左上方拖动提高画面的亮度，单击 按钮使调色效果只针对下方图层，如图5-248所示。案例完成效果如图5-249所示。

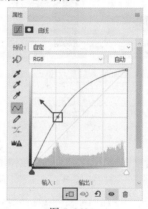

图 5-248   图 5-249

5.8 通道抠图

扫一扫，看视频

"通道抠图"是一种比较专业的抠图技法，能够抠出其他抠图方式无法抠出的对象。对于带有毛发的小动物和人像、边缘复杂的植物、半透明的薄纱或云朵、光效等一些比较特殊的对象，都可以尝试使用通道抠图，如图5-250~图5-255所示。

图 5-250   图 5-251

中文版Photoshop CC平面设计从入门到精通（微课视频 全彩版）

图 5-252　　　　　　　　图 5-253

图 5-254　　　　　　　　图 5-255

{重点}5.8.1　通道抠图的原理

不但通道抠图的功能非常强大,而且并不难掌握,前提是要理解通道抠图的原理。首先,要明白以下几件事。

(1)通道与选区可以相互转化(通道中的白色为选区内部,黑色为选区外部,灰色可得到半透明的选区),如图 5-256 所示。

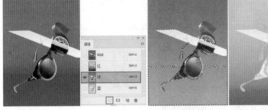

图 5-256

(2)通道是灰度图像,排除了色彩的影响,更容易进行明暗的调整。

(3)不同通道黑白内容不同,抠图之前找对通道很重要。

(4)不可直接在原通道上进行操作,必须复制通道。直接在原通道上进行操作会改变图像颜色。

{重点}5.8.2　动手练:使用通道进行抠图

总的来说,通道抠图的主体思路就是在各个通道中进行对比,找到一个主体物与环境黑白反差最大的通道,复制并进行操作;然后进一步强化通道黑白反差,得到合适的黑白通道;最后将通道转换为选区,回到原图层,抠图完成,如图 5-257 所示。

本节以一幅长发美女的照片为例进行讲解,如图 5-258所示。如果想要将人像从背景中分离出来,使用"钢笔工具"抠图可以提取身体部分,而头发边缘处无法处理,因为发丝边缘非常细密。此时可以尝试使用通道抠图。

(a)原图　　　(b)复制主体物与环境反差大的通道　　　(c)强化通道黑白反差

(d)载入通道选区　　　(e)回到原图层　　　(f)抠图完成

图 5-257

(1)复制"背景"图层,将其他图层隐藏,这样可以避免破坏原始图像。选择需要抠图的图层,执行"窗口>通道"命令,在弹出的"通道"面板中逐一观察并选择主体物与背景黑白对比最强烈的通道。经过观察,"蓝"通道中头发与背景之间的黑白对比较为明显,如图 5-259 所示。因此选择"蓝"通道,右击,在弹出的快捷菜单中选择"复制通道"命令,创建出"蓝 拷贝"通道,如图 5-260 所示。

图 5-258

图 5-259　　　　　　　　图 5-260

(2)利用调整命令来增强复制出的通道黑白对比,使选区与背景区分开来。选择"蓝 拷贝"通道,按 Ctrl+M 组合键,在弹出的"曲线"窗口中单击"在图像中取样以设置黑场"按钮,然后在人物皮肤上单击。此时皮肤部分连同比皮肤暗的区域全部变为黑色,如图 5-261 所示。单击"在图像中取样以设置白场"按钮,单击背景部分,背景变为全白,如图 5-262 所示。设置完成后,单击"确定"按钮。

图 5-261　　　　　　　　　图 5-262

（3）将前景色设置为黑色，使用"画笔工具"将人物面部以及衣服部分涂抹成黑色，如图 5-263 所示。调整完毕后，选中该通道，单击"通道"面板下方的"将通道作为选区载入"按钮 ○，得到人物的选区，如图 5-264 所示。

图 5-263　　　　　　　　　图 5-264

（4）单击 RGB 复合通道，如图 5-265 所示。回到"图层"面板，选中复制的图层，按 Delete 键删除背景。此时人像以外的部分被隐藏，如图 5-266 所示。最后为人像添加一个新的背景，如图 5-267 所示。

图 5-265

图 5-266　　　　　　　　　图 5-267

练习实例：通道抠图——动物皮毛

文件路径	资源包\第5章\通道抠图——动物皮毛
难易指数	★★★★★
技术要点	"通道"面板、图层蒙版

扫一扫，看视频

案例效果

案例处理前后的对比效果如图 5-268 所示。

图 5-268

操作步骤

步骤 01　执行"文件>打开"命令，打开素材 1.jpg，如图 5-269 所示。为了避免破坏原图像，按 Ctrl+J 组合键复制"背景"图层，如图 5-270 所示。

图 5-269　　　　　　　　　图 5-270

步骤 02　将"背景"图层隐藏，选择"图层 1"。进入"通道"面板，观察每个通道主体物与背景色的对比效果，发现"绿"通道的对比较为明显，如图 5-271 所示。因此选择"绿"通道，将其拖动到"新建通道"按钮上，创建出"绿 拷贝"通道，如图 5-272 所示。

图 5-271　　　　　　　　　图 5-272

步骤 03 增强画面的黑白对比。按快捷键Ctrl+M，在弹出的"曲线"窗口中单击"在画面中取样以设置白场"按钮，然后在小猫上单击，小猫变为了白色，如图5-273所示。单击"在画面中取样以设置黑场"按钮，在背景处单击，如图5-274所示。

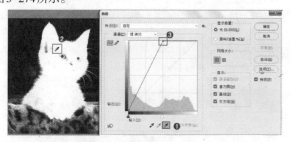

图 5-273

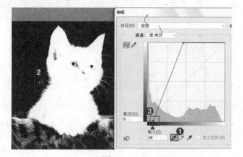

图 5-274

步骤 04 设置完成后单击"确定"按钮，画面效果如图5-275所示。接着使用白色的画笔将小猫五官和毛毯涂抹成白色，但是需要保留毯子边缘，如图5-276所示。

图 5-275

图 5-276

步骤 05 在工具箱中选择"减淡工具"，设置合适的笔尖大小，设置"范围"为"中间调"，"曝光度"为80%，然后在毛毯位置按住鼠标左键拖动进行涂抹，提高亮度，如图5-277所示。单击工具箱中的"加深工具"按钮，在其选项栏中设置"范围"为"阴影"，"曝光度"为50%，然后在灰色的背景处涂抹，使其变为黑色，如图5-278所示。

步骤 06 在"绿 拷贝"通道中，按住Ctrl键的同时单击通道缩略图得到选区。回到"图层"面板中，选中复制的图层，单击"添加图层蒙版"按钮，基于选区添加图层蒙版，如图5-279所示。此时画面效果如图5-280所示。

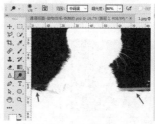

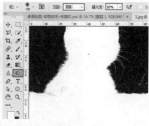

图 5-277

图 5-278

图 5-279

图 5-280

步骤 07 由于小猫的皮毛边缘还有黑色背景的颜色，所以需要进行一定的调色。执行"图层>新建调整图层>色相/饱和度"命令，在弹出的"属性"面板中设置"通道"为"全图"，"明度"为+80，单击"此调整剪切到此图层"按钮，如图5-281所示。效果如图5-282所示。

图 5-281

图 5-282

步骤 08 选择调整图层的图层蒙版，将前景色设置为黑色，然后按Alt+Delete组合键进行填充。接着使用白色的柔角画笔在小猫边缘拖动进行涂抹，蒙版涂抹位置如图5-283所示。涂抹完成后，边缘处的皮毛变为了白色，如图5-284所示。

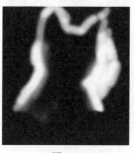

图 5-283

图 5-284

步骤 09 执行"文件>置入嵌入对象"命令，置入素材2.jpg，并将其移动到猫咪图层的下层。最终效果如图5-285所示。

图5-285

练习实例：通道抠图——透明物体

文件路径	资源包\第5章\通道抠图——透明物体
难易指数	★★★★★
技术要点	"通道"面板、图层蒙版

扫一扫，看视频

案例效果

案例处理前后的对比效果如图5-286和图5-287所示。

图5-286　　　　　　　图5-287

操作步骤

步骤 01 执行"文件>打开"命令，打开素材1.jpg，如图5-288所示。为了避免破坏原图像，按Ctrl+J组合键复制"背景"图层，如图5-289所示。

图5-288　　　　　　　图5-289

步骤 02 进入"通道"面板，观察每个通道前景色与背景色的对比效果，发现"红"通道的对比较为适中（由于红酒及玻璃杯都是存在部分透明、部分半透明，所以通道不可选择黑白反差过大的通道，否则会产生细节缺失的问题），如图5-290所示。因此选择"红"通道，将其拖动到"新建通道"按钮上，创建出"红 拷贝"通道，如图5-291所示。

图5-290　　　　　　　图5-291

步骤 03 使酒杯与其背景形成强烈的黑白对比，以便得到选区。按Ctrl+M组合键打开"曲线"对话框，在阴影部分单击添加控制点，然后按住鼠标左键拖动来压暗画面的颜色，如图5-292所示。设置完成后单击"确定"按钮，画面效果如图5-293所示。

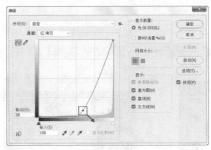

图5-292　　　　　　　图5-293

步骤 04 按快捷键Ctrl+I将颜色反相，如图5-294所示。单击"通道"面板下方的"将通道作为选区载入"按钮，得到的选区如图5-295所示。

图5-294　　　　　　　图5-295

步骤 05 回到"图层"面板，选中复制的图层，单击"添加图层蒙版"按钮，基于选区添加图层蒙版，如图5-296所示。此时酒杯以外的部分被隐藏，如图5-297所示。

图 5-296

图 5-297

步骤 06 由于酒的颜色比较浅，选中复制的图层——图层1，多次按快捷键Ctrl+J进行复制，如图5-298所示。此时画面效果如图5-299所示。

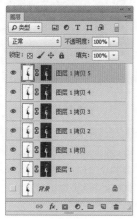
图 5-298

图 5-299

步骤 07 执行"文件>置入嵌入对象"命令，置入背景素材2.jpg。将置入的素材移动到"图层1"的下面。最终效果如图5-300所示。

图 5-300

练习实例：通道抠图——白纱

文件路径	资源包\第5章\通道抠图——白纱
难易指数	★★★★★
技术要点	"通道"面板、图层蒙版

扫一扫，看视频

案例效果

案例处理前后的对比效果如图5-301和图5-302所示。

图 5-301

图 5-302

操作步骤

步骤 01 打开背景素材1.jpg，如图5-303所示。执行"文件>置入嵌入对象"命令，并将其栅格化，如图5-304所示。

图 5-303

图 5-304

步骤 02 想要将带有头纱的婚纱照片从背景中分离出来，首先需要使用"钢笔工具"将其进行抠图，接着使用通道抠图的方法将头纱单独抠出为半透明效果。单击工具箱中的"钢笔工具"按钮，在选项栏中设置绘图模式为"路径"，接着沿着人物周边绘制路径。按快捷键Ctrl+Enter将路径转换为选区，选择人物图层，按快捷键Ctrl+J将人物部分复制为独立的图层，隐藏原始人物图层，如图5-305所示。

图 5-305

步骤 03 由于人物是合成到场景中的，白纱后侧还有原来场景的内容，没有体现出半透明的效果，所以需要进行抠图，如图5-306所示。接着需要得到头纱部分的选区，如图5-307所示。按快捷键Ctrl+X进行剪切，然后按快捷Ctrl+V进行粘贴，让头纱和人像分为两个图层并摆放在原位置，如图5-308所示。

图 5-306　　　　　　图 5-307

图 5-308

步骤 04 将头纱以外的图层隐藏，只显示"头纱"图层，如图5-309所示。接着在"通道"面板中对比头纱的黑白关系，将对比最强烈的通道进行复制，然后将"蓝"通道进行复制，得到"蓝 拷贝"通道，如图5-310所示。

图 5-309　　　　　　图 5-310

步骤 05 使头纱与其背景形成强烈的黑白对比，选择"蓝 拷贝"通道，按快捷键Ctrl+M打开"曲线"窗口，单击"在画面中取样以设置黑场"按钮，移动光标至画面中深灰色区域单击，然后单击"在画面中取样以设置白场"按钮，在浅灰色位

置单击。此时头纱的黑白对比将会更加强烈，如图5-311所示。

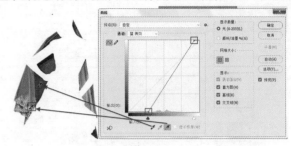

图 5-311

步骤 06 单击"通道"面板下方的"将通道作为选区载入"按钮 ○，得到的选区如图5-312所示。单击RGB复合通道，显示出完整的图像效果，如图5-313所示。

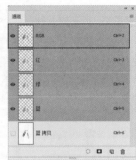

图 5-312　　　　　　图 5-313

步骤 07 回到"图层"面板，选择"头纱"图层，单击"图层"面板底部的"添加图层蒙版"按钮，基于选区添加图层蒙版，如图5-314所示。此时画面效果如图5-315所示。接着显示文档中的其他图层，此时画面效果如图5-316所示。

图 5-314　　　　　　图 5-315

图 5-316

中文版Photoshop CC平面设计从入门到精通（微课视频 全彩版）

步骤 08 对头纱进行调色。选择头纱所在的图层，执行"图层>新建调整图层>色相/饱和度"命令，在打开的"属性"面板中设置"明度"为+25，单击"此调整剪切到此图层"按钮，如图5-317所示。原本偏灰的头纱变白了，效果如图5-318所示。

图 5-317　　　　　　图 5-318

步骤 09 此时画面中人物与背景的色调有些微微的不同，需要进行色彩的调整。将构成人物的几个图层放在一个图层组中，接着执行"图层>新建调整图层>照片滤镜"命令，选择一种合适的暖调滤镜，设置"浓度"为10%，单击底部的"此调整剪切到此图层"按钮，如图5-319所示。"图层"面板如图5-320所示。此时人物色调与背景更加统一，画面效果如图5-321所示。

图 5-319　　　　　　图 5-320

图 5-321

5.9 使用"图层混合"融合画面

本节讲解的是图层的高级功能：图层的透明效果、混合模式与图层样式。这几项功能是设计制图中经常需要使用的功能，"不透明度"与"混合模式"使用方法非常简单，常用在多图层混合效果的制作中。通过透明度、混合模式的学习，能够轻松制作出多个图层混叠的效果，如多重曝光、融图、为图像中增添光效、使惨白的天空出现蓝天白云、照片做旧、增强画面色感、增强画面冲击力等。当然想要制作出以上效果不仅需要设置好合适的混合模式，而且更需要找到合适的素材。

【重点】5.9.1 动手练：为图层设置透明效果

"不透明度"作用于整个图层(包括图层本身的形状内容、像素内容、图层样式、智能滤镜等)的透明属性，包括图层中的形状、像素以及图层样式。

(1)例如，对一个带有图层样式的图层设置不透明度，如图5-322所示。单击"图层"面板中的该图层，单击"不透明度"数值后方的下拉箭头，可以通过移动滑块来调整透明效果，如图5-323所示。还可以将光标定位在"不透明度"文字上，按住鼠标左键并向左右拖动，也可以调整不透明度效果，如图5-324所示。

扫一扫，看视频

图 5-322

图 5-323　　　　　　图 5-324

(2)想要设置精确的透明参数也可以直接设置"不透明度"数值，如图5-325所示。此时图层本身以及图层的描边样式等属性也都变成半透明效果，如图5-326所示。

图 5-325　　　　　　　图 5-326

（3）与"不透明度"相似，"填充"也可以使图层产生透明效果。但是设置"填充"不透明度只影响图层本身内容，对附加的图层样式等效果部分没有影响。例如，将"填充"数值调整为20%，图层本身内容变透明了，而描边等图层样式还完整地显示着，如图5-327和图5-328所示。

图 5-327　　　　　　　图 5-328

[重点]5.9.2　图层的混合效果

图层的"混合模式"是指当前图层中的像素与下方图像之间像素的颜色混合。"混合模式"不仅在"图层"中可以操作，在使用绘图工具、修饰工具、颜色填充等情况下都可以使用到"混合模式"。图层混合模式的设置主要用于多张图像

扫一扫，看视频

的融合、使画面同时具有多个图像中的特质、改变画面色调、制作特效等情况。而且不同的混合模式作用于不同的图层中往往能够产生千变万化的效果，所以对于混合模式的使用，不同的情况下并不一定要采用某种特定样式，可以多次尝试，有趣的效果自然就会出现，如图5-329 ~ 图5-332所示。

图 5-329　　　　　　　图 5-330

图 5-331　　　　　　　图 5-332

想要设置图层的混合模式，需要在"图层"面板中进行。当文档中存在两个或两个以上的图层时（只有一个图层时设置混合模式没有效果），选中图层（背景图层以及全部锁定的图层无法设置混合模式），如图5-333所示。然后单击混合模式列表下拉按钮 ，选中某一个，接着当前画面效果将会发生变化，如图5-334所示。

 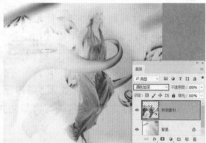

图 5-333　　　　　　　图 5-334

在下拉列表中可以看到其中包含很多种"混合模式"，共被分为6组，如图5-335所示。在选中了某一种混合模式后，保持"混合模式"按钮处于"选中"状态，然后滚动鼠标中轮，即可快速查看各种混合模式的效果。如图5-336所示，这样也方便找到一种合适的混合模式。

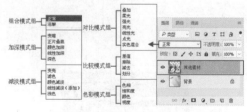

图 5-335

图 5-336

提示：为什么设置了混合模式却没有效果？

如果所选图层被顶部图层完全遮挡，那么此时设置该图层混合模式是不会看到效果的，需要将顶部遮挡图层隐藏后观察效果。当然也存在另一种可能性，就是某些特定色彩的图像与另外一些特定色彩设置混合模式也不会产生效果。

- 溶解："溶解"模式会使图像中透明度区域的像素产生离散效果。"溶解"模式需要在降低图层的"不透明度"或"填充"数值时才能起作用，这两个参数的数值越低，像素离散效果越明显，如图5-337所示。

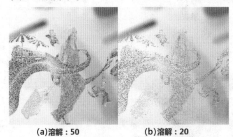

(a)溶解：50　　　　(b)溶解：20

图 5-337

- 变暗：比较每个通道中的颜色信息，并选择基色或混合色中较暗的颜色作为结果色，同时替换比混合色亮的像素，而比混合色暗的像素保持不变，如图5-338所示。
- 正片叠底：任何颜色与黑色混合产生黑色，任何颜色与白色混合保持不变，如图5-339所示。

变暗　　　　　　　正片叠底

图 5-338　　　　　图 5-339

- 颜色加深：通过增加上下层图像之间的对比度来使像素变暗，与白色混合后不产生变化，如图5-340所示。
- 线性加深：通过减小亮度使像素变暗，与白色混合不产生变化，如图5-341所示。
- 深色：通过比较两个图像的所有通道的数值的总和，然后显示数值较小的颜色，如图5-342所示。
- 变亮：比较每个通道中的颜色信息，并选择基色或混合色中较亮的颜色作为结果色，同时替换比混合色暗的像素，而比混合色亮的像素保持不变，如图5-343所示。

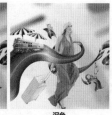

颜色加深　　　　　线性加深　　　　　深色

图 5-340　　　　图 5-341　　　　图 5-342

- 滤色：与黑色混合时颜色保持不变，与白色混合时产生白色，如图5-344所示。

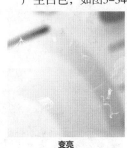

变亮　　　　　　　滤色

图 5-343　　　　　图 5-344

- 颜色减淡：通过减小上下层图像之间的对比度来提亮底层图像的像素，如图5-345所示。
- 线性减淡（添加）：与"线性加深"模式产生的效果相反，可以通过提高亮度来减淡颜色，如图5-346所示。
- 浅色：通过比较两个图像的所有通道的数值的总和，然后显示数值较大的颜色，如图5-347所示。

颜色减淡　　　　　线性减淡（添加）　　　　浅色

图 5-345　　　　图 5-346　　　　图 5-347

- 叠加：对颜色进行过滤并提亮上层图像，具体取决于底层颜色，同时保留底层图像的明暗对比，如图5-348所示。
- 柔光：使颜色变暗或变亮，具体取决于当前图像的颜色。如果上层图像比50%灰色亮，则图像变亮；如果上层图像比50%灰色暗，则图像变暗，如图5-349所示。
- 强光：对颜色进行过滤，具体取决于当前图像的颜色。如果上层图像比50%灰色亮，则图像变亮；如果上层图像比50%灰色暗，则图像变暗，如图5-350所示。

第5章 选区、抠图、合成

199

- 亮光：通过增加或减小对比度来加深或减淡颜色，具体取决于上层图像的颜色。如果上层图像比50%灰色亮，则图像变亮；如果上层图像比50%灰色暗，则图像变暗，如图5-351所示。

叠加

图 5-348

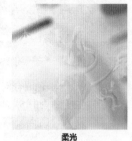

柔光

图 5-349

强光

图 5-350

亮光

图 5-351

- 线性光：通过减小或增加亮度来加深或减淡颜色，具体取决于上层图像的颜色。如果上层图像比50%灰色亮，则图像变亮；如果上层图像比50%灰色暗，则图像变暗，如图5-352所示。
- 点光：根据上层图像的颜色来替换颜色。如果上层图像比50%灰色亮，则替换比较暗的像素；如果上层图像比50%灰色暗，则替换较亮的像素，如图5-353所示。
- 实色混合：将上层图像的RGB通道值添加到底层图像的RGB值。如果上层图像比50%灰色亮，则使底层图像变亮；如果上层图像比50%灰色暗，则使底层图像变暗，如图5-354所示。

线性光

图 5-352

点光

图 5-353

实色混合

图 5-354

- 差值：上层图像与白色混合将反转底层图像的颜色，与黑色混合则不产生变化，如图5-355所示。
- 排除：创建一种与"差值"模式相似，但对比度更

低的混合效果，如图5-356所示。
- 减去：从目标通道中相应的像素上减去源通道中的像素值，如图5-357所示。
- 划分：比较每个通道中的颜色信息，然后从底层图像中划分上层图像，如图5-358所示。

差值

图 5-355

排除

图 5-356

减去

图 5-357

划分

图 5-358

- 色相：用底层图像的明亮度和饱和度以及上层图像的色相来创建结果色，如图5-359所示。
- 饱和度：用底层图像的明亮度和色相以及上层图像的饱和度来创建结果色，在饱和度为0的灰度区域应用该模式不会产生任何变化，如图5-360所示。

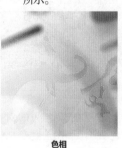

色相

图 5-359

饱和度

图 5-360

- 颜色：用底层图像的明亮度以及上层图像的色相和饱和度来创建结果色，这样可以保留图像中的灰阶，对于为单色图像上色或给彩色图像着色非常有用，如图5-361所示。
- 明度：用底层图像的色相和饱和度以及上层图像的明亮度来创建结果色，如图5-362所示。

中文版Photoshop CC平面设计从入门到精通（微课视频 全彩版）

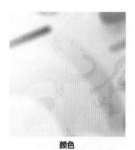
颜色

图 5-361

明度

图 5-362

练习实例: 水果色嘴唇

文件路径	资源包\第5章\水果色嘴唇
难易指数	★★★★★
技术要点	魔棒工具、混合模式、钢笔工具

案例效果

案例效果如图 5-363 所示。

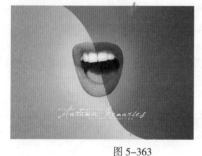

扫一扫,看视频

图 5-363

操作步骤

步骤 01 执行"文件>打开"命令,打开背景素材 1.jpg,如图 5-364 所示。执行"文件>置入嵌入对象"命令,将嘴唇素材 2.jpg 置入到画面中,调整其大小及位置,如图 5-365 所示。然后按 Enter 键完成置入。在"图层"面板中右击该图层,在弹出的快捷菜单中执行"栅格化图层"命令。

图 5-364

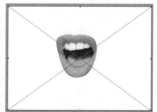

图 5-365

步骤 02 在工具箱中选择"魔棒工具",在选项栏中设置"容差"为 50,然后在白色背景上方得到白色背景的选区,如图 5-366 所示。选中嘴唇素材,按 Delete 键删除白色部分,留下嘴唇部分,如图 5-367 所示。

图 5-366

图 5-367

步骤 03 使用"取消选区"快捷键 Ctrl+D 取消选区,如图 5-368 所示。

图 5-368

步骤 04 为嘴唇添加颜色。新建图层,然后选择工具箱中的"钢笔工具",在选项栏中设置"绘制模式"为"路径",在画面中嘴唇部分绘制出左半边嘴唇的路径,如图 5-369 所示。然后使用快捷键 Ctrl+Enter 将路径转换为选区,如图 5-370 所示。

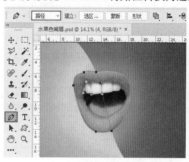

图 5-369

图 5-370

步骤 05 单击工具箱底部的"前景色"按钮,在弹出的"拾色器"窗口中设置颜色为黄色,然后单击"确定"按钮,如图 5-371 所示。选中新图层,然后使用"前景色填充"快捷键 Alt+Delete 将选区填充为黄色,如图 5-372 所示。接着使用快捷键 Ctrl+D 取消选区。

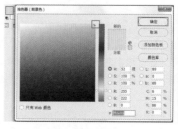

图 5-371

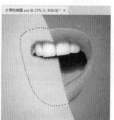

图 5-372

步骤 06 在"图层"面板中选择刚绘制的黄色嘴唇图层,设置该图层的"混合模式"为"颜色",如图5-373所示。效果如图5-374所示。

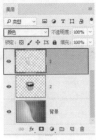
图 5-373

图 5-374

步骤 07 使用同样的方法在另一侧嘴唇上方绘制图形并填充为粉色,如图5-375所示。在"图层"面板中设置该图层的"混合模式"为"正片叠底",效果如图5-376所示。

图 5-375

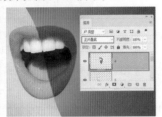
图 5-376

步骤 08 执行"文件>置入嵌入对象"命令,将文字素材3.png置入到画面中,调整其大小及位置后按Enter键完成置入。在"图层"面板中右击该图层,在弹出的快捷菜单中执行"栅格化图层"命令,如图5-377所示。

图 5-377

5.10 透明背景素材的获取与保存

在进行设计制图过程中经常需要使用到很多元素来美化版面,所以也就经常进行抠图。而一旦有了很多可以直接使用的透明背景素材,则会节省很多时间。透明背景素材也常被称为"免抠图""去背图""退底图",其实就是指已经抠完图的、从原始背景中分离出来的、只有主体物的图片。

当对某一图像完成了抠图操作,并且想将当前去除背景的素材进行储存,以备以后使用,那么可以将该素材储存为PNG格式,如图5-378所示。PNG格式的图片会保留图像中的透明区域,而如果将抠好的素材储存为JPG格式,则会将透明区域填充为纯色。

图 5-378

其实这种透明背景的素材也可以通过在网上搜索获取,只需要在想要的素材的名称后方加上PNG、免扣等关键词进行搜索,就可能会找到合适的素材,如图5-379所示。

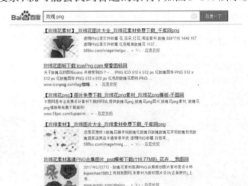
图 5-379

但也经常会遇到这种情况:看起来是背景透明的素材,储存到计算机上发现图片是JPG格式的,在Photoshop中打开之后带有背景。原因可能是此时储存的图片为素材下载网站的预览图,那么进入该素材下载网站的下载页面进行下载即可。

另外,如果对此类PNG免抠素材需求量比较大,则可以直接搜索查找专业提供PNG素材下载的网站,并在该网站上进行所需图片的检索。

提示:PNG 与透明背景素材

需要注意的是,PNG格式可以保留画面中的透明区域,绝大多数透明背景的素材都是以PNG格式进行储存的。但是这并不代表所有PNG格式的图片都是透明背景的素材。

综合实例:帆布鞋主题广告

文件路径	资源包\第5章\帆布鞋主题广告
难易指数	★★★★★
技术要点	快速选择、图层蒙版、混合模式

扫一扫,看视频

案例效果

案例效果如图5-380所示。

图5-380

操作步骤

步骤 01 执行"文件>新建"命令，创建一个空白文档。单击工具箱中的"钢笔工具"按钮，在选项栏中设置"绘制模式"为"形状"，"填充"为暗灰色，"描边"为无，设置完成后在画面左侧绘制出一个四边形，如图5-381所示。继续使用同样的方法将右侧红色四边形绘制出来，如图5-382所示。

图5-381

图5-382

步骤 02 单击工具箱中的"钢笔工具"按钮，在选项栏中设置"绘制模式"为"形状"，"填充"为暗红色，"描边"为无，设置完成后在右侧四边形上方绘制出一个暗红色四边形，如图5-383所示。继续使用同样的方法将左侧黑色图形绘制出来，如图5-384所示。

图5-383　　　　　　　图5-384

步骤 03 单击工具箱中的"矩形工具"按钮，在选项栏中设置"绘制模式"为"形状"，"填充"为白色，"描边"为深红色，"描边粗细"为9点。设置完成后在画面中间位置按住鼠标左键拖动绘制出一个矩形，如图5-385所示。继续使用同样的方法在刚绘制的矩形内侧再绘制一个"填充"为黑色，"描边"为红色的矩形，如图5-386所示。

图5-385

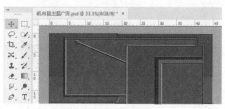

图5-386

步骤 04 执行"文件>置入嵌入对象"命令，将树叶素材1.jpg置入到画面中，调整其大小及位置，如图5-387所示。然后按Enter键完成置入。在"图层"面板中右击该图层，在弹出的快捷菜单中执行"栅格化图层"命令。在"图层"面板中选中树叶图层，设置面板中的"混合模式"为"叠加"，此时画面效果如图5-388所示。

图5-387

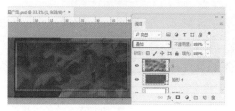

图5-388

步骤 05 单击工具箱中的"多边形套索工具"按钮，在画面中绘制交叉的选区，如图5-389所示。在"图层"面板中选中树叶图层，在面板的下方单击"添加图层蒙版"按钮基于选区添加图层蒙版，效果如图5-390所示。

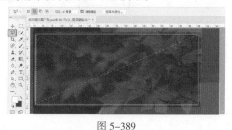

图5-389

图 5-390

步骤 06 在"图层"面板中选中树叶图层，执行"图像>调整>去色"命令，画面效果如图 5-391 所示。

图 5-391

步骤 07 置入红色图案素材，放置在画面中合适的位置，调整其大小并将其栅格化，如图 5-392 所示。继续使用之前制作叶子上方选区的方法制作红色方块上方的交叉选区，如图 5-393 所示。选区创建完成后基于选区添加图层蒙版，效果如图 5-394 所示。

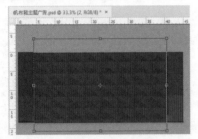

图 5-392

图 5-393

图 5-394

步骤 08 为背景添加直线，丰富细节。单击工具箱中的"钢笔工具"按钮，在选项栏中设置"绘制模式"为"形状"，"填充"为无，"描边"为亮红色，"描边粗细"为 3 点，设置完成后在画面中合适的位置绘制直线，如图 5-395 所示。继续使用同样的方法将另一条直线绘制出来，如图 5-396 所示。

图 5-395

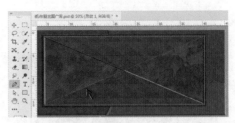

图 5-396

步骤 09 置入鞋子素材，放置在画面中间位置并将其旋转至合适的角度，然后按 Enter 键完成置入。并将其栅格化，如图 5-397 所示。

步骤 10 使用"快速选择工具"抠图。在工具箱中选择"快速选择工具"，单击选项栏中的"添加到选区"按钮，打开"画笔预设"选取器，在下拉面板中设置画笔"大小"为 30 像素，设置"硬度"为 100%。设置完成后在画面中鞋子的位置按住鼠标左键拖动得到鞋子的选区，如图 5-398 所示。在"图层"面板中选中鞋子图层，在面板的下方单击"添加图层蒙版"按钮基于选区添加图层蒙版，画面效果如图 5-399 所示。

图 5-397　　　　　　　　图 5-398

图 5-399

步骤 11 置入前景文字素材，最终效果如图 5-400 所示。

图 5-400

中文版Photoshop CC平面设计从入门到精通（微课视频　全彩版）

Chapter 6

第6章

扫一扫，看视频

图像处理

本章内容简介

本章内容主要分为两大部分：图像修饰以及滤镜特效。图像修饰部分涉及的工具较多，可以分为两大类："仿制图章工具""修补工具""污点修复画笔工具""修复画笔工具"等主要是用于去除画面中的瑕疵；而"模糊工具""锐化工具""涂抹工具""加深工具""减淡工具""海绵工具"等则是用于图像局部的模糊、锐化、加深、减淡等美化操作。滤镜主要是用来实现图像的各种特殊效果。在Photoshop中有数十种滤镜，有些滤镜效果通过几个参数的设置就能让图像"改头换面"，而有时又需要几种滤镜相结合才能制作出令人满意的滤镜效果。必须掌握各个滤镜的特点，然后开动脑筋，将多种滤镜相结合使用，才能制作出神奇的效果。

重点知识掌握

- 熟练掌握"仿制图章工具""修补工具""污点修复画笔工具""修复画笔工具"的使用方法。
- 熟练掌握对画面局部进行模糊、锐化、加深、减淡的方法。
- 掌握滤镜库的使用。
- 熟练掌握"液化"滤镜的使用方法。

通过本章学习，我能做什么

通过本章的学习，可以使用Photoshop"去除"照片中地面上的杂物、不应入镜的人物，以及人物面部的斑点、皱纹、眼袋、杂乱发丝、服装上多余的褶皱等，还可以对照片局部的明暗以及虚实程度进行调整，以实现凸出强化主体物、弱化环境背景的目的。利用滤镜功能可以对数码照片进行增强清晰度(锐化)、模拟大光圈的景深效果(模糊)、对人像进行液化瘦身、美化五官结构等操作，还可以通过多个滤镜的协同使用制作一些特殊效果，如素描效果、油画效果、水彩画效果、拼图效果、火焰效果、做旧杂色效果、雾气效果等。

优秀作品欣赏

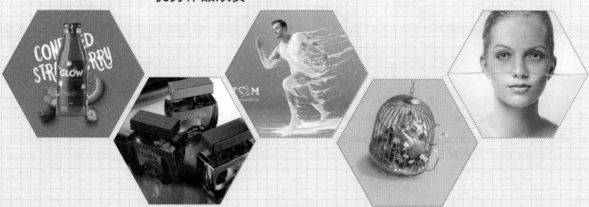

6.1 修复图像的瑕疵

"修图"一直是Photoshop最为人所熟知的强项之一。利用其强大的功能，可以轻松去除人物面部的斑点、环境中的杂乱物体、图像上的小瑕疵、水印等。更重要的是，这些工具的使用方法非常简单！只要熟练掌握，并且多加练习，就可以实现这些效果，如图6-1和图6-2所示。下面就来学习一下这些功能。

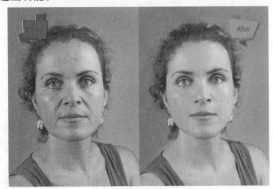

图 6-1

图 6-2

【重点】6.1.1 仿制图章工具：用已有像素覆盖多余部分

"仿制图章工具" ▲ 可以将图像的一部分通过涂抹的方式"复制"到图像中的另一个位置上。"仿制图章工具"常用来去除水印，消除人物脸部的斑点、皱纹，去除与背景部分不相干的杂物，填补图片空缺等。

扫一扫，看视频

（1）打开一张图片，通过"仿制图章工具"用现有的像素覆盖住需要去除的部分，如图6-3所示。为了实现对原图的保护，可以选择"背景"图层，按快捷键Ctrl+J将其复制一份，然后在复制得到的图层中进行操作，如图6-4所示。

图 6-3

图 6-4

（2）在工具箱中单击"仿制图章工具"按钮 ▲，在其选项栏中设置合适的笔尖大小，然后在需要修复位置的附近按住Alt键单击，进行像素样本的拾取，如图6-5所示。移动光标位置，可以看到光标中拾取了刚刚单击位置的像素，如图6-6所示。

按住Alt
键单击

图 6-5

图 6-6

* 对齐：勾选该复选框以后，可以连续对像素进行取样，即使释放鼠标以后，也不会丢失当前的取样点。
* 样本：从指定的图层中进行数据取样。

（3）在使用"仿制图章工具"进行修复时，要考虑到画面中的环境。因为刚刚在白色海浪位置进行了取样，此时可以将光标向右移动到与海浪平行的区域单击或按住鼠标左键拖动涂抹，将像素覆盖住人像，如图6-7所示。继续涂抹，将拾取的像素样本覆盖住人像，如图6-8所示。

图 6-7

图 6-8

图 6-12

 提示：使用"仿制图章工具"进行操作会遇到的问题

　　在使用"仿制图章工具"时，经常会绘制出重叠的效果，如图 6-9 所示。造成这种情况可能是由于取样的位置太接近需要修补的区域，此时重新取样并进行覆盖操作即可。

图 6-9

　　(4) 在修图的过程中，往往周围环境都比较复杂，需要不断地进行重新取样。例如，要使海平面的位置上呈现出一段直线，这时就需要重新进行取样，如图 6-10 所示。接着可以打开"画笔预设选取器"，通过设置"硬度"选项调整笔尖边缘过渡的效果，如图 6-11 所示。继续进行涂抹，案例完成效果如图 6-12 所示。

图 6-10

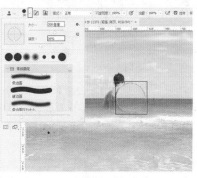

图 6-11

 提示：在使用"仿制图章工具"时怎样才能够达到自然的效果

　　使用"仿制图章工具"时是需要技巧和耐心的，那么如何才能达到一种自然的效果呢？在修图过程中可以从以下几点进行考虑。

　　(1) 细心观察。在修图的过程中，首先要观察图片，取样的区域要与被覆盖的区域接近，纹理、光线、明暗程度都要考虑。

　　(2) 要有耐心。在使用"仿制图章工具"时要有耐心，尽量在操作的时候不要连续拖动，随时根据要修饰的细节内容进行取样。

　　(3) 考虑边缘过渡效果。根据实际情况，通过设置笔尖的硬度调整边缘过渡效果。

6.1.2　图案图章工具：绘制图案

　　"图案图章工具"能够实现使用"图案"进行绘制。

　　打开一副图像。如果绘制图案的区域需要非常精准，那么可以先创建选区，如图 6-13 所示。右击仿制工具组按钮，在弹出的工具列表中选择"图案图章工具" 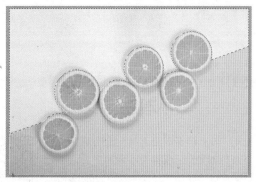，在其选项栏中设置合适的笔尖大小，选择一种合适的图案，如图 6-14 所示。接着在画面中按住鼠标左键涂抹，随即可以看到绘制效果。

图 6-13

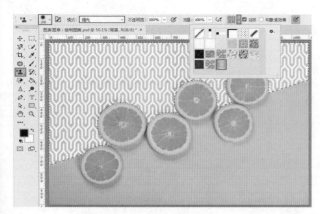

图 6-14

- 对齐：勾选该复选框后，可以保持图案与原始起点的连续性，即使多次单击鼠标也不例外，如图6-15所示；取消勾选该复选框时，则每次单击鼠标都重新应用图案，如图6-16所示。

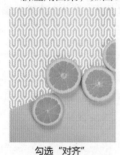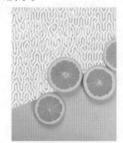

勾选"对齐"   未勾选"对齐"

图 6-15   图 6-16

- 印象派效果：勾选该复选框后，可以模拟出奇特的印象派效果的图案，如图6-17所示。

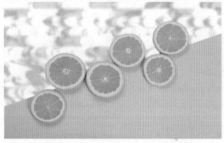

图 6-17

重点 6.1.3 污点修复画笔工具:去除较小瑕疵

使用"污点修复画笔工具" 🖌️ 可以消除图像中小面积的瑕疵，或者去除画面中看起来比较"特殊"的对象。例如，去除人物面部的斑点、皱纹、凌乱发丝，或者去除画面中细小的杂物等。

扫一扫，看视频

"污点修复画笔工具"不需要设置取样点，因为它可以自动从所修饰区域的周围进行取样。

（1）打开一张人像图片，如图6-18所示。右击修补工具组按钮，在弹出的工具列表中选择"污点修复画笔工具" 🖌️；在选项栏中设置合适的笔尖大小(通常笔尖大小能够覆盖住瑕疵即可)，设置"模式"为"正常"，"类型"为"内容识别"；然后在需要去除的位置按住鼠标左键拖曳，如图6-19所示。

图 6-18

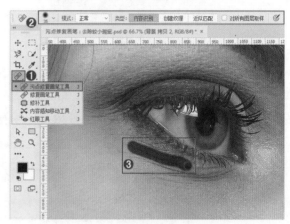

图 6-19

（2）松开鼠标后，可以看到涂抹位置的皱纹消失了，如图6-20所示。使用同样的方法可以继续为人像去皱，完成效果如图6-21所示。

图 6-20   图 6-21

- 模式：用来设置修复图像时使用的混合模式。除"正常""正片叠底"等常用模式以外，还有一种"替换"模式，这种模式可以保留画笔描边的边缘处的杂色、胶片颗粒和纹理。
- 类型：用来设置修复的方法。选择"近似匹配"选项时，可以使用选区边缘周围的像素来查找要用作选定区域修补的图像区域；选择"创建纹理"选项时，可以使用选区中的所有像素创建一个用于修复该区域的纹理；选择"内容识别"选项时，可以使用选区周围的像素进行修复。

【重点】6.1.4 修复画笔工具：自动修复图像瑕疵

"修复画笔工具" ✐ 也可以用图像中的像素作为样本进行绘制，以修复画面中的瑕疵。

（1）打开需要修复的图片，如图6-22所示。下面通过"修复画笔工具"进行修复。在修复工具组按钮上右击，在弹出的工具列表中选择"修复画笔工具" ✐，在其选项栏设置合适的笔尖大小，设置"源"为"取样"；接着在没有瑕疵的位置按住Alt键单击取样，如图6-23所示。

扫一扫，看视频

图6-22

图6-23

（2）在需要去除的位置单击或按住鼠标左键拖曳进行涂抹，松开鼠标后，画面中多余的内容会被去除，效果如图6-24所示。修复完成后进行进一步的编辑，例如添加新的文字进行排版，效果如图6-25所示。

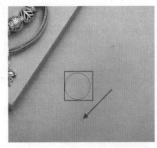

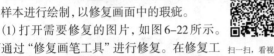

图6-24　　　　　　图6-25

- 源：设置用于修复像素的源。选择"取样"选项时，可以使用当前图像的像素来修复图像；选择"图案"选项时，可以使用某个图案作为取样点。
- 对齐：勾选该复选框后，可以连续对像素进行取样，即使释放鼠标也不会丢失当前的取样点；取消勾选该复选框后，则会在每次停止并重新开始绘制时使用初始取样点中的样本像素。
- 样本：在指定的图层中进行数据取样。选择"当前和下方图层"，可以从当前图层以及下方的可见图层中取样；选择"当前图层"，仅从当前图层中取样；选择"所有图层"，可以从可见图层中取样。

【重点】6.1.5 修补工具：去除杂物

"修补工具" ⬚ 可以利用画面中的部分内容作为样本，修复所选图像区域中不理想的部分。"修补工具"通常用来去除画面中的部分内容。

扫一扫，看视频

（1）在修补工具组按钮上右击，在弹出的工具列表中选择"修补工具"。修补工具的操作是在选区的基础上进行的，所以在选项栏中有一些关于选区运算的操作按钮。在选项栏中设置"修补"为"内容识别"，其他参数保持默认。将光标移动至缺陷的位置，按住鼠标左键拖曳，沿着缺陷边缘进行绘制，如图6-26所示。

图6-26

(2) 松开鼠标得到一个选区。将光标放置在选区内，向其他位置拖曳，拖曳的位置是将选区中像素替代的位置，如图6-27所示。移动到目标位置后松开鼠标，稍等片刻就可以看到修补效果，如图6-28所示。

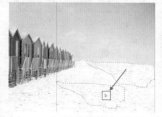 

图 6-27   图 6-28

- 结构：用来控制修补区域的严谨程度，数值越大边缘效果越精准。
- 颜色：用来调整可修改源色彩的程度，数值越大颜色融合度越高。
- 修补：将"修补"设置为"正常"时，可以选择图案进行修补。首先设置"修补"为"正常"，接着单击图案右侧的下拉按钮，在弹出的下拉面板中选择一个图案，然后单击"使用图案"按钮，随即选区中就将以图案进行修补。
- 源：选择"源"选项时，将选区拖动到要修补的区域以后，松开鼠标左键就会用当前选区中的图像修补原来选中的内容。
- 目标：选择"目标"选项时，则会将选中的图像复制到目标区域。
- 透明：勾选该复选框后，可以使修补的图像与原始图像产生透明的叠加效果。该功能适用于修补具有清晰分明的纯色背景或渐变背景的图像。

6.1.6 内容感知移动工具：轻松改变画面中物体的位置

使用"内容感知移动工具" ✕ 移动选区中的对象，被移动的对象会自动将影像与四周的影物融合在一块，而对原始的区域则会进行智能填充。在需要改变画面中某一对象的位置时，可以尝试使用该工具。

扫一扫，看视频

(1) 打开图像，右击修补工具组按钮，在弹出的工具列表中选择"内容感知移动工具" ✕ ，在其选项栏中设置"模式"为"移动"，然后使用该工具在需要移动的对象上按住鼠标左键拖曳绘制选区，如图6-29所示。接着将光标移动至选区内部，按住鼠标左键向目标位置拖曳，松开鼠标即可移动该对象，并带有一个定界框，如图6-30所示。最后按Enter键确定移动操作，再使用快捷键Ctrl+D取消选区的选择，效果如图6-31所示。

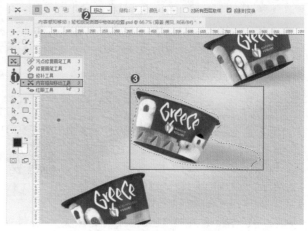

图 6-29

图 6-30

图 6-31

(2) 如果在选项栏中设置"模式"为"扩展"，则会将选区中的内容复制一份，并融入于画面中。效果如图6-32所示。

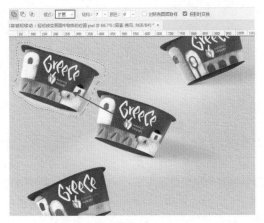

图 6-32

6.1.7　红眼工具：去除红眼

在暗光条件下拍摄人物、动物时，其瞳孔会放大，以让更多的光线通过。当闪光灯照射到人眼、动物眼的时候，瞳孔会出现变红的现象，俗称"红眼"。使用"红眼工具"可以去除"红眼"。打开带有"红眼"问题的图片；右击修复工具组按钮，在弹出的工具列表中选择"红眼工具" +◉ ，在其选项栏中保持默认设置即可；接着将光标移动至眼睛的上方单击，即可去除红眼，如图 6-33 所示。在另外一只眼睛上单击，完成去红眼的操作，效果如图 6-34 所示。

图 6-33

图 6-34

- 瞳孔大小：用来设置眼睛瞳孔的大小，即眼睛暗色中心的大小。
- 变暗量：用来设置瞳孔的暗度。

〖重点〗6.1.8　内容识别：自动清除杂物

内容识别就是当对图像的某一区域进行覆盖填充时，由软件自动分析周围图像的特点，将图像进行拼接组合后填充在该区域并进行融合，从而达到快速无缝的拼接效果。

（1）如果要进行内容识别并进行填充，首先应绘制选区，如图 6-35 所示。

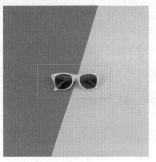

图 6-35

（2）执行"编辑>填充"命令或者按快捷键 Shift+F5，打开"填充"窗口，设置"内容"为"内容识别"，然后单击"确定"按钮，如图 6-36 所示。此时选区中的像素被填充了与背景相似的纹理内容，如图 6-37 所示。

图 6-36　　　　　　　图 6-37

6.2 图像的简单修饰

一般照片拍摄完成后都需要后期的修饰与调色才能够达到令人满意的效果,本节主要讲解使用一些简单、实用的工具进行图像的修饰,例如加深或减淡图像的明度使画面更有立体感,或者使用"液化"滤镜进行瘦身、调整五官或进行变形。

[重点]6.2.1 动手练:对图像局部进行减淡处理

"减淡工具" 🔍 可以对图像"亮部""中间调""阴影"分别进行减淡处理。选择工具箱中的"减淡工具",在其选项栏中打开"范围"下拉列表框,从中可以选择需要减淡处理的范围。其中包括"高光""中间调""阴影"3个选项,在此设置"范围"为"中间调"。接着设置"曝光度",该参数是用来设置减淡的强度。如果勾选"保护色调"复选框,则可以保护图像的色调不受影响,如图6-38所示。设置完成后,调整合适的笔尖,在画面中按住鼠标左键进行涂抹,光标经过的位置亮度会有所提高。若在某个区域上方绘制的次数越多,该区域就会变得越亮,如图6-39所示。图6-40所示为设置不同"曝光度"进行涂抹的对比效果。

图 6-38

图 6-39

(a)曝光度:30%　　(b)曝光度:80%

图 6-40

举一反三:制作纯白背景

如果要将图6-41更改为白色背景,首先要观察图片,在这张图片中可以看到主体对象边缘为白色,其他位置为浅灰色,所以就可以使用"减淡工具"把灰色的背景经过"减淡"处理使其变为白色。选择"减淡工具",设置一个稍大一些的笔尖,设置"硬度"为0%,这样涂抹的效果过渡自然。因为灰色在画面中为"高光"区域,所以设置"范围"为"高光"。为了快速使灰色背景变为白色背景,所以设置"曝光度"为100%,设置完成后在灰色背景上按住鼠标左键涂抹,如图6-42所示。继续进行涂抹,完成的效果如图6-43所示。

图 6-41

图 6-42

图 6-43

6.2.2 动手练：对图像局部进行加深处理

"加深工具" 与 "减淡工具" 相反，使用 "加深工具" 可以对图像进行加深处理。使用 "加深工具" 在画面中按住鼠标左键并拖动，光标移动过的区域颜色会加深。

扫一扫，看视频

（1）图像明暗对比不够强烈，使用 "加深工具" 加深阴影区域的颜色能够增加图像的对比效果。首先选择 "加深工具"，因为要对包装中间调的位置进行处理，所以在选项栏中设置 "范围" 为 "中间调"，然后设置 "强度" 为50%，如图6-44所示。接着在图像的右侧和下方边缘处位置按住鼠标左键拖动并涂抹，随着涂抹可以发现光标经过的位置颜色变深了，如图6-45所示。

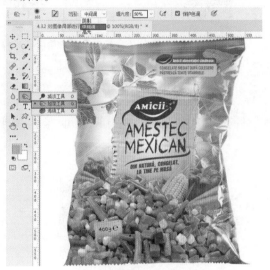

图 6-44

图 6-46

图 6-47

图 6-45

（2）压暗图像左侧的亮度，因为光源位于左上角，所以左侧的亮度要高于右侧，接着在选项栏中降低 "曝光度" 数值，然后在图像的左侧涂抹，如图6-46所示。最后使用 "减淡工具" 将笔尖调大一些，在包装左上方以单击的方式进行减淡，以增加图像的明暗对比。效果如图6-47所示。

举一反三：制作纯黑背景

在图6-48中人物背景并不是纯黑色，可以通过使用 "加深工具" 在灰色的背景上涂抹，将灰色通过 "加深" 的方法变为黑色。选择工具箱中的 "加深工具" ，设置合适的笔尖大小，因为深灰色在画面中为暗部，所以在选项栏中设置 "范围" 为 "阴影"。因为黑色不需要考虑色相问题，所以直接设置 "曝光度" 为100%。取消勾选 "保护色调"，这样能够快速地进行去色。设置完成后在画面中背景位置按住鼠标左键涂抹，进行加深，效果如图6-49所示。继续进行涂抹，效果如图6-50所示。

图 6-48

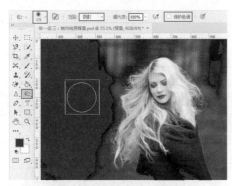

图 6-49

图 6-50

{重点}6.2.3 海绵工具：增强/减弱图像局部饱和度

"海绵工具" 可以增加或降低彩色图像中局部内容的饱和度。如果是灰度图像，使用该工具则可以用于增加或降低对比度。右击该工具组，在工具列表中选择"海绵工具"。在选项栏中单击"模式"按钮，有"加色"与"去色"两个模式，当要降低颜色饱和度时选择"去色"；当需要提高颜色饱和度时选择"加色"。

（1）因为画面中盘子受到环境色影响，盘子颜色不够白，所以需要降低盘子的饱和度。先将"模式"设置为"去色"，然后设置"流量"，"流量"数值越大，加色或去色的效果越明显。将"流量"设置为100%，接着取消勾选"自然饱和度"，如图6-51所示。再在盘子上方按住鼠标拖动涂抹，降低颜色的饱和度，此时盘子变白，如图6-52所示。

图 6-51

图 6-52

（2）设置"模式"为"加色"，再设置"流量"为20%，然后在蛋糕的位置涂抹，用来增加颜色的饱和度，如图6-53所示。图6-54所示为调色前后的对比效果。

图 6-53

(a) 调色前　　(b) 调色后

图 6-54

（3）若勾选"自然饱和度"选项，则可以在增加饱和度的同时防止颜色过度饱和而产生溢色现象，如果要将颜色变为黑白，则需要取消勾选该选项。图6-55所示为勾选与未勾选"自然饱和度"进行去色的对比效果。

(a) 勾选"自然饱和度"　　(b) 未勾选"自然饱和度"

图 6-55

6.2.4　涂抹工具：图像局部柔和拉伸处理

"涂抹工具" ![图标] 可以模拟手指划过湿油漆时所产生的效果。选择工具箱中的"涂抹工具" ![图标]，其选项栏与"模糊工具"选项栏相似，设置合适的"模式"和"强度"，接着在需要变形的位置按住鼠标左键拖曳进行涂抹，光标经过的位置，图像发生了变形，如图6-56所示。图6-57所示为不同"强度"的对比效果。若在选项栏中勾选"手指绘画"选项，则可以使用前景颜色进行涂抹绘制。

扫一扫，看视频

图 6-56

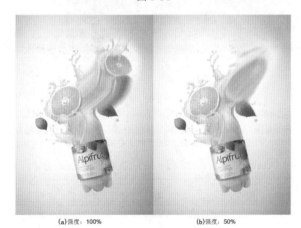

(a)强度：100%　　　(b)强度：50%

图 6-57

6.2.5　颜色替换工具：更改局部颜色

(1) "颜色替换工具" 位于"画笔工具组"中，在工具箱中单击"画笔工具"按钮，在弹出的工具组列表中可看到"颜色替换工具" ![图标]。"颜色替换工具"能够以涂抹的形式更改画面中的部分

扫一扫，看视频

颜色。更改颜色之前首先需要设置合适的前景色，例如，想要将图像中的蓝色部分更改为紫红色，那么就需要将前景色设置为目标颜色，如图6-58所示。在不考虑选项栏中其他参数的情况下，按住鼠标左键拖曳进行涂抹，能够看到光标经过的位置颜色发生了变化。效果如图6-59所示。

图 6-58

图 6-59

(2) 在选项栏中的"模式"列表下选择前景色与原始图像相混合的模式。其中包括"色相""饱和度""颜色"和"明度"。如果选择"颜色"模式，则可以同时替换涂抹部分的色相、饱和度和明度。例如想要使紫色与目标颜色更加接近，可以选择为"颜色"，如图6-60所示。图6-61～图6-63所示为选择其他三种模式的对比效果。

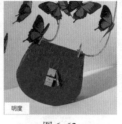

图 6-60　　　　　　　　　　　图 6-61　　　　　　　　　图 6-62　　　　　　　　图 6-63

（3）从 中选择合适的取样方式。单击"取样：连续"按钮 ，在画面中涂抹时可以随时对颜色进行取样。也就是光标移动到哪儿，就可以更改与光标"十"字形处 颜色接近的区域(这种方式便于对照片中的局部颜色进行替换，也是最常用的一种方式)，如图 6-64 所示；单击"取样：一次"按钮 ，在画面中涂抹时只替换包含第一次单击的颜色区域中的目标颜色，如图 6-65 所示；单击"取样：背景色板"按钮 ，在画面中涂抹时只替换包含当前背景色的区域，如图 6-66 所示。

图 6-64　　　　　　　　　　　　图 6-65　　　　　　　　　　　　图 6-66

（4）在选项栏的"限制"下拉列表框中进行选择。选择"不连续"选项时，可以替换出现在光标下任何位置的样本颜色，如图 6-67 所示；选择"连续"选项时，只替换与光标下的颜色接近的颜色，如图 6-68 所示；选择"查找边缘"选项时，可以替换包含样本颜色的连接区域，同时保留形状边缘的锐化程度，如图 6-69 所示。

图 6-67　　　　　　　　　　　图 6-68　　　　　　　　　　　图 6-69

（5）选项栏中的"容差"数值对替换效果影响非常大，"容差"控制着可替换的颜色区域的大小，容差值越大，可替换的颜色范围越大，如图6-70所示。由于要替换的部分的颜色差异不是很大，所以在这里将"容差"设置为30%，设置完成后在画面中按住鼠标左键并拖动，可以看到画面中的颜色发生变化，效果如图6-71所示。"容差"的设置没有固定数值，同样的数值对于不同的图片产生的效果也不相同，所以可以将数值设置成中位数，然后多次尝试并修改，得到合适的效果。

图6-70　　　　　　　　　图6-71

 提示：方便好用的"取样：连续"方式

当"颜色替换工具"的取样方式设置为"取样：连续" 时，替换颜色非常方便。但需要注意光标中央"十"字形 的位置是取样的位置，所以在涂抹过程中要注意光标"十"字形的位置不要碰触到不想替换的区域，光标圆圈部分覆盖到其他区域也没有关系，如图6-72所示。

图6-72

重点 6.2.6　液化：瘦脸瘦身随意变

"液化"滤镜主要是用来制作图像的变形效果。"液化"滤镜中的图片就如同刚画好的油画，用手指"推"一下画面中的油彩，就能使图像内容发生变形。"液化"滤镜主要应用在两个方向：扫一扫，看视频一个就是更改图像的形态；另一个就是修饰人像面部结果以及身形，如图6-73所示。

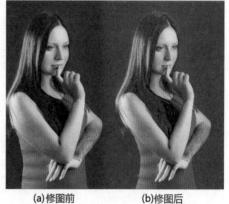

(a)修图前　　　　　　(b)修图后

图6-73

（1）打开一张图片，如图6-74所示。执行"滤镜>液化"命令，调整人物面部。单击工具箱中的"面部工具"按钮，将光标移动至面部边缘，此时软件会自动识别人物面部，显示出白色的控制框，拖动控制点可以调整面部的大小，如图6-75所示。

图6-74

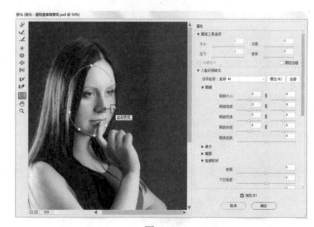

图6-75

（2）将光标移动至眼睛的边缘同样会显示控制框，按住并拖动控制点调整眼睛的大小。同理可以调整鼻子和嘴巴，如图6-76所示。放大眼睛可以使用"膨胀工具"，单击工具箱中的"膨胀工具"按钮,在窗口的右侧设置合适的"大小",然后在眼睛上方单击进行放大的操作,如图6-76所示。

膀。使用该工具一直按住鼠标左键拖动可以连续收缩光标覆盖位置,如图6-79所示。继续在手臂上方单击进行瘦手臂的操作,如图6-80所示。

图6-76

图6-77

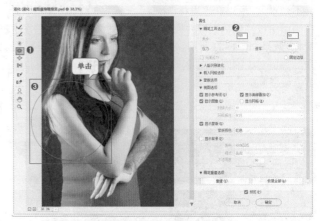

图6-79

图6-80

（3）调整身形。因为人像位于图像的边缘,如果进行变形会影响到边缘的像素,所以需要将边缘保护起来,单击窗口左侧的"冻结蒙版工具"按钮，。设置合适的笔尖大小,然后在画面的边缘按住鼠标左键涂抹,被涂抹的区域会覆盖住半透明的红色,如图6-78所示。

图6-78

（4）进行瘦身,单击工具箱中"收缩工具"按钮,设置合适的"大小"和"浓度",然后在肩膀的位置单击即可缩小肩

（5）因为腰部要有曲线,所以使用"向前变形工具"进行腰部形态的塑造。单击工具箱中的"向前变形工具"按钮，,然后设置"大小"为500,通常在设置笔尖时参数都会稍微大一些,这样变形的效果才会自然。设置完成后在人物腰部按住鼠标左键向右拖动进行变形,如图6-81所示。继续进行瘦腰的操作,如图6-82所示。

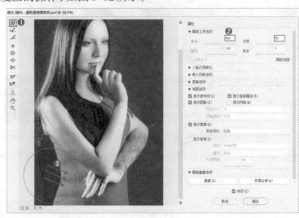

图6-81

中文版Photoshop CC平面设计从入门到精通（微课视频 全彩版）

图 6-82

（6）使用"解冻蒙版工具"在蒙版上按住鼠标左键涂抹将其擦除，如图 6-83 所示。最后单击"确定"按钮，完成瘦身的操作，效果如图 6-84 所示。

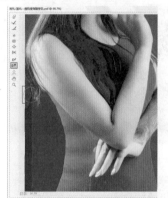

图 6-83　　　　　图 6-84

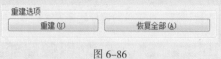
举一反三：液化工具箱中的其他工具

（1）"平滑工具"可以对变形的像素进行平滑处理。

（2）"顺时针旋转扭曲工具"可以旋转像素。在光标移动画面中按住鼠标左键拖曳即可进行顺时针旋转像素，如图 6-87 所示。如果按住 Alt 键进行操作，则可以逆时针旋转像素，如图 6-88 所示。

图 6-87　　　　　图 6-88

（3）"褶皱工具"可以使像素向画笔区域的中心移动，使图像产生内缩效果，如图 6-89 所示。

图 6-89

（4）使用"左推工具"按住鼠标左键从上至下拖曳时像素会向右移动，如图 6-90 所示；反之，像素则向左移动，如图 6-91 所示。

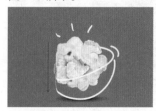
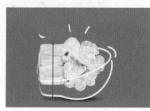

图 6-90　　　　　图 6-91

6.3 图像的常见模糊处理

在画面中适度的模糊可以增加画面的层次感觉，例如在模特外拍时，街上很多人，那么就可以通过将背景虚化的方式将模特从大环境中凸显出来。在傍晚或灯光昏暗的光线下拍摄的照片会产生噪点，那么通过模糊处理的方式进行降噪。在本节中主要讲解一些简单的模糊处理方法。

{重点}6.3.1 动手练：对图像局部进行模糊处理

"模糊工具"可以轻松地对画面局部进行模糊处理，其使用方法非常简单，单击工具箱中的"模糊工具"按钮，接着在选项栏中可以设置工具的"模式"和"强度"，如图6-92所示。"模式"包括"正常""变暗""变亮""色相""饱和度""颜色""明度"。如果仅需要使画面局部模糊一些，那么选择"正常"即可。选项栏中的"强度"选项是比较重要的选项，该选项用来设置"模糊工具"的模糊强度。图6-93所示为不同参数下在画面中涂抹一次的效果。

扫一扫，看视频

图 6-92

(a)强度:50　　　　(b)强度:100

图 6-93

除了设置强度外，如果想要使画面变得更模糊，也可以多次在某个区域中涂抹以加强效果，如图6-94所示。

(a)一次涂抹　　　　(b)多次涂抹

图 6-94

6.3.2 图像整体的轻微模糊

"模糊"滤镜因为比较"轻柔"，所以主要应用于为显著颜色变化的地方消除杂色。打开一张图片，接着执行"滤镜>模糊>模糊"命令，画面效果如图6-95所示。图6-96所示为模糊前后的对比效果。该滤镜没有对话框。

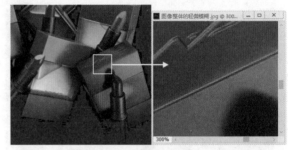

图 6-95

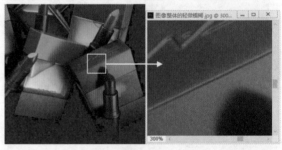

图 6-96

"模糊"滤镜与"进一步模糊"滤镜都属于轻微模糊滤镜。该滤镜可以平衡已定义的线条和遮蔽区域的清晰边缘旁边的像素，使变化显得柔和。"进一步模糊"滤镜生成的效果比"模糊"滤镜强三四倍。画面效果如图6-97所示。

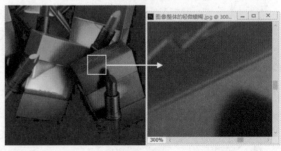

图 6-97

{重点}6.3.3 高斯模糊：最常用的模糊滤镜

"高斯模糊"滤镜是"模糊"滤镜组中使用频率最高的滤镜之一。模糊滤镜应用十分广泛，如制作景深效果、制作模糊的投影效果等。打开一张图片(也可以绘制一个选区，在选区内操作)，如图6-98所示。接着执行"滤镜>模糊>高斯模糊"命令，在弹出的"高斯模糊"窗口中设置合适的参数，然后单击"确定"按钮，如图6-99所示。画面效果如图6-100所示。"高斯模糊"滤镜的工作原理是在图像中添加低频细节，使图像产生一种朦胧的模糊效果。

图 6-98

图 6-99　　　　　　　图 6-100

半径用于计算指定像素平均值的区域大小。数值越大，产生的模糊效果越强烈。图6-101所示为不同半径的对比效果。

(a)半径：3像素　　　　　(b)半径：20像素

图 6-101

{重点}6.3.4 减少画面噪点/细节

"表面模糊"滤镜常用于将接近的颜色融合为一种颜色，从而减少画面的细节或降噪。打开一张图片，如图6-102所示。

执行"滤镜>模糊>表面模糊"命令，如图6-103所示。此时图像在保留边缘的同时模糊了图像，如图6-104所示。

图 6-102

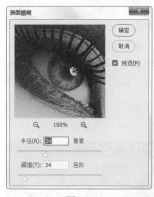 

图 6-103　　　　　　　图 6-104

"半径"用于设置模糊取样区域的大小。图6-105所示为半径为3像素和半径为15像素的对比效果。"阈值"用于控制相邻像素色调值与中心像素值相差多大时才能成为模糊的一部分。色调值差小于阈值的像素将被排除在模糊之外。图6-106所示为阈值30色阶和阈值100色阶的对比效果。

图 6-105

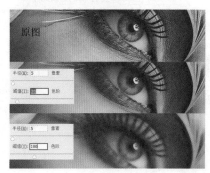

图 6-106

6.4 制作带有运动感的模糊图像

执行"滤镜>模糊"命令，可以在子菜单中看到多种用于模糊图像的滤镜，如图6-107所示。这些滤镜适合应用的场合不同：高斯模糊是最常用的"图像模糊"滤镜；模糊、进一步模糊属于"无参数"滤镜，无参数可供调整，适合于轻微模糊的情况；表面模糊、特殊模糊常用于图像降噪；动感模糊、径向模糊会沿一定方向进行模糊；方块模糊、形状模糊是以特定的形状进行模糊；镜头模糊常用于模拟大光圈摄影效果；平均滤镜用于获取整个图像的平均颜色值。

"模糊画廊"滤镜组中的滤镜同样是对图像进行模糊处理，但这些滤镜主要用于为数码照片制作特殊的模糊效果，如模拟景深效果、旋转模糊、移轴摄影、微距摄影等特殊效果。这些简单、有效的滤镜非常适用于摄影工作者。图6-108所示为不同滤镜的效果。

图6-107　　　　　　　　图6-108

【重点】6.4.1 动感模糊：制作运动模糊效果

"动感模糊"可以模拟出高速跟拍而产生的带有运动方向的模糊效果。打开一张图片，如图6-109所示。接着执行"滤镜>模糊>动感模糊"命令，在弹出的"动感模糊"窗口中进行设置，如图6-110所示。然后单击"确定"按钮，动感模糊效果如图6-111所示。"动感模糊"滤镜可以沿指定的方向（–360°~360°），以指定的距离（1~999像素）进行模糊，所产生的效果类似于在固定的曝光时间拍摄一个高速运动的对象。

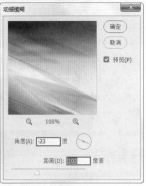

图6-109　　　　　　　　图6-110

- 角度：用来设置模糊的方向。图6-112所示为不同"角度"的对比效果。

图6-111

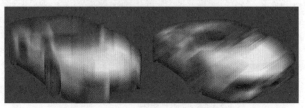

(a)角度：90°　　　　　　　(b)角度：35°

图6-112

- 距离：用来设置像素模糊的程度。图6-113所示为不同"距离"的对比效果。

距离：50像素　　　　　　距离：250像素

图6-113

6.4.2 径向模糊

"径向模糊"滤镜用于模拟缩放或旋转相机时所产生的模糊。打开一张图片，如图6-114所示，选择"滤镜>模糊>径向模糊"命令，在弹出的"径向模糊"窗口中可以设置模糊方法、品质以及数量，然后单击"确定"按钮，如图6-115所示。画面效果如图6-116所示。

图6-114　　　　　　　　图6-115

- 数量：用于设置模糊的强度。数值越高，模糊效果越明显。图6-117所示为对比效果。

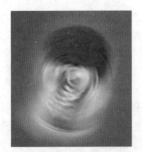

图 6-116

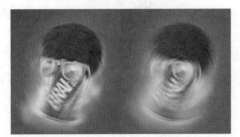

(a)数量: 10　　　　(b)数量: 30

图 6-117

- **模糊方法**：勾选"旋转"选项时，图像可以沿同心圆环线产生旋转的模糊效果；勾选"缩放"选项时，可以从中心向外产生反射模糊效果，如图6-118所示。

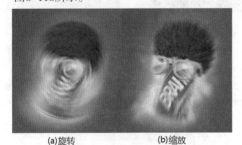

(a)旋转　　　　(b)缩放

图 6-118

- **中心模糊**：将光标放置在设置框中，按住鼠标左键拖曳可以定位模糊的原点，原点位置不同，模糊中心也不同。图6-119所示分别为不同原点的旋转模糊效果。

图 6-119

- **品质**：用来设置模糊效果的质量。"草图"的处理速度较快，但会产生颗粒效果；"好"和"最好"

的处理速度较慢，但是生成的效果比较平滑。

6.4.3　动手练：路径模糊

"路径模糊"滤镜可以沿着一定方向进行画面模糊，使用该滤镜可以在画面中创建任何角度的直线或者弧线的控制杆，像素沿着控制杆的走向进行模糊。"路径模糊"滤镜可以用于制作带有动效的模糊效果，并且能够制作出多角度、多层次的模糊效果。

（1）打开一张图片或者选定一个需要模糊的区域(此处选择了背景部分)，如图6-120所示。接着执行"滤镜>模糊画廊>路径模糊"命令，打开"模糊画廊"窗口。在默认情况下画面中央有一个箭头形的控制杆。在窗口右侧进行参数的设置，可以看到画面中所选的部分发生了横向的带有运动感的模糊，如图6-121所示。

图 6-120

图 6-121

（2）拖曳控制点可以改变控制杆的形状，同时会影响模糊的效果，如图6-122所示。也可以在控制杆上单击添加控制点，并调整箭头的形状，如图6-123所示。

图 6-122

图 6-123

（3）在画面中按住鼠标左键拖曳即可添加控制杆，如图6-124所示。勾选"编辑模糊形状"选项，会显示红色的控制线，拖曳控制点也可以改变模糊效果，如图6-125所示。若要删除控制杆，则可以按Delete键。

图6-124

图6-125

（4）在窗口右侧可以通过调整"速度"参数调整模糊的强度，调整"锥度"参数调整模糊边缘的渐隐强度，如图6-126所示。调整完成后单击"确定"按钮，效果如图6-127所示。

图6-126

图6-127

6.4.4 动手练：旋转模糊

"旋转模糊"滤镜与"径向模糊"滤镜较为相似，但是"旋转模糊"滤镜比"径向模糊"滤镜功能更加强大。"旋转模糊"滤镜可以一次性在画面中添加多个模糊点，还能够随意控制每个模糊点的模糊的范围、形状与强度。"径向模糊"滤镜可以用于模拟拍照时旋转相机时所产生的模糊效果，以及旋转的物体产生的模糊效果。例如，模拟运动中的车轮或者模拟旋转的视角，如图6-128和图6-129所示。

图6-128

图6-129

（1）打开一张图片，如图6-130所示。接着执行"滤镜>模糊画廊>旋转模糊"命令，打开"模糊画廊"窗口。在该窗口中，画面中央位置有一个控制点用来控制模糊的位置，在窗口的右侧调整"模糊"数值用来调整模糊的强度，如图6-131所示。

图6-130

图6-131

中文版Photoshop CC平面设计从入门到精通（微课视频 全彩版）

（2）拖曳外侧圆形控制点即可调整控制框的形状、大小，如图6-132所示。拖曳内侧圆形控制点可以调整模糊的过渡效果，如图6-133所示。

图 6-132

图 6-133

（3）在画面中继续单击即可添加控制点，并进行参数调整，然后单击"确定"按钮，效果如图6-134所示。

图 6-134

6.5 特殊的模糊效果

重点 6.5.1 镜头模糊：模拟大光圈/浅景深效果

摄影爱好者对"大光圈"这个词肯定不陌生，使用大光圈镜头可以拍摄出主体物清晰、背景虚化柔和的效果，也就是专业术语中所说的"浅景深"。这种"浅景深"效果在拍摄人像或者景物时常用。而在Photoshop中"镜头模糊"滤镜能模仿出非常逼真的浅景深效果。这里所说的"逼真"是因为"镜头模糊"滤镜可以通过"通道"或"蒙版"中的黑白信息

为图像中的不同部分施加以不同程度的模糊。而"通道"和"蒙版"中的信息则是可以轻松控制的。

（1）打开一张图片，然后制作出需要进行模糊位置的选区，如图6-135所示。接着进入到"通道"面板中，新建Alpha 1通道。由于需要模糊的部分为铁轨以外的部分，所以可以将铁轨部分在通道中填充为黑色。铁轨以外的部分需要按照远近关系进行填充（因为真实世界中的景物存在"近实远虚"的视觉效果，越近的部分应该越清晰；越远的部分应该越模糊）。此处为铁轨以外的部分按照远近填充由白色到黑色的渐变，如图6-136所示。在通道中白色的区域为被模糊的区域，所以天空位置为白色，地平线的位置为灰色，而且前景为黑色。

图 6-135

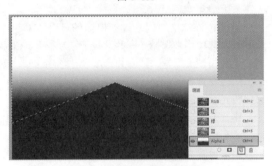

图 6-136

（2）单击RGB复合通道，使用快捷键Ctrl+D取消选区的选择。然后回到"图层"面板中，选择"风景"图层。接着执行"滤镜>模糊>镜头模糊"命令，在弹出的"镜头模糊"窗口中先设置"源"为Alpha 1，"模糊焦距"为20，"半径"为50，如图6-137所示。设置完成后单击"确定"按钮，景深效果如图6-138所示。

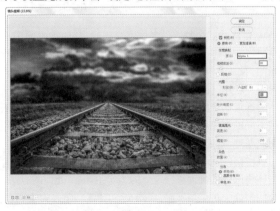

图 6-137

图 6-138

* 预览：用来设置预览模糊效果的方式。选择"更快"选项，可以提高预览速度；选择"更加准确"选项，可以查看模糊的最终效果，但生成的预览时间更长。
* 深度映射：从"源"下拉列表中可以选择使用Alpha通道或图层蒙版来创建景深效果（前提是图像中存在Alpha通道或图层蒙版），其中通道或蒙版中的白色区域将被模糊，而黑色区域则保持原样；"模糊焦距"选项用来设置位于焦点内的像素的深度；"反相"选项用来反转Alpha通道或图层蒙版。
* 光圈：该选项组用来设置模糊的显示方式。"形状"选项用来选择光圈的形状；"半径"选项用来设置模糊的数量；"叶片弯度"选项用来设置对光圈边缘进行平滑处理的程度；"旋转"选项用来旋转光圈。
* 镜面高光：该选项组用来设置镜面高光的范围。"亮度"选项用来设置高光的亮度；"阈值"选项用来设置亮度的停止点，比停止点值亮的所有像素都被视为镜面高光。
* 杂色："数量"选项用来在图像中添加或减少杂色；"分布"选项用来设置杂色的分布方式，包含"平均分布"和"高斯分布"两种；如果选择"单色"选项，则添加的杂色为单一颜色。

举一反三：多层次模糊使产品更突出

一张优秀的照片首先要做到主次分明，通常画面中不仅包括图像本身还包括一些装饰元素，在拍摄时经常会运用较大的光圈，使主体物处于焦点范围内，显得清晰而锐利；将装饰物置于焦点外，使其模糊。而这种大光圈带来的景深感会随着物体的远近而产生不同的模糊效果，既突出了主体物，又能够通过不同的模糊程度呈现出一定的空间感。所以很多照片在后期处理时，都经常会运用模糊滤镜来模拟这样的景深感。

（1）打开一张摄影作品，如图6-139所示。如果想要通过对主体物以外的画面进行统一的"高斯模糊"处理的方法，可能会使画面失去了层次感，而图6-140借助"镜头模糊"滤镜，则可以有针对性地、按照距离的远近对画面进行不同程度的

模糊。想要实现不同程度的模糊，就需要创建一个为不同区域填充不同明度黑白颜色的通道。要保持清晰的部分需要在通道中的该区域填充为白色，需要适当模糊的部分填充为浅灰色，模糊程度越大的部分需要使用越深的颜色。

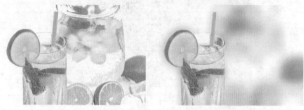

图 6-139　　　　　　　　　　图 6-140

（2）首先需要分析画面的主次关系，在这张图像中前面的杯子应该是最清晰的，最后侧的玻璃罐子应该是最模糊的，底部的水果应该是轻微模糊的。首先使用"快速选择工具"得到杯子的选区，如图6-141所示。接着在"通道"面板中单击底部的"新建通道"按钮，新建Alpha1通道，因为杯子是最清晰的，所以将选区填充为白色，如图6-142所示。

图 6-141

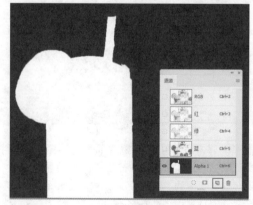

图 6-142

（3）使用同样的方法分别得到后侧玻璃瓶子和水果的选

区，并在 Alpha 1 通道中填充不同明度的灰色，因为玻璃瓶子是最模糊的，所以填充深灰色；因为前方的水果是轻微模糊的，所以填充浅灰色；后侧的水果为比较模糊，所以填充为中明度灰色，如图 6-143 所示。

图 6-143

（4）在"图层"面板中选择背景图层，执行"滤镜>模糊>镜头模糊"命令，在"镜头模糊"窗口中设置"源"为 Alpha 1 通道，接着向右拖动"模糊焦距"滑块将数值设置到最大，然后设置"半径"为100，如图 6-144 所示。设置完成后单击"确定"按钮，此时画面中的物体产生不同程度的模糊，效果如图 6-145 所示。

图 6-144

图 6-145

6.5.2 场景模糊：定点模糊

以往的模糊滤镜几乎都是以同一个参数对整个画面进行模糊。而"场景模糊"滤镜则可以在画面中不同的位置添加多个控制点，并对每个控制点设置不同的模糊数值，这样就能使画面中不同的部分产生不同的模糊效果。

（1）打开一张图片，如图 6-146 所示。接着执行"滤镜>模糊画廊>场景模糊"命令，随即能够打开"模糊画廊"窗口，在默认情况下，在画面的中央位置有一个控制点，这个控制点用来控制模糊的位置，在窗口的右侧通过设置"模糊"数值控制模糊的强度，如图 6-147 所示。

图 6-146

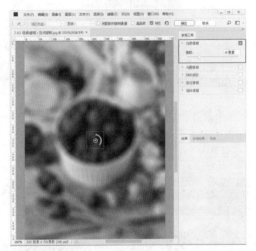

图 6-147

（2）控制点的位置可以进行调整，将光标移动至控制点的中央位置，按住鼠标左键拖曳即可移动，如图 6-148 所示。此时模糊的效果影响了整个画面，如果将主体物变得清晰，则可以在主体物的位置单击添加一个控制点，然后设置"模糊"为0，此时画面效果如图 6-149 所示。

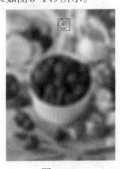

图 6-148

图 6-149

* **光源散景**：用于控制光照亮度，数值越大高光区域的亮度就越高。
* **散景颜色**：通过调整数值控制散景区域颜色的程度。
* **光照范围**：通过调整滑块用色阶来控制散景的范围。

（3）如果要让模糊呈现出层次感，则可以添加多个控制点，并根据层次关系调整不同的模糊数值，如图 6-150 所示。设置完成后单击"确定"按钮，效果如图 6-151 所示。

图 6-150   图 6-151

提示："模糊画廊"的使用

执行"模糊画廊"命令下的任意一个子命令都会打开"模糊画廊"窗口，在窗口的右侧面板中可以看到其他的"模糊画廊"滤镜，单击其后方的复选框即可启用相应的滤镜，可以同时启用多个"模糊画廊"滤镜，如图 6-152 所示。

图 6-152

6.5.3　动手练：光圈模糊

"光圈模糊"滤镜是一个单点模糊滤镜，使用"光圈模糊"滤镜可以根据不同的要求而对焦点（也就是画面中清晰的部分）的大小与形状、图像其余部分的模糊数量以及清晰区域与模糊区域之间的过渡效果进行相应的设置。

（1）打开一张图片，如图 6-153 所示。执行"滤镜>模糊画廊>光圈模糊"命令，打开"模糊画廊"窗口。在该窗口中可以看到画面中带有一个控制点并且带有控制框，该控制框以外的区域为被模糊的区域。在窗口的右侧可以设置"模糊"选项控制模糊的程度，如图 6-154 所示。

图 6-153

图 6-154

（2）拖曳控制框右上角的控制点即可改变控制框的形状，如图6-155所示。拖曳控制框内侧的圆形控制点，则可以调整模糊过渡的效果，如图6-156所示。

图 6-155　　　　　　　　图 6-156

（3）拖曳控制框上的控制点可以将控制框进行旋转，如图6-157所示。拖曳中心点可以调整模糊的位置，如图6-158所示。

图 6-157　　　　　　　　图 6-158

（4）设置完成后，单击"确定"按钮。效果如图6-159所示。

图 6-159

6.5.4　移轴模糊：轻松打造移轴摄影

"移轴摄影"是一种特殊的摄影类型，从画面上看所拍摄的照片效果就像是缩微模型一样，非常特别，如图6-160和图6-161所示。移轴摄影即移轴镜摄影，泛指利用移轴镜头创作的作品。没有移轴镜头想要制作移轴效果怎么办？答案当然是通过Photoshop进行后期调整。在Photoshop中使用"移轴模糊"滤镜可以轻松地模拟"移轴摄影"效果。

图 6-160　　　　　　　　图 6-161

（1）打开一张图片，如图6-162所示。执行"滤镜>模糊画廊>移轴模糊"命令，打开"模糊画廊"窗口，在其右侧控制模糊的强度，如图6-163所示。

图 6-162

图 6-163

（2）如果想要调整画面中清晰区域的范围，则可以通过按住并拖曳中心点的位置，如图6-164所示。上下两端的虚线可以调整清晰和模糊范围的过渡效果，如图6-165所示。

图 6-164

图 6-165

（3）按住鼠标左键拖曳实线上圆形的控制点，则可以旋转控制框，如图6-166所示。参数调整完成后可以单击"确定"按钮，效果如图6-167所示。

图 6-166

图 6-167

6.6 其他模糊

6.6.1 方框模糊

"方框模糊"滤镜能够以方块的形状对图像进行模糊处理。打开一张图片，如图6-168所示。执行"滤镜>模糊>方框模糊"命令，如图6-169所示。此时软件基于相邻像素的平均颜色值来模糊图像，生成的模糊效果类似于方块的模糊感，如图6-170所示。"半径"数值用于调整计算指定像素平均值的区域大小。数值越大，产生的模糊效果越强。不同参数的对比效果如图6-171所示。

图 6-168

图 6-169

图 6-170

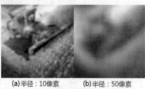
图 6-171

6.6.2 形状模糊

"形状模糊"滤镜能够以特定的"图形"对画面进行模糊化处理。选择一张需要模糊的图片，如图6-172所示。执行"滤镜>模糊>形状模糊"命令，弹出"形状模糊"窗口，选择一个合适的形状，设置"半径"数值，然后单击"确定"按钮，如图6-173和图6-174所示。

图 6-172

图 6-173

图 6-174

- 半径：用来调整形状的大小。数值越大，模糊效果越好。图6-175所示为不同像素对比的效果。
- 形状列表：在形状列表中选择一个形状，可以使用该形状来模糊图像。单击形状列表右侧的三角形 ✿ 图标，可以载入预设的形状或外部的形状。图6-176和图6-177所示为不同形状的对比效果。

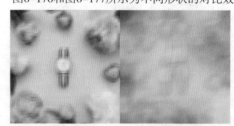
(a)半径：10像素　　　　(b)半径：70像素
图 6-175

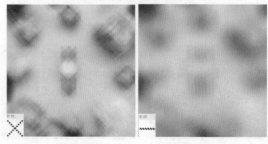
图 6-176　　　　　　　图 6-177

中文版Photoshop CC平面设计从入门到精通（微课视频 全彩版）

6.6.3 特殊模糊

"特殊模糊"滤镜常用于模糊画面中的褶皱、重叠的边缘,还可以进行图片"降噪"处理。图6-178所示为一张图片的细节图,从中可以看到有轻微噪点。执行"滤镜>模糊>特殊模糊"命令,然后在弹出的窗口中进行参数设置,如图6-179所示。设置完成后单击"确定"按钮,效果如图6-180所示。"特殊模糊"滤镜只对有微弱颜色变化的区域进行模糊,模糊效果细腻,添加该滤镜后既能够最大限度地保留画面内容的真实形态,又能够使小的细节变得柔和。

图 6-178

图 6-179

图 6-180

6.6.4 平均:得到画面平均颜色

"平均"滤镜常用于提取出画面中颜色的"平均值"。打开一张图片或者在图像上绘制一个选区,如图6-181所示。执行"滤镜>模糊>平均"命令,如图6-182所示,该区域变为了平均色效果。"平均"滤镜可以查找图像或选区的平均颜色,并使用该颜色填充图像或选区,以创建平滑的外观效果。

使用该滤镜得到的颜色与画面整体色感非常统一,所以这个颜色可以作为与原图相搭配的其他元素的颜色,如图6-183所示。

图 6-181

图 6-182

图 6-183

6.7 增强图像清晰度

在Photoshop中"锐化"与"模糊"是相反的关系。"锐化"就是使图像"看起来更清晰",而这里所说的"看起来更清晰"并不是增加了画面的细节,而是使图像中像素与像素之间的颜色反差增大,利用对比增强带给人的视觉冲击,产生一种"锐利"的视觉感受。

如图6-184所示两幅图像,看起来右图相对更清晰一些。放大细节查看,左图大面积红色区域中每个方块(像素)颜色都比较接近,甚至红黄两色之间带有一些橙色像素,这样柔和的过渡带来的结果就是图像会显得比较模糊。而右图中原有的像素数量没有变,内容也没有增加,红色还是红色,黄色还是黄色,但是图像中原本色相、饱和度、明度都比较相近的像素与像素之间的颜色反差被增强了。例如,分隔线处的暗红色变得更暗,橙红色变为了红色,中黄色变成了更亮的柠檬黄,如图6-185所示。从这里就能看出,所谓的清晰感并不是增加了更多的细节,而是增强了像素与像素之间的对比反差,从而产生"锐化"之感。

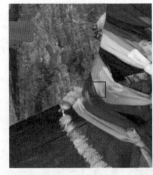

图 6-184

图 6-185

"锐化"操作能够增强颜色的边缘的对比,使用模糊的图形变得清晰。但是过度的锐化会造成噪点、色斑的出现,所以锐化的数值要适当使用。在图 6-186 中可以看到同一图像中模糊、正常与锐化过度的三个效果。

执行"滤镜 > 锐化"命令,可以在子菜单中看到多种用于锐化的滤镜,如图 6-187 所示。这些滤镜适合应用的场合不同,USM 锐化、智能锐化是最为常用的锐化图像的滤镜,参数可调性强;进一步锐化、锐化、锐化边缘属于"无参数"滤镜,无参数可供调整,适合于轻微锐化的情况;防抖滤镜则用于处理带有抖动的照片。

USM 锐化...		
防抖...		
进一步锐化		
锐化		
锐化边缘		
智能锐化...		

图 6-186   图 6-187

提示:进行锐化时的两个误区

误区一:"将图片进行模糊后再进行锐化,能够使图像变成原图的效果",这是一个错误的观点,这两种操作是不可逆转的,画面一旦模糊操作后,原始细节会彻底丢失,不会因为锐化操作而被找回。

误区二:"一张特别模糊的图像,经过锐化可以变得很清晰、很真实",这也是一个很常见的错误观点。锐化操作是对模糊图像的一个"补救",实属"没有办法的办法"。只能在一定的程度上增强画面的感官上的锐利度,因为无法增加细节,所以不会使图像变得更真实。如果图像损失特别严重,是很难仅通过锐化将其变得又清晰又自然的。就像 30 万像素镜头的手机,无论把镜头擦得多干净,也拍不出 2000 万像素镜头的效果。

重点 6.7.1 对图像局部进行锐化处理

"锐化工具" △ 可以通过增强图像中相邻像素之间的颜色对比来提高图像的清晰度。"锐化工具"与"模糊工具"的大部分选项相同,操作方法也相同。首先打开一张图片,如图 6-188 所示。接下来通过"锐化工具"锐化图像,使主体物更突出。右击工具组按钮,在工具列表中选择工具箱中的"锐化工具" △。在选项栏中设置"模式"与"强度",勾选"保护细节"选项后,在进行锐化处理时,将对图像的细节进行保护。接着在画面中按住鼠标左键涂抹锐化,如图 6-189 所示。完成后效果如图 6-190 所示。

图 6-188

图 6-189

图 6-190

6.7.2 轻微的快速锐化

（1）执行"滤镜>锐化>锐化"命令，即可应用该滤镜。"锐化"滤镜没有参数设置窗口，它的锐化效果比"进一步锐化"滤镜的锐化效果更弱一些。

（2）"进一步锐化"滤镜也没有参数设置窗口，同时它的效果也比较弱，适合那种只有轻微模糊的图片。打开一张图片，如图 6-192 所示。接着执行"滤镜>锐化>进一步锐化"命令，如果锐化效果不明显，那么使用快捷键 Ctrl+Shift+F 多次进行锐化。图 6-193 所示为应用 3 次"进一步锐化"滤镜以后的效果。

图 6-192　　　　　　图 6-193

（3）对于画面内容色彩清晰、边界分明、颜色区分强烈的图像，使用"锐化边缘"滤镜就可以轻松地进行锐化处理。这个滤镜既简单又快捷，而且锐化效果明显，对于不太会设置

参数的新手非常实用。打开一张图片，如图 6-194 所示。接着执行"滤镜>锐化>锐化边缘"命令（该滤镜没有参数设置窗口），可以看到锐化效果，可以看到此时的画面颜色差异边界被锐化了，而颜色差异边界以外的区域内容仍然较为平滑，如图 6-195 所示。

图 6-194　　　　　　图 6-195

重点 6.7.3　USM 锐化

"USM 锐化"滤镜可以查找图像中颜色差异明显的区域，然后将其锐化。这种锐化方式能够在锐化画面的同时，不增加过多的噪点。打开一张图片，如图 6-196 所示。接着执行"滤镜>锐化>USM 锐化"命令，在打开的"USM 锐化"窗口中进行设置，如图 6-197 所示。单击"确定"按钮，效果如图 6-198 所示。

图 6-196　　　　　　图 6-197

图 6-198

- 数量：用来设置锐化效果的精细程度，图 6-199 所示为不同参数的对比效果。

(a)数量：10%   (b)数量：100%

图 6-199

- 半径：用来设置图像锐化的半径范围大小。
- 阈值：只有相邻像素之间的差值达到所设置的"阈值"数值时才会被锐化。该值越高，被锐化的像素就越少。

【重点】6.7.4　智能锐化：增强图像清晰度

"智能锐化"滤镜是"锐化滤镜组"中最为常用的滤镜之一，"智能锐化"滤镜具有"USM锐化"滤镜所没有的锐化控制功能，可以设置锐化算法或控制在阴影和高光区域中的锐化量，而且能避免"色晕"等问题。如果想达到更好的锐化效果，那么必须学会这个滤镜！

（1）打开一张图片，如图6-200所示。接着执行"滤镜>锐化>智能锐化"命令，打开"智能锐化"窗口。首先设置"数量"增加锐化强度，使效果看起来更加锐利。接着设置"半径"，该选项用来设置边缘像素受锐化影响的锐化数量，半径数值无须设置太大，否则会产生白色晕影。此时在预览图中查看一下效果，如图6-201所示。

图 6-200

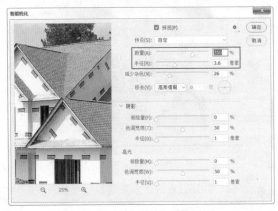

图 6-201

（2）设置"减少杂色"，该选项数值越高效果越强烈，画面效果越柔和(别忘了在锐化，所以要适度)。接着设置"移去"，该选项用来区别影像边缘与杂色噪点，重点在于提高中间调的锐度和分辨率，如图6-202所示。设置完成后单击"确定"按钮，锐化前后的对比效果如图6-203所示。对比效果如图6-204所示。

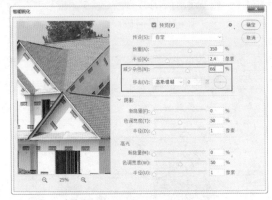

图 6-202

图 6-203

(a)锐化前   (b)锐化后

图 6-204

- 数量：用来设置锐化的精细程度。数值越高，越能强化边缘之间的对比度，图6-205所示是设置"数量"为100%和500%时的锐化效果。

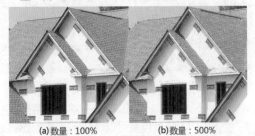

(a)数量：100%   (b)数量：500%

图 6-205

- **半径**：用来设置受锐化影响的边缘像素的数量。数值越高，受影响的边缘就越宽，锐化的效果也越明显，图6-206所示为设置不同"半径"时的锐化效果。

(a)半径：2像素　　**(b)半径：8像素**

图 6-206

- **减少杂色**：用来消除锐化产生的杂色。
- **移去**：选择锐化图像的算法。选择"高斯模糊"选项，可以使用"USM锐化"滤镜的方法锐化图像；选择"镜头模糊"选项，可以查找图像中的边缘和细节，并对细节进行更加精细的锐化，以减少锐化的光晕；选择"动感模糊"选项，可以激活下面的"角度"选项，通过设置"角度"值可以减少由于相机或对象移动而产生的模糊效果。
- **渐隐量**：用于设置阴影或高光中的锐化程度。
- **色调宽度**：用于设置阴影和高光中色调的修改范围。
- **半径**：用于设置每个像素周围的区域的大小。

6.7.5　防抖：减少拍照抖动模糊

"防抖"滤镜是减少由于相机振动而产生的拍照模糊的问题，如线性运动、弧形运动、旋转运动、Z字形运动产生的模糊。"防抖"滤镜适合处理对焦正确、曝光适度、杂色较少的照片。

（1）打开一张图片，如图6-207所示。接着执行"滤镜>锐化>防抖"命令，随即会打开"防抖"窗口，在该窗口中，画面的中央会显示"模糊评估区域"，并以默认数值进行防抖锐化处理，如图6-208所示。

图 6-207

图 6-208

（2）如果对锐化的处理不够满意，则可以调整"模糊描摹边界"选项，该选项用来增加锐化的强度，这是该滤镜中最基础的锐化，如图6-209所示。"模糊描摹边界"选项数值越高，锐化效果越好，但是过度的数值会产生一定的晕影。这时就可以配合"平滑"和"抑制伪像"选项去进行调整，如图6-210所示。

图 6-209

图 6-210

（3）如果对"模糊描摹边界"的位置不满意，则可以拖曳控制点进行更改，如图6-211所示。调整完成后单击"确定"按钮完成操作，效果如图6-212所示。

图6-211　　　　　　　　图6-212

* 模糊评估工具 ⊡：使用该工具在画面中单击可以弹出小窗口，在小窗口中可以定位画面细节，如图6-213所示。按住鼠标左键拖曳可以手动定义模糊评估区域，并且在"高级"选项中设置"模糊评估区域"的显示、隐藏与删除，如图6-214所示。

图6-213

图6-214

* 模糊方向工具 ⬊：根据相机的振动类型，在图像上画出表示模糊的方向线，并配合"模糊描摹长

度"和"模糊描摹方向"进行调整，如图6-215所示。该工具可以按"["键或"]"键微调长度，按Ctrl+"]"或Ctrl+"["可微调角度。得到一个合适的效果后单击"确定"按钮完成操作。

图6-215

6.8 使用滤镜处理照片

在很多手机拍照APP中都会出现"滤镜"这样的词语，也经常会在手机拍完照片后为照片加一个"滤镜"，让照片变美一些。拍照APP中的"滤镜"大多是起到为照片调色的作用，而Photoshop中的"滤镜"概念则是为图像添加一些"特殊效果"，例如把照片变成木刻画效果，为图像打上马赛克，使整个照片变模糊，把照片变成"石雕"等，如图6-216和图6-217所示。

图6-216　　　　　　　　图6-217

6.8.1 认识"滤镜"菜单

Photoshop中的"滤镜"与手机拍照APP中的滤镜概念虽然不太相同，但是有一点非常相似，那就是大部分PS滤镜使用起来都非常简单，只需要简单调整几个参数就能够实时地观察到效果。Photoshop中的滤镜集中在"滤镜"菜单中，单击菜单栏中的"滤镜"按钮，在菜单列表中可以看到很多种滤镜，如图6-218所示。

图 6-218

位于"滤镜"菜单上半部分的几个滤镜通常称为"特殊滤镜",因为这些滤镜的功能比较强大,有些像独立的软件。

"滤镜"菜单的第二大部分为"滤镜组","滤镜组"的每个菜单命令下都包含多个滤镜效果,这些滤镜大多数使用起来非常简单,只需要执行相应的命令并调整简单参数就能够得到有趣的效果。

"滤镜"菜单的第三大部分为"外挂滤镜",Photoshop支持使用第三方开发的滤镜,这种滤镜通常被称为"外挂滤镜"。外挂滤镜的种类非常多,如皮肤美化滤镜、照片调色滤镜、降噪滤镜、材质模拟滤镜等。这部分可能在菜单中并没有显示,这是因为没有安装其他外挂滤镜(也可能是没有安装成功)。

> **提示:关于外挂滤镜**
>
> 　　这里所说的"皮肤美化滤镜""照片调色滤镜"是一类外挂滤镜的统称,并不是某一个滤镜的名称,如Imagenomic Portraiture就是其中一款皮肤美化滤镜。除此之外,还可能有许多其他磨皮滤镜。感兴趣的朋友可以在网络上搜索这些关键词。外挂滤镜的安装方法也各不相同,具体安装方式也可以通过网络搜索得到答案。需要注意的是,有的外挂滤镜可能无法在当前使用的Photoshop版本上使用。

重点 6.8.2 滤镜库:效果滤镜大集合

滤镜库中集合了很多滤镜,虽然滤镜效果风格迥异,但是使用方法非常相似。在滤镜库中不仅能够添加一个滤镜,还可以添加多个滤镜,制作多种滤镜混合的效果。

扫一扫,看视频

（1）打开一张图片,如图6-219所示。执行"滤镜>滤镜库"命令,打开"滤镜库"窗口,在中间的滤镜列表中选择一个滤镜组,单击即可展开。然后在该滤镜组中选择一个滤镜,单击即可为当前画面应用滤镜效果。然后在右侧适当调节参数,即可在左侧预览图中观察到滤镜效果,如图6-220所示。滤镜设置完成后单击"确定"按钮完成操作,如图6-221所示。

图 6-219

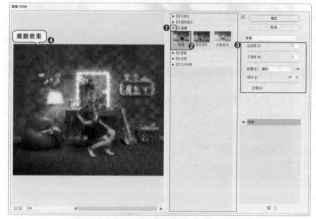

图 6-220

图 6-221

> **提示:"滤镜库"窗口**
>
> 　　执行"滤镜>滤镜库"命令,即可打开"滤镜库"窗口。图6-222所示为"滤镜库"窗口中各个位置的名称。

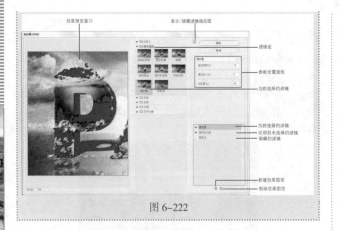

图 6-222

(2) 如果要制作两个滤镜叠加在一起的效果，则可以单击窗口右下角的"新建效果图层"按钮，然后选择合适的滤镜并进行参数设置，如图6-223所示。设置完成后单击"确定"按钮，效果如图6-224所示。

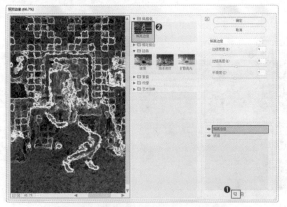

图 6-223

图 6-224

练习实例：使用滤镜库制作绘画感杂志插图

文件路径	资源包\第6章\使用滤镜库制作绘画感杂志插图
难易指数	⭐⭐⭐⭐⭐
技术要点	滤镜库

扫一扫，看视频

中文版Photoshop CC平面设计从入门到精通（微课视频 全彩版）

案例效果

案例效果如图6-225所示。

图 6-225

操作步骤

步骤 01 执行"文件>新建"命令，创建一个大小合适的空白文档。因为要制作杂志插图，所以需要将创建的空白文档分为左右两个页面。使用快捷键Ctrl+R调出标尺线，然后将光标放在左侧标尺栏上，按住鼠标左键向画面中拖曳一条辅助线，放在画面的中间位置，如图6-226所示，作为左右页面的分隔线。

图 6-226

步骤 02 本案例通过使用"滤镜库"中的"海报边缘"效果来制作具有绘画质感的杂志插图。首先需要将人物素材置入到画面中。执行"文件>置入嵌入对象"命令，将人物素材1.jpg置入到画面中。调整大小放在画面中并将该图层栅格化，如图6-227所示。

图 6-227

步骤 03 此时置入的素材过大,需要将在画面右半部分的素材隐藏。选择工具箱中的"矩形选框工具",在画面左边绘制选区,如图6-228所示。在当前选区状态下选择人物素材图层,单击"图层"面板底部的"添加图层蒙版"按钮,为该图层添加图层蒙版,将不需要的部分隐藏,图层蒙版效果如图6-229所示。画面效果如图6-230所示。

图 6-228

图 6-229

图 6-230

步骤 04 制作插画效果。选择人物素材图层,执行"滤镜>滤镜库"命令,在弹出的"滤镜库"窗口中打开"艺术效果"滤镜组,然后单击"海报边缘"按钮,设置"边缘强度"为2,"海报化"为2,设置完成后单击"确定"按钮完成操作,如图6-231所示。效果如图6-232所示。

图 6-231

图 6-232

步骤 05 选择工具箱中的"椭圆工具",在选项栏中设置"绘制模式"为"形状","填充"为白色,"描边"为无,设置完成后在人物素材上方按住Shift键的同时按住鼠标左键绘制一个正圆,如图6-233所示。然后使用同样的方法在该正圆外围绘制一个深青色的描边正圆,如图6-234所示。

图 6-233

图 6-234

步骤 06 使用同样的方法绘制其他的纯色正圆和描边正圆，效果如图6-235所示。

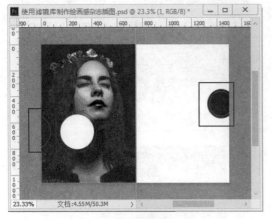

图 6-235

步骤 07 重新置入人物素材，并放大到较大的比例，放在右边页面位置，如图6-236所示。此时图片在画面中所占的位置过大，需要将部分内容隐藏。选择工具箱中的"椭圆选框工具"，在人物头饰位置按住Shift键的同时按住鼠标左键拖动绘制一个正圆选区，如图6-237所示。

图 6-236

图 6-237

步骤 08 在当前选区状态下选择新置入的人物素材图层，单击面板底部的"添加图层蒙版"按钮，为该图层添加图层蒙版，将不需要的部分隐藏，图层蒙版效果如图6-238所示。画面效果如图6-239所示。然后使用同样的方法制作另外一个圆形的效果，如图6-240所示。

图 6-238

图 6-239

图 6-240

步骤 09 选择工具箱中的"直线工具"，在选项栏中设置"绘制模式"为"形状"，"填充"为深青色，"描边"为无，"粗细"为3像素，设置完成后在画面中按住Shift键的同时按住鼠标左键绘制一条直线，如图6-241所示。使用同样的方法绘制其他直线。效果如图6-242所示。

中文版Photoshop CC平面设计从入门到精通（微课视频 全彩版）

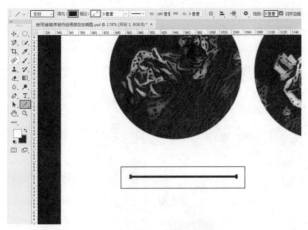

图 6-241

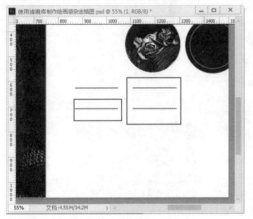

图 6-242

图 6-244

步骤 11 继续使用"横排文字工具",在选项栏中设置合适的字体、字号和文字,设置完成后在画面中按住鼠标左键绘制文本框并在文本框中输入段落文字,如图 6-245 所示。接着执行"窗口>段落"命令,在弹出的"段落"面板中单击"最后一行左对齐"按钮,设置文本的对齐方式,如图 6-246 所示。效果如图 6-247 所示。

图 6-245

步骤 10 在画面中添加文字。选择工具箱中的"横排文字工具",在选项栏中设置合适的字体、字号和颜色,设置完成后在画面中单击输入文字,如图 6-243 所示。文字输入完成按快捷键 Ctrl+Enter 完成操作。使用同样的法式单击输入其他的文字并在"字符"面板中设置相应的字符样式。效果如图 6-244 所示。

图 6-246　　　　　　　　图 6-247

步骤 12 使用同样的方法输入其他的段落文字,并设置相应的段落对齐方式,效果如图 6-248 所示。

图 6-243

图 6-248

步骤 13 制作页码。选择工具箱中的"矩形工具"，在选项栏中设置"绘制模式"为"形状"，"填充"为深青色，"描边"为无，设置完成后在画面右下角位置绘制矩形，如图6-249所示。然后使用"横排文字工具"在矩形的位置添加页码，如图6-250所示。

图 6-249

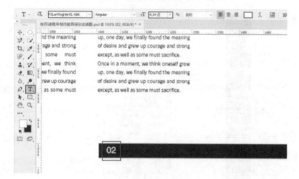

图 6-250

步骤 14 此时使用"滤镜库"制作插画感杂志插图的操作完成。如果想将画面中间的标尺线去掉，则执行"视图>隐藏额外内容"命令或者使用快捷键Ctrl+H将其隐藏即可。画面效果如图6-251所示。

图 6-251

【重点】6.8.3 动手练：使用滤镜组

Photoshop的滤镜多达几十种，一些效果相近的、工作原理相似的滤镜被集合在滤镜组中，滤镜组中的滤镜的使用方法非常相似：几乎都需要经过"选择图层""执行命令""设置参数""单

扫一扫，看视频

击确定"这几个步骤。差别在于不同的滤镜，其参数选项略有不同，但是好在滤镜的参数效果大部分都是可以实时预览的，所以可以随意调整参数来观察效果。

1. 滤镜组的使用方法

（1）选择需要进行滤镜操作的图层，如图6-252所示。例如执行"滤镜>像素画>马赛克"命令，随即可以打开"马赛克"窗口，接着进行参数的设置，如图6-253所示。

图 6-252

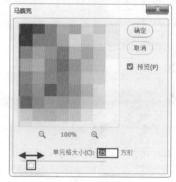

图 6-253

（2）在该窗口左方的预览窗口中可以预览滤镜效果，同时可以拖曳图像，以观察其他区域的效果，如图6-254所示。单击 按钮和 按钮可以缩放图像的显示比例。另外，在图像的某个点上单击，预览窗口中就会显示出该区域的效果，如图6-255所示。

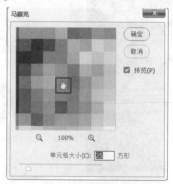

图 6-254

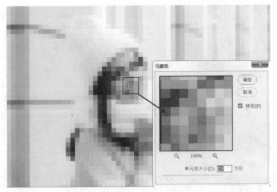

图 6-255

（3）在任何一个滤镜对话框中按住 Alt 键，"取消"按钮都将变成"复位"按钮，如图 6-256 所示。单击"复位"按钮，可以将滤镜参数恢复到默认设置。继续进行参数的调整，然后单击"确定"按钮，滤镜效果如图 6-257 所示。

图 6-256   图 6-257

提示：终止滤镜效果

在应用滤镜的过程中，如果要终止处理，则可以按 Esc 键。

（4）如果图像中存在选区，则滤镜效果只应用在选区之内，如图 6-258 和图 6-259 所示。

图 6-258   图 6-259

提示：重复使用上一次滤镜

当应用完一个滤镜以后，"滤镜"菜单下的第 1 行会出现该滤镜的名称。执行该命令或按快捷键 Alt+Ctrl+F，可以按照上一次应用该滤镜的参数配置再次对图像应用该滤镜。

2. 智能滤镜的使用方法

直接对图层进行滤镜操作时是直接应用于画面本身，是具有"破坏性"的。所以也可以使用"智能滤镜"，使其变为"非破坏"的可再次调整的滤镜。应用于智能对象的任何滤镜都是智能滤镜，智能滤镜属于"非破坏性滤镜"，因此可以进行参数调整、移除、隐藏等操作。而且智能滤镜还带有一个蒙版，可以调整其作用范围。

（1）为该图层使用滤镜命令（例如使用"滤镜>风格化>查找边缘"命令），此时可以看到"图层"面板中智能图层发生了变化，如图 6-260 和图 6-261 所示。

图 6-260

图 6-261

（2）在智能滤镜的蒙版中使用黑色画笔涂抹以隐藏部分区域的滤镜效果，如图 6-262 所示。还可以设置智能滤镜与图像的"混合模式"，双击滤镜名称右侧的 ≡ 图标，则可以在弹出的"混合选项"窗口中调节滤镜的"模式"和"不透明度"，如图 6-263 所示。

图 6-262

图 6-263

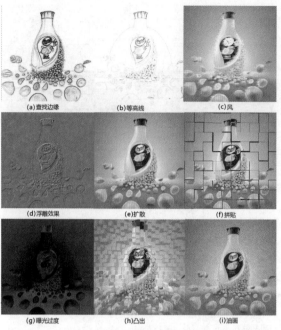

(a)查找边缘　　(b)等高线　　(c)风

(d)浮雕效果　　(e)扩散　　(f)拼贴

(g)曝光过度　　(h)凸出　　(i)油画

图 6-267

> **提示："渐隐"滤镜效果**
>
> 　　若要调整滤镜产生效果的"不透明度"和"混合模式",则可以通过"渐隐"命令进行制作。首先为图片添加滤镜,然后执行"编辑>渐隐"命令,在弹出的"渐隐"窗口中设置"混合模式"和"不透明度",如图 6-264 所示。滤镜效果就会以特定的混合模式和不透明度与原图进行混合,画面效果如图 6-265 所示。

图 6-264

图 6-265

6.8.4 "风格化"滤镜组

　　执行"滤镜>风格化"命令,在子菜单中可以看到多种滤镜,如图 6-266 所示。滤镜效果如图 6-267 所示。

图 6-266

- 查找边缘:"查找边缘"滤镜可以制作出线条感的画面。执行"滤镜>风格化>查找边缘"命令,无须设置任何参数。该滤镜会将图像的高反差区变亮,低反差区变暗,而其他区域则介于两者之间。同时硬边会变成线条,柔边会变粗,从而形成一个清晰的轮廓。
- 等高线:"等高线"滤镜常用于将图像转换为线条感的等高线图。执行"滤镜>风格化>等高线"命令,在弹出的"等高线"窗口中设置色阶数值、边缘类型后单击"确定"按钮。"等高线"滤镜会以某个特定的色阶值查找主要亮度区域,并为每个颜色通道勾勒主要亮度区域。
- 风:执行"滤镜>风格化>风"命令,在弹出的"风"窗口中进行参数的设置。"风"滤镜能够将像素朝着指定的方向进行虚化,通过产生一些细小的水平线条来模拟风吹效果。
- 浮雕效果:"浮雕效果"可以用来制作模拟金属雕刻的效果,该滤镜常用于制作硬币、金牌的效果。该滤镜的工作原理是通过勾勒图像或选区的轮廓和降低周围颜色值来生成凹陷或凸起的浮雕效果。
- 扩散:"扩散"滤镜可以制作类似于磨砂玻璃物体时的分离模糊效果。该滤镜的工作原理是将图像中相邻的像素按指定的方式有机移动。
- 拼贴:"拼贴"滤镜常用于制作拼图效果。"拼贴"滤镜可以将图像分解为一系列块状,并使其偏离其原来的位置,以产生不规则拼砖的图像效果。
- 曝光过度:"曝光过度"滤镜可以模拟出传统摄影

术中，暗房显影过程中短暂增加光线强度而产生的
过度曝光效果。

- 凸出："凸出"滤镜通常用于制作立方体向画面外
"飞溅"的3D效果，可以制作创意海报、新锐设计
等。该滤镜可以将图像分解成一系列大小相同且
有机重叠放置的立方体或锥体，以生成特殊的3D
效果。

- 油画："油画"滤镜主要用于将照片快速转换为
"油画效果"，使用"油画"滤镜能够产生笔触鲜
明、厚重，质感强烈的画面效果。

6.8.5 "扭曲"滤镜组

执行"滤镜>扭曲"命令，在子菜单中可以看到多种滤镜，
如图6-268所示。滤镜效果如图6-269所示。

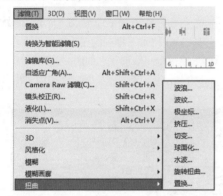

图 6-268

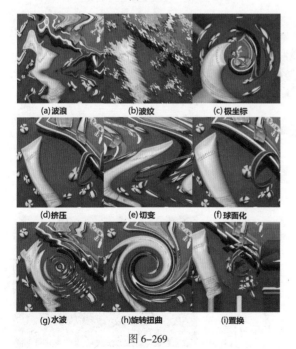

(a)波浪　(b)波纹　(c)极坐标
(d)挤压　(e)切变　(f)球面化
(g)水波　(h)旋转扭曲　(i)置换

图 6-269

- 波浪："波浪"滤镜可以在图像上创建类似于波浪
起伏的效果。使用"波浪"滤镜可以制作带有波浪
纹理的效果，或制作带有波浪线边缘的图片。首先
绘制一个矩形，如图6-270所示。接着执行"滤镜>
扭曲>波浪"命令，在弹出的窗口中可以进行类型
以及参数的设置，如图6-271所示。设置完成后单
击"确定"按钮，图形效果如图6-272所示。这种
图形应用非常广泛，如包装边缘的撕口、平面设计
中的元素、服装设计中的元素等。

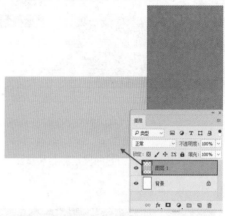

图 6-270

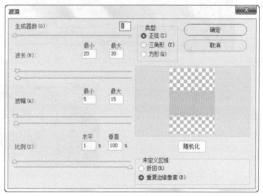

图 6-271

图 6-272

- 波纹："波纹"滤镜可以通过控制波纹的数量和
大小制作出类似水面的波纹效果。打开一张图片
素材，如图6-273所示。接着执行 "滤镜>扭曲>

波纹"命令，在弹出的"波纹"窗口进行参数的设置，如图6-274所示。设置完成后单击"确定"按钮，效果如图6-275所示。

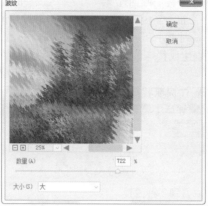

| 图 6-273 | 图 6-274 | 图 6-275 |

- 极坐标："极坐标"滤镜可以将图像从平面坐标转换到极坐标，或从极坐标转换到平面坐标。打开一张图片，如图6-276所示。简单来说，该滤镜可以两种方式实现以下两种效果：第一种是将水平排列的图像以图像左右两侧作为边界，首尾相连，中间的像素将会被挤压，四周的像素被拉伸，从而形成一个"圆形"，如图6-277所示；第二种则相反，将原本环形内容的图像从中"切开"并"拉"成平面，如图6-278所示。"极坐标"滤镜常用于制作"鱼眼镜头"特效。

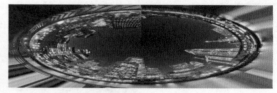

| 图 6-276 | 图 6-277 |

图 6-278

- 挤压："挤压"滤镜可以将选区内的图像或整个图像向外或向内挤压。与"液化"滤镜中的"膨胀工具"和"收缩工具"类似。打开一张图片，如图6-279所示。接着执行"滤镜>扭曲>挤压"命令，在弹出的"挤压"窗口进行参数设置，如图6-280所示。然后单击"确定"按钮完成挤压变形操作，效果如图6-281所示。

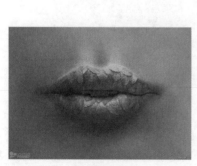

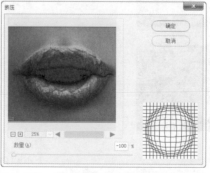

| 图 6-279 | 图 6-280 | 图 6-281 |

中文版Photoshop CC平面设计从入门到精通（微课视频 全彩版）

- 切变："切变"滤镜可以将图像按照设定好的"路径"进行左右移动，图像一侧被移出画面的部分会出现在画面的另外一侧。该滤镜可以用来制作飘动的彩旗。打开一张图片，如图6-282所示。接着执行"滤镜>扭曲>切变"命令，在打开的"切变"窗口中，通过添加控制点来设置切变现在形成扭曲的曲线，如图6-283所示。设置完成后单击"确定"按钮，切变效果如图6-284所示。

图 6-282

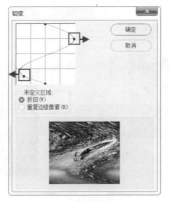

图 6-283

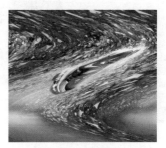

图 6-284

- 球面化："球面化"滤镜可以将选区内的图像或整个图像向外"膨胀"成为球形。打开一张图像，可以在画面中绘制一个选区，如图6-285所示。接着执行"滤镜>扭曲>球面化"命令，在弹出的"球面化"窗口中进行数量和模式的设置，如图6-286所示。球面化效果如图6-287所示。

图 6-285

图 6-286

图 6-287

- 水波："水波"滤镜可以模拟石子落入平静水面而形成的涟漪效果。例如，绿茶广告中常见的茶叶掉落在水面上形成的波纹，就可以使用"水波"滤镜制作。选择一个图层或者绘制一个选区，如图6-288所示。接着执行"滤镜>扭曲>水波"命令，在打开的"水波"窗口中进行参数设置，如图6-289所示。设置完成后单击"确定"按钮，效果如图6-290所示。

图 6-288

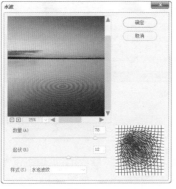

图 6-289

图 6-290

- 旋转扭曲："旋转扭曲"可以围绕图像的中心进行顺时针或逆时针旋转。打开一张图片，如图6-291所示。接着执行"滤镜>扭曲>旋转扭曲"命令，在打开的"旋转扭曲"窗口中进行参数设置，如图6-292所示。接着调整"角度"选项，当设置为正值时，会沿顺时针方向进行扭曲，如图6-293所示；当设置为负值时，会沿逆时针方向进行扭曲，如图6-294所示。

图 6–291

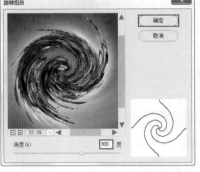
图 6–292

图 6–293

图 6–294

- 置换："置换"滤镜是利用一个图像文档（必须为PSD格式文件）的亮度值来置换另外一个图像像素的排列位置。打开一个图片，如图6-295所示。接着准备一个PSD格式的文档(无须打开该PSD文件），如图6-296所示。选择图片的图层，接着执行"滤镜>扭曲>置换"命令，在弹出的"置换"窗口中进行参数设置，如图6-297所示。接着单击"确定"按钮，在弹出的"选取一个置换图"窗口中选择之前准备的PSD格式文档，单击"打开"按钮，如图6-298所示。此时画面效果如图6-299所示。

图 6–295

图 6–296

图 6–297

图 6–298

图 6–299

6.8.6 "像素化"滤镜组

"像素化"滤镜组可以将图像进行分块或平面化处理。"像素化"滤镜组包含7种滤镜："彩块化""彩色半调""点状化""晶格化""马赛克""碎片""铜版雕刻"。选中需要处理的图层，如图6-300所示。执行"滤镜>像素化"命令即可看到该滤镜组中的命令，如图6-301所示。图6-302所示为滤镜效果。

图 6-300

图 6-301

(a)彩块化　　(b)彩色半调　　(c)点状化

(d)晶格化　　(e)碎片　　(f)铜版雕刻

图 6-302

- 彩块化："彩块化"滤镜常用来制作手绘图像、抽象派绘画等艺术效果。"彩块化"滤镜可以将纯色或相近色的像素结成相近颜色的像素块效果。
- 彩色半调："彩色半调"滤镜可以模拟在图像的每个通道上使用放大的半调网屏的效果。
- 点状化："点状化"滤镜可以从图像中提取颜色，并以彩色斑点的形式将画面内容重新呈现出来。该滤镜常用来模拟制作"点彩绘画"效果。
- 晶格化："晶格化"滤镜可以使图像中相近的像素集中到多边形色块中，产生类似结晶颗粒的效果。
- 马赛克："马赛克"滤镜常用于隐藏画面的局部信息，也可以用来制作一些特殊的图案效果。打开一

张图片。接着执行"滤镜>像素化>马赛克"命令，在弹出的"马赛克"窗口中进行参数设置。然后单击"确定"按钮，该滤镜可以使像素结为方形色块。
- 碎片："碎片"滤镜可以将图像中的像素复制4次，然后将复制的像素平均分布并使其相互偏移。
- 铜版雕刻："铜版雕刻"滤镜可以将图像转换为黑白区域的随机图案或彩色图像中完全饱和颜色的随机图案。

练习实例：使用"彩色半调"滤镜制作音乐海报

文件路径	资源包\第6章\使用彩色半调滤镜制作音乐海报
难易指数	★★★★★
技术要点	彩色半调、黑白、阈值

扫一扫，看视频

案例效果

案例效果如图 6-303 所示。

图 6-303

操作步骤

步骤 01　执行"文件>新建"命令，新建一个空白文档，如图 6-304 所示。执行"文件>置入嵌入对象"命令置入素材1.jpg，并将置入对象调整到合适的大小、位置，按Enter键完成置入操作，将该图层栅格化，如图 6-305 所示。

图 6-304　　　　　图 6-305

步骤 02 单击工具箱中的"椭圆选框工具"按钮,在人物头部按住Shift键绘制一个正圆选区,如图6-306所示。单击工具箱中的"多边形套索工具"按钮,单击选项栏中的"从选区减去"按钮,然后在正圆左侧绘制一个图形,如图6-307所示。

图 6-306

图 6-307

步骤 03 得到一个不完整的圆形选区,使用快捷键Ctrl+Shift+I将选区反选,如图6-308所示。选择照片图层,按Delete键删除选区中的像素,效果如图6-309所示。

图 6-308

图 6-309

步骤 04 选中素材图层,执行"图像>调整>黑白"命令,在弹出的"黑白"窗口中单击"确定"按钮完成设置,如图6-310所示。将素材移动到合适位置,此时画面效果如图6-311所示。

图 6-310

图 6-311

步骤 05 选中素材图层,执行"像素化>彩色半调"命令,在弹出的"彩色半调"窗口中设置"最大半径"为8像素,单击"确定"按钮完成设置,如图6-312所示。此时画面效果如图6-313所示。

图 6-312

图 6-313

步骤 06 单击工具箱中的"钢笔工具"按钮,在选项栏中设置"绘制模式"为"形状","填充"为黄色,在画面上绘制一个半圆图形,如图6-314所示。在该图层上右击,执行"栅格化图层"命令。

图 6-314

中文版Photoshop CC平面设计从入门到精通(微课视频 全彩版)

步骤 07 选中绘制图形的图层,执行"像素化>彩色半调"命令,在弹出的"彩色半调"窗口中设置"最大半径"为12像素,单击"确定"按钮完成设置,如图6-315所示。此时画面效果如图6-316所示。

图 6-315　　　　　　图 6-316

步骤 08 选中该图层,设置"混合模式"为"正片叠底",如图6-317所示。此时画面效果如图6-318所示。

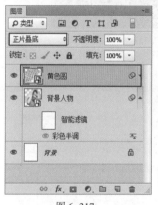

图 6-317　　　　　　图 6-318

步骤 09 选中绘制图形的图层,执行"图层>新建调整图层>阈值"命令,在打开的"属性"面板中设置"阈值色阶"为128,单击"此调整剪切到此图层"按钮,如图6-319所示。此时画面效果如图6-320所示。

图 6-319　　　　　　图 6-320

步骤 10 执行"图层>新建调整图层>渐变映射"命令,在

打开的"属性"面板中单击"渐变编辑器",在弹出的"渐变编辑器"窗口中设置一个黄色系渐变,单击"确定"按钮完成设置,如图6-321所示。在"属性"面板中单击"此调整剪切到此图层"按钮 ,如图6-322所示。

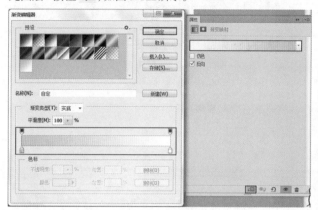

图 6-321

图 6-322

步骤 11 单击工具箱中的"直线工具"按钮,在选项栏中设置"绘制模式"为"形状","填充"为无,"描边"为黑色,"描边宽度"为1像素,"描边类型"为直线,然后在画面中按住鼠标左键拖曳绘制一段直线,如图6-323所示。最后可以置入前景素材,或者输入文字。最终效果如图6-324所示。

图 6-323

图 6-324

6.8.7 "渲染"滤镜组

"渲染"滤镜组在滤镜中算是"另类",该滤镜组中的滤镜的特点是其自身可以产生图像。比较典型的就是"云彩"滤镜和"纤维"滤镜,这两个滤镜可以利用前景色与背景色直接产生效果。执行"滤镜>渲染"命令即可看到该滤镜组中的滤镜,如图6-325所示。图6-326所示为该组中的滤镜效果。

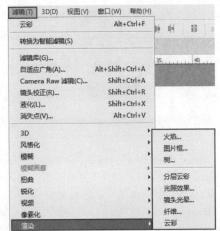

图 6-325

图 6-326

* 火焰:"火焰"滤镜可以轻松打造出沿路径排列的火焰。在使用"火焰"滤镜命令之前首先需要在画面中绘制一条路径,选择一个图层(可以是空图层),执行"滤镜>渲染>火焰"命令,如图6-327所示。接着弹出"火焰"窗口。在"基本"选项卡中首先可以针对火焰类型进行设置,在下拉列表中可以看到多种火焰的类型,接下来可以针对火焰的长度、宽度、角度以及时间间隔数值进行设置,如图6-328所示。保持默认状态,单击"确定"按钮,图层中即可出现火焰效果,如图6-329所示。接着可以按下Delete键删除路径。如果火焰应用于透明的空图层,那么则可以继续对火焰进行移动编辑等操作。

图 6-327

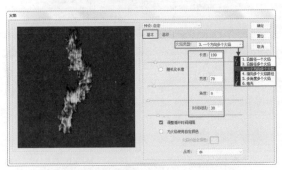

图 6-328

图 6-329

* 图片框:"图片框"滤镜可以在图像边缘处添加各种风格的花纹相框。使用方法非常简单,打开一张图片,如图6-330所示。新建图层,执行"滤镜>渲染>图片框"命令,在弹出的窗口的"图案"列表中选择一个合适的图案样式,接着可以在下方进行图案上的颜色以及细节参数的设置,如图6-331所示。设置完成后单击"确定"按钮,效果如图6-332所示。选择"高级"选项卡,还可以对照

中文版Photoshop CC平面设计从入门到精通 (微课视频 全彩版)

片框的其他参数进行设置，如图6-333所示。

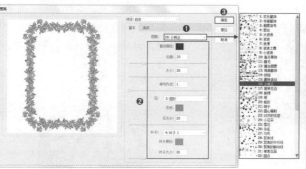

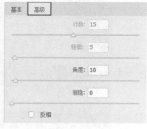

图 6-330　　　　　　　　　　图 6-331　　　　　　　　　图 6-332　　　　　　图 6-333

- 　树：使用"树"滤镜可以轻松创建出多种类型的树。首先仍需要在画面中绘制一条路径，新建一个图层（在新建图层中操作方便后期调整树的位置和形态），如图6-334所示。接着执行"滤镜>渲染>树"命令，在弹出的窗口中单击"基本树类型"列表，在其中可以选择一个合适的树型，接着可以在下方进行参数设置，参数设置效果非常直观，只需尝试调整并观察效果即可，如图6-335所示。调整完成后单击"确定"按钮完成操作。效果如图6-336所示。

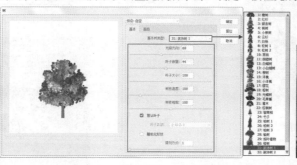

图 6-334　　　　　　　　　　　图 6-335　　　　　　　　　　图 6-336

- 　分层云彩："分层云彩"滤镜可以结合其他技术制作火焰、闪电等特效。该滤镜是通过将云彩数据与现有的像素以"差值"方式进行混合。打开一张图片，如图6-337所示。接着执行"滤镜>渲染>分层云彩"命令（该滤镜没有参数设置窗口）。首次应用该滤镜时，图像的某些部分会被反相成云彩图案。效果如图6-338所示。

图 6-337　　　　　　　　　　图 6-338

- 　光照效果："光照效果"滤镜可以在二维的平面世界中添加灯光，并且通过参数的设置制作出不同效果的光照。除此之外，还可以使用灰度文件作为凹凸纹理图制作出类似3D的效果。选择需要添加滤镜的图层，如图6-339所示。执行"滤镜>渲染>光照效果"命令，打开"光照效果"窗口，默认情况下会显示出一个"聚光灯"光源的控制框，如图6-340所示。以这一盏灯的操作为例，按住鼠标左键拖曳控制点可以更改光源的位置、形状，如图6-341所示。配合窗口右侧的

"属性"面板可以对光源的颜色、强度等选项进行调整，如图6-342所示。

图 6-339

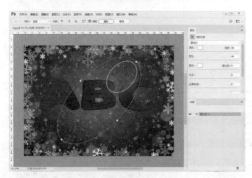

图 6-340

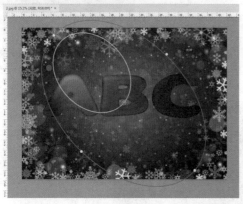

图 6-341

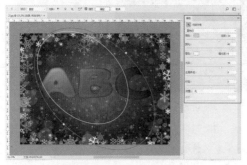

图 6-342

- 镜头光晕："镜头光晕"滤镜常用于模拟由于光照射到相机镜头产生的折射，在画面中出现眩光的效果。虽然在拍摄照片时经常需要避免这种眩光的出现，但是很多时候眩光的应用能使画面效果更加丰富，如图6-343和图6-344所示。

图 6-343

图 6-344

- 纤维："纤维"滤镜可以在空白图层上根据前景色和背景色创建出纤维感的双色图案。首先设置合适的前景色与背景色，如图6-345所示。接着执行"滤镜>渲染>纤维"命令，在弹出的"纤维"窗口中进行参数设置，如图6-346所示。单击"确定"按钮，效果如图6-347所示。

图 6-345

中文版Photoshop CC平面设计从入门到精通（微课视频 全彩版）

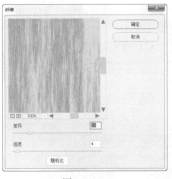 

图 6-346　　　　　　　　　图 6-347

- 云彩：“云彩”滤镜常用于制作云彩、薄雾的效果。该滤镜可以根据前景色和背景色随机生成云彩图案。设置好合适的前景色与背景色，接着执行“滤镜>渲染>云彩”命令，即可得到以前景和背景色形成的云朵。

6.8.8　“杂色”滤镜组

　　“杂色”滤镜组可以添加或移去图像中的杂色，这样有助于将选择的像素混合到周围的像素中。“杂色”或者说是“噪点”，一直都是很多摄影师最为头疼的问题。暗环境下拍照片，好好的照片放大一看全是细小的噪点；而有时想要得到一张颗粒感的相关照片，却怎么也弄不出合适的噪点。这些问题都可以在“杂色”滤镜组中寻找答案。

　　“杂色”滤镜组包含5种滤镜：“减少杂色”“蒙尘与划痕”“去斑”“添加杂色”“中间值”。“添加杂色”滤镜常用于画面中杂点的添加，而另外四种滤镜都是用于降噪，也就是去除画面的噪点，如图6-348和图6-349所示。

图 6-348

(a)减少杂色　(b)蒙尘与划痕　(c)去斑　(d)添加杂色　(e)中间值

图 6-349

- 减少杂色：“减少杂色”滤镜可以进行降噪和磨皮。该滤镜可以对于整个图像进行统一的参数设置，也可以对各个通道的降噪参数分别进行设置，尽可能多地在保留边缘的前提下减少图像中的杂色。在打开的这张照片中可以看到人物皮肤面部比较粗糙，如图6-350所示。执行“滤镜>杂色>减少杂色”命令，打开“减少杂色”窗口。从中勾选“基本”选项，可以设置“减少杂色”滤镜的基本参数。接着进行参数的调整。调整完成后通过预览图看到皮肤表面变得光滑，如图6-351所示。图6-352所示为对比效果。

图 6-350

图 6-351

图 6-352

- 蒙尘与划痕：“蒙尘与划痕”滤镜常用于照片的降噪或者“磨皮”（磨皮是指肌肤质感的修饰，使肌肤变得光滑柔和），也能够制作照片转手绘的效果。打开一张图片，如图6-353所示。接着执行"滤镜>杂色>蒙尘与划痕"命令，在弹出的"蒙层与划痕"窗口中进行参数设置，如图6-354所示。随着参数的调整会发现画面中的细节在不断减少，画面中大部分接近的颜色都被合并为一个颜色。设置完成后单击"确定"按钮，效果如图6-355所示。通过这样的操作可以将噪点与周围正常的颜色融合以达到降噪的目的，也能够实现使较少照片细节更接近绘画作品的目的。

| 图 6-353 | 图 6-354 | 图 6-355 |

* 去斑："去斑"滤镜可以检测图像的边缘（发生显著颜色变化的区域），并模糊那些边缘外的所有区域，同时会保留图像的细节。打开一张图片，如图6-356所示。接着执行"滤镜>杂色>去斑"命令（该滤镜没有参数设置窗口），此时画面效果如图6-357所示。此滤镜也常用于细节的去除和降噪操作。

| 图 6-356 | 图 6-357 |

* 添加杂色："添加杂色"滤镜可以在图像中添加随机的单色或彩色的像素点。打开一张图片，如图6-358所示。接着执行"滤镜>杂色>添加杂色"命令，在弹出的"添加杂色"窗口中进行参数设置，如图6-359所示。设置完成后单击"确定"按钮，此时画面效果如图6-360所示。"添加杂色"滤镜也可以用来修缮图像中经过重大编辑过的区域。图像在经过较大程度的变形或者绘制涂抹后，表面细节会缺失，使用"添加杂色"滤镜能够在一定程度上为该区域增添一些略有差异的像素点，以增强细节感。

| 图 6-358 | 图 6-359 | 图 6-360 |

中文版Photoshop CC平面设计从入门到精通（微课视频 全彩版）

- 中间值：   "中间值"滤镜可以混合选区中像素的亮度来减少图像的杂色。打开一张图片，如图6-361所示。接着执行"滤镜>杂色>中间值"命令，在弹出的"中间值"窗口中进行参数设置，如图6-362所示。设置完成后单击"确定"按钮，此时画面效果如图6-363所示。该滤镜会搜索像素选区的半径范围以查找亮度相近的像素，并且会扔掉与相邻像素差异太大的像素，然后用搜索到的像素的中间亮度值来替换中心像素。

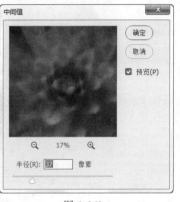

| 图 6-361 | 图 6-362 | 图 6-363 |

6.9 自动处理图片

"动作"是一个非常方便的功能，通过使用"动作"可以快速为不同的图片进行相同的操作。例如，处理一组婚纱照时，如果想要使这些照片以相同的色调出现，使用"动作"功能最合适不过了。"录制"其中一张照片的处理流程，然后对其他照片进行"播放"，快速又准确。

【重点】6.9.1   动手练：记录与使用"动作"

默认情况下Photoshop的"动作"面板中带有一些"动作"，但是这些动作并不一定适合日常对图像进行处理的要求。所以需要重新制作适合操作的"动作"，这个过程也经常被称作"记录动作"或"录制动作"。

"录制动作"的过程很简单，只需要单击"开始录制"按钮，然后对图像进行一系列操作，这些操作就会被记录下来。在Photoshop中能够被记录的内容很多，例如绝大多数的图像调整命令、部分工具(选框工具、套索工具、魔棒工具、裁剪、切片、魔术橡皮擦、渐变、油漆桶、文字、形状、注释、吸管和颜色取样器)以及部分面板操作(历史记录、色板、颜色、路径、通道、图层和样式)都可以被记录。

(1)进行动作的记录。随意打开一张图片，执行"窗口>动作"命令或按快捷键Alt+F9，打开"动作"面板。在"动作"面板中单击"创建新动作"按钮，如图6-364所示。然后在弹出的"新建动作"对话框中设置"名称"。为了便于查找，也可以设置"颜色"，单击"记录"按钮开始记录操作，如图6-365所示。

| 图 6-364 | 图 6-365 |

(2)进行一些操作。"动作"面板中会自动记录当前进行的一系列操作，如图6-366所示。操作完成后，在"动作"面板中单击"停止播放/记录"按钮 ■，停止记录，可以看到当前记录的动作，如图6-367所示。

图 6-366

图 6-367

（3）"动作"新建并记录完成后，就可以对其他文件播放"动作"了。"播放动作"可以对图像应用所选动作或者动作中的一部分。打开一张图像，如图6-368所示。接着选择一个动作，然后单击"播放选定的动作"按钮 ▶，如图6-369所示。随即进行动作的播放，画面效果如图6-370所示。

图 6-368

图 6-369

图 6-370

（4）也可以只播放动作中的某一个命令。单击动作前方 › 按钮展开动作，选择一个条目，接着单击"播放选定的动作"按钮 ▶，如图6-371所示。则会从选定条目进行动作的播放，如图6-372所示。

图 6-371

图 6-372

提示：将已有"动作"存储为可随时调用的"动作库"

当动作录制完成后，如果要经常使用这个动作，可以将其保存为随时调用的动作库文件。在"动作"面板中选择动作组，然后单击面板菜单按钮执行"存储动作"命令，如图6-373所示。接着在弹出的"另存为"窗口中找到合适的存储位置，然后单击"保存"按钮，如图6-374所示。动作的格式是.atn，如图6-375所示。如果要载入动作，则可以在"动作"面板中单击面板菜单按钮执行"载入动作"命令，在弹出的"载入"窗口中找到动作文档，单击"载入"按钮即可完成载入操作。

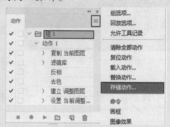

图 6-373

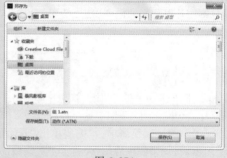

图 6-374

图 6-375

【重点】6.9.2 动手练：自动处理大量图像

在工作中经常会遇到将多张照片调整到统一尺寸、调整到统一色调等情况。一张一张地进行处理非常耗费时间与精力。使用批处理命令可以快速、轻松地处理大量的文件。

（1）录制好一个需要使用的动作（也可以载入需要使用的

中文版Photoshop CC平面设计从入门到精通（微课视频 全彩版）

动作库文件),如图6-376所示。接着需要将批处理的图片放置在一个文件夹中,如图6-377所示。

图 6-376

图 6-377

(2)执行"文件>自动>批处理"命令,打开"批处理"窗口。因为批处理需要使用动作,而且上一步先准备了动作。所以首先设置需要播放的"组"和"动作",如图6-378所示。接着需要设置批处理的"源",因为把图片都放在了一个文件夹中,所以设置"源"为"文件夹",接着单击"选择"按钮,随即在弹出的"浏览文件夹"窗口中选择相应的文件夹,然后单击"确定"按钮,如图6-379所示。

图 6-378

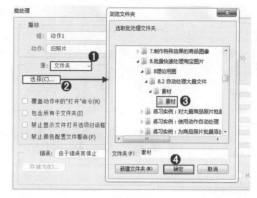

图 6-379

- 设置"源"为"文件夹"选项并单击下面的"选择"按钮时,可以在弹出的"浏览文件夹"对话框中选择一个文件夹。
- 选择"导入"选项时,可以处理来自扫描仪、数码相机、PDF文档的图像。
- 选择"打开的文件"选项时,可以处理当前所有打开的文件。
- 选择Bridge选项时,可以处理Adobe Bridge中选定的文件。
- 勾选"覆盖动作中的'打开'命令"选项时,在批处理时可以忽略动作中记录的"打开"命令。
- 勾选"包含所有子文件夹"选项时,可以将批处理应用到所选文件夹中的子文件夹中。
- 勾选"禁止显示文件打开选项对话框"选项时,在批处理时不会打开文件选项对话框。
- 勾选"禁止颜色配置文件警告"选项时,在批处理时会关闭颜色方案信息的显示。

(3)设置"目标"选项。因为需要将处理后的图片放置在一个文件夹中,所以设置"目标"为"文件夹",单击"选择"按钮,在弹出的"浏览文件夹"窗口中选择或新建一个文件夹,然后单击"确定"按钮完成选择操作。勾选"覆盖动作中的'存储为'命令",如图6-380所示。设置完成后,单击"确定"按钮,接下来就可以进行批处理操作了。处理完成后,效果如图6-381所示。

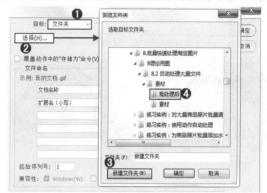

图 6-380

图 6-381

- ◆ 覆盖动作中的"存储为"命令：如果动作中包含"存储为"命令，则勾选该选项后，在批处理时，动作中的"存储为"命令将引用批处理的文件，而不是动作中指定的文件名称和位置。当勾选"覆盖动作中的'存储为'命令"选项后，会弹出"批处理"窗口，如图6-382所示。

图 6-382

- ◆ 文件名称：将"目标"选项设置为"文件夹"后，可以在该选项组的6个选项中设置文件的名称规范，指定文件的兼容性，包括Windows(W)、Mac OS(M)和UNIX(U)。

练习实例：为商品照片批量添加水印

文件路径	资源包\第6章\为商品照片批量添加水印
难易指数	★★★★★
技术要点	使用动作自动处理

扫一扫，看视频

案例效果

案例效果如图6-383~图6-387所示。

图 6-383

图 6-384

图 6-385

图 6-386

图 6-387

操作步骤

步骤 01 本案例需要为这五张图像添加相同的水印，图6-388所示为原始图片，图6-389所示为制作好的水印素材。此处的水印素材为调整好了合适的摆放位置，并储存为PNG格式的透明背景的水印，水印位于画面的右下角。如果想要使水印处于其他的特定位置，则可以在与画面等大的画布中调整水印位置和大小(具体水印的制作方法可以参考后面几个章节中文字与形状工具的使用)。

图 6-388

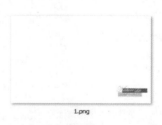

1.png

图 6-389

中文版Photoshop CC平面设计从入门到精通（微课视频　全彩版）

步骤 02 想要进行批量处理，首先需要录制一个为图片添加水印的"动作"，在这里可以复制其中一张照片素材，并以这张照片进行动作的录制。(如果不复制出该照片，则会造成一张照片进行了两次水印置入的操作，水印效果可能与其他照片不同。)将复制的照片在Photoshop中打开，如图6-390所示。接着执行"窗口>动作"命令，打开"动作"面板，单击底部的"创建新动作"按钮，如图6-391所示。

图 6-390

图 6-391

步骤 03 在弹出的窗口中单击"记录"按钮，如图6-392所示。此时"动作"面板中出现了新增的"动作1"条目，并且底部出现了一个红色圆形按钮，表示当前正处于动作的记录过程中，在Photoshop中进行的操作都会被记录下来，所以不要进行多余的操作，如图6-393所示。

图 6-392

图 6-393

步骤 04 执行"文件>置入嵌入对象"命令，在弹出的窗口

中选择素材1.png，然后单击"置入"按钮，如图6-394所示。接着将水印素材移动到画面的右下角，如图6-395所示。

图 6-394

图 6-395

步骤 05 按Enter键确定置入操作，如图6-396所示。选择素材1图层，右击执行"向下合并"命令，如图6-397所示。

图 6-396

图 6-397

步骤 06 执行"文件>存储"命令或者使用快捷键Ctrl+S进行保存，如图6-398所示。接着单击"动作"面板中的"停止/播放记录"按钮，完成动作的录制操作，如图6-399所示。

图 6-398

图 6-399

步骤 07 执行"文件>关闭"命令将文档关闭，如图6-400所示。

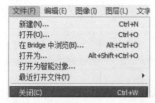
图 6-400

步骤 08 动作录制完成后就需要进行批处理。首先执行"文件>自动>批处理"命令，在弹出的"批处理"窗口中设置"组"为"组1"，"动作"为"动作1"，"源"为"文件夹"，然后单击"选择"按钮，在弹出的窗口中选择素材文件夹，接着设置"目标"为"存储并关闭"，然后单击"确定"按钮，如图6-401所示。(需要注意的是，此处即将进行置入的素材位置不要改变，否则可能无法进行批处理操作。)

图 6-401

步骤 09 操作完成后素材文件夹中的图像都被添加了水印，效果如图6-402~图6-406所示。

图 6-402

图 6-403

图 6-404

图 6-405

图 6-406

综合实例：夏日感美妆促销广告

文件路径	资源包\第6章\夏日感美妆促销广告
难易指数	★★★★★
技术要点	高斯模糊、图层样式、智能锐化

扫一扫，看视频

案例效果

案例效果如图6-407所示。

图 6-407

操作步骤

步骤 01 执行"文件>打开"命令，将背景素材1.jpg打开，如图6-408所示。

图 6-408

步骤 02 此时背景图片的清晰度太高，需要将其进行模糊。选择风景图片图层，执行"滤镜>模糊>高斯模糊"命令，在弹出的"高斯模糊"窗口中设置"半径"为30像素，设置完成后单击"确定"按钮完成操作，如图6-409所示。效果如图6-410所示。

图 6-409

图 6-410

步骤 03 为风景图片提高亮度。选择风景图片图层，执行"图层>新建调整图层>曲线"命令，在弹出的"新建图层"窗口

中文版Photoshop CC平面设计从入门到精通（微课视频 全彩版）

中单击"确定"按钮。然后在"属性"面板中将曲线向左上角拖动，如图6-411所示。画面效果如图6-412所示。

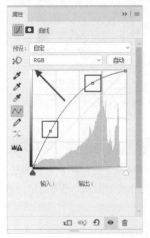

图6-411　　　　　　图6-412

步骤 04　执行"文件>置入嵌入对象"命令，将素材2.png置入画面中。调整大小放在画面中间位置并将图层栅格化，如图6-413所示。

图6-413

步骤 05　制作主体文字。选择工具箱中的"横排文字工具"，在选项栏中设置合适的字体、字号和颜色，设置完成后在画面中单击输入文字，如图6-414所示。文字输入完成后按快捷键Ctrl+Enter完成操作。

图6-414

步骤 06　为该文字添加图层样式。选择"文字"图层，执

行"图层>图层样式>投影"命令，在弹出的"图层样式"窗口中设置"混合模式"为"正片叠底"，"颜色"为黑色，"不透明度"为75%，"角度"为34度，"距离"为12像素，"扩展"为8%，"大小"为3像素，"杂色"为0%，如图6-415所示。效果如图6-416所示。

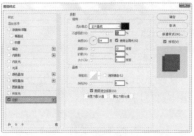

图6-415　　　　　　图6-416

步骤 07　启用左侧的"描边"图层样式，设置"大小"为10像素，"位置"为"外部"，"混合模式"为"正常"，"不透明度"为100%，"填充类型"为"颜色"，"颜色"为白色，设置完成后单击"确定"按钮完成操作，如图6-417所示。效果如图6-418所示。

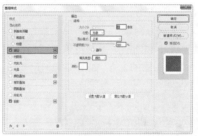

图6-417　　　　　　图6-418

步骤 08　使用同样的方法在画面中单击输入文字。因为该文字的图形样式与文字"盛"是相同的，所以选择文字"盛"所在图层，右击执行"拷贝图层样式"命令将图层样式进行拷贝，如图6-419所示。然后选择文字"夏"图层，右击执行"粘贴图层样式"命令将其粘贴，设置该文字的图层样式，如图6-420所示。效果如图6-421所示。

图6-419　　　　　　图6-420

图 6-421

使用同样的方法输入其他的主体文字,并设置相同的图层样式。效果如图6-422所示。

图 6-422

步骤 10 执行"文件>置入嵌入对象"命令,将风景素材1.jpg再次置入到画面中,调整大小和图层顺序并将该图层栅格化处理,将该图层放到"大"字图层的上方,如图6-423所示。

图 6-423

步骤 11 选择风景素材图层,执行"滤镜>像素化>晶格化"命令,在弹出的"晶格化"窗口中设置"单元格大小"为45,设置完成后单击"确定"按钮完成操作,如图6-424所示。效果如图6-425所示。

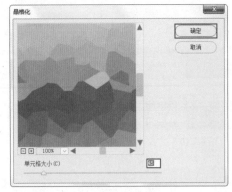

图 6-424

图 6-425

步骤 12 由于晶格化操作的效果只针对主体文字中的"大"字,所以多余出来的部分需要将其隐藏。选择风景素材图层,右击执行"创建剪贴蒙版"命令创建剪贴蒙版,将不需要的部分隐藏。效果如图6-426所示。

图 6-426

步骤 13 制作主体文字上下的装饰性文字。首先制作主体文字上方的装饰。选择工具箱中的"自定形状工具",在选项栏中设置"绘制模式"为"形状","填充"为橘色,"描边"为白色,"大小"为1像素,在"形状"下拉列表中选择六边形形状,设置完成后在主体文字上方绘制形状,如图6-427所示。然后使用同样的方法绘制其他的六边形形状。效果如图6-428所示。

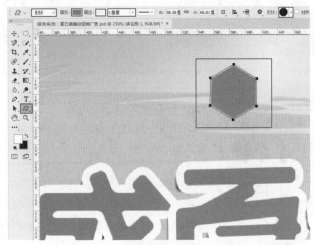

图 6-427

中文版Photoshop CC平面设计从入门到精通(微课视频 全彩版)

图 6-428

步骤 14 在绘制的六边形形状上方添加文字。选择工具箱中的"横排文字工具",在选项栏中设置合适的字体、字号和颜色,设置完成后在最左边六边形形状上方单击输入文字,如图 6-429 所示。文字输入完成后按 Ctrl+Enter 组合键完成操作。然后使用同样的方法在其他六边形形状上方单击输入文字。效果如图 6-430 所示。

图 6-429

图 6-430

步骤 15 制作主体文字下方的装饰。选择工具箱中的"圆角矩形工具",在选项栏中设置"绘制模式"为"形状","填充"为橘色,"描边"为白色,"大小"为3像素,"半径"为22像素,设置完成后在主体文字下方绘制一个圆角矩形,如图 6-431 所示。

图 6-431

步骤 16 使用"横排文字工具"在圆角矩形的位置输入文字,如图 6-432 所示。然后使用同样的方法在该文字下方继续单击输入文字。效果如图 6-433 所示。此时主体文字下方的装饰制作完成。

图 6-432

图 6-433

步骤 17 执行"文件>置入嵌入对象"命令,将产品素材3.png置入画面中。调整大小放在画面中文字下方位置并将图层栅格化,如图 6-434 所示。

图 6-434

步骤 18 此时置入的产品素材局部区域有些偏暗，需要将暗部区域适当地减淡来提高亮度。选择产品素材图层，单击工具箱中的"减淡工具"按钮，在选项栏中设置大小合适的柔边圆画笔，"范围"为"中间调"，"曝光度"为50%，设置完成后在产品偏暗的区域涂抹提高亮度，如图6-435所示。

图 6-435

步骤 19 对产品进行适当的锐化处理，使之更清晰。继续选择产品素材图层，执行"滤镜>锐化>智能锐化"命令，在弹出的"智能锐化"窗口中设置"数量"为155%，"半径"为1.0像素，"减少杂色"为10%，"移去"为"高斯模糊"，设置完成后单击"确定"按钮完成操作，如图6-436所示。效果如图6-437所示。

图 6-436

图 6-437

步骤 20 为画面整体添加一些装饰性的物件，让画面效果更加丰富。执行"文件>置入嵌入对象"命令，将音符素材4.png置入画面中。调整大小并将其栅格化放在画面中主体文字上方，如图6-438所示。接着置入泡泡素材5.png，设置其"混合模式"为"颜色减淡"。效果如图6-439所示。

图 6-438

图 6-439

步骤 21 继续置入叶子素材6.png，调整大小放在画面的左上角和右下角位置，如图6-440所示。此时夏日感美妆的促销广告制作完成。

图 6-440

读书笔记

中文版Photoshop CC平面设计从入门到精通（微课视频 全彩版）

Chapter 7

第7章

扫一扫，看视频

调色

本章内容简介

　　调色是数码照片编修以及平面设计中非常重要的功能，图像的色彩在很大程度上能够决定图像的"好坏"，与图像主题相匹配的色彩才能够正确传达图像的内涵。对于设计作品也是一样，正确地使用色彩对设计作品而言也是非常重要的。不同的颜色往往带有不同的情感倾向，对于消费者心理产生的影响也不相同。在Photoshop中不仅要学习如何使画面的色彩正确，还可以通过调色技术的使用，制作各种各样风格化的色彩。

重点知识掌握

- 熟练掌握"调色"命令与调整图层的方法。
- 能够准确分析图像色彩方面存在的问题并进行校正。
- 熟练调整图像明暗、对比度问题。
- 熟练掌握图像色彩倾向的调整。
- 综合运用多种调色命令进行风格化色彩的制作。

通过本章学习，我能做什么

　　通过本章的学习，将学会十几种调色命令的使用方法。通过这些调色命令的使用，可以校正图像的曝光问题以及偏色问题。例如，图像偏暗/偏亮、对比度过低/过高、暗部过暗导致细节缺失，画面颜色暗淡、天不蓝、草不绿、人物皮肤偏黄偏黑，图像整体偏蓝、偏绿、偏红等。还可以综合运用多种调色命令以及混合模式等功能制作出一些风格化的色彩。例如，小清新色调、复古色调、高彩色调、电影色、胶片色、反转片色、LOMO色等。调色命令的数量虽然有限，但是通过这些命令能够制作出的效果却是"无限的"。还等什么？一起来试一下吧！

优秀作品欣赏

7.1 调色前的准备工作

对于摄影爱好者来说,调色是数码照片后期处理的"重头戏"。一张照片的颜色能够在很大程度上影响观者的心理感受。例如,同样一张食物的照片(见图7-1),哪张看起来更美味一些(美食照片饱和度高一些,看起来更美味)?的确,"色彩"能够美化照片,同时色彩也具有强大的"欺骗性"。同样一张"行囊"的照片(见图7-2),以不同的颜色进行展示,带给人的感受是轻松愉快的郊游,还是充满悬疑与未知的探险?

(a)　　　　　　(b)

图 7-1

(a)　　　　　　(b)

图 7-2

调色技术不仅在摄影后期中占有重要地位,在平面设计中也是不可忽视的一个重要组成部分。平面设计作品中经常用到各种各样的图片元素,而图片元素的色调与画面是否匹配也会影响到设计作品的成败。调色不仅要使元素变"漂亮",更重要的是通过色彩的调整使元素"融合"到画面中。通过图7-3和图7-4可以看到部分元素与画面整体"格格不入",而经过了颜色的调整,则会使元素不再显得突兀,画面整体气氛更统一。

(a)　　　　　　(b)

图 7-3

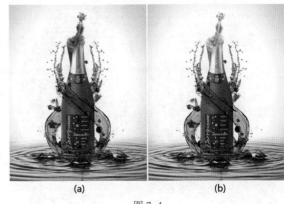

(a)　　　　　　(b)

图 7-4

色彩的力量无比强大,想要"掌控"这个神奇的力量,Photoshop这一工具必不可少。Photoshop的调色功能非常强大,不仅可以对错误的颜色(即色彩方面不正确的问题,例如曝光过度、亮度不足、画面偏灰、色调偏色等)进行校正,如图7-5所示,更能够通过调色功能的使用增强画面视觉效果,丰富画面情感,打造出风格化的色彩,如图7-6所示。

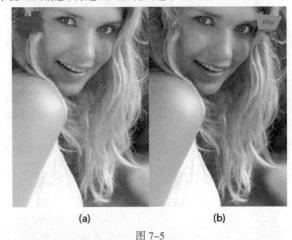

(a)　　　　　　(b)

图 7-5

(a)　　　　　　(b)

图 7-6

7.1.1 调色关键词

在进行调色的过程中，经常会听到一些关键词，如"色调""色阶""曝光度""对比度""明度""纯度""饱和度""色相""颜色模式""直方图"等，这些词大部分都与"色彩"的基本属性有关。下面就来简单了解一下"色彩"。

在视觉的世界里，"色彩"被分为两类：无彩色和有彩色，如图7-7所示。无彩色为黑、白、灰，有彩色则是除黑、白、灰以外的其他颜色。如图7-8所示，每种有彩色都有三大属性：色相、明度、纯度(饱和度)，无彩色只具有明度这一个属性。

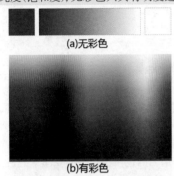

(a)无彩色

(b)有彩色

图7-7

色相:红　　色相:绿
(a)
明度较低　明度较高
(b)
纯度较高　纯度较低
(c)
图7-8

1. 色温（色性）

颜色除了色相、明度、纯度这三大属性外，还具有"温度"。色彩的"温度"也被称为色温、色性，是指色彩的冷暖倾向。越倾向于蓝色的颜色或画面为冷色调，如图7-9所示；越倾向于橘色的颜色或画面为暖色调，如图7-10所示。

图7-9　　　　　图7-10

2. 色调

"色调"也是经常提到的一个词语，指的是画面整体的颜

色倾向。图7-11所示为青绿色调图像，图7-12所示为紫色调图像。

图7-11　　　　　图7-12

3. 影调

对摄影作品而言，"影调"又称为照片的基调或调子，是指画面的明暗层次、虚实对比和色彩的色相明暗等之间的关系。由于影调的亮暗和反差的不同，通常以"亮暗"将图像分为"亮调""暗调"和"中间调"。也可以"反差"将图像分为"硬调""软调"和"中间调"等多种形式。图7-13所示为亮调图像，图7-14所示为暗调图像。

图7-13　　　　　图7-14

4. 颜色模式

"颜色模式"是指千千万万的颜色表现为数字形式的模型。简单来说，可以将图像的"颜色模式"理解为记录颜色的方式。在Photoshop中有多种"颜色模式"。执行"图像>模式"命令，可以将当前的图像更改为其他颜色模式：RGB模式、CMYK模式、HSB模式、Lab颜色模式、位图模式、灰度模式、索引颜色模式、双色调模式和多通道模式，如图7-15所示。设置颜色时，在"拾色器"窗口中可以选择不同的颜色模式进行颜色的设置，如图7-16所示。

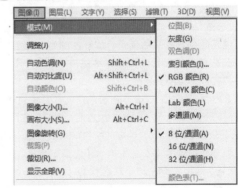

图7-15

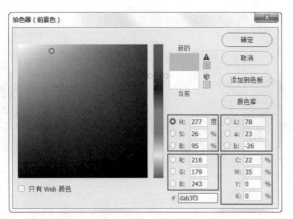

图 7-16

到。CMY 是三种印刷油墨名称的首字母，C 代表 Cyan(青色)，M 代表 Magenta(洋红)，Y 代表 Yellow(黄色)，而 K 代表 Black(黑色)。CMYK 颜色模式包含的颜色总数比 RGB 颜色模式少很多，所以在显示器上观察到的图像要比印刷出来的图像亮丽一些。

● **Lab 颜色模式**：Lab 颜色模式是由 L(照度)和有关色彩的 a、b 这三个要素组成，L 表示 Luminosity(照度)，相当于亮度；a 表示从红色到绿色的范围；b 表示从黄色到蓝色的范围。

● **多通道颜色模式**：多通道颜色模式图像在每个通道中都包含 256 个灰阶，对于特殊打印时非常有用。将一张 RGB 颜色模式的图像转换为多通道模式的图像后，之前的红、绿、蓝三个通道将变成青色、洋红、黄色三个通道。多通道模式图像可以存储为 PSD、PSB、EPS 和 RAW 格式。

虽然图像可以有多种颜色模式，但并不是所有的颜色模式都经常使用。通常情况下，制作用于显示在电子设备上的图像文档时使用 RGB 颜色模式。涉及需要印刷的产品时使用 CMYK 颜色模式。而 Lab 颜色模式是色域最宽的色彩模式，也是最接近真实世界颜色的一种色彩模式，通常使用在将 RGB 转换为 CMYK 过程中，可以先将 RGB 图像转换为 Lab 模式，然后再转换为 CMYK。

7.1.2 如何调色

通过这样的分析能够发现图像存在的问题，接下来就可以在后面的操作中对图像问题进行调整。一张曝光正确的照片通常应当是大部分色阶集中在中间调区域，亮部区域和暗部区域也应有适当的色阶。但是需要注意的是：并不是一味追求"正确"的曝光。很多时候画面的主题才是控制图像是何种影调的决定因素，如图 7-17 和图 7-18 所示。

> **提示：认识一下各种颜色模式**
>
> ● **位图模式**：使用黑色、白色两种颜色值中的一个来表示图像中的像素。将一幅彩色图像转换为位图模式时，需要先将其转换为灰度模式，删除像素中的色相和饱和度信息之后才能执行"图像>模式>位图"命令，将其转换为位图。
>
> ● **灰度模式**：灰度模式是用单一色调来表现图像，将彩色图像转换为灰度模式后会扔掉图像的颜色信息。
>
> ● **双色调模式**：双色调模式不是指由两种颜色构成图像的颜色模式，而是通过 1~4 种自定油墨创建的单色调、双色调、三色调和四色调的灰度图像。想要将图像转换为双色调模式，需要先将图像转换为灰度模式。
>
> ● **索引颜色模式**：索引颜色是位图像的一种编码方法，可以通过限制图像中的颜色总数来实现有损压缩。索引颜色模式的位图较其他模式的位图占用更少的空间，所以索引颜色模式位图广泛用于网络图形、游戏制作中，常见的格式有 GIF、PNG-8 等。
>
> ● **RGB 颜色模式**：RGB 颜色模式是进行图像处理时最常使用到的一种模式，RGB 颜色模式是一种"加光"模式。RGB 分别代表 Red(红色)、Green(绿色)、Blue(蓝色)。RGB 颜色模式下的图像只有在发光体上才能显示出来，如显示器、电视等，该模式所包括的颜色信息(色域)有 1670 多万种，是一种真色彩颜色模式。
>
> ● **CMYK 颜色模式**：CMYK 颜色模式是一种印刷模式，也叫"减光"模式，该模式下的图像只有在印刷品上才可以观察

图 7-17

图 7-18

从上面的这些调色命令的名称上来看，大致能猜到这些命令的作用。所谓的"调色"，是通过调整图像的明暗(亮度)、对比度、曝光度、饱和度、色相、色调等几大方面来进行调整，从而实现图像整体颜色的改变。但如此多的调色命令，在真正调色时要从何处入手呢？很简单，只要把握住以下几点即可。

(1)校正画面整体的颜色错误：处理一张照片时，通过对图像整体的观察，最先考虑到的就是图像整体的颜色有没有"错误"。例如偏色(画面过于偏向暖色调/冷色调、偏紫色、偏绿色等)、画面太亮(曝光过度)、太暗(曝光不足)、偏灰(对比度低，整体看起来灰蒙蒙的)、明暗反差过大等。如果出现这些问题，首先要对以上问题进行处理，使图像变为一张曝光正确、色彩正常的图像，如图7-19和图7-20所示。

图7-19

图7-20

在对新闻图片进行处理时，可能无须对画面进行美化，而需要最大限度地保留画面真实度，那么图像的调色可能就到这里结束了。如果想要进一步美化图像，接下来再进行其他的处理。

(2)细节美化：通过第一步整体的处理，已经得到了一张"正常"的图像。虽然这些图像是基本"正确"的，但是仍然可能存在一些不尽如人意的细节。例如想要重点突出的部分比较暗，如图7-21所示；照片背景颜色不美观，如图7-22所示。

图7-21

图7-22

人们常想要制作同款产品不同颜色的效果图，如图7-23所示；或改变头发、嘴唇、瞳孔的颜色，如图7-24所示。对这些"细节"进行处理也是非常必要的。因为画面的重点常常就集中在一个很小的部分上。使用"调整图层"非常适合处理画面的细节。

图7-23

图7-24

(3)帮助元素融入画面：在制作一些平面设计作品或者创意合成作品时，经常需要在原有的画面中添加一些其他元素，例如在版面中添加主体人像；为人物添加装饰物；为海报中的产品周围添加一些陪衬元素；为整个画面更换一个新背景等。当后添加的元素出现在画面中时，可能会感觉合成得很"假"，或颜色看起来很奇怪。除去元素内容、虚实程度、大小比例、透视角度等问题，最大的可能性就是新元素与原始图像的"颜色"不统一。例如，环境中的元素均为偏冷的色调，而人物则偏暖，如图7-25所示。这时就需要对色调倾向不同的内容进行调色操作了。

图7-25

(4)强化气氛，辅助主题表现：通过前面几个步骤，画面整体、细节以及新增的元素的颜色都被处理"正确"了。但是单纯"正确"的颜色是不够的，很多时候想要使自己的作品脱颖而出，需要的是超越其他作品的"视觉感受"。所以，需要对图像的颜色进行进一步的调整，而这里的调整考虑的是与图像主题相契合。图7-26和图7-27所示为表现不同主题的不同色调作品。

图 7-26　　　　　　图 7-27

扫一扫，看视频

【重点】7.1.3　动手练：使用调色命令调色

（1）调色命令的种类虽然很多，但是其使用方法都比较相似。首先选中需要操作的图层，如图 7-28 所示。单击"图像"菜单，将光标移动到"调整"命令上，在子菜单中可以看到很多调色命令，如"色相/饱和度"，如图 7-29 所示。

图 7-31

（3）很多调整命令中都有"预设"，所谓的"预设"，就是软件内置的一些设置好的参数效果。可以通过在预设列表中选择某一种预设，快速为图像施加效果。例如在"色相/饱和度"窗口中单击"预设"，在预设列表中单击某一项，即可观察到效果，如图 7-32 和图 7-33 所示。

图 7-32

图 7-28　　　　　　图 7-29

（2）大部分调色命令都会弹出参数设置窗口，在此窗口中可以进行参数选项的设置（反向、去色、色调均化命令没有参数调整窗口）。图 7-30 所示为"色相/饱和度"窗口，在此窗口中可以看到很多滑块，尝试拖动滑块的位置，画面颜色产生了变化，如图 7-31 所示。

图 7-33

（4）很多调色命令都有"通道"列表/"颜色"列表可供选择，例如默认情况下显示的是 RGB，此时调整的是整个画面的效果。如果单击列表会看到红、绿、蓝，选择某一项，即可针对这种颜色进行调整，如图 7-34 和图 7-35 所示。

图 7-30

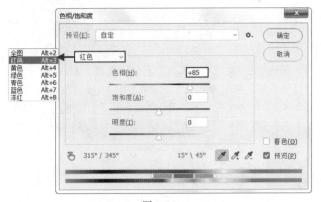

图 7-34

图 7-35

提示：快速还原默认参数

使用"图像调整"命令时，如果在修改参数之后，还想将参数还原成默认数值，则可以按住Alt键，对话框中的"取消"按钮会变为"复位"按钮，单击该"复位"按钮即可还原原始参数，如图7-36所示。

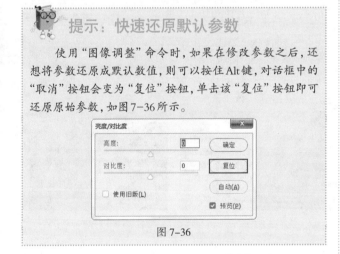

图 7-36

[重点] 7.1.4　动手练：使用"调整图层"调色

前面提到的"调整命令"与"调整图层"能够起到的调色效果是相同的，但是"调整命令"是直接作用于原图层的，而"调整图层"则是将调色操作以"图层"的形式存在于"图层"面板中。既然具有"图层"的属性，那么调整图层就具有以下特点：可以随时隐藏或显示调色效果；可以通过蒙版控制调色影响

扫一扫，看视频

的范围；可以创建剪贴蒙版；可以调整透明度以减弱调色效果；可以随时调整图层所处的位置；可以随时更改调色的参数。相对来说，使用调整图层进行调色，可以操作的余地更大一些。

（1）选中一个需要调整的图层，如图7-37所示。接着执行"图层>新建调整图层"命令，在子菜单中可以看到很多命令，执行其中某一项，如图7-38所示。

图 7-37

图 7-38

提示：使用"调整"面板

执行"窗口>调整"命令，打开"调整"面板，在"调整"面板中排列的图标与"图层>新建调整图层"菜单中的命令是相同的。可以在这里单击"调整"面板中的按钮创建调整图层，如图7-39所示。

图 7-39

另外，在"图层"面板底部单击"创建新的填充或调整图层"按钮 ，然后在弹出的菜单中选择相应的调整命令。

（2）弹出一个新建图层的窗口，在此处可以设置调整图层的名称，单击"确定"按钮即可，如图7-40所示。接着在"图层"面板中可以看到新建的调整图层，如图7-41所示。

图 7-40

图 7-41

（3）与此同时"属性"面板中会显示当前调整图层的参数设置（如果没有出现"属性"面板，则双击该调整图层的缩览图，即可重新弹出"属性"面板），随意调整参数，如图7-42所示。此时画面颜色发生了变化，如图7-43所示。

图 7-42

图 7-43

（4）在"图层"面板中能够看到每个调整图层都自动带有一个"图层蒙版"。在调整图层蒙版中可以使用黑、白色来控制受影响的区域。白色为受影响，黑色为不受影响，灰色为受到部分影响。例如，想要使刚才创建的"色彩平衡"调整图层只对画面中的下半部分起作用，那么则需要在蒙版中使用黑色画笔涂抹不想受调色命令影响的上半部分。选中"色彩平衡"调整图层的蒙版，然后设置前景为黑色，单击"画笔工具"按钮，设置合适的大小，在天空的区域涂抹黑色，如图7-44所示。被涂抹的区域变为调色之前的效果，如图7-45所示。

图 7-44　　　　　　图 7-45

提示：其他可以用于调色的功能

在Photoshop中进行调色时，不仅可以使用调色命令或者调整图层，还有很多可以辅助调色的功能，例如通过对纯色图层设置图层"混合模式"或"不透明度"改变画面颜色；或者使用画笔工具、颜色替换画笔、加深工具、减淡工具、海绵工具等对画面局部颜色进行更改。

7.2 自动调色命令

在"图像"菜单下有三个用于自动调整图像颜色问题的命令："自动色调""自动对比度"和"自动颜色"，如图7-46所示。这三个命令无须进行参数设置，执行命令后，Photoshop会自动计算图像颜色和明暗中存在的问题并进行校正，适合处理一些数码照片常见的偏色或者偏灰、偏暗、偏亮等问题。

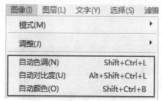

图 7-46

7.2.1　自动色调

"自动色调"命令常用于校正图像常见的偏色问题。打开一张略微有些偏色的图像，画面看起来有些偏黄，如图7-47所示。执行"图像>自动色调"命令，过多的黄色成分被去除了，效果如图7-48所示。

图 7-47　　　　　　图 7-48

7.2.2　自动对比度

"自动对比度"命令常用于校正图像对比过低的问题。打开一张对比度偏低的图像，画面看起来有些"灰"，如图7-49所示。执行"图像>自动对比度"命令，偏灰的图像会被自动提高对比度，效果如图7-50所示。

图 7-49　　　　　　　　　　图 7-50

7.2.3　自动颜色

"自动颜色"命令主要用于校正图像中颜色的偏差,例如图 7-51 所示的图像中,灰白色的背景偏向于红色,执行"图像>自动颜色"命令,可以快速减少画面中的红色,效果如图 7-52 所示。

图 7-51　　　　　　　　　　图 7-52

7.3　调整图像的明暗

在"图像>调整"菜单中有很多种调色命令,其中一部分调色命令主要针对图像的明暗进行调整。提高图像的明度可以使画面变亮,降低图像的明度可以使画面变暗;增强亮部区域的明亮程度并降低画面暗部区域的亮度则可以增强画面对比度,反之则会降低画面对比度,如图 7-53 和图 7-54 所示。

图 7-53　　　　　　　　　　图 7-54

【重点】7.3.1　亮度/对比度

"亮度/对比度"命令常用于使图像变得更亮、变暗一些、校正"偏灰"(对比度过低)的图像、增强对比度使图像更"抢眼"或弱化对比度使图像柔和。

扫一扫,看视频

打开一张图像,如图 7-55 所示。执行"图像>调整>亮度/对比度"命令,打开"亮度/对比度"窗口,如图 7-56 所示。执行"图层>新建调整图层>亮度/对比度"命令,可创建一个"亮度/对比度"调整图层。

图 7-55　　　　　　　　　　图 7-56

- 亮度:用来设置图像的整体亮度。如数值由小到大变化,为负值时,表示降低图像的亮度;为正值时,表示提高图像的亮度,如图 7-57 所示。

(a)亮度:-80　　　　　　　(b)亮度:80

图 7-57

- 对比度:用于设置图像亮度对比的强烈程度。如数值由小到大变化,为负值时,图像对比度会减弱;为正值时,图像对比度会增强,如图 7-58 所示。

(a)对比度:10　　　　　　　(b)对比度:80

图 7-58

- 预览:勾选该选项后,在"亮度/对比度"对话框中调节参数时,可以在文档窗口中观察到图像的亮度变化。
- 使用旧版:勾选该选项后,可以得到与 Photoshop CS3 以前的版本相同的调整结果。
- 自动:单击"自动"按钮,Photoshop 会自动根据画面进行调整。

【重点】7.3.2　动手练:色阶

"色阶"命令主要用于调整画面的明暗程度以及增强或降低对比度。"色阶"命令的优势在于可以单独对画面的阴影、中间调、高光以及亮

扫一扫,看视频

部、暗部区域进行调整。而且可以对各个颜色通道进行调整，以实现色彩调整的目的。

执行"图像>调整>色阶"命令(快捷键：Ctrl+L)，可打开"色阶"对话框，如图7-59所示。执行"图层>新建调整图层>色阶"命令，可创建一个"色阶"调整图层，如图7-60所示。

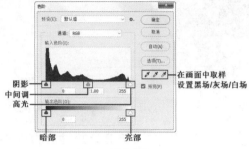

图 7-59

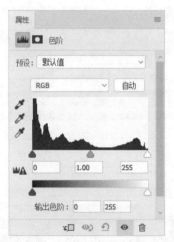

图 7-60

（1）打开一张图像，如图7-61所示。执行"图像>调整>色阶"命令，在"输入色阶"窗口中可以通过拖曳滑块来调整图像的阴影、中间调和高光，同时也可以直接在对应的输入框中输入数值。向右移动"阴影"滑块，画面暗部区域会变暗，如图7-62和图7-63所示。

图 7-61

（2）尝试向左移动"高光"滑块，画面亮部区域变亮，如图7-64和图7-65所示。

图 7-62

图 7-63

图 7-64

图 7-65

（3）向左移动"中间调"滑块，画面中间调区域会变亮，受其影响，画面大部分区域会变亮，如图7-66和图7-67所示。

中文版Photoshop CC平面设计从入门到精通（微课视频 全彩版）

图 7-66

图 7-67

（4）向右移动"中间调"滑块，画面中间调区域会变暗，受其影响，画面大部分区域会变暗，如图7-68和图7-69所示。

图 7-68

图 7-69

（5）在"输出色阶"中可以设置图像的亮度范围，从而降低对比度。向右移动"暗部"滑块，画面暗部区域会变亮，画

面会产生"变灰"的效果，如图7-70和图7-71所示。

图 7-70

图 7-71

（6）向左移动"亮部"滑块，画面亮部区域会变暗，画面同样会产生"变灰"的效果，如图7-72和图7-73所示。

图 7-72

图 7-73

（7）使用"在图像中取样以设置黑场" 吸管在图像中单

击取样,可以将单击点处的像素调整为黑色,同时图像中比该单击点暗的像素也会变成黑色,如图7-74和图7-75所示。

图 7-74

图 7-75

(8)使用"在图像中取样以设置灰场" 吸管在图像中单击取样,可以根据单击点像素的亮度来调整其他中间调的平均亮度,如图7-76和图7-77所示。

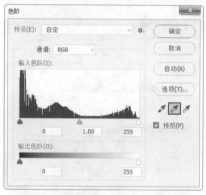

图 7-76

图 7-77

(9)使用"在图像中取样以设置白场" 吸管在图像中单击取样,可以将单击点处的像素调整为白色,同时图像中比该单击点亮的像素也会变成白色,如图7-78和图7-79所示。

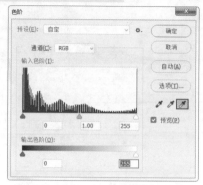

图 7-78

图 7-79

(10)如果想要使用"色阶"命令对画面颜色进行调整,则可以在"通道"列表中选择某个"通道",然后对该通道进行明暗调整,使某个通道变亮,如图7-80所示,画面则会更倾向于该颜色,如图7-81所示。而使某个通道变暗,则会减少画面中该颜色的成分,从而使画面倾向于该通道的补色。

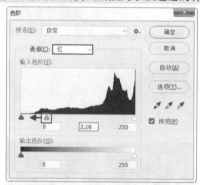

图 7-80

图 7-81

{重点} 7.3.3 动手练：曲线

"曲线"命令既可用于对画面的明暗和对比度进行调整，又常用于校正画面偏色问题以及调整出独特的色调效果。

执行"图像>调整>曲线"命令(快捷键：Ctrl+M)，打开"曲线"对话框，如图7-82所示。在"曲线"窗口中左侧为曲线调整区域，在这里可以通过改变曲线的形态调整画面的明暗程度。曲线上半部分控制画面的亮部区域；曲线中间段的部分控制画面中间调区域；曲线下半部分控制画面的暗部区域。

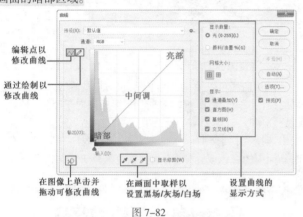

图 7-82

在曲线上单击即可创建一个点，然后通过按住并拖动曲线点的位置调整曲线形态。将曲线上的点向左上移动则会使图像变亮，将曲线点向右下移动可以使图像变暗。

执行"图层>新建调整图层>曲线"命令，创建一个"曲线"调整图层，同样能够进行相同效果的调整，如图7-83所示。

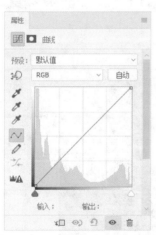

图 7-83

1. 使用"预设"的曲线效果

在"预设"下拉列表中共有9种曲线预设效果。图7-84和图7-85所示分别为原图与9种预设效果。

图 7-84

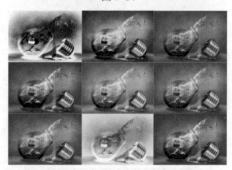

图 7-85

2. 提亮画面

预设并不一定适合所有情况，所以大部分都需要自己对曲线进行调整。例如，想让画面整体变亮一些，可以选择在曲线的中间调区域按住鼠标左键并向左上拖动，如图7-86所示，此时画面就会变亮，如图7-87所示。因为通常情况下，中间调区域控制的范围较大，所以想要对画面整体进行调整时，大多会选择在曲线中间段部分进行调整。

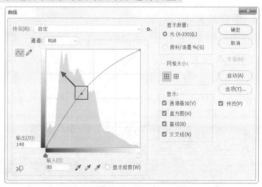

图 7-86

图 7-87

3. 压暗画面

想要使画面整体变暗一些，可以在曲线上中间调的区域上按住鼠标左键并向右下移动曲线，如图7-88所示。效果如图7-89所示。

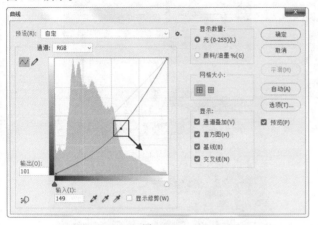

图 7-88

图 7-89

4. 调整图像对比度

想要增强画面对比度，则需要使画面亮部变得更亮，而暗部变得更暗。那么则需要将曲线调整为S形，在曲线上半段添加点向左上移动，在曲线下半段添加点向右下移动，如图7-90所示。反之，想要使图像对比度降低，则需要将曲线调整为Z形，如图7-91所示。

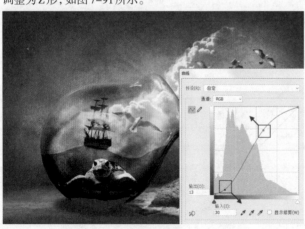

图 7-90

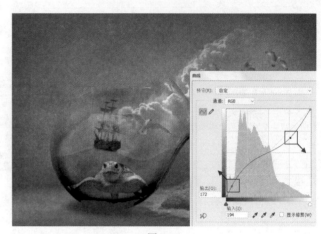

图 7-91

5. 调整图像的颜色

使用曲线可以校正偏色情况，也可以使画面产生各种各样的颜色倾向。例如图7-92所示的画面倾向于红色，那么在调色处理时，就需要减少画面中的"红"。所以可以在通道列表中选择"红"，然后调整曲线形态，将曲线向右下调整。此时画面中的红色成分减少，画面颜色恢复正常，如图7-93所示。当然，如果想要为图像进行色调的改变，则可以调整单独通道的明暗来使画面颜色改变。

图 7-92

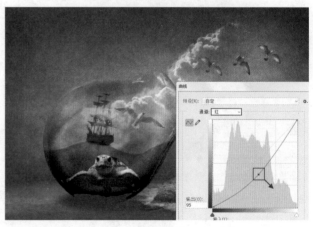

图 7-93

中文版Photoshop CC平面设计从入门到精通（微课视频 全彩版）

"曝光度"命令主要用来校正图像曝光过度或曝光不足的情况。图7-94所示为不同曝光程度的图像。

(a)曝光过低   (b)曝光正常   (c)曝光过度

图 7-94

打开一张图像，如图7-95所示。执行"图像>调整>曝光度"命令，打开"曝光度"对话框，如图7-96所示(或执行"图层>新建调整图层>曝光度"命令，创建一个"曝光度"调整图层，如图7-97所示)。在这里可以对曝光度数值进行设置来使图像变亮或者变暗。例如，适当增大"曝光度"数值，可以使原本偏暗的图像变亮一些，如图7-98所示。

图 7-95   图 7-96   图 7-97   图 7-98

- 预设：Photoshop预设了4种曝光效果，分别是"减1.0""减2.0""加1.0"和"加2.0"，如图7-99所示。
- 曝光度：向左拖曳滑块，可以降低曝光效果；向右拖曳滑块，可以增强曝光效果。图7-100所示为不同参数的对比效果。

(a)曝光度：-2   (b)曝光度：1

图 7-99   图 7-100

- 位移：该选项主要对阴影和中间调起作用。减小数值可以使其阴影和中间调区域变暗，但对高光基本不会产生影响。图7-101所示为不同参数的对比效果。

(a)位移：-0.2　　　**(b)位移：0.2**

图 7-101

- 灰度系数校正：使用一种乘方函数来调整图像灰度系数。滑块向左调整增大数值，滑块向右调整减小数值。图7-102所示为不同参数的对比效果。

(a)灰度系数校正：2　　　**(b)灰度系数校正：0.3**

图 7-102

[重点]7.3.5　动手练：阴影/高光

"阴影/高光"命令可以单独对画面中的阴影区域以及高光区域的明暗进行调整。"阴影/高光"命令常用于恢复由于图像过暗造成的暗部细节缺失，以及图像过亮导致的亮部细节不明确等问题，如图7-103和图7-104所示。

扫一扫，看视频

图 7-103　　　　图 7-104

（1）打开一张图像，如图7-105所示。执行"图像>调整>阴影/高光"命令，打开"阴影/高光"对话框，默认情况下只显示"阴影"和"高光"两个数值，如图7-106所示。增大"阴影"数值可以使画面暗部区域变亮，如图7-107所示。

图 7-105

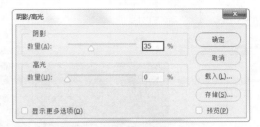

图 7-106

图 7-107

（2）而增大"高光"数值则可以使画面亮部区域变暗，如图7-108和图7-109所示。

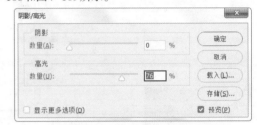

图 7-108

图 7-109

（3）"阴影/高光"可设置的参数并不只是这两个，勾选"显示更多选项"以后，可以显示"阴影/高光"的完整选项，如图7-110所示。"阴影"选项组与"高光"选项组的参数是相同的。

图 7-110

中文版Photoshop CC平面设计从入门到精通（微课视频 全彩版）

- **数量**："数量"选项用来控制阴影/高光区域的亮度。阴影的"数量"越大，阴影区域就越亮；高光的"数量"越大，高光越暗，如图7-111所示。

(a)阴影数量：10 (b)阴影数量：50

(c)高光数量：10 (d)高光数量：50

图7-111

- **色调**："色调"选项用来控制色调的修改范围，值越小，修改的范围越小。
- **半径**："半径"选项用于控制每个像素周围的局部相邻像素的范围大小。相邻像素用于确定像素是在阴影还是在高光中。数值越小，范围越小。
- **颜色**："颜色"选项用于控制画面颜色感的强弱，数值越小，画面饱和度越低；数值越大，画面饱和度越高，如图7-112所示。

(a)颜色：-100 (b)颜色：0 (c)颜色：+100

图7-112

- **中间调**：该选项用来调整中间调的对比度，数值越大，中间调的对比度越强，如图7-113所示。

(a)中间调：-100 (b)中间调：0 (c)中间调：+100

图7-113

- **修剪黑色**：该选项可以将阴影区域变为纯黑色，数值的大小用于控制变化为黑色阴影的范围。数值越大，变为黑色的区域越大，画面整体越暗。最大数值为50%，过大的数值会使图像丧失过多细节，如图7-114所示。

(a)修剪黑色：0.01% (b)修剪黑色：20% (c)修剪黑色：50%

图7-114

- **修剪白色**：该选项可以将高光区域变为纯白色，数值的大小用于控制变化为白色高光的范围。数值越大，变为白色的区域越大，画面整体越亮。最大数值为50%，过大的数值会使图像丧失过多细节，如图7-115所示。

(a)修剪白色：0.01% (b)修剪白色：20% (c)修剪白色：50%

图7-115

- **存储默认值**：如果要将对话框中的参数设置存储为默认值，可以单击该按钮。存储为默认值以后，再次打开"阴影/高光"对话框时，就会显示该参数。

7.4 调整图像的色彩

对图像"调色"，一方面是针对画面明暗的调整，另一方面是针对画面"色彩"的调整。在"图像>调整"命令中有十几种可以针对图像色彩进行调整的命令。通过使用这些命令既可以校正偏色的问题，又能够为画面打造出各具特色的色彩风格，如图7-116和图7-117所示。

图7-116 图7-117

 提示：学习调色时要注意的问题

调色命令虽然很多，但并不是每一种都特别常用。或者说，并不是每一种都适合自己使用。其实在实际调色过程中，想要实现某种颜色效果，往往是既可以使用这种命令，又可以使用那种命令。这时千万不要纠结于书中或者教程中使用的某个特定命令而去使用这个命令。只需要选择自己习惯使用的命令就可以。

【重点】7.4.1 自然饱和度

"自然饱和度"可以增加或减少画面颜色的鲜艳程度。"自然饱和度"常用于使外景照片更加明艳动人，或者打造出复古怀旧的色彩效果，如图7-118和图7-119所示。在"色相/饱和度"命令中也可以增加或降低画面的饱和度，但是与之相比，"自然饱和度"的数值调整更加柔和，不会因为饱和度过高而产生纯色，也不会因为饱和度过低而产生完全灰度的图像。所以，"自然饱和度"非常适合用于数码照片的调色。

扫一扫，看视频

| 图 7-118 | 图 7-119 |

打开图像文件，如图7-120所示。执行"图像>调整>自然饱和度"命令，打开"自然饱和度"对话框，在这里可以对"自然饱和度"以及"饱和度"数值进行调整，如图7-121所示。执行"图层>新建调整图层>自然饱和度"命令，可以创建一个"自然饱和度"调整图层，如图7-122所示。

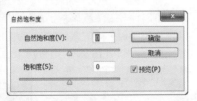

| 图 7-120 | 图 7-121 |

图 7-122

* 自然饱和度：向左拖曳滑块，可以降低颜色的饱和度；向右拖曳滑块，可以增加颜色的饱和度，如图7-123所示。

(a)自然饱和度：-100   (b)自然饱和度：100

图 7-123

* 饱和度：向左拖曳滑块，可以增加所有颜色的饱和度；向右拖曳滑块，可以降低所有颜色的饱和度，如图7-124所示。

(a)饱和度：-100   (b)饱和度：100

图 7-124

练习实例：插图颜色的简单调整

文件路径	资源包\第7章\插图颜色的简单调整
难易指数	★★★★★
技术要点	矩形选框工具、图层蒙版、曲线、自然饱和度

扫一扫，看视频

案例效果

案例效果如图7-125所示。

图 7-125

操作步骤

步骤 01 执行"文件>打开"命令，将背景素材1.jpg打开，如图7-126所示。本案例主要通过将水果图片置入画面中并对其色调进行简单的调整，让整体效果更加协调统一。执行"文件>置入嵌入对象"命令，将素材2.jpg置入画面中，调整大小放在画面中右上角位置并将该图层栅格化，如图7-127所示。

图 7-126

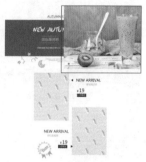

图 7-127

步骤 02 此时需要将多余部分隐藏。选择工具箱中的"矩形选框工具"，在素材上方绘制选区，如图7-128所示。接着选择素材图层，单击"图层"面板底部的"添加图层蒙版"按钮，为该图层添加图层蒙版，将不需要的部分隐藏。"图层"面板如图7-129所示。画面效果如图7-130所示。

图 7-128

图 7-129

图 7-130

步骤 03 置入的素材存在颜色偏暗、对比度较弱的问题，需

要进行操作。执行"图层>新建调整图层>曲线"命令，创建一个"曲线"调整图层。在弹出的"新建图层"窗口中单击"确定"按钮，然后在"属性"面板中对曲线进行调整，调整完成后单击面板底部的"此调整剪切到此图层"按钮，使调整效果只针对下方图层，如图7-131所示。效果如图7-132所示。

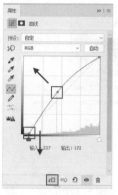

图 7-131

图 7-132

步骤 04 置入素材3.jpg，调整大小放在画面左边位置并将图层栅格化。然后，使用同样的方法将不需要的部分隐藏。画面效果如图7-133所示。

图 7-133

步骤 05 此时置入的素材饱和度较低，需要提高饱和度。执行"图层>新建调整图层>自然饱和度"命令，创建一个"自然饱和度"调整图层。在弹出的"新建图层"窗口中单击"确定"按钮，然后在"属性"面板中设置"自然饱和度"为+100，"饱和度"为+17，设置完成后单击面板底部的"此调整剪切到此图层"按钮，使调整效果只针对下方图层，如图7-134所示。效果如图7-135所示。

图 7-134

图 7-135

步骤 06 置入素材4.jpg，调整大小放在素材3.jpg的右下角位置并将该图层栅格化，如图7-136所示。

图 7-136

步骤 07 调整素材的明暗度与对比度。创建一个"曲线"调整图层，在"属性"面板中对曲线进行调整，调整完成后单击面板底部的"此调整剪切到此图层"按钮，使调整效果只针对下方图层，如图7-137所示。效果如图7-138所示。

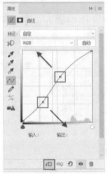

图 7-137　　　　　　图 7-138

步骤 08 在画面中增加一些装饰元素。将素材5.png置入画面中，调整大小放在画面的右边位置并将图层栅格化。案例最终效果如图7-139所示。

图 7-139

重点 7.4.2　色相/饱和度

用"色相/饱和度"命令可以对图像整体或者局部的色相、饱和度以及明度进行调整，还可

扫一扫，看视频

以对图像中的各个颜色(红、黄、绿、青、蓝、洋红)的色相、饱和度、明度分别进行调整。"色相/饱和度"命令常用于更改画面局部的颜色，或用于增强画面饱和度。

打开一张图像，如图7-140所示。执行"图像>调整>色相/饱和度"命令(快捷键：Ctrl+U)，打开"色相/饱和度"对话框。默认情况下，可以对整个图像的色相、饱和度、明度进行调整，如调整色相滑块，如图7-141所示(执行"图层>新建调整图层>色相/饱和度"命令，可以创建"色相/饱和度"调整图层，如图7-142所示)。画面的颜色发生了变化，如图7-143所示。

图 7-140　　　　　　图 7-141

图 7-142　　　　　　图 7-143

- 预设：在"预设"下拉列表中提供了8种色相/饱和度预设，如图7-144所示。

(a)氙版照片　(b)进一步增加饱和度　(c)增加饱和度　(d)旧样式

(e)红色提升　(f)深褐　(g)强饱和度　(h)黄色提升

图 7-144

- 全图 (通道下拉列表)：在通道下拉列表中可以选择全图、红色、黄色、绿色、青色、蓝色和洋红通道进行调整。如果想要调整画面某一种颜色

的色相、饱和度、明度，则可以在"颜色通道"列表中选择某一种颜色，然后进行调整。

◆ 色相：调整滑块可以更改画面各个部分或者某种颜色的色相，如图7-145所示。

(a)色相：-110 **(b)色相：130**

图7-145

◆ 饱和度：调整饱和度数值可以增强或减弱画面整体或某种颜色的鲜艳程度。数值越大，颜色越艳丽，如图7-146所示。

(a)饱和度：-50 **(b)饱和度：50**

图7-146

◆ 明度：调整明度数值可以使画面整体或某种颜色的明亮程度增加。数值越大越接近白色，数值越小越接近黑色，如图7-147所示。

明度：-50 **明度：50**

图7-147

◆ （在图像上单击并拖动可修改饱和度）：使用该工具在图像上单击设置取样点，如图7-148所示。然后向左拖曳鼠标可以降低图像的饱和度，向右拖曳鼠标可以增加图像的饱和度，如图7-149所示。

图7-148

图7-149

◆ 着色：勾选该选项以后，图像会整体偏向于单一的红色调。还可以通过拖曳三个滑块来调节图像的色调，如图7-150所示。

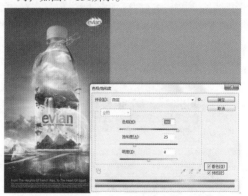

图7-150

练习实例：制作不同颜色的珍珠戒指

文件路径	资源包\第7章\制作不同颜色的珍珠戒指
难易指数	★★★★★
技术要点	椭圆选框工具、曲线、混合模式、色相/饱和度、可选颜色

扫一扫，看视频

案例效果

案例效果如图7-151所示。

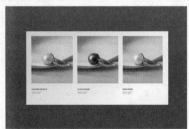

图 7-151

操作步骤

步骤01 本案例通过对原有珍珠进行调整，制作其他颜色的珍珠。首先制作金色的珍珠。执行"文件>打开"命令，在弹出的"打开"窗口中选择素材1.jpg，单击"打开"按钮，将素材打开，如图7-152所示。

图 7-152

步骤02 选择工具箱中的"椭圆选框工具"，按住Shift键的同时按住鼠标左键在画面中框选珍珠，如图7-153所示。由于框选的范围与珍珠的边缘不太吻合，所以，接着右击执行"变换选区"命令，对选区进行再次调整，使其与珍珠的边缘相吻合，调整完成后按Enter键完成操作，如图7-154所示。

图 7-153

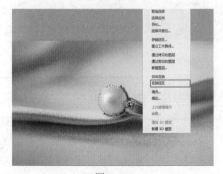

图 7-154

步骤03 经过操作，珍珠选区边缘存在一些细节需要处理，所以选择该图层，使用"缩放工具"将画面放大一些，接着选择工具箱中的"快速选择工具"，在选项栏中单击"从选区减去"按钮，设置较小的画笔，如图7-155所示。按住鼠标左键拖动，仔细地将珍珠右边的金属部分减去。效果如图7-156所示。

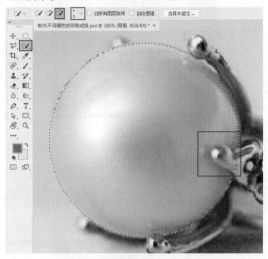

图 7-155

图 7-156

步骤04 执行"图层>新建>图层"命令，新建一个图层"金珠"。在当前选区的基础上设置"前景色"为褐色，使用快捷键Alt+Delete填充前景色，接着设置该图层"混合模式"为"叠加"，如图7-157所示。此时珍珠变为金色。效果如图7-158所示。

图 7-157

图 7-158

步骤 05 此时珍珠呈现出的颜色较亮,所以在刚刚创建的珍珠选区基础上执行"图层>新建调整图层>曲线"命令,创建一个"曲线"调整图层。在弹出的窗口中将光标放在曲线左下角位置,按住鼠标左键往右下方拖动,接着调节中间的控制点并往左上方拖动,如图7-159所示。此时,珍珠的颜色变暗。效果如图7-160所示。

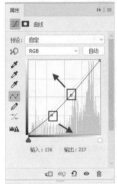

图 7-159   图 7-160

步骤 06 将金色珍珠的图层放置在一个图层组中并隐藏。接着制作粉色的珍珠。按住Ctrl键单击"金珠"图层缩览图,载入珍珠部分的选区,执行"图层>新建调整图层>色相/饱和度"命令,创建一个"色相/饱和度"调整图层。在弹出的窗口中设置"色相"为–15,"饱和度"为–25,"明度"为+15,如图7-161所示。粉珠效果如图7-162所示。

图 7-161   图 7-162

步骤 07 将粉色珍珠的图层放置在一个图层组中并隐藏。

接着制作黑色的珍珠。再次按住Ctrl键单击"金珠"图层缩览图,载入珍珠部分的选区。执行"图层>新建调整图层>曲线"命令,创建一个"曲线"调整图层。在弹出的窗口中将光标放在曲线左下角位置,按住鼠标左键往下方拖动,接着调节中间的控制点,如图7-163所示。此时,珍珠的颜色变暗。效果如图7-164所示。

图 7-163   图 7-164

步骤 08 经过调整,珍珠虽然变为了深色,但是颜色倾向于红色,本案例需要制作出的是倾向于青色的黑珠。接着载入珍珠部分的选区,执行"图层>新建调整图层>可选颜色"命令,创建一个"可选颜色"调整图层。设置"颜色"为中性色,调整"青色"为+30%,"洋红"为10%,"黄色"为–15%,"黑色"为%,如图7-165所示。黑珠效果如图7-166所示。

图 7-165   图 7-166

步骤 09 制作三种不同颜色珍珠的展示效果。首先需要将三种效果分别存储为jpg格式,以备之后调用。接下来执行"文件>打开"命令,打开素材3.psd,这个素材为分层素材,如图7-167和图7-168所示。

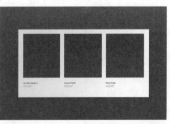

图 7-167   图 7-168

步骤 10 向当前文件中置入之前储存好的JPG格式的珍珠照片，将该图层放置在图层3的上方，如图7-169所示。并摆放在左侧的黑框处，缩放到合适比例，如图7-170所示。

图 7-169

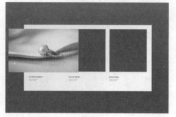
图 7-170

步骤 11 选择这个珍珠图层，执行"图层>创建剪贴蒙版"命令，效果如图7-171所示。使用同样的方法处理其他的照片，最终效果如图7-172所示。

图 7-171

图 7-172

〔重点〕7.4.3 色彩平衡

"色彩平衡"命令是根据颜色的补色原理控制图像颜色的分布。根据颜色之间的互补关系，要减少某个颜色就增加这种颜色的补色。所以，可以利用"色彩平衡"命令进行偏色问题的校正，如图7-173和图7-174所示。

扫一扫，看视频

图 7-173

图 7-174

打开一张图像，如图7-175所示。执行"图像>调整>色彩平衡"命令(快捷键：Ctrl+B)，打开"色彩平衡"对话框。首先设置"色调平衡"，选择需要处理的部分是阴影区域或中间调区域，还是高光区域，接着可以在上方调整各个色彩的滑块，如图7-176所示。执行"图层>新建调整图层>色彩平衡"命令，可以创建一个"色彩平衡"调整图层，如图7-177所示。

图 7-175

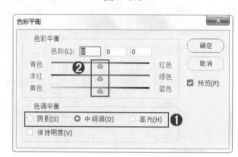
图 7-176

图 7-177

- 色彩平衡：用于调整"青色-红色""洋红-绿色"以及"黄色-蓝色"在图像中所占的比例，可以手动输入，也可以拖曳滑块来进行调整。例如，向左拖曳"青色-红色"滑块，可以在图像中增加青色，同时减少其补色红色，如图7-178所示；向右拖曳"青色-红色"滑块，可以在图像中增加红色，同时减少其补色青色，如图7-179所示。

图 7-178

图 7-179

- **色调平衡**：选择调整色彩平衡的方式，包含"阴影""中间调"和"高光"三个选项。图7-180所示分别是向"阴影""中间调"和"高光"添加蓝色以后的效果。

(a)阴影　　(b)中间调　　(c)高光

图 7-180

- **保留明度**：勾选"保留明度"选项，可以保持图像的色调不变，以防止亮度值随着颜色的改变而改变。图7-181所示为对比效果。

(a)未勾选"保留明度"　　(b)勾选"保留明度"

图 7-181

练习实例：冷调杂志大片调色

文件路径	资源包\第7章\冷调杂志大片调色
难易指数	★★★★★
技术要点	色相/饱和度、曲线、色彩平衡、自然饱和度

扫一扫，看视频

案例效果

案例处理前后的对比效果如图7-182和图7-183所示。

图 7-182

图 7-183

操作步骤

步骤 01　执行"文件>打开"命令，将背景素材1.jpg打开，如图7-184所示。本案例主要通过对人物素材整体色调的调整，制作出冷色调的杂志大片，提升画面整体的高级感。

图 7-184

步骤 02　画面中人物存在肤色偏黄的问题，需要调整。执行"图层>新建调整图层>色相/饱和度"命令，在弹出的"新建图层"窗口中单击"确定"按钮，创建一个"色相/饱和度"调整图层。在"属性"面板中选择"黄色"通道，设置"饱和度"为-100，"明度"为+50，如图7-185所示。此时肤色和头发中黄色的部分被去除。效果如图7-186所示。

图 7-185　　　　　　　　图 7-186

步骤 03　通过调整，人物锁骨和额头部位肤色仍然偏红，需要进一步调整。再次创建一个"色相/饱和度"调整图层，在"属性"面板中选择"红色"通道，设置"明度"为+55，如图7-187所示。使偏红的部分变亮一些，效果如图7-188所示。

图 7-187　　　　　　　　图 7-188

步骤 04 选择该调整图层的图层蒙版，将其填充为黑色，隐藏调色效果。然后选择工具箱中的"画笔工具"，在选项栏中设置大小合适的柔边圆画笔，设置"前景色"为白色，设置完成后在人物锁骨和额头部位涂抹，显示此处的调色效果，以达到提高肤色亮度的目的。"图层"面板如图7-189所示。画面效果如图7-190所示。

图 7-189

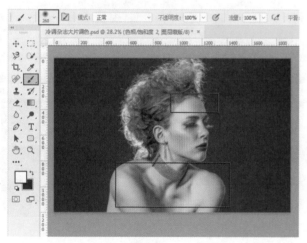

图 7-190

步骤 05 提高画面中人物的亮度和对比度。执行"图层>新建调整图层>曲线"命令，在弹出的"新建图层"中单击"确定"按钮，创建一个"曲线"调整图层。在"属性"面板中对曲线进行调整，如图7-191所示。效果如图7-192所示。

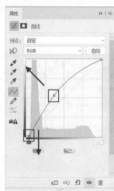

图 7-191

图 7-192

步骤 06 对画面的阴影与高光进行调整，让整体呈现出冷色调。执行"图层>新建调整图层>色彩平衡"命令，在"属性"面板中"色调"选择"阴影"，设置"黄色-蓝色"为+15，如图7-193所示。接着"色调"选择"高光"，设置"青色-红色"为-8，如图7-194所示。画面效果如图7-195所示。

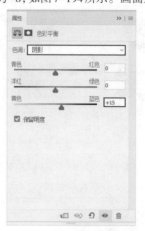

图 7-193　　　　　　　图 7-194

图 7-195

步骤 07 此时画面整体呈现出偏蓝的冷色调，但是存在饱和度不够的问题。执行"图层>新建调整图层>自然饱和度"命令，设置"自然饱和度"为+100，如图7-196所示。效果如图7-197所示。

图 7-196　　　　　　　图 7-197

步骤 08 在画面中适当地添加文字，让整体效果更加丰富。执行"文件>置入嵌入对象"命令，将文字素材2.png置入画面中。调整大小放在画面中的合适位置并将图形栅格化，如图7-198所示。

图 7-198

x

重点 7.4.4 黑白

"黑白"命令可以去除画面中的色彩,将图像转换为黑白效果,在转换为黑白效果后还可以对画面中每种颜色的明暗程度进行调整。"黑白"命令常用于将彩色图像转换为黑白效果,也可以使用"黑白"命令制作单色图像,如图7-199所示。

扫一扫,看视频

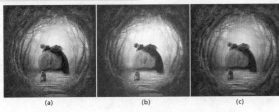

图 7-199

打开一张图像,如图7-200所示。执行"图像>调整>黑白"命令(快捷键:Alt+Shift+Ctrl+B),打开"黑白"对话框,在这里可以对各种颜色的数值进行调整,以设置各种颜色转换为灰度后的明暗程度,如图7-201所示。执行"图层>新建调整图层>黑白"命令,创建一个"黑白"调整图层,如图7-202所示。画面效果如图7-203所示。

图 7-200

图 7-201　　　　图 7-202

图 7-203

- 预设:在"预设"下拉列表中提供了多种预设的黑白效果,可以直接选择相应的预设来创建黑白图像。
- 颜色:这6个选项用来调整图像中特定颜色的灰色调。例如,减小青色数值,会使包含青色的区域变深;增大青色数值,会使包含青色的区域变浅,如图7-204所示。

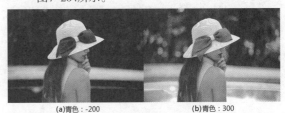

(a)青色:-200　　　　(b)青色:300

图 7-204

- 色调:想要创建单色图像,可以勾选"色调"选项。接着单击右侧色块设置颜色;或者调整"色相""饱和度"数值来设置着色后的图像颜色,如图7-205所示。效果如图7-206所示。

图 7-205　　　　　　　　图 7-206

练习实例:使用调色与滤镜制作水墨画效果

文件路径	资源包\第7章\使用调色与滤镜制作水墨画效果
难易指数	★★★★★
技术要点	黑白、曲线、海绵滤镜

扫一扫,看视频

案例效果

案例效果如图7-207所示。

图 7-207

操作步骤

步骤 01 执行"文件>打开"命令，打开素材1.jpg，如图7-208所示。

图 7-208

步骤 02 执行"图层>新建调整图层>黑白"命令，设置"预设"为默认值，如图7-209所示。此时画面效果如图7-210所示。

图 7-209　　　　　　图 7-210

步骤 03 执行"图层>新建调整图层>曲线"命令，在弹出的窗口中，在高光调部分单击添加控制点并向上拖动，然后在阴影部分单击添加控制点并向下拖动，如图7-211所示。此时画面效果如图7-212所示。

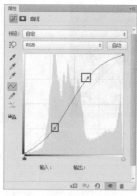

图 7-211　　　　　　图 7-212

步骤 04 按下盖印图层快捷键Ctrl+Alt+Shift+E，得到一个合并图层，如图7-213所示。选中盖印图层，执行"滤镜>转换为智能滤镜"命令，如图7-214所示。

图 7-213　　　　　　图 7-214

步骤 05 执行"滤镜>滤镜库"命令，在打开的"滤镜库"窗口中选择"艺术效果"文件夹，如图7-215所示。单击"海绵"按钮，设置"画笔大小"为10，"平滑度"为15，单击"确定"按钮完成设置，如图7-216所示。

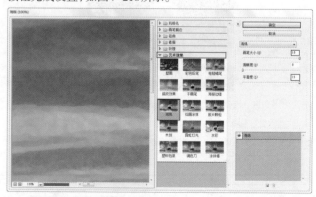

图 7-215

图 7-216

步骤 06 选中盖印图层,执行"图层>新建调整图层>曲线"命令,在"属性"面板中调整曲线形状,如图7-217所示。此时画面效果如图7-218所示。

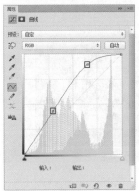

图 7-217　　　　　　图 7-218

步骤 07 执行"文件>置入嵌入对象"命令,置入素材2.png。将置入对象调整到合适的大小、位置,然后按Enter键完成置入操作。最终效果如图7-219所示。

图 7-219

7.4.5 动手练:照片滤镜

"照片滤镜"命令与摄影师经常使用的"彩色滤镜"效果非常相似,可以为图像"蒙"上某种颜色,以使图像产生明显的颜色倾向。"照片滤镜"命令常用于制作冷调或暖调的图像。

扫一扫,看视频

(1)打开一张图像,如图7-220所示。执行"图像>调整>照片滤镜"命令,打开"照片滤镜"对话框。在"滤镜"下拉

列表中可以选择一种预设的效果应用到图像中,如选择"冷却滤镜",如图7-221所示。此时图像变为冷调,如图7-222所示。(执行"图层>新建调整图层>照片滤镜"命令,可以创建一个"照片滤镜"调整图层,也可以进行相同的调色操作。)

图 7-220

图 7-221　　　　　　图 7-222

(2)如果列表中没有适合的颜色,也可以直接选中"颜色"选项,自行设置合适的颜色,如图7-223所示。效果如图7-224所示。

图 7-223　　　　　　图 7-224

(3)设置"浓度"数值可以调整滤镜颜色应用到图像中的颜色百分比。数值越高,应用到图像中的颜色浓度就越大;数值越小,应用到图像中的颜色浓度就越低。图7-225所示为不同浓度的对比效果。

浓度:30%　　　　　　浓度:80%

图 7-225

7.4.6 通道混合器

"通道混合器"命令可以将图像中的颜色通道相互混合，能够对目标颜色通道进行调整和修复。常用于偏色图像的校正。

打开一张图像，如图7-226所示。执行"图像>调整>通道混合器"命令，打开"通道混合器"窗口，首先在"输出通道"列表中选择需要处理的通道，然后调整各个颜色滑块，如图7-227所示。效果如图7-228所示。

图 7-226　　　　　　　　　　　　　图 7-227　　　　　　　　　　　　　图 7-228

- 预设：Photoshop提供了6种制作黑白图像的预设效果。
- 输出通道：在下拉列表中可以选择一种通道来对图像的色调进行调整。
- 源通道：用来设置源通道在输出通道中所占的百分比。例如，设置"输出通道"为红，增大红色数值，如图7-229所示。画面中红色的成分增加，如图7-230所示。

图 7-229　　　　　　　　　　　　　图 7-230

- 总计：显示源通道的计数值。如果计数值大于100%，则有可能会丢失一些阴影和高光细节。
- 常数：用来设置输出通道的灰度值，负值可以在通道中增加黑色，正值可以在通道中增加白色，如图7-231所示。

(a)红通道常数：-50%　　　　　　　(b)红通道常数：0%　　　　　　　(c)红通道常数：50%

图 7-231

- **单色**：勾选该选项以后，图像将变成黑白效果。可以通过调整各个通道的数值调整画面的黑白关系，如图7-232和图7-233所示。

图 7-232

图 7-233

7.4.7 颜色查找

不同的数字图像输入或输出设备都有自己特定的色彩空间，这就导致了色彩在不同的设备之间传输时可能会出现不匹配的现象。"颜色查找"命令可以使画面颜色在不同的设备之间精确传递和再现。

扫一扫，看视频

选中一张图像，如图7-234所示。执行"图像>调整>颜色查找"命令，打开"颜色查找"窗口。在弹出的窗口中可以从以下方式中选择用于颜色查找的方式：3DLUT文件、摘要、设备链接，并在每种方式的下拉列表中选择合适的类型，如图7-235所示。

图 7-234

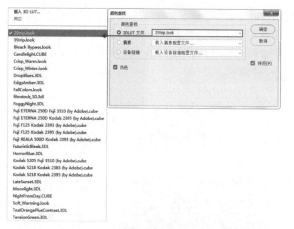

图 7-235

选择完成后，可以看到图像整体颜色发生了风格化的效果，画面效果如图7-236所示。执行"图层>新建调整图层>颜色查找"命令，可以创建"颜色查找"调整图层，如图7-237所示。

图 7-236   图 7-237

7.4.8 反相

"反相"命令可以将图像中的颜色转换为它的补色，呈现出负片效果，即红变绿、黄变蓝、黑变白。

执行"图层>调整>反相"命令（快捷键：Ctrl+I），即可得到反相效果。对比效果如图7-238和图7-239所示。"反相"命令是一个可以逆向操作的命令。执行"图层>新建调整图层>反相"命令，创建一个"反相"调整图层，该调整图层没有参数可供设置。

扫一扫，看视频

图 7-238   图 7-239

举一反三：快速得到反相的图层蒙版

"反相"命令可以快速地将画面中的黑与白进行倒置，而这一功能可以方便地翻转图层蒙版的显隐状态。例如，当前图层的蒙版中隐藏了天空而显示了海面,如图7-240所示。选中该图层蒙版,使用反相命令快捷键Ctrl+I,可以快速将图层蒙版的黑白关系反相,从而显示出天空而隐藏海面,如图7-241所示。

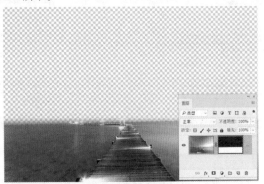

图 7-240

图 7-241

7.4.9 色调分离

扫一扫,看视频

"色调分离"命令可以通过为图像设定色调数目来减少图像的色彩数量。图像中多余的颜色会映射到最接近的匹配级别。选择一个图层,如图7-242所示。执行"图层>调整>色调分离"命令,打开"色调分离"对话框,如图7-243所示。在"色调分离"对话框中可以进行"色阶"数量的设置,设置的"色阶"值越小,分离的色调越多;"色阶"值越大,保留的图像细节就越多,如图7-244所示。执行"图层>新建调整图层>色调分离"命令,可以创建一个"色调分离"调整图层,如图7-245所示。

图 7-242

图 7-243

图 7-244

图 7-245

7.4.10 阈值

扫一扫,看视频

"阈值"命令可以将图像转换为只有黑白两色的效果。选择一个图层,如图7-246所示。执行"图层>调整>阈值"命令,打开"阈值"对话框,如图7-247所示。(执行"图层>新建调整图层>阈值"命令,可以创建"阈值"调整图层。)"阈值色阶"数值可以指定一个色阶作为阈值,高于当前色阶的像素都将变为白色,低于当前色阶的像素都将变为黑色。效果如图7-248所示。

图 7-246

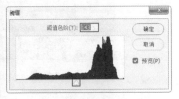

图 7-247

图 7-248

7.4.11 渐变映射

扫一扫,看视频

"渐变映射"命令是先将图像转换为灰度图像,然后设置一个渐变,将渐变中的颜色按照图像的灰度范围一一映射到图像中,使图像中只保留渐变中存在的颜色。选择一个图层,如图7-249所示。执行"图像>调整>渐变映射"命令,打开"渐变映射"对话框。单击"灰度映射所用的渐变"按钮,打开"渐变编辑器"对话框,在该对话框中可以选择或重新编辑一种渐变应用到图像上,如图7-250所示。画面效果如图7-251所示。执行"图层>新建调整图层>渐变映射"命令,可以创建一个"渐变映射"调整图层，如图7-252所示。

图7-249　　　　　　　图7-250

图7-251　　　　　　　图7-252

- ◆ 仿色：勾选该选项以后，Photoshop会添加一些随机的杂色来平滑渐变效果。
- ◆ 反向：勾选该选项以后，可以反转渐变的填充方向，映射出的渐变效果也会发生变化。

练习实例：使用渐变映射制作对比色版面

文件路径	资源包\第7章\使用渐变映射制作对比色版面
难易指数	★★★★★
技术要点	渐变映射、横排文字工具

扫一扫，看视频

案例效果

案例效果如图7-253所示。

图7-253

操作步骤

步骤 01　执行"文件>新建"命令，创建一个大小合适的空白文档。设置"前景色"为浅灰色，使用快捷键Alt+Delete为背景填充浅灰色，如图7-254所示。选择工具箱中的"矩形工具"，在选项栏中设置"绘制模式"为"形状"，"填充"为灰色，"描边"为无。设置完成后在画面左下角位置绘制矩形，如图7-255所示。

图7-254　　　　　　　图7-255

步骤 02　使用移动复制的方法复制出另外两个矩形，并借助对齐、分布功能均匀排列，如图7-256所示。此时绘制的三个矩形分别在单独的图层，需要将其合并到一个图层。按住Ctrl键依次加选三个矩形图层，使用快捷键Ctrl+E将其合并到一个图层，如图7-257所示。

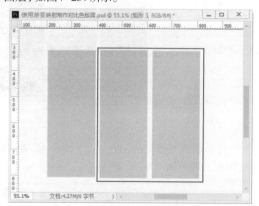

图7-256

图7-257

步骤 03　执行"文件>置入嵌入对象"命令，将素材1.jpg置入画面中。调整大小放在画面中灰色矩形上方位置并将图层栅格化处理，如图7-258所示。接着选择素材图层，右击执行"创建剪贴蒙版"命令创建剪贴蒙版，将素材不需要的部分隐藏。效果如图7-259所示。

图 7-258　　　　　　　　　图 7-259

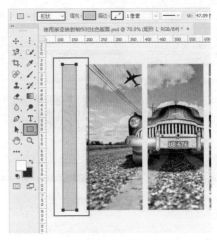

图 7-264

步骤 04　对素材进行调色，增强画面的对比度。执行"图层>新建调整图层>渐变映射"命令，创建一个"渐变映射"调整图层。在弹出的"属性"面板中"渐变映射"的渐变选择"紫-橙渐变"，设置完成后单击面板底部的"此调整剪切到此图层"按钮，使调整效果只针对下方图层，如图7-260所示。画面效果如图7-261所示。

图 7-260　　　　　　　　　图 7-261

图 7-265

步骤 07　在画面中添加文字。选择工具箱中的"横排文字工具"，在选项栏中设置合适的字体、字号和颜色，设置完成后在素材上方单击输入文字，如图7-266所示。文字输入完成后按快捷键Ctrl+Enter完成操作。接着选择该文字图层，执行"窗口>字符"命令，在弹出的"字符"窗口中设置"字符间距"为-20%，如图7-267所示。效果如图7-268所示。

步骤 05　选择该调整图层，设置"混合模式"为"滤色"，如图7-262所示。效果如图7-263所示。

图 7-262　　　　　　　　　图 7-263

步骤 06　使用"矩形工具"，在选项栏中设置"绘制模式"为"形状"，"填充"为黄色，"描边"为无，设置完成后在素材左边位置绘制矩形，如图7-264所示。然后使用同样的方法在素材右边绘制矩形，如图7-265所示。

图 7-266

图 7-267

图 7-268

步骤 08 使用同样的方法在画面中单击输入其他的文字,并设置相应的字符样式。效果如图7-269所示。此时使用渐变映射制作对比版面的操作完成。

图 7-269

重点 7.4.12 动手练：可选颜色

"可选颜色"命令可以为图像中各个颜色通道增加或减少某种印刷色的成分含量。使用"可选颜色"命令可以非常方便地对画面中某种颜色的色彩倾向进行更改。

扫一扫,看视频

(1)打开一张图像,如图7-270所示。执行"图像>调整>可选颜色"命令,在打开的"可选颜色"窗口中首先选择需要处理的颜色,然后调整下方的色彩滑块,如图7-271所示。

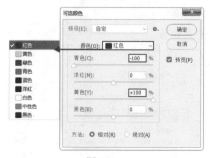

图 7-270

图 7-271

(2)在这张图中衣服和地毯为蓝色调,接着通过"可选颜色"将其调整为紫色。如果要调整蓝色,那么将"颜色"设置为"蓝色",向左移动"青色"滑块可以降低画面中青色的含量,然后向右拖动"洋红"滑块,增加画面中洋红含量,此时衣服和地毯变为了紫色。参数设置如图7-272所示。通过勾选"预览"选项,画面效果如图7-273所示。

图 7-272

图 7-273

(3)提高画面高光区域的亮度,画面中白色的背景和皮肤为高光区域,所以设置"颜色"为"白色",然后向左拖动"黑色"滑块,如图7-274所示。这样画面中高光区域中的黑色含量被降低了,高光区域的亮度也就被提高了,如图7-275所示。

图 7-274

图 7-275

练习实例：柔和粉灰色调

文件路径	资源包\第7章\柔和粉灰色调
难易指数	★★★★★
技术要点	混合模式、可选颜色

扫一扫,看视频

案例效果

案例处理前后的对比效果如图7-276和图7-277所示。

图 7-276

图 7-277

操作步骤

步骤 01 执行"文件>置入嵌入对象"命令,将人物素材1.jpg打开,如图7-278所示。本案例首先在画面中添加粉色并通过"混合模式""可选颜色""曲线"等操作制作出柔和的粉灰色调,让整体效果更加突出。在背景图层上方新建一个图层,设置"前景色"为粉色,然后使用快捷键Alt+Delete进行前景色填充,如图7-279所示。

图7-278 图7-279

步骤 02 将粉色与背景融为一体。选择该图层,设置"混合模式"为"柔光",如图7-280所示。效果如图7-281所示。

图7-280 图7-281

步骤 03 此时画面中的粉色调不是太明显,选择粉色图层,使用快捷键Ctrl+J将其复制一份。"图层"面板如图7-282所示。增强画面的粉色效果。效果如图7-283所示。

图7-282 图7-283

步骤 04 增强画面中的粉色调。执行"图层>新建调整图层>可选颜色"命令,在弹出的"新建图层"窗口中单击"确定"

按钮,创建一个"可选颜色"调整图层。在"属性"面板中"颜色"选择"洋红",设置"洋红"为+60%,如图7-284所示。接着"颜色"选择"白色",设置"洋红"为+60%,如图7-285所示。画面效果如图7-286所示。

图7-284 图7-285 图7-286

步骤 05 选择"可选颜色"调整图层的图层蒙版,然后单击工具箱中的"画笔工具"按钮,在选项栏中设置大小合适的笔尖,设置"前景色"为黑色,设置完成后在画面中人物部位涂抹。"图层"面板效果如图7-287所示。画面效果如图7-288所示。

图7-287 图7-288

步骤 06 为画面中人物提高亮度。执行"图层>新建调整图层>曲线"命令,在弹出的"新建图层"窗口中单击"确定"按钮,创建一个"曲线"调整图层。在"属性"面板中将曲线向左上角拖动,如图7-289所示。效果如图7-290所示。

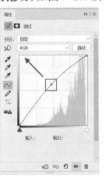 

图7-289 图7-290

中文版Photoshop CC平面设计从入门到精通(微课视频 全彩版)

步骤 07 此时画面中存在背景过亮的问题,需要适当地降低亮度。再次创建一个"曲线"调整图层,在"属性"面板中将曲线向右下角拖动,如图7-291所示。效果如图7-292所示。

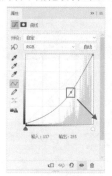

图 7-291　　　　　图 7-292

步骤 08 在将背景压暗的同时人物的肤色也变暗,所以需要将人物上方的调整效果隐藏。选择该曲线调整图层的图层蒙版,然后使用大小合适的柔边圆画笔,设置前景色为黑色,设置完成后在人物皮肤位置涂抹。"图层"面板效果如图7-293所示。画面效果如图7-294所示。此时柔和粉灰色调的画面制作完成。

图 7-293　　　　　图 7-294

7.4.13 动手练:使用HDR色调

"HDR色调"命令常用于处理风景照片,可以使画面增强亮部和暗部的细节和颜色感,使图像更具有视觉冲击力。

(1) 选择一个图层,如图7-295所示。执行 扫一扫,看视频 "图像>调整>HDR色调"命令,打开"HDR色调"对话框,如图7-296所示。默认的参数增强了图像的细节感和颜色感,效果如图7-297所示。

图 7-295

图 7-296

图 7-297

(2) 在"预设"下拉列表中可以看到多种"预设"效果,如图7-298所示,单击即可快速为图像赋予该效果。图7-299所示为不同的预设效果。

图 7-298

(a)单色艺术效果　　　(b)更加饱和

图 7-299

（3）虽然预设效果有很多种，但是实际使用的时候会发现预设效果与实际想要的效果还是有一定距离，所以可以选择一个与预期较接近的"预设"，然后适当修改下方的参数，以制作出合适的效果。

- 半径：边缘光是指图像中颜色交界处产生的发光效果。半径数值用于控制发光区域的宽度，如图7-300所示。

(a)边缘光半径：**20**　　　(b)边缘光半径：**80**

图 7-300

- 强度：强度数值用于控制发光区域的明亮程度，如图7-301所示。

(a)边缘光强度：**20**　　　(b)边缘光强度：**80**

图 7-301

- 灰度系数：用于控制图像的明暗对比。向左移动滑块，数值变大，对比度增强；向右移动滑块，数值变小，对比度减弱，如图7-302所示。

(a)灰度系数：**2**　　　(b)灰度系数：**0.2**

图 7-302

- 曝光度：用于控制图像明暗。数值越小，画面越暗；数值越大，画面越亮，如图7-303所示。

(a)曝光度：**-3**　　(b)曝光度：**0**　　(c)曝光度：**2**

图 7-303

- 细节：增强或减弱像素对比度以实现柔化图像或锐化图像。数值越小，画面越柔和；数值越大，画面越锐利，如图7-304所示。

(a)细节：**-100%**　　(b)细节：**0%**　　(c)细节：**300%**

图 7-304

- 阴影：设置阴影区域的明暗。数值越小，阴影区域越暗；数值越大，阴影区域越亮，如图7-305所示。

(a)阴影：**-100%**　　　(b)阴影：**0%**

图 7-305

- 高光：设置高光区域的明暗。数值越小，高光区域越暗；数值越大，高光区域越亮，如图7-306所示。

(a)高光：**-60%**　　　(b)高光：**60%**

图 7-306

- 自然饱和度：控制图像中色彩的饱和程度，增大数值可使画面颜色感增强，但不会产生灰度图像和溢色。
- 饱和度：可用于增强或减弱图像颜色的饱和程度，数值越大颜色纯度越高，数值为-100%时为灰度图像。
- 色调曲线和直方图：展开该选项组，可以进行"色调曲线"形态的调整，此选项与"曲线"命令的使用方法基本相同，如图7-307和图7-308所示。

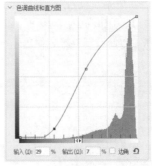

图 7-307　　　　　图 7-308

7.4.14 去色

"去色"命令无须设置任何参数，可以直接将图像中的颜色去掉，使其成为灰度图像。

打开一张图像，如图7-309所示。然后执行"图像>调整>去色"命令(快捷键：Shift+Ctrl+U)，可以将其调整为灰度效果，如图7-310所示。

扫一扫，看视频

图 7-309 　　　　　　　图 7-310

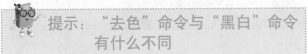
提示："去色"命令与"黑白"命令有什么不同

"去色"命令与"黑白"命令都可以制作出灰度图像。但是"去色"命令只能简单地去掉所有颜色；而"黑白"命令则可以通过参数的设置来调整各种颜色在黑白图像中的亮度，以得到层次丰富的黑白照片。

7.4.15 动手练：匹配颜色

"匹配颜色"命令可以将图像1中的色彩关系映射到图像2中，使图像2产生与之相同的色彩。使用"匹配颜色"命令可以便捷地更改图像颜色，可以在不同的图像文件中进行"匹配"，也可以匹配同一个文档中不同图层之间的颜色。

扫一扫，看视频

(1) 打开需要处理的图像，图像1为青色调，如图7-311所示。将用于匹配的"源"图片置入，图像2为紫色调，如图7-312所示。

图 7-311 　　　　　　　图 7-312

(2) 选择图像1所在的图层，隐藏其他图层，如图7-313所示。执行"图像>调整>匹配颜色"命令，弹出"匹配颜色"窗口，设置"源"为当前文档，然后选择紫色调的图像2所在图层，如图7-314所示。此时图像1变为了紫色调，如图7-315所示。

图 7-313 　　　　　　　图 7-314

图 7-315

(3) 在"图像选项"选项组中还可以进行"明亮度""颜色强度""渐隐"的设置，设置完成后单击"确定"按钮，如图7-316所示。效果如图7-317所示。

图 7-316

305

图 7-317

- 明亮度："明亮度"选项用来调整图像匹配的明亮程度。
- 颜色强度："颜色强度"选项相当于图像的饱和度，因此它用来调整图像色彩的饱和度。数值越低，画面越接近单色效果。
- 渐隐："渐隐"选项决定了有多少源图像的颜色匹配到目标图像的颜色中。数值越大，匹配程度越低，越接近图像原始效果。
- 中和："中和"选项主要用来中和匹配后与匹配前的图像效果，常用于去除图像中的偏色现象。
- 使用源选区计算颜色：可以使用源图像中的选区图像的颜色来计算匹配颜色。
- 使用目标选区计算调整：可以使用目标图像中的选区图像的颜色来计算匹配颜色（注意，这种情况必须选择源图像为目标图像）。

重点 7.4.16 动手练：替换颜色

"替换颜色"命令可以修改图像中选定颜色的色相、饱和度和明度，从而将选定的颜色替换为其他颜色。如果要更改画面中某个区域的颜色，以常规的方法是先得到选区，然后填充其他颜色。而使用"替换颜色"命令则可以免去很多麻烦，通过在画面中单击拾取的方式，直接对图像中指定颜色进行色相、饱和度以及明度的修改即可实现颜色的更改。

（1）选择需要调整的图层。执行"对象>调整>替换颜色"命令，打开"替换颜色"窗口。首先需要在画面中取样，以设置需要替换的颜色。默认情况下选择的是"吸管工具" ，将光标移动到需要替换颜色的位置单击拾取颜色，此时缩览图中白色的区域代表被选中（也就是会替换的部分）。在拾取颜色时，可以配合容差值进行调整，如图7-318所示。如果有未选中的位置，可以使用"添加到取样"工具在未选中的位置单击，直到需要替换颜色的区域全部被选中（在缩览图中变为白色），如图7-319所示。

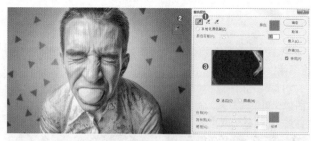

图 7-318

图 7-319

（2）更改"色相""饱和度"和"明度"选项调整替换的颜色，"结果"色块显示出替换后的颜色效果，如图7-320所示。设置完成后单击"确定"按钮。

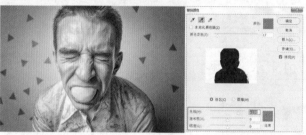

图 7-320

- 本地化颜色簇：该选项主要用来同时在图像上选择多种颜色。
- ：这三个工具用于在画面设置选中被替换的区域。使用"吸管工具" 在图像上单击，可以选中单击点处的颜色，同时在"选区"缩略图中也会显示出选中的颜色区域（白色代表选中的颜色，黑色代表未选中的颜色）。使用"添加到取样" 在图像上单击，可以将单击点处的颜色添加到选中的颜色中。使用"从取样中减去" 在图像上单击，可以将单击点处的颜色从选定的颜色中减去。
- 颜色容差：该选项用来控制选中颜色的范围。数值越大，选中的颜色范围越广。图7-321所示为"颜色容差"为20的效果，图7-322所示为"颜色容差"为80的效果。

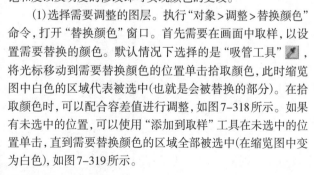

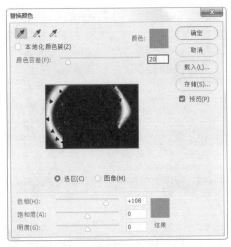

图 7-321

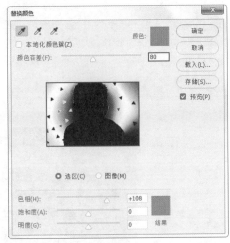

图 7-322

- 选区/图像：选择"选区"方式，可以蒙版方式进行显示，其中白色表示选中的颜色，黑色表示未选中的颜色，灰色表示只选中了部分颜色；选择"图像"方式，则只显示图像。
- 色相/饱和度/明度：用于设置替换后颜色的参数。

7.4.17 色调均化

"色调均化"命令可以将图像中全部像素的亮度值进行重新分布，使图像中最亮的像素变成白色，最暗的像素变成黑色，中间的像素均匀分布在整个灰度范围内。

扫一扫，看视频

1. 均化整个图像的色调

选择需要处理的图层，如图7-323所示。执行"图像>调整>色调均化"命令，使图像均匀地呈现出所有范围的亮度级，如图7-324所示。

图 7-323　　　　　　　图 7-324

2. 均化选区中的色调

如果图像中存在选区，如图7-325所示，则执行"色调均化"命令时会弹出一个对话框，用于设置色调均化的选项，如图7-326所示。

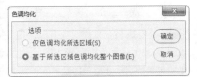

图 7-325　　　　　　　图 7-326

如果想只处理选区中的部分，则选择 "仅色调均化所选区域"，如图7-327所示。如果选择"基于所选区域色调均化整个图像"，则可以按照选区内的像素明暗均化整个图像，如图7-328所示。

图 7-327　　　　　　　图 7-328

综合实例：HDR感暖调复古色

文件路径	资源包\第7章\HDR感暖调复古色
难易指数	★★★★★
技术要点	亮度/对比度、阴影/高光、智能锐化、可选颜色、曲线

扫一扫，看视频

案例效果

案例效果如图7-329所示。

图 7-329

操作步骤

步骤 01 执行"文件>打开"命令，将背景素材1.jpg打开，如图7-330所示。本案例主要通过调整人物风景图片的色调和明暗对比来打造HDR感的暖调复古色。接着执行"文件>置入嵌入对象"命令，将人物风景图片素材2.jpg置入画面中，调整大小放在背景的灰色区域内并将该图层栅格化，如图7-331所示。

图 7-330

图 7-331

步骤 02 校正整体颜色偏暗且对比度较弱的情况。选择素材图层，执行"图层>新建调整图层>亮度/对比度"命令，创建一个"亮度/对比度"调整图层。在弹出的"属性"面板中设置"亮度"为25，"对比度"为35，设置完成后单击面板底部的"此调整剪切到此图层"按钮，使调整效果只针对下方图层，如图7-332所示。效果如图7-333所示。然后使用快捷键Ctrl+Shift+Alt+E将操作完成的图层盖印。

图 7-332

图 7-333

步骤 03 人物风景素材图片中存在暗部和亮部细节缺失的情况，需要进一步调整。选择盖印图层，执行"图像>调整>阴影/高光"命令，在弹出的"阴影/高光"窗口中设置"阴影"的"数量"为30%，"高光"的"数量"为13%，设置完成后单击"确定"按钮完成操作，如图7-334所示。画面效果如图7-335所示。

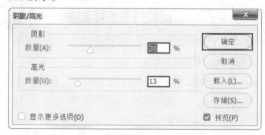

图 7-334

中文版Photoshop CC平面设计从入门到精通（微课视频 全彩版）

图 7-335

步骤 04 此时画面中的细节较模糊，不够突出，需要对其进行适当的锐化来增加清晰度。选择该图层，执行"滤镜>锐化>智能锐化"命令，在弹出的"智能锐化"窗口中设置"数量"为100%，"半径"为3.0像素，"减少杂色"为10%，"移去"为"高斯模糊"，设置完成后单击"确定"按钮完成操作，如图 7-336所示。效果如图 7-337所示。

图 7-336

图 7-337

步骤 05 对图片进行色调的整体调整。执行"图层>新建调整图层>可选颜色"命令，创建一个"可选颜色"调整图层。在弹出的"新建图层"窗口中单击"确定"按钮，然后在"属性"面板中设置"颜色"为"黄色"，设置"青色"为-1%，"洋红"为+40%，"黄色"为-43%，黑色为0%，如图 7-338所示。接着"颜色"选择"白色"，设置"青色"为-86%，"洋红"为-16%，"黄色"为+100%，"黑色"为+2%，如图 7-339所示。

图 7-338　　　　　　图 7-339

步骤 06 将"颜色"调整为"中性色"，设置"洋红"为+14%，"黄色"为+10%，"黑色"为-2%，如图 7-340所示。然后"颜色"选择"黑色"，设置"青色"为+7%，"洋红"为+34%，"黄色"为-17%，"黑色"为+36%，设置完成后单击面板底部的"此调整剪切到此图层"按钮，使调整效果只针对下方图层，如图 7-341所示。画面效果如图 7-342所示。

图 7-340　　　　　　图 7-341

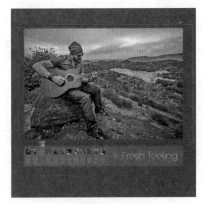

图 7-342

步骤 07 执行"图层>新建调整图层>曲线"命令，在"属性"面板中首先对RGB通道的曲线进行调整，适当地提高画面的亮度与对比度。曲线形状如图7-343所示。接着对"蓝"通道曲线进行调整，降低画面中的蓝色调，让画面整体呈现出一种暖色调。调整完成后单击面板底部的"此调整剪切到此图层"按钮，使调整效果只针对下方图层，如图7-344所示。画面效果如图7-345所示。

步骤 08 调整画面中人物饱和度不够的问题。执行"图层>新建调整图层>自然饱和度"命令，设置"自然饱和度"为+85，设置完成后单击面板底部的"此调整剪切到此图层"按钮，使调整效果只针对下方图层，如图7-346所示。"图层"面板效果如图7-347所示。

图 7-343

图 7-344

图 7-346

图 7-345

步骤 09 选择该调整图层的图层蒙版，单击工具箱中的"画笔工具"按钮，在选项栏中设置大小合适的柔边圆画笔，设置"前景色"为黑色，设置完成后在画面中背景部位涂抹，使背景不受该调整图层影响。"图层"面板如图7-348所示。效果如图7-349所示。此时具有HDR感的复古色调画面制作完成。

图 7-348

图 7-349

读书笔记

Chapter
8
第8章

标志设计

本章内容简介

标志(即通常所说的Logo)是一种视觉语言符号,是品牌形象的核心部分。它以简洁、易识别的图形或文字符号作为视觉语言,快速地传递某种信息,凸显某种特定内涵。本章主要学习标志相关的基础知识,并通过相关案例的制作进行标志设计制图的练习。

优秀作品欣赏

8.1 标志设计概述

标志是品牌形象核心部分(也经常称为logo)，是一种视觉语言符号。它以简洁、易识别的图形或文字符号作为视觉语言，快速地传递某种信息，凸显某种特定内涵。标志设计与企业形象密不可分，例如当想到可口可乐时就会想起它曲线飘带的标志以及经典的红白两色，如图8-1所示。

图8-1

8.1.1 什么是标志

标志的使用可以追溯到上古时代的"图腾"，在原始社会中，每个氏族或部落都有其特殊的标记(称为图腾)，一般选用一种认为与自己有某种神秘关系的动物或自然物象，这是标志最早产生的形式，如图8-2和图8-3所示。

图8-2　　　　　图8-3

"标志"的英文Logo一词来源于希腊文的Logos，本意为"字词"和"理性思维"，而在《现代汉语词典》中的解释为"表明特征的记号"。标志以其凝练的表达方式向人们表达了一定的含义和信息。

按标志表现的不同性质可以将标志分为"品质标志""数量标志""属性特征标志"。对于平面设计而言，标志设计主要集中于品牌商标标志设计。

广义上标志可以分为两大类：一类是商业性的；另一类是非商业性的。所谓商业性的标志，即以盈利为目的，关乎经济收入为目的。在世界范围内，标志可以说是一种非常容易被人们理解、接受并成为国际化的视觉语言。图8-4所示

为全球知名品牌的标志设计。而非商业的标志则不是以经济回报为目的，而是立足于社会可持续发展为根本目标的标志，如图8-5所示。

图8-4　　　　　　　　　　图8-5

标志的功能在于传达其身后主题的内涵，与外界起到沟通交流的作用。标志的内容不同，其应用的范围与功能的发挥就不同。一个优秀的标志设计，首先考虑的是最终的目的，这样才能做出与之相匹配的设计。标志的功能主要体现在以下几点。

- **向导功能**：为观看者起到一定的向导作用，同时确立并扩大了企业的影响。
- **区别功能**：为企业之间起到一定的区别作用，使得企业具有自己的形象而创造一定的价值。
- **保护功能**：为消费者提供了质量保证，为企业提供了品牌保护的功能。

[重点]8.1.2 不同类型的标志

按照标准图形的组成要素来看，标志可以分为文字标志、图形标志和图文结合的标志3种。无论采用哪种形式，作为符号语言都需要简练、概括，又要讲究艺术性。

(1) 文字标志：文字型标志，主要包括汉字、字母及数字三种类型文字。主要是通过文字的加工处理进行设计，根据不同的象征意义进行有意识的文字设计，如图8-6所示。

图8-6

(2) 图形标志：图形标志是以图形为主，主要分为具象型及抽象型，即自然图形和几何图形。图形标志较之于文字标志更加清晰明了，易于理解，如图8-7所示。

图8-7

- **具象**：具象形式是对采用对象的一种高度概括和提炼，对采用对象进行一定的加工处理又不失原有象征意义。其素材有自然物、人物、动物、植物、器物、建筑物及景观造型等。
- **抽象**：抽象形式是对抽象的几何图形或符号进行有意义的编排与设计。利用抽象图形的自然属性所带给观看者的视觉感受而赋予其一定的内涵与寓意，以此来表现主体所暗含的深意。其素材有三角形、圆形、多边形、方向形标志等，如图8-8和图8-9所示。

图8-8 　　　　图8-9

（3）图文结合的标志：图文结合的标志是以图形加文字的形式进行设计的。其表现形式更为多样，效果也更为丰富饱满，应用的范围更为广泛，如图8-10所示。

图8-10

8.2 图形化的文字标志

文件路径	资源包\第8章\图形化的文字标志
难易指数	★★★★★
技术要点	混合模式、不透明度、钢笔工具

扫一扫，看视频

案例效果

案例效果如图8-11所示。

图8-11

操作步骤

步骤 **01** 执行"文件>新建"命令，创建一个空白文档。为

了便于观察，可以先将画面背景填充为黑色。本案例需要使用多彩的图形拼贴出文字形状制作标志。首先制作字母J。单击工具箱中的"钢笔工具"按钮，在选项栏中设置"绘制模式"为"形状"，"填充"为黄色，"描边"为无。设置完成后在画面中合适的位置单击鼠标左键绘制一个黄色图形，如图8-12所示。

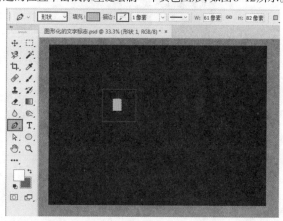

图8-12

步骤 **02** 选择工具箱中的"钢笔工具"，接着在选项栏中设置"绘制模式"为"形状"，"填充"为绿色，"描边"为无。设置完成后在黄色图形下方绘制绿色图形，如图8-13所示。

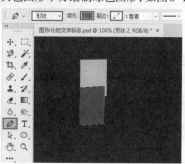

图8-13

步骤 **03** 在"图层"面板中选中绿色图形图层，设置面板中的"混合模式"为"差值"，"不透明度"为90%，如图8-14所示。此时画面中的效果如图8-15所示。

 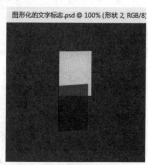

图8-14 　　　　图8-15

步骤 **04** 使用同样的方法将下方红色图形绘制出来，如图8-16所示。

313

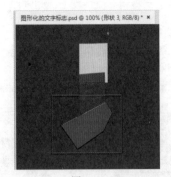

图 8-16

步骤 05 在"图层"面板中选中红色图形图层，设置面板中的"混合模式"为"滤色"，如图 8-17 所示。此时画面中的效果如图 8-18 所示。

图 8-17

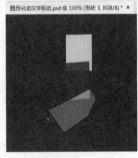

图 8-18

步骤 06 使用同样的方法将画面后方的 E、D、N、C 制作完成，如图 8-19 和图 8-20 所示。

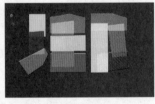

图 8-19

图 8-20

步骤 07 制作下方装饰线条。单击工具箱中的"矩形工具"按钮，在选项栏中设置"绘制模式"为"形状"，"填充"为蓝色，"描边"为无。设置完成后，在画面中合适的位置按住鼠标左键拖动绘制出一个蓝色矩形，如图 8-21 所示。使用同样的方法将画面中的红色和黄色矩形绘制完成，如图 8-22 所示。

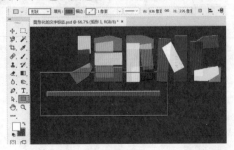

图 8-21

图 8-22

步骤 08 执行"文件>置入嵌入对象"命令，置入背景素材，并摆放在所有标志图层的下方。案例完成效果如图 8-23 所示。

图 8-23

8.3 图文结合的标志设计

文件路径	资源包\第8章\图文结合的标志设计
难易指数	★★★★★
技术要点	钢笔工具、图层样式、画笔工具、自由变换

案例效果

案例效果如图 8-24 所示。

图 8-24

操作步骤

Part 1　制作图形部分

步骤 01 执行"文件>打开"命令，打开背景素材 1.jpg，如图 8-25 所示。

扫一扫，看视频

图 8-25

步骤 `02` 单击工具箱中的"钢笔工具"按钮,在选项栏中设置"绘制模式"为"形状","填充"为黄色,"描边"为无。设置完成后在画面中间位置绘制一个人像图形,如图8-26所示。

图 8-26

步骤 `03` 在"图层"面板中选中人像图形图层,执行"图层>图层样式>描边"命令,在"图层样式"窗口中设置"大小"为26像素,"位置"为"外部","混合模式"为"正常","不透明度"为100%,"填充类型"为"颜色","颜色"为暗红色,如图8-27所示。设置完成后单击"确定"按钮,效果如图8-28所示。

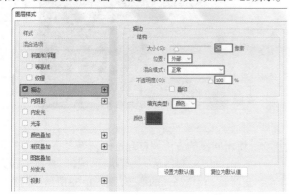

图 8-27

图 8-28

步骤 `04` 单击工具箱中的"矩形工具"按钮,在选项栏中设置"绘制模式"为"形状","填充"为暗黄色,"描边"为无。设置完成后在人像图形右侧位置按住鼠标左键拖动绘制出

一个矩形,如图8-29所示。接着执行"图层>创建剪贴蒙版"命令,画面效果如图8-30所示。

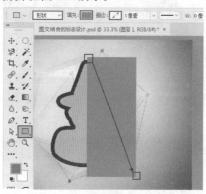

图 8-29

图 8-30

步骤 `05` 在工具箱中选择"自定形状工具",接着在选项栏中设置"绘制模式"为"形状","填充"为暗红色,"描边"为无,选择合适的形状。设置完成后在画面中合适的位置按住Shift键的同时按住鼠标左键拖动绘制一个星形,如图8-31所示。选中星形图层,使用自由变换快捷键Ctrl+T调出定界框,将星形旋转至合适的角度,如图8-32所示。调整完毕之后按Enter键结束变换。

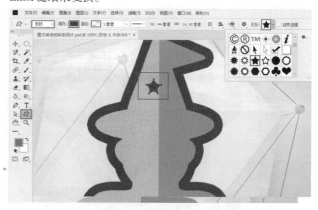

图 8-31

图 8-32

步骤 06 使用同样的方法将下方两个星形绘制出来，如图 8-33 所示。

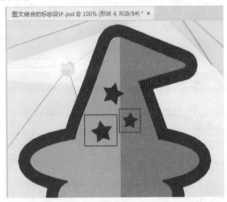

图 8-33

步骤 07 制作眼睛部分。使用工具箱中的"椭圆工具"，在选项栏中设置"绘制模式"为"形状"，"填充"为土黄色，"描边"为无。设置完成后在画面中合适的位置按住鼠标左键拖动绘制一个椭圆形，如图 8-34 所示。在"图层"面板中选中土黄色椭圆形图层，使用快捷键 Ctrl+J 复制出一个相同的图层并将其移动至右侧，在选项栏中设置"填充"为咖色，如图 8-35 所示。

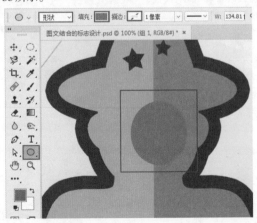

图 8-34

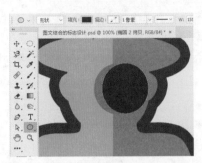

图 8-35

步骤 08 制作光亮。创建新图层，使用工具箱中的"画笔工具"，在选项栏中设置一个画笔"大小"为23像素的柔边圆画笔，设置"前景色"为白色，选中新图层，然后在画面中合适的位置单击鼠标左键绘制一个白色亮光，如图 8-36 所示。

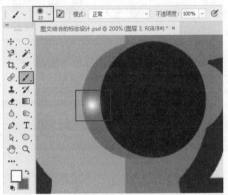

图 8-36

步骤 09 使用同样的方法调整合适的画笔大小，在右侧再绘制一个亮光，如图 8-37 所示。接着执行"编辑>变换>变形"命令调出定界框，调整亮光的形态，如图 8-38 所示。调整完毕之后按 Enter 键结束变换。

图 8-37

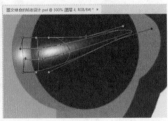

图 8-38

步骤 10 在"图层"面板中创建一个新图层组命名为"组1"，将组成眼睛的图层放在该组中，如图 8-39 所示。使用工具箱中的"钢笔工具"，在选项栏中设置"绘制模式"为"形状"，"填充"为无，"描边"为暗红色，"描边粗细"为5点，在"描边类型"下拉菜单中选择直线，然后单击"更多选项"按钮，在"描边"窗口中设置"对齐"为内部，设置完成后单击"确定"按钮。接着在画面中合适的位置绘制一个半圆形状，如图 8-40 所示。

图 8-39　　　　　　　　　图 8-40

步骤 11　在"图层"面板中选中刚绘制的半圆形状图层，按住 Ctrl 键单击此图层的缩览图载入半圆形的选区，如图 8-41 所示。

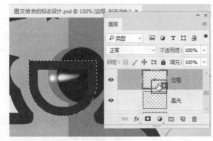

图 8-41

步骤 12　在保持选区不变的状态下，在"图层"面板中选中"组 1"图层组，在面板的下方单击"添加图层蒙版"按钮基于选区添加图层蒙版，如图 8-42 所示。

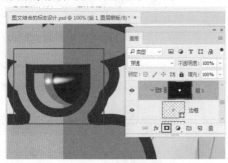

图 8-42

步骤 13　在"图层"面板中的"组 1"图层组外创建新图层，使用"钢笔工具"绘制人物图形帽子上方的曲线，如图 8-43 所示。

图 8-43

Part 2　制作标志中的文字

步骤 01　单击工具箱中的"横排文字工具"按钮，在选项栏中设置合适的字体、字号，文字颜色设置为白色，设置完毕后在画面中合适的位置单击鼠标建立文字输入的起始点，接着输入文字，文字输入完毕后按快捷键 Ctrl+Enter，如图 8-44 所示。

扫一扫，看视频

图 8-44

步骤 02　在"图层"面板中选中文字图层，右击，执行"栅格化图层"命令，将文字图层变为普通图层。接着执行"编辑 > 变换 > 变形"命令调出定界框，将光标定位在右下角的控制点上按住鼠标将其向左拖动，如图 8-45 所示。调整完毕之后按 Enter 键结束变换。

图 8-45

步骤 03　在"图层"面板中选中变为普通图层的文字图层，执行"图层 > 图层样式 > 描边"命令，在"图层样式"窗口中设置"大小"为 23 像素，"位置"为"外部"，"混合模式"为"正常"，"不透明度"为 100%，"颜色"为暗红色，设置参数如图 8-46 所示。设置完成后单击"确定"按钮，效果如图 8-47 所示。

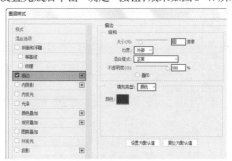

图 8-46

图 8-47

步骤 04 为文字制作下半部分的渐变颜色。创建新图层，接着单击工具箱中的"矩形选框工具"按钮，在文字下方绘制一个矩形选区，如图8-48所示。

图 8-48

步骤 05 单击工具箱中的"渐变工具"按钮，单击选项栏中的渐变色条，在弹出的"渐变编辑器"中编辑一个浅橘色到透明的渐变色，颜色编辑完成后单击"确定"按钮，接着在选项栏中单击"线性渐变"按钮，如图8-49所示。在"图层"面板中选中新图层，回到画面中按住鼠标左键从上至下拖动填充渐变，释放鼠标后完成渐变填充操作，如图8-50所示。接着使用快捷键Ctrl+D取消选区。

图 8-49

图 8-50

步骤 06 在"图层"面板中选中渐变图形图层，接着执行"编辑>变换>变形"命令调出定界框，将渐变图形变换形态，如图8-51所示。调整完毕之后按Enter键结束变换。

图 8-51

步骤 07 在"图层"面板中选中文字图层，按住Ctrl键单击此图层的缩览图载入文字的选区，如图8-52所示。选中渐变图形图层，在面板的下方单击"添加图层蒙版"按钮基于选区添加图层蒙版，如图8-53所示。

图 8-52

图 8-53

步骤 08 单击工具箱中的"钢笔工具"按钮,在选项栏中设置"填充"为咖色,"描边"为暗红色,"描边粗细"为2.3点,设置完成后在画面中合适的位置绘制一个无规则图形,如图8-54所示。在"图层"面板中选中咖色图形图层,将其移动至文字图层的下方,如图8-55所示。

图 8-54

图 8-55

步骤 09 单击工具箱中的"钢笔工具"按钮,在选项栏中设置"绘制模式"为"形状",单击选项栏中的"填充",在下拉面板中单击"渐变"按钮,然后编辑一个棕色系的渐变颜色,设置"渐变类型"为"线性渐变",设置"渐变角度"为–3。接着回到选项栏中设置"描边"为暗红色,"描边粗细"为1.3点,然后在画面中合适的位置绘制图形。效果如图8-56所示。

图 8-56

步骤 10 使用同样的方法在画面中绘制图形,如图8-57所示。在"图层"面板中将刚绘制出的图形图层移动至渐变图形图层下方,如图8-58所示。

图 8-57

图 8-58

步骤 11 使用之前制作文字的方法输入下方文字,如图8-59所示。

图 8-59

步骤 12 在"图层"面板中选中刚绘制的文字图层,执行"图层>图层样式>投影"命令,在"图层样式"窗口中设置"混合模式"为"正片叠底","颜色"为深咖色,"不透明度"为75%,"角度"为120度,"距离"为5像素,"扩展"为47%,"大小"为2像素,设置参数如图8-60所示。设置完成后单击"确定"按钮,效果如图8-61所示。

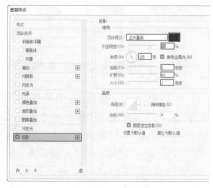

图 8-60

图 8-61

步骤 13 案例完成效果如图 8-62 所示。

图 8-62

8.4 金属质感标志设计

文件路径	资源包\第8章\金属质感标志设计
难易指数	⭐⭐⭐⭐⭐
技术要点	横排文字工具、图层样式、剪贴蒙版

案例效果

案例效果如图 8-63 所示。

图 8-63

操作步骤

Part 1　制作主体文字

步骤 01 执行"文件>新建"命令，创建一个大小合适的空白文档。单击工具箱中的"前景色"按钮，在弹出的"拾色器"窗口中设置"颜色"为深蓝色，设置完成后单击"确定"按钮完成操作。接着使用"前景色填充"快捷键 Alt+Delete 进行填充。效果如图 8-64 所示。 扫一扫，看视频

图 8-64

步骤 02 选择工具箱中的"画笔工具"，在选项栏中设置较大笔尖的柔边圆画笔，设置"前景色"为蓝色，设置完成后在画面中间绘制蓝色，如图 8-65 所示。此时背景制作完成。

图 8-65

步骤 03 选择工具箱中的"横排文字工具"，在选项栏中设置合适的字体、字号和颜色，设置完成后在画面中单击输入文字，如图 8-66 所示。文字输入完成后按快捷键 Ctrl+Enter 完成操作。

图 8-66

步骤 04 选择该文字图层，执行"窗口>字符"命令，在弹出的"字符"窗口中单击"仿斜体"按钮将字体倾斜，如图 8-67 所示。效果如图 8-68 所示。

图 8-67

图 8-68

步骤 05 将文字转换为形状，对文字进行变形。选择文字图层，右击，执行"转换为形状"命令，将文字转换为形状，如图 8-69 所示。接着使用"路径选择工具"在文字上单击即可显示文字上的锚点，如图 8-70 所示。通过调整锚点可对文字进行变形。

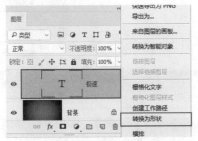
图 8-69

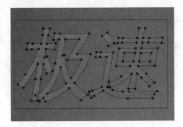
图 8-70

步骤 06 选择工具箱中的"直接选择工具"，选中锚点，然后按住鼠标左键拖动锚点更改文字形状，如图 8-71 所示。继续进行文字形态调整的操作，如图 8-72 所示。

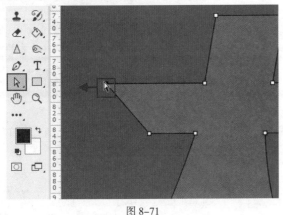
图 8-71

图 8-72

Part 2　制作文字金属质感

步骤 01 为了便于观察，可以将文字填充为浅一些的颜色。接下来制作文字的厚度。首先按住 Ctrl 键单击变形文字的缩览图载入选区，如图 8-73 所示。接着执行"选择>修改>扩展"命令，在弹出的"扩展选区"窗口中设置"扩展量"为 10 像素，设置完成后单击"确定"按钮完成操作，如图 8-74 所示。效果如图 8-75 所示。

扫一扫，看视频

图 8-73

图 8-74

图 8-75

步骤 02 新建一个图层，单击工具箱中的"渐变工具"按钮，再单击选项栏中的渐变色条，在弹出的"渐变编辑器"窗口中编辑金色系的渐变颜色，设置完成后单击"确定"按钮。然后设置渐变类型为"线性渐变"，如图 8-76 所示。接着在选区中按住鼠标左键拖动进行填充，效果如图 8-77 所示。

图 8-76

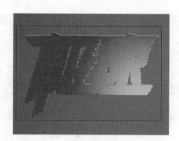

图 8-77

步骤 03 使用快捷键Ctrl+D取消选区,将金色文字图层移动至灰色文字图层的下方,再将金色的文字向右下移动。效果如图8-78所示。

图 8-78

步骤 04 为金色文字添加阴影。选中金色文字图层,执行"图层>图层样式>投影"命令,在弹出的"图层样式"窗口中设置"混合模式"为"正片叠底","颜色"为黑色,"不透明度"为100%,"角度"为132度,"距离"为0像素,"扩展"为0%,"大小"为30像素,"杂色"为0%,设置完成后单击"确定"按钮完成操作,如图8-79所示。效果如图8-80所示。

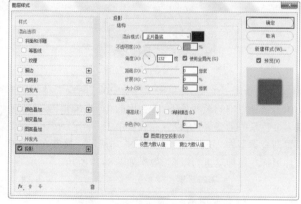

图 8-79

图 8-80

步骤 05 制作金色文字上的部分压暗区域,使文字的立体感更加真实。在这里假定光源由左上到右下照射,所以暗部区域添加的位置主要位于文字右侧的背光面。首先在灰色文字图层下方新建图层,命名为"阴影"。然后使用黑色半透明画笔在文字边缘按住鼠标左键涂抹,如图8-81所示。继续以同样的方法在其他位置涂抹,制作出金属光泽的效果,如图8-82所示。

图 8-81

图 8-82

步骤 06 选择"阴影"图层,右击,执行"创建剪贴蒙版"命令,如图8-83所示。使超出范围的部分隐藏,效果如图8-84所示。

图 8-83

图 8-84

步骤 07 强化灰色文字的立体效果。选中灰色的文字图层,执行"图层>图层样式>内发光"命令,设置"混合模式"为"正常","不透明度"为73%,"杂色"为0%,"颜色"为淡黄色,"阻塞"为0%,"大小"为10像素,"范围"为50%,"抖动"为0%,如图8-85所示。效果如图8-86所示。

图 8-85

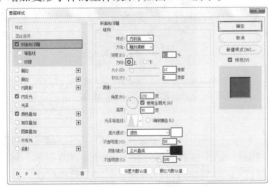

图 8-86

步骤 08 启用"图层样式"窗口左侧的"斜面和浮雕"图层样式，设置"样式"为"内斜面"，"方法"为"雕刻清晰"，"深度"为43%，"方向"勾选"上"，"大小"为13像素，"软化"为0像素；在"阴影"面板中设置"角度"为132度，"高度"为30度，"高光模式"为"滤色"，"颜色"为白色，"不透明度"为50%，"阴影模式"为"正片叠底"，"颜色"为棕色，"不透明度"为100%，设置完成后单击"确定"按钮完成操作，如图8-87所示。增加变形字体的立体效果，如图8-88所示。

图 8-87

图 8-88

步骤 09 为文字添加金属材质。执行"文件>置入嵌入对象"命令，将素材1.jpg置入画面中，调整大小使其将文字覆盖住，效果如图8-89所示。然后选择该素材图层，右击执行"创建剪贴蒙版"命令创建剪贴蒙版，将不需要的部分隐藏，效果如图8-90所示。

图 8-89

图 8-90

步骤 10 为文字制作金属质感。选择该素材图层，执行"滤镜>杂色>增加杂色"命令，在弹出的"增加杂色"窗口中设置"数量"为16.32%，设置完成后单击"确定"按钮完成操作，如图8-91所示。效果如图8-92所示。

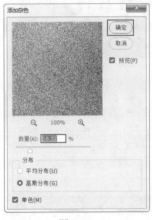

图 8-91

图 8-92

步骤 11 进一步丰富文字的金属质感。置入素材2.jpg，调整大小放在画面中并将素材图层栅格化，如图8-93所示。接着选择素材图层，右击执行"创建剪贴蒙版"命令，文字效果如图8-94所示。

图 8-93

图 8-94

步骤 12 设置该图层的混合模式为"叠加",如图 8-95 所示。文字效果如图 8-96 所示。

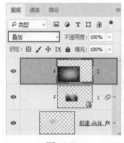

图 8-95　　　　　图 8-96

步骤 13 为文字制作光泽效果。在"图层"面板上方位置新建一个图层,选择工具箱中的"矩形选框工具",然后在画面中绘制一个矩形选区,如图 8-97 所示。在当前选区状态下设置"前景色"为白色。

图 8-97

步骤 14 在当前选区状态下设置前景色为白色,单击工具箱中的"渐变工具"按钮,在选项栏中设置"渐变"为"从前景色到透明渐变",如图 8-98 所示。然后单击"线性渐变"按钮,设置完成后在选区内填充渐变,如图 8-99 所示。接着使用快捷键 Ctrl+D 取消选区。

图 8-98

图 8-99

步骤 15 选择白色渐变图层,使用自由变换快捷键 Ctrl+T 调出定界框,将光标放在定界框外进行旋转,如图 8-100 所示。操作完成后按 Enter 键完成操作。

图 8-100

步骤 16 选择该图层,右击,执行"创建剪贴蒙版"命令创建剪贴蒙版,将不需要的部分隐藏,如图 8-101 所示。然后使用快捷键 Ctrl+J 复制两份并将其移动到合适的位置。让文字的光泽效果更加丰富,如图 8-102 所示。此时"极速"两个字的金属效果制作完成。

图 8-101　　　　　　　图 8-102

中文版Photoshop CC平面设计从入门到精通（微课视频 全彩版）

步骤 17 使用同样的方法制作第二组文字的金属质感。效果如图8-103所示。

图 8-103

Part 3　制作副标题

步骤 01 选择工具箱中的"横排文字工具"，在选项栏中设置合适的字体、字号和颜色，设置完成后在主体文字下方位置单击输入文字，如图8-104所示。

扫一扫，看视频

图 8-104

步骤 02 单击工具箱中的"直线工具"按钮，在选项栏中设置"绘制模式"为"形状"，"填充"为橘色，"描边"为无，"粗细"为3像素，设置完成后在输入的文字中间位置按住Shift键的同时按住鼠标左键绘制一条水平直线，如图8-105所示。接着选择该直线图层将其复制一份，然后将复制得到的直线向下移动，效果如图8-106所示。按住Ctrl键依次加选各个图层，使用快捷键Ctrl+G将其编组。

图 8-105

图 8-106

步骤 03 为该文字制作渐变的颜色效果。选择编组图层组，执行"图层>图层样式>渐变叠加"命令，在弹出的"图层样式"窗口中设置"混合模式"为"正片叠底"，"不透明度"为100%，"渐变"为金属系渐变，"样式"为"线性"，"角度"为141度，"缩放"为10%，如图8-107所示。效果如图8-108所示。

图 8-107

图 8-108

步骤 04 启用"图层样式"中的"投影"图层样式，设置"混合模式"为"正片叠底"，"颜色"为黑色，"不透明度"为100%，"角度"为132度，"距离"为4像素，"扩展"为0%，"大小"为2像素，"杂色"为0%，设置完成后单击"确定"按钮完成操作，如图8-109所示。效果如图8-110所示。

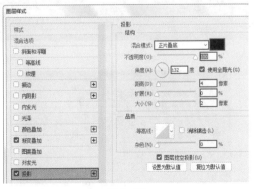

图 8-109

图 8-110

步骤 05 置入车轮素材3.png，调整大小放在橘色文字左边位置，如图8-111所示。

图 8-111

Part 4　制作标志背景

步骤 01 将主体文字的外围轮廓绘制出来，制作文字背景。在主体文字图层下方位置新建一个图层，然后单击工具箱中的"多边形套索工具"按钮，在画面中绘制选区，如图8-112所示。接着设置"前景色"为深灰色，设置完成后使用快捷键Alt+Delete进行前景色填充，如图8-113所示。然后使用快捷键Ctrl+D取消选区。

扫一扫，看视频

图 8-112

图 8-113

步骤 02 为该背景添加图层样式。选择该背景图层，执行"图层>图层样式>投影"命令，在弹出的"图层样式"窗口中设置"混合模式"为"正片叠底"，"颜色"为黑色，"不透明度"为63%，"角度"为132度，"距离"为26像素，"扩展"为0%，"大小"为29像素，"杂色"为0%，如图8-114所示。

图 8-114

步骤 03 启用"图层样式"左侧的"外发光"图层样式，设置"混合模式"为"滤色"，"不透明度"为82%，"杂色"为0%，"颜色"为白色，"扩展"为7%，"大小"为40像素，"范围"为50%，"抖动"为0%，设置完成后单击"确定"按钮完成操作，如图8-115所示。

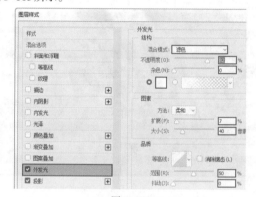

图 8-115

步骤 04 启用"图层样式"左侧的"内发光"图层样式，设置"混合模式"为"正常"，"不透明度"为73%，"杂色"为0%，"颜色"为粉色，"方法"为"柔和"，"阻塞"为26%，"大小"为35像素，"范围"为50%，"抖动"为0%，如图8-116所示。

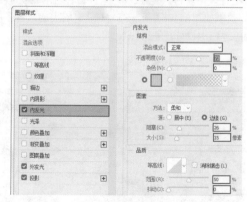

图 8-116

步骤 05 启用"图层样式"左侧的"描边"图层样式,设置"大小"为29像素,"位置"为"居中","混合模式"为"线性加深","不透明度"为100%,"填充类型"为"图案",选择合适的图案,"缩放"为100%,如图8-117所示。

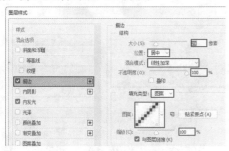

图 8-117

步骤 06 启用"图层样式"左侧的"斜面和浮雕"图层样式,设置"样式"为"描边浮雕","方法"为"平滑","深度"为657%,"方向"勾选"上","大小"为4像素,"软化"为0像素;在"阴影"面板中设置"角度"为132度,"高度"为30度,设置合适的等高线,"高光模式"为"滤色","颜色"为白色,"不透明度"为50%,"阴影模式"为"正片叠底","颜色"为黑色,"不透明度"为50%,设置完成后单击"确定"按钮完成操作,如图8-118所示。效果如图8-119所示。

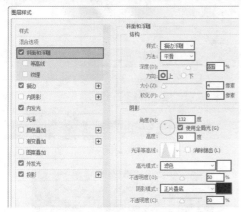

图 8-118

图 8-119

步骤 07 为文字背景增加墙面的质感。置入素材4.jpg,调整大小放在文字背景上方位置并将图层栅格化,如图8-120所示。然后选择素材图层,右击,执行"创建剪贴蒙版"命令创建剪贴蒙版,将不需要的部分隐藏,效果如图8-121所示。

图 8-120

图 8-121

步骤 08 制作主体文字在背景上的立体投影效果。在素材4.jpg图层上方新建一个图层,选择工具箱中的"画笔工具",在选项栏中设置大小合适的柔边圆画笔,设置前景色为深灰色,设置完成后在文字位置涂抹,制作立体的遮挡阴影效果,如图8-122所示。此时文字的背景制作完成。

图 8-122

步骤 09 制作文字上方的不同光效效果。首先制作第一种光效,置入素材5.png,调整大小放在画面文字上方位置并将图层栅格化,如图8-123所示。接着选择光效图层,设置"混合模式"为"滤色",如图8-124所示。此时光效效果如图8-125所示。

图 8-123

图 8-124

图 8-125

步骤 10 选择该素材图层,使用快捷键 Ctrl+J 将其复制几份,分别放在文字的不同位置。效果如图 8-126 所示。

图 8-126

步骤 11 使用同样的方法置入素材 6.png,设置"混合模式"为"滤色",摆放在文字上,如图 8-127 所示。使用同样的方法置入素材 7.png,并设置"混合模式"为"滤色",效果如图 8-128 所示。

图 8-127

图 8-128

步骤 12 制作主体文字在底部的投影效果。在背景图层上方新建一个图层,然后使用大小合适的较低不透明度的柔边圆画笔,设置前景色为灰色,设置完成后在画面底部位置涂抹,如图 8-129 所示。

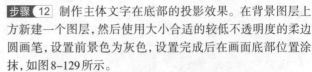

图 8-129

步骤 13 选择制作的阴影图层,使用自由变换快捷键 Ctrl+T 调出定界框,右击执行"变形"命令,对阴影进行适当的变形,如图 8-130 所示。操作完成后按 Enter 键完成操作。此时具有金属质感的标志制作完成,效果如图 8-131 所示。

图 8-130

图 8-131

 读书笔记

Chapter
9
第9章

海报设计

本章内容简介

　　"海报"是一种用于传播信息的广告媒介形式,海报的作用主要扮演的是推销员,通过画面视觉效果向消费者推销产品,同时,海报在很大程度上也代表了企业的形象。可以说,海报是提升产品竞争力的重要工具,同时优秀的海报设计作品也是极具审美价值和艺术价值的。本章主要学习海报设计相关的基础知识,并通过相关案例的制作进行海报设计制图的练习。

优秀作品欣赏

9.1 海报设计概述

"海报"也常被称为"招贴""平面广告"，作为一种视觉传达艺术，最能体现出平面设计的形式特征。对于每个设计师来说，海报设计都是一个挑战，因为海报设计充满无数可能，它不必墨守成规，尽可大胆，创意无限。

9.1.1 认识海报

"海报"这一名称最早起源于上海，上海人通常把从事职业性戏剧的表演称为"下海"，而将带有剧目演出信息的具有宣传性的张贴物叫作海报。在英文中海报称为poster，意为张贴在大木板或墙上或车辆上的印刷广告，或以其他方式展示的印刷广告。现代的海报是一种用于传播信息的广告媒介形式，海报主要扮演的是推销员，通过画面视觉效果向消费者推销产品。同时，海报在很大程度上也代表了企业的形象，可以说海报是提升产品竞争力的重要工具，同时优秀的海报设计作品也是极具审美价值和艺术价值的。图9-1和图9-2所示为优秀的海报设计作品。

图 9-1

图 9-2

重点 9.1.2 海报的常见类型

海报是应用最为广泛的广告形式之一。随着社会的进步，海报的分类也越加细化。针对不同行业、不同目的，可以将海报大致分为五类，分别是商业海报、文化海报、电影海报、公益海报和艺术海报。

- 商业海报：主要是用来宣传商品或商品服务的商业广告性海报。商业海报的设计要恰当地配合产品的格调和受众对象，如图9-3所示。
- 文化海报：用来宣传文化、社会文化娱乐活动的海报。文化海报的参与性比较强，设计师需要了解宣传意图，才能够运用恰当的方法表现其内容和风格，如图9-4所示。
- 电影海报：主要用来宣传电影、吸引观众、刺激

票房。在电影海报中，通常会公布电影的名称、时间、地点、演员和内容。并配上与计算机内容相关的画面，还会将电影的主演加入进来，以扩大宣传力度，如图9-5所示。

- 公益海报：公益海报是从社会公益的角度出发，去传递一种社会正能量，这类海报通常不以盈利为目的。公益海报通常带有一定的思想性，如环保、反腐倡廉、奉献爱心、保护动物、反对暴力等，如图9-6所示。

图 9-3

图 9-4

图 9-5

图 9-6

- 艺术海报：主要是满足人类精神层次的需要，强调教育、欣赏、纪念，用于精神文化生活的宣传，包括文学艺术、科学技术、广播电视等海报，如图9-7所示。

图 9-7

9.1.3 海报设计的基本原则

海报设计需要调动形象、色彩、构图、文字、形式感等多方面因素,形成强烈的视觉效果。要制作出具有感染力的海报设计作品可以遵循以下几点原则。图9-8～图9-10所示为优秀的海报设计作品。

图9-8   图9-9   图9-10

- 简洁明确:海报是瞬间艺术,需要在一瞬间、一定距离之外将其看清楚。在设计时,需要去繁就简,这样才能突出重点,简洁明确。
- 紧扣主题:只有清晰、明确地表达出海报的主题,这幅海报才有存在的意义。在设计海报时,应从海报的主题出发,明确主题思想,才能创作出紧扣主题的作品。
- 艺术创意:艺术创意是海报设计中的一种重要表达手段,是将一种再平常不过的事物以其他人想象不到的方法表达出来。好的广告创意可以引发人的深思,为人留下深刻的印象,像一壶陈年佳酿,回味绵长。

9.2 破碎感图形设计

文件路径	资源包\第9章\破碎感图形设计
难易指数	★★★★★
技术要点	钢笔工具、描边路径、形状工具

案例效果

案例效果如图9-11所示。

图9-11

操作步骤

Part 1   制作海报背景

步骤 01 新建一个竖版的空白文档。单击工具箱中的"渐变工具"按钮,单击"渐变色条",在弹出的"渐变编辑器"窗口中设置一个绿色系渐变,如图9-12所示。然后自上而下按住鼠标左键拖曳进行填充,如图9-13所示。

图9-12

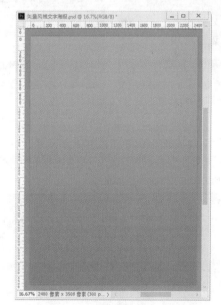

图9-13

步骤 02 制作碎片图形。单击工具箱中的"钢笔工具"按钮,在选项栏上设置"绘制模式"为"形状","填充颜色"为蓝色,在画面中绘制形状,如图9-14所示。使用同样的方法继续制作,并填充不同明度的蓝色,如图9-15所示。使用同样的方法继续制作黄色碎片，如图9-16所示。

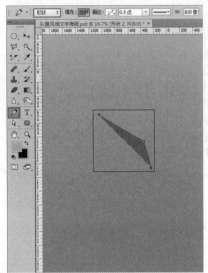

图9-14

图9-15

图9-16

步骤 03 置入欧式花纹素材1.png并将该图层栅格化，如图9-17所示。设置图层"混合模式"为"线性减淡"，"不透明度"为20%，如图9-18所示。画面效果如图9-19所示。

图9-17

图9-18

图9-19

Part 2 制作海报文字

扫一扫，看视频

步骤 01 单击工具箱中的"矩形工具"按钮，"填充"为红色，在画面中绘制矩形形状，如图9-20所示。接着使用Ctrl+T组合键调出定界框，对矩形形状进行旋转，如图9-21所示。

图9-20

图9-21

步骤 02 制作立体感形状。单击工具箱中的"钢笔工具"按钮，在选项栏中设置"填充"为深蓝色，在画面中绘制一个形状，如图9-22所示。继续在其上方绘制一个浅色的形状，如图9-23所示。

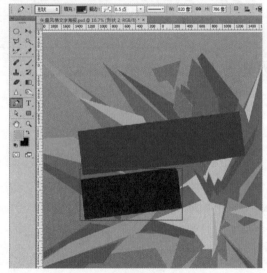
图9-22

图 9-23

步骤 03 制作文字效果。单击工具箱中的"横排文字工具"按钮,在选项栏中设置字体和字号,设置"文本颜色"为白色,在画面中输入文字,如图9-24所示。使用Ctrl+T组合键调出定界框,对文字进行旋转,与后边形状图层的角度相符,如图9-25所示。

图 9-24

图 9-25

步骤 04 选择文字图层,使用Ctrl+J组合键进行复制,然后执行"文字>转换为形状"命令,得到文字的形状图层,如图9-26所示。

图 9-26

步骤 05 将形状图层向右移动。单击工具箱中的"钢笔工具"按钮,设置"绘制模式"为"形状",去除填充色,设置轮廓色为白色,"粗细"为12像素,单击"设置形状描边类型"列表,从中选择一种虚线,此时线条变为虚线效果。如需更改虚线的间隙,可以单击下方的"更多选项"按钮,接着在弹出的窗口中设置"虚线""间隙"数值均为1,单击"确定"按钮,完成操作。效果如图9-27所示。

图 9-27

步骤 06 制作另外几组文字,如图9-28所示。

图 9-28

步骤 07 使用"钢笔工具"在画面中绘制皇冠形状,如图9-29所示。复制该形状,并按照同样的方法制作虚线边缘。效果如图9-30所示。

图 9-29

图 9-30

步骤 08 使用"钢笔工具"绘制图形,如图9-31所示。然后在图形上方添加文字,如图9-32所示。

图 9-31

图 9-32

步骤 09 单击工具箱中的"自定形状工具"按钮,设置"填充"为白色,"形状"为"雪花3",然后在画面中按住鼠标左键拖曳绘制形状,接着将其移动到文字的前方,如图9-33所示。

图 9-33

步骤 10 使用"钢笔工具"在画面中绘制其他的碎片形状,此案例完成。画面效果如图 9-34 所示。

图 9-34

9.3 旅行宣传海报

文件路径	资源包\第9章\旅行宣传海报
难易指数	★★★★★
技术要点	混合模式、矩形工具、钢笔工具、横排文字工具

案例效果

案例效果如图 9-35 所示。

图 9-35

操作步骤

Part 1 制作海报图形部分

扫一扫,看视频

步骤 01 执行"文件>新建"命令,创建一个大小合适的空白文档。设置"前景色"为紫色,设置完成后使用快捷键 Alt+Delete 进行前景色填充,如图 9-36 所示。接着执行"文件>置入嵌入对象"命令,将背景素材 1.png 置入画面中。调整大小放在画面下方位置,如图 9-37 所示。

图 9-36

图 9-37

步骤 02 在画面底部位置绘制形状。选择工具箱中的"钢笔工具",在选项栏中设置"绘制模式"为"形状","填充"为洋红色,"描边"为无,设置完成后在画面底部绘制形状,如图 9-38 所示。

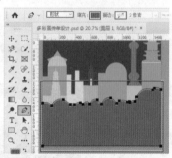
图 9-38

步骤 03 执行"文件>置入嵌入对象"命令,将素材 2.jpg 置入画面中。调整大小放在用钢笔绘制的形状上方,并将该图层进行栅格化处理,如图 9-39 所示。然后选择该图层,右击执行"创建剪贴蒙版"命令创建剪贴蒙版,将素材不需要的部分隐藏。效果如图 9-40 所示。

图 9-39

图 9-40

中文版Photoshop CC平面设计从入门到精通(微课视频 全彩版)

步骤 04 选择素材图层,设置"混合模式"为"正片叠底","不透明度"为50%,如图9-41所示。效果如图9-42所示。

图9-41　　　　　　　图9-42

步骤 05 执行"文件>置入嵌入对象"命令,将汽车素材3.png置入画面中。调整大小放在画面中间位置,并将该素材图层进行栅格化处理,如图9-43所示。

图9-43

步骤 06 制作汽车的投影效果。在汽车素材图层下方新建图层,然后选择工具箱中的"画笔工具",在选项栏中设置大小合适的柔边圆画笔,设置"前景色"为黑色,设置完成后在汽车车轮位置涂抹制作阴影,如图9-44所示。此时阴影的颜色过重,在"图层"面板中设置图层"不透明度"为46%,降低阴影的不透明度。效果如图9-45所示。

图9-44

图9-45

Part 2　制作海报文字

步骤 01 制作宣传单的主体文字。选择工具箱中的"文字工具",在选项栏中设置合适的字体、字号和颜色。设置完成后在画面中单击输入文字,如图9-46所示。接着执行"窗口>字符"命令,在弹出的"字符"面板中设置"字符间距"为-100。效果如图9-47所示。

扫一扫,看视频

图9-46

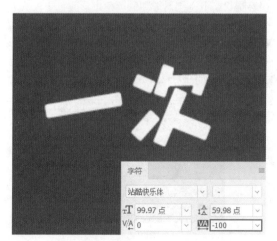

图9-47

步骤 02 选择该文字图层,使用自由变换快捷键Ctrl+T调出定界框,将光标放在定界框一角按住鼠标左键进行旋转,并将该文字放在合适的位置,如图9-48所示。旋转操作完成后按Enter键完成操作。然后使用同样的方法依次输入其他的文字并进行旋转与颜色的更改。效果如图9-49所示。

图9-48 　　　　　　　　　　图9-49

步骤 03 单击工具箱中的"圆角矩形工具"按钮,在选项栏中设置"绘制模式"为"形状","填充"为淡紫色,"描边"为无,"半径"为20像素,设置完成后在画面左下角位置绘制一个圆角矩形,如图9-50所示。

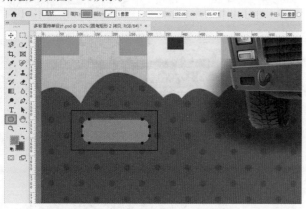

图9-50

步骤 04 选择圆角矩形图层,使用快捷键Ctrl+J将其复制一份,在绘制状态下将复制得到的圆角矩形颜色更改为粉色,然后将该图形向右上角移动制作出重叠的图形效果。并使用"横排文字工具"在圆角矩形上方单击输入文字。效果如图9-51所示。然后复制这组图形与文字,移动到其他位置并更改文字。效果如图9-52所示。

图9-51

图9-52

步骤 05 选择工具箱中的"矩形工具",在选项栏中设置"绘制模式"为"形状","填充"为玫红色,"描边"为无,设置完成后在画面底部位置绘制矩形,并将该矩形移动至小标题的后方,如图9-53所示。

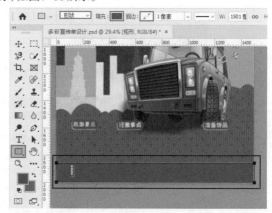

图9-53

步骤 06 在画面中输入段落文字。选择工具箱中的"横排文字工具",在选项栏中设置合适的字体、字号和颜色,设置完成后在画面中左边小标题下方绘制文本框并在文本框中输入段落文字,如图9-54所示。文字输入完成后按快捷键Ctrl+Enter完成操作。然后使用同样的方法输入其他段落文字。效果如图9-55所示。

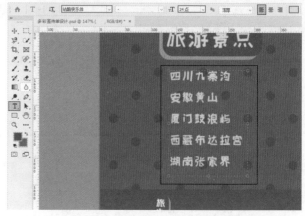

图9-54

中文版Photoshop CC平面设计从入门到精通(微课视频 全彩版)

图 9-55

步骤 07 单击工具箱中的"椭圆工具"按钮，在选项栏中设置"绘制模式"为"形状"，"填充"为白色，"描边"为无，设置完成后在画面中按住Shift键的同时按住鼠标左键拖动绘制一个正圆，如图 9-56 所示。然后多次复制该白色正圆并摆放在合适的位置上，如图 9-57 所示。至此，本案例制作完成。

图 9-56

图 9-57

9.4 复古感电影海报

文件路径	资源包\第9章\复古感电影海报
难易指数	★★★★★
技术要点	曲线、可选颜色、图层蒙版、混合模式

案例效果

案例效果如图 9-58 所示。

图 9-58

操作步骤

Part 1 制作复古感背景

步骤 01 执行"文件>打开"命令，打开背景素材 1.jpg，如图 9-59 所示。执行"文件>置入嵌入对象"命令，置入花纹素材 2.png，将该图层栅格化，如图 9-60 所示。

扫一扫，看视频

图 9-59

图 9-60

步骤 02 置入窗帘素材 3.png，并将该图层栅格化，如图 9-61 所示。选中窗帘图层，使用快捷键Ctrl+J将该图层复制。接着选中复制的图层，执行"编辑>变换>水平翻转"命令，然后将复制的窗帘移动到画面的左侧，如图 9-62 所示。

图 9-61

图 9-62

步骤 03 再次将窗帘复制一份。然后使用"自由变换"快捷键Ctrl+T将光标定位到定界框以外，按住鼠标左键并拖动，将窗帘进行旋转，如图9-63所示。按Enter键完成变换，如图9-64所示。

图 9-63

图 9-64

步骤 04 选择顶端的窗帘图层，单击"图层"面板底部的"添加图层蒙版"按钮，为该图层添加图层蒙版。然后使用黑色的柔角画笔在图层蒙版中左上角进行涂抹将其隐藏，如图9-65所示。画面效果如图9-66所示。

图 9-65   图 9-66

步骤 05 置入复古元素素材4.jpg并将其移动到合适位置，然后将其栅格化。选中置入的复古元素图层，选择工具箱中

的"魔棒工具"，在画面中空白的位置上单击，得到留声机以外的选区，如图9-67所示。使用快捷键Ctrl+Shift+I将选区反选，选择该图层，然后单击"图层"面板底部的"添加图层蒙版"按钮，基于选区为该图层添加图层蒙版，如图9-68所示。背景部分被隐藏，效果如图9-69所示。

图 9-67   图 9-68

图 9-69

Part 2　制作主体人物

步骤 01 置入底部花朵素材5.png并将其栅格化，如图9-70所示。置入相框素材6.png并将其栅格化，如图9-71所示。

图 9-70   图 9-71

步骤 02 在相框图层下方新建一个图层,选择工具箱中的"椭圆选框工具",在画面上绘制一个椭圆形选框,如图9-72所示。设置前景色为白色,按快捷键Alt+Delete填充前景色,按快捷键Ctrl+D取消选区选择,如图9-73所示。

图 9-72　　　　　　　　图 9-73

步骤 03 设置渐变。选中绘制的椭圆形图层,执行"图层>图层样式>渐变叠加"命令,设置"混合模式"为"正常",设置一个黄色系渐变,"样式"为"径向","角度"为90度,"缩放"为100%,单击"确定"按钮完成设置,如图9-74所示。此时画面效果如图9-75所示。

图 9-74　　　　　　　　图 9-75

步骤 04 置入人物素材7.jpg并将其栅格化,如图9-76所示。单击工具箱中的"钢笔工具"按钮,在选项栏中设置"绘制模式"为"路径",沿着人像边缘绘制路径,按下转换为选区快捷键Ctrl+Enter,选择人像图层,如图9-77所示。

图 9-76　　　　　　　　图 9-77

步骤 05 单击"图层"面板底部的"添加图层蒙版"按钮,如图9-78所示。基于选区为该图层添加图层蒙版,效果如图9-79所示。

图 9-78　　　　　　　　图 9-79

步骤 06 为人物调色。选中人像图层,执行"图层>新建调整图层>可选颜色"命令,在弹出的"可选颜色"窗口中设置"颜色"为"红色",调整"青色"为-50%,"黄色"为+100%,如图9-80所示。继续在"可选颜色"窗口中设置"颜色"为"中性色",调整"黄色"为+20%,单击"此调整剪切到此图层"按钮,如图9-81所示。此时人像倾向于黄色,画面效果如图9-82所示。

图 9-80　　　　　　　　图 9-81

图 9-82

步骤 07 选中人像图层,执行"图层>新建调整图层>曲线"命令,在弹出的"曲线"窗口中设置"通道"为蓝,在中间调部分单击并向下拖动，如图9-83所示。接着设置"通道"为红，在曲线中间调部分单击并向上微移，如图9-84所示。

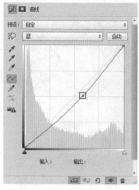

图9-83　　　　　　图9-84

步骤 08 在"曲线"窗口中设置"通道"为RGB，在中间调部分单击并向下拖动，单击"此调整剪切到此图层"按钮，如图9-85所示。此时画面效果如图9-86所示。

图9-85　　　　　　图9-86

Part 3　制作装饰文字

步骤 01 选择工具箱中的"直排文字工具"，在选项栏中设置合适的字体、字号，在画面中输入文字，如图9-87所示。接着新建图层，将"前景色"设置为白色，然后选择一个硬角画笔，设置"大小"为5像素，然后按住Shift键绘制三段直线，如图9-88所示。 扫一扫，看视频

图9-87

图9-88

步骤 02 单击工具箱中的"矩形工具"按钮，在选项栏中设置"绘制模式"为"形状"，"填充"为无，"描边"为淡黄色，"描边宽度"为5像素，然后在画面的右上角绘制一个矩形框，如图9-89所示。继续绘制矩形作为边框和分隔线，如图9-90所示。

图9-89　　　　　　图9-90

步骤 03 使用"横排文字工具"输入文字，如图9-91所示。接着将边框与文字图层加选并进行编组，然后适当旋转，如图9-92所示。

图9-91　　　　　　图9-92

步骤 04 再次单击工具箱中的"横排文字工具"按钮，在选项栏中设置合适的字体、字号，设置"文本颜色"为白色，在画面上单击输入文字，如图9-93所示。

中文版Photoshop CC平面设计从入门到精通（微课视频　全彩版）

图 9-93

步骤 05 选中该文字图层,执行"图层>图层样式>投影"命令,设置"混合模式"为"正片叠底","不透明度"为75%,"角度"为120度,"距离"为15像素,"大小"为10像素,单击"确定"按钮完成设置,如图9-94所示。此时画面效果如图9-95所示。

图 9-94

图 9-95

步骤 06 再次置入素材1.jpg并将该图层栅格化,如图9-96所示。继续选择该图层,将该图层放在文字上方,右击执行"创建剪贴蒙版"命令,此时画面效果如图9-97所示。使用同样的方法制作其他文字,效果如图9-98所示。

图 9-96

图 9-97

图 9-98

步骤 07 再次置入素材1.jpg并将该图层栅格化,然后设置该图层的"混合模式"为"强光","不透明度"为60%,如图9-99所示。接着单击"图层"面板底部的"添加图层蒙版"按钮,为该图层添加图层蒙版,然后使用黑色的柔角画笔在蒙版中遮挡人像的部分进行涂抹,只保留画面边缘的效果。案例最终效果如图9-100所示。

图 9-99

图 9-100

9.5 房地产海报

文件路径	资源包\第9章\房地产海报
难易指数	★★★★★
技术要点	图层蒙版、Camera Raw滤镜、钢笔工具、横排文字工具

案例效果

案例效果如图9-101所示。

图 9-101

操作步骤

Part 1　制作主体图形

步骤 01 执行"文件>新建"命令，新建一个大小合适的空白文档。然后设置"前景色"为深蓝色，设置完成后使用快捷键Alt+Delete进行前景色填充。效果如图9-102所示。

扫一扫，看视频

步骤 02 将素材置入文档中。执行"文件>置入嵌入对象"命令，选择素材1.jpg，调整大小放在画面中并将素材图层栅格化，如图9-103所示。

图 9-102　　　　　　　　图 9-103

步骤 03 此时置入的素材带有背景，需要将建筑从背景中抠出。选择素材图层，单击工具箱中的"快速选择工具"按钮，在选项栏中单击"添加到选区"按钮，设置大小合适的笔尖，设置完成后将光标放在建筑上方，按住鼠标左键拖动，仔细地绘制出选区。中间镂空的部分需要设置选区模式为"从选区中间去"，并配合"多边形套索"工具进行抠图，如图9-104所示。

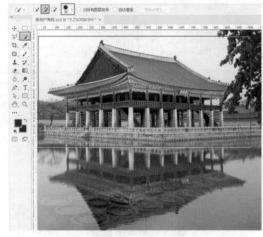

图 9-104

步骤 04 选择素材图层，单击"图层"面板底部的"添加图层蒙版"按钮为该图层添加图层蒙版，将不需要的部分隐藏，如图9-105所示。画面效果如图9-106所示。

图 9-105　　　　　　　　图 9-106

步骤 05 为建筑素材进行调色，使其与画面整体风格更加一致。选择素材图层，执行"滤镜>Camera Raw滤镜"命令，在弹出的Camera Raw窗口中单击"基本"按钮，设置"曝光"为+0.2，"对比度"为+30，"高光"为-50，"阴影"为-30，"白色"为-100，"黑色"为-20，"清晰度"为+100，"自然饱和度"为-45，"饱和度"为-30，如图9-107所示。

图 9-107

步骤 06 增加画面的锐度，单击"细节"按钮，在"锐化"面板中设置"数量"为90，"半径"为1.0，"细节"为50；在"减少杂色"面板中设置"明亮度"为36，"明亮度细节"为50，如图9-108所示。

图 9-108

步骤 07 单击"HSL调整"按钮，设置"红色"为+15，"橙色"为+20，"蓝色"为+30，如图9-109所示。接着单击"分离色调"

按钮,在"阴影"面板中设置"色相"为36,"饱和度"为40,设置完成后单击"确定"按钮完成操作,如图9-110所示。

图 9-109

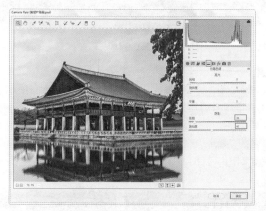

图 9-110

步骤 08 选择工具箱中的"椭圆工具",在选项栏中设置"绘制模式"为"形状","填充"为无,"描边"为淡橘色,"大小"为5像素,选择"合并形状",设置完成后在画面中按住Shift键的同时按住鼠标左键绘制一个正圆,如图9-111所示。此时需注意调整图层的顺序,将圆环图层放在建筑的下方。

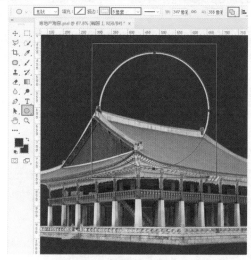

图 9-111

步骤 09 在当前绘制状态下,单击工具箱中的"矩形工具"按钮,在选项栏中设置"合并模式"为"合并形状",在描边正圆下方位置绘制矩形,如图9-112所示。

图 9-112

步骤 10 选择工具箱中的"直线工具",在选项栏中设置"绘制模式"为"形状","填充"为淡橘色,"描边"为无,"粗细"为5像素,设置完成后在画面中绘制直线,如图9-113所示。然后使用同样的方法继续绘制直线。效果如图9-114所示。

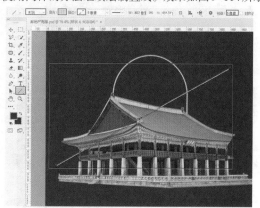

图 9-113

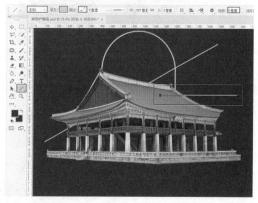

图 9-114

步骤 11 单击工具箱中的"钢笔工具"按钮，在选项栏中设置"绘制模式"为"形状"，"填充"为淡橘色，"描边"为无，设置完成后在建筑右边位置绘制形状，如图9-115所示。

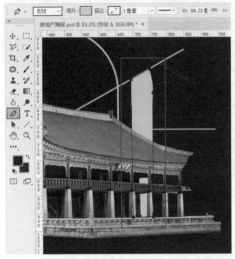

图 9-115

步骤 12 选择工具箱中的"椭圆工具"，在选项栏中设置"绘制模式"为"形状"，"填充"为淡橘色，"描边"为无，设置完成后在直线端点位置按住Shift键的同时按住鼠标左键绘制一个正圆，如图9-116所示。然后多次复制该正圆，并摆放在合适的位置上。效果如图9-117所示。

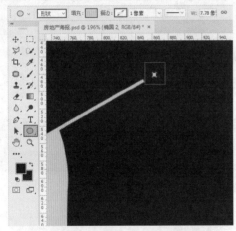

图 9-116

图 9-117

步骤 13 选择工具箱中的"自定形状工具"，在选项栏中设置"绘制模式"为"形状"，"填充"为淡橘色，"描边"为无，在"形状"下拉菜单中选择"菱形"，设置完成后在画面左边位置绘制菱形，如图9-118所示。

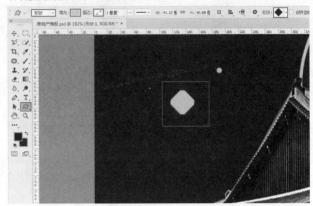

图 9-118

步骤 14 使用"移动工具"选择菱形图层，将光标放在图形上方，按住Alt键的同时按住鼠标左键将菱形向右拖动进行复制，如图9-119所示。然后使用同样的方法复制多个菱形，效果如图9-120所示。按住Ctrl键依次加选各个图层将其编组命名为"菱形"。注意：为了使多个图形能够均匀排布，可以在复制出一行的时候选中这些图层，并进行对齐、分布的设置。

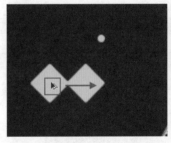

图 9-119　　　　　　　图 9-120

步骤 15 选择"菱形"图层组并将其复制一份，然后选择复制得到的图层组，调整大小将其放在画面右边位置，效果如图9-121所示。按住Ctrl键依次加选各个图层将其编组命名为"图形"。

图 9-121

步骤 16 为制作完成的图形叠加一个金色图案。执行"文件>置入嵌入对象"命令,选择素材2.jpg,调整大小放在画面中并将该图形栅格化处理,如图9-122所示。

图 9-122

步骤 17 将素材放在"图形"图层组上方,选择该图层组,右击,执行"创建剪贴蒙版"命令创建剪贴蒙版,将不需要的部分隐藏,如图9-123所示。效果如图9-124所示。

图 9-123　　　　图 9-124

步骤 18 在画面中添加细节。选择工具箱中的"圆角矩形工具",在选项栏中设置"绘制模式"为"形状","填充"为无,"描边"为淡橘色,"大小"为5像素,"半径"为15像素,设置完成后在建筑底部位置绘制圆角矩形,如图9-125所示。然后选择该图层将其复制一份,选择复制得到的图层将其向左移动,效果如图9-126所示。

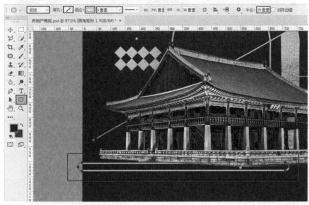

图 9-125

图 9-126

步骤 19 复制圆角矩形,将其放在建筑的左下方,如图9-127所示。

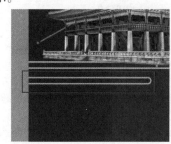

图 9-127

步骤 20 此时复制得到的圆角矩形有多余出来的部分,选择工具箱中的"矩形选框工具",在多余出来的部分绘制选区,如图9-128所示。然后执行"选择>反选"命令,将选区反选,如图9-129所示。

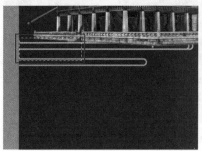 

图 9-128　　　　　图 9-129

步骤 21 选择该图层,单击"图层"面板底部的"添加图层蒙版"按钮,为当前选区添加图层蒙版,如图9-130所示。此时图形效果如图9-131所示。

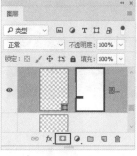 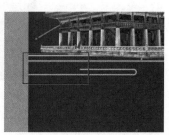

图 9-130　　　　　图 9-131

步骤 22 使用同样的方法绘制其他的线条，如图9-132所示。

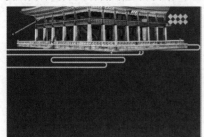

图 9-132

Part 2　添加文字信息

步骤 01 制作顶部的文字。选择工具箱中的"横排文字工具"，在选项栏中设置合适的字体、字号和颜色，设置完成后在画面顶部位置单击添加文字，如图9-133所示。文字输入完成后按快捷键Ctrl+Enter完成操作。

扫一扫，看视频

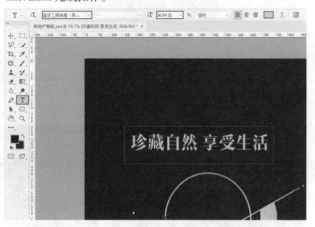

图 9-133

步骤 02 选择文字图层，执行"窗口>字符"命令，在弹出的"字符"面板中设置"字符间距"为200，如图9-134所示。效果如图9-135所示。

图 9-134　　　　　图 9-135

步骤 03 使用同样的方法在已有文字下方位置单击输入文字。在输入状态下选择字母m后边的数字2，在"字符"面板

中单击底部的"上标"按钮，将数字设置为上标；接着设置"字符间距"为100，如图9-136所示。效果如图9-137所示。

图 9-136　　　　　图 9-137

步骤 04 选择"横排文字工具"，在选项栏中设置合适的字体、字号和颜色，设置完成后在主体文字上方位置单击输入文字，如图9-138所示。然后在"字符"面板中设置"字符间距"为50，效果如图9-139所示。按住Ctrl键依次加选各个图层将其编组命名为"顶部文字"。此时顶部文字制作完成。

图 9-138

图 9-139

步骤 05 制作底部文字。选择工具箱中的"横排文字工具"，在选项栏中设置合适的字体、字号和颜色，设置完成后在建筑下方位置单击输入文字，如图9-140所示。文字输入完成后按下Ctrl+Enter组合键完成操作。

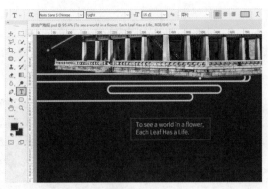

图 9-140

步骤 06 选择英文文字图层，在"字符"面板中单击"全部大写字母"按钮，将文字字母全部设置为大写；在"段落"面板中单击"居中对齐文本"按钮，将文本居中对齐。效果如图9-141所示。

图 9-141

步骤 07 选择工具箱中的"自定形状工具"，在选项栏中设置"绘制模式"为"形状"，"填充"为淡橘色，"描边"为无，在"形状"下拉菜单中选择"菱形"，设置完成后在文字左边位置绘制形状，如图9-142所示。然后将该图形复制一份放在文字右边位置。效果如图9-143所示。

图 9-142

图 9-143

步骤 08 执行"文件>置入嵌入对象"命令，将素材4.png置入文档中。调整大小放在英文文字下方位置并将图层栅格化，如图9-144所示。

图 9-144

步骤 09 选择工具箱中的"钢笔工具"，在选项栏中设置"绘制模式"为"形状"，"填充"为淡蓝色，"描边"为无，设置完成后在画面左下角位置绘制形状，如图9-145所示。然后将该形状复制一份放在画面的右边位置。效果如图9-146所示。

图 9-145   图 9-146

步骤 10 选择用"横排文字工具"，在选项栏中设置合适的字体、字号和颜色，设置完成后在用钢笔绘制两个形状的中间位置单击输入文字，如图9-147所示。

图 9-147

步骤 11 单击工具箱中的"圆角矩形工具"按钮，在选项栏中设置"绘制模式"为"形状"，"填充"为无，"描边"为淡蓝色，"大小"为2像素，"半径"为10像素，设置完成后在用钢笔绘制的形状右边位置绘制一个圆角矩形，如图9-148所示。

图 9-148

步骤 12 选择"横排文字工具",在选项栏中设置合适的字体、字号和颜色,设置完成后在圆角矩形中单击输入文字,如图 9-149 所示。然后使用同样的方法在圆角矩形下方位置继续输入文字,如图 9-150 所示。按住 Ctrl 键依次加选各个图层将其编组命名为"底部文字"。此时画面中的文字添加完成。

图 9-149

图 9-150

步骤 13 执行"文件>置入嵌入对象"命令,将素材 4.png 置入文档中。调整大小放在画面的左上角位置并将图层栅格化处理。设置该图层的透明度为 60%,效果如图 9-151 所示。然后将该图层复制一份放在画面的右下角位置,效果如图 9-152 所示。此时需要注意调整图层的顺序。

图 9-151　　　　　　　　　图 9-152

步骤 14 对画面进行整体暗角的添加。使用快捷键 Ctrl+Shift+Alt+E 进行盖印,得到一个独立的图层,如图 9-153 所示。

图 9-153

步骤 15 选中盖印得到的图层,执行"滤镜>Camera Raw 滤镜"命令,在弹出的 Camera Raw 窗口中单击"效果"按钮,在"裁剪后晕影"面板中"样式"选择"高光优先",设置"数量"为 -38,"中点"为 50,"羽化"为 50,设置完成后单击"确定"按钮完成操作,如图 9-154 所示。此时房地产海报制作完成,效果如图 9-155 所示。

图 9-154　　　　　　　　　图 9-155

书籍与排版

本章内容简介

　　书籍装帧设计是指从书籍文稿到成书出版的整个设计过程，在平面设计范畴内，主要参与的工作有：封面、腰封、字体、版面、色彩、插图等。在本章中首先了解什么是书籍设计，并通过案例的制作进行书籍封面与内页设计制图的练习。

优秀作品欣赏

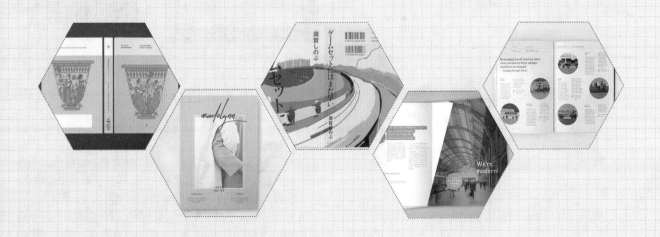

10.1 书籍设计概述

书籍是一种特殊的商品，因为它既是商品，也是一种文化。在商品经济竞争非常激烈的今天，一本完美的书籍，不仅要内容充实，还要有个性的封面和精美的版式，这样才能让读者充分享受阅读的过程。

10.1.1 什么是书籍设计

书籍是人类社会实践的产物，是一种特定的不断发展着的知识传播工具。"书籍设计"是一个比较大的概念，当读者在购买一本书时，吸引他的不仅仅是内容，还有可能是书籍的封面、内容的排版或者书籍的装订方式，可以说书籍设计是一门大学问。在平面设计中，书籍设计主要是指书籍封面设计和书籍内页排版设计两大方面。书籍排版设计是将书籍原稿通过合理、有层次结构地编排在一起，达到方便读者，给读者美的享受的目的，如图10-1和图10-2所示。

图 10-1   图 10-2

〖重点〗10.1.2 书籍封面设计

广义来说封面是指书刊外面的一层，主要由图案和文字组成。封面的作用包括保护书籍内容，体现书籍名称、作者等信息，在陈列中吸引读者。狭义上讲，封面是指书籍的正面，是整本书的"脸面"。整个书籍封面设计包括封面、封底、书脊、腰封和护封，如图10-3所示。

图 10-3

- 封面：是包裹住书刊最外面的一层，在书籍设计中占有重要的地位，封面的设计在很大程度上决定了消费者是否会拿起该本书籍。封面主要包括书名、著者、出版者名称等内容。
- 封底：书刊的背面，跟封面相对的一面，是封面、

书脊的延展、补充、总结或强调。封底与封面二者之间紧密关联，相互帮衬，相互补充，缺一不可。

- 书脊：是指书刊封面、封底连接的部分，相当于书芯厚度。
- 腰封：是包裹在书籍封面的一条腰带纸，不仅可用来装饰和补充书籍的不足之处，还起到一定的引导作用，能够使消费者快捷了解该书的内容和特点。
- 护封：是用来避免书籍在运输、翻阅、光线和日光照射过程中受损并帮助书籍的销售。

封面设计相当于商品的外包装，起到非常重要的意义，是整本书的设计重点。在设计封面时可以尝试以下几种方法。

（1）以一个完整的图形横跨封面、封底和书脊，如图10-4所示。

图 10-4

（2）将封面上的全部或局部图形缩小后放在封底上，作为封底的标志或图案，从而起到与封面相互呼应，如图10-5所示。

（3）封面和封底相似，如图10-6所示。

图 10-5   图 10-6

10.1.3 内页设计

翻开书籍的封面就是书的内页，内页由多部分内容组成，最基本的就是扉页、目录和正文版面。扉页是整本书的入口和序曲，具有向读者介绍书名、作者名和出版社名的作用。目录是书刊中章、节标题的记录，起到主题索引的作用，便于读者查找，目录一般放在书刊正文之前。

正文版面是书籍排版的重要内容，以页为单位。每一版面由大小不同的文字、图案、表格等内容组成。整个正文版面由版心、页眉、页脚和注解组成，在进行排版时要处理好各部分的关系，使版本主次分明、美观大方、易读性好。图10-7和图10-8所示为内页设计。

中文版Photoshop CC平面设计从入门到精通（微课视频 全彩版）

图 10-7	图 10-8

正文的排版是内页设计的重点，通常书籍的正文都会包含版心、页眉、页脚、注解等几大类要素。

- 版心：是指正文版面中被集中印刷的范围，在版心的四周会留下一些空白，这些空白是为了能让读者更好地阅读内容，减少阅读的压迫感。常见的版式布局有骨骼型、满版型、上下分割型、左右分割型、中轴型、曲线型、倾斜型、对称型、重心型、三角型、并置型、自由型。
- 页眉与页脚：页眉位于版面的顶部，页脚位于版面的底部，页眉与页脚通常为图案与文字相搭配，起到装饰、说明的作用。
- 注解：是对正文中某一个词或者某一句话的解释和说明。在正文中通常会用一种特殊符号来表示，之后会在当前页的下面进行具体解释。可以分为段后注、脚注、边注和后注。

10.2 杂志内页版式设计

文件路径	资源包\第10章\杂志内页版式设计
难易指数	★★★★★
技术要点	横排文字工具、剪贴蒙版、图层样式

案例效果

案例效果如图 10-9 所示。

图 10-9

操作步骤

Part 1　制作杂志左页

步骤 01　执行"文件>新建"命令，创建一个空白文档。单击工具箱中的"渐变工具"按钮，单击选项栏中的渐变色条，在弹出的"渐变编辑器"

扫一扫，看视频

中编辑一个灰色系的渐变，颜色编辑完成后单击"确定"按钮，接着在选项栏中单击"径向渐变"按钮，如图 10-10 所示。在"图层"面板中选中背景图层，回到画面中按住鼠标左键拖动填充渐变，释放鼠标后完成渐变填充操作，如图 10-11 所示。

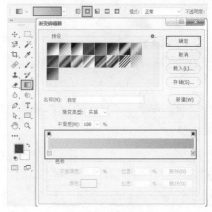

图 10-10

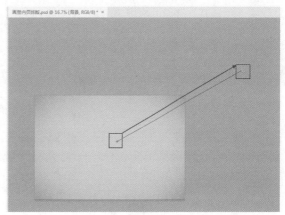

图 10-11

步骤 02　单击工具箱中的"矩形工具"按钮，在选项栏中设置"绘制模式"为"形状"，"填充"为白色，"描边"为无。设置完成后在画面中间位置按住鼠标左键拖动绘制出一个矩形，如图 10-12 所示。

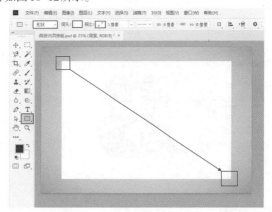

图 10-12

步骤 03 单击工具箱中的"横排文字工具"按钮,在选项栏中设置合适的字体、字号,文字颜色设置为黑色,设置完毕后在画面中合适的位置单击鼠标建立文字输入的起始点,接着输入文字,文字输入完毕后按下Ctrl+Enter组合键,如图10-13所示。

图 10-13

步骤 04 在"图层"面板中选中字母B,执行"图层>图层样式>描边"命令,在"图层样式"窗口中设置"大小"为5像素,"位置"为"外部","混合模式"为"正常","不透明度"为100%,"填充类型"为"颜色","颜色"为黄色,如图10-14所示。设置完成后单击"确定"按钮,效果如图10-15所示。

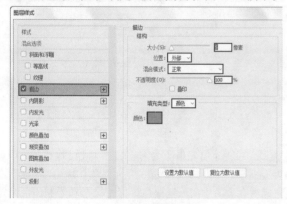

图 10-14

图 10-15

步骤 05 执行"文件>置入嵌入对象"命令,将黑白素材1.jpg置入到画面中字母B的上方,调整其大小及位置后按Enter键完成置入。在"图层"面板中右击该图层,在弹出的快捷菜单中执行"栅格化图层"命令,如图10-16所示。接着执行"图层>创建剪贴蒙版"命令,画面效果如图10-17所示。

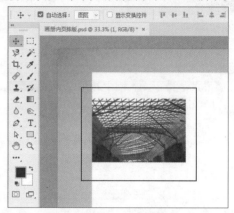

图 10-16

图 10-17

步骤 06 制作装饰虚线。使用工具箱中的"椭圆工具",在选项栏中设置"绘制模式"为"形状","填充"为无,"描边"为浅灰色,"描边粗细"为8.5像素,在"描边选项"下拉菜单中选择一个合适的虚线,然后单击"更多选项"按钮,在"描边"窗口中设置"虚线"为0,"间隙"为2。设置完成后在画面中按住Shift+Alt组合键的同时按住鼠标左键拖动进行绘制,如图10-18所示。

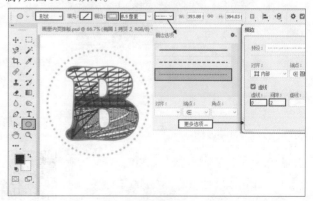

图 10-18

中文版Photoshop CC平面设计从入门到精通(微课视频 全彩版)

步骤 07 单击工具箱中的"矩形工具"按钮,在选项栏中设置"绘制模式"为"形状","填充"为黄色,"描边"为无。设置完成后在文字右侧按住鼠标左键拖动绘制出一个矩形,如图10-19所示。

图 10-19

步骤 08 在"图层"面板中选中黄色矩形图层,使用快捷键Ctrl+J复制出一个相同的图层。然后按住Shift键的同时按住鼠标左键将复制出的矩形向下拖动进行垂直移动的操作。接着使用"自由变换"快捷键Ctrl+T调出定界框,用鼠标按住右侧控制点向左拖动将矩形进行变形,如图10-20所示。继续使用同样的方法将其他矩形制作出来,如图10-21所示。

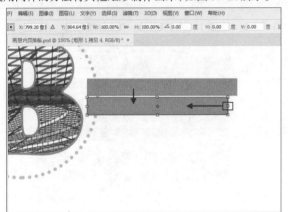

图 10-20

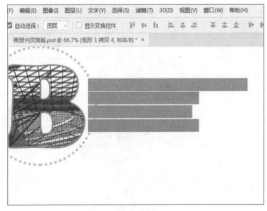

图 10-21

步骤 09 使用"横排文字工具"输入黄色矩形上方的文字,如图10-22所示。

图 10-22

步骤 10 按住Ctrl键依次单击加选四个矩形以及上方的文字图层,然后使用快捷键Ctrl+G进行编组。选择图层组,执行"图层>图层样式>投影"命令,在"图层样式"窗口中设置"混合模式"为"正片叠底","颜色"为黑色,"不透明度"为26%,"角度"为129度,"距离"为8像素,"大小"为8像素,设置参数如图10-23所示。设置完成后单击"确定"按钮,此时组内所有文字及矩形都有"投影"效果。效果如图10-24所示。

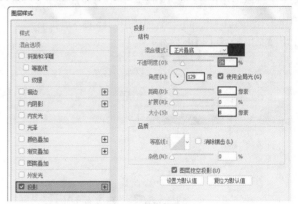

图 10-23

图 10-24

步骤 11 使用制作文字的方法绘制下方正文文字及页数文字，如图10-25所示。

图 10-25

步骤 12 制作页眉。单击工具箱中的"矩形工具"按钮，在选项栏中设置"绘制模式"为"形状"，"填充"为黄色，"描边"为无。设置完成后在画面左上角按住鼠标左键拖动绘制出一个矩形，如图10-26所示。继续使用同样的方法将右侧灰色矩形绘制出来，如图10-27所示。

图 10-26

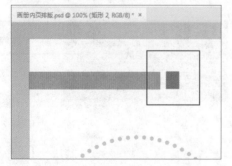

图 10-27

Part 2　制作杂志右页

扫一扫，看视频

步骤 01 制作页面的右侧。执行"文件>置入嵌入对象"命令，将地铁素材2.jpg置入到画面中，调整其大小及位置后按Enter键完成置入。在"图层"面板中右击该图层，在弹出的快捷菜单中执行"栅格化图层"命令，如图10-28所示。

图 10-28

步骤 02 单击工具箱中的"多边形套索工具"按钮，绘制一个梯形选区，如图10-29所示。

图 10-29

步骤 03 在保持选区不变的状态下，在"图层"面板中选中地铁素材图层，在面板的下方单击"添加图层蒙版"按钮基于选区添加图层蒙版，如图10-30所示。此时画面效果如图10-31所示。

图 10-30

图 10-31

步骤 04 为地铁素材制作偏黄效果。单击工具箱中的"矩形工具"按钮,在选项栏中设置"绘制模式"为"形状","填充"为黄褐色,"描边"为无。设置完成后在画面右侧沿着下方白色矩形边缘按住鼠标左键拖动绘制出一个矩形,如图10-32所示。

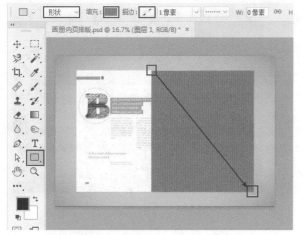

图 10-32

步骤 05 在"图层"面板中选中卡其色的矩形,设置面板中的"混合模式"为"正片叠底","不透明度"为77%,如图10-33所示。此时画面效果如图10-34所示。

图 10-33

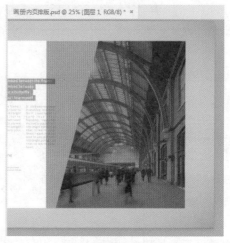

图 10-34

步骤 06 在"图层"面板中选中卡其色矩形,接着执行"图层>创建剪贴蒙版"命令,画面效果如图10-35所示。

图 10-35

步骤 07 单击工具箱中的"椭圆工具"按钮,在选项栏中设置"绘制模式"为"形状","填充"为无,"描边"为白色,"描边粗细"为8.5像素,选择合适的"虚线",设置完成后在画面中合适的位置按住Shift+Alt组合键的同时按住鼠标左键拖动进行绘制,如图10-36所示。

图 10-36

步骤 08 在"图层"面板中选中刚绘制的虚线正圆图层,设置"不透明度"为41%,如图10-37所示。效果如图10-38所示。

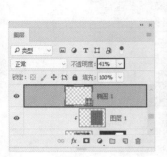

图 10-37　　　　　　图 10-38

步骤 09 在"图层"面板中选中虚线正圆图层,使用快捷键Ctrl+J复制出一个相同的图层,将复制出的虚线正圆移动至右上方,接着使用自由变换快捷键Ctrl+T调出定界框,按住Shift键的同时用鼠标左键按住角点并拖动,将其缩小一些,如图10-39所示。调整完毕之后按下Enter键结束变换。

图 10-39

步骤 10 制作对话框。单击工具箱中的"椭圆工具"按钮,在选项栏中设置"绘制模式"为"形状","填充"为橘色,"描边"为无。设置完成后在画面中合适的位置按住Shift+Alt组合键的同时按住鼠标左键拖动绘制一个正圆形,如图10-40所示。单击工具箱中的"钢笔工具"按钮,在选项栏中设置"绘制模式"为"形状","填充"为橘色,"描边"为无,设置完成后在橘色正圆左下方绘制出一个三角形,如图10-41所示。

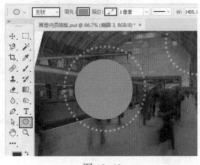

图 10-40

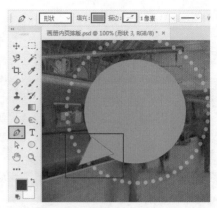

图 10-41

步骤 11 单击工具箱中的"横排文字工具"按钮,在选项栏中设置合适的字体、字号,文字颜色设置为白色,设置完毕后在对话框上方单击鼠标建立文字输入的起始点,接着输入文字,文字输入完毕后按快捷键Ctrl+Enter,如图10-42所示。继续使用同样的方法输入右侧的文字及页码文字,如图10-43所示。

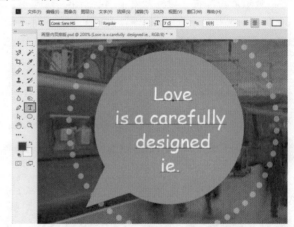

图 10-42

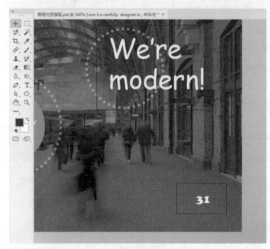

图 10-43

中文版Photoshop CC平面设计从入门到精通(微课视频 全彩版)

Part 3　制作展示效果

步骤 01 平面图制作完成，此时需要为平面图添加投影。首先将背景以外的图层加选，然后进行编组并将其命名为"平面图"。选中"平面图"图层组，执行"图层>图层样式>投影"命令，在"图层样式"窗口中设置"混合模式"为"正片叠底"，"颜色"为黑色，"不透明度"为35%，"角度"为129度，"距离"为3像素，"大小"为45像素，设置参数如图10-44所示。设置完成后单击"确定"按钮，效果如图10-45所示。

扫一扫，看视频

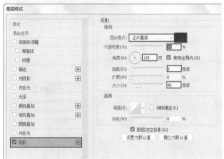

图 10-44

图 10-45

步骤 02 制作页面的立体效果。单击工具箱中的"矩形选框工具"按钮，在画面中合适的位置绘制一个选区，如图10-46所示。

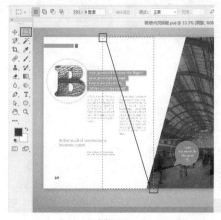

图 10-46

步骤 03 在"平面图"图层组的上方新建一个图层，单击工具箱中的"渐变工具"按钮，再单击选项栏中的渐变色条，在弹出的"渐变编辑器"中编辑一个深灰色到透明的渐变色，颜色编辑完成后单击"确定"按钮，接着在选项栏中单击"线性渐变"按钮，如图10-47所示。在"图层"面板中选中新图层，回到画面中按住Shift键的同时按住鼠标左键从右至左拖动填充渐变，释放鼠标后完成渐变填充操作，如图10-48所示。接着使用快捷键Ctrl+D取消选区。

图 10-47

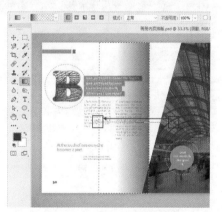

图 10-48

步骤 04 在"图层"面板中选中刚制作的渐变色图层，设置面板中的"不透明度"为30%，如图10-49所示。此时效果如图10-50所示。

图 10-49

图 10-50

步骤 05 使用同样的方法将画面两侧阴影及高光制作出来，如图10-51所示。高光制作完成后可以将除背景图层以外的图层依次加选，然后进行编组，将组命名为"页面"。

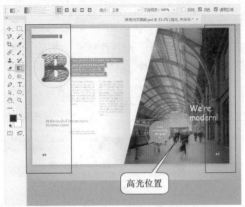

图 10-51

步骤 06 在"图层"面板中将"背景"图层隐藏，选中"页面"图层组，使用盖印快捷键Ctrl+Shift+Alt+E，盖印出一个"页面"图层并将其移动至"页面"图层组的下方，如图10-52所示。在"图层"面板中选中盖印出的"页面"图层，使用"自由变换"快捷键Ctrl+T调出定界框，然后将其旋转至合适的角度，如图10-53所示。调整完毕之后按下Enter键结束变换。

图 10-52

图 10-53

步骤 07 在"图层"面板中选中盖印出的图层，将其复制一份并移动至盖印图层的下方，然后回到画面中将其旋转至合

适的角度，如图10-54所示。将"背景"图层显示出来，案例完成效果如图10-55所示。

图 10-54

图 10-55

10.3 儿童书籍封面设计

文件路径	资源包\第10章\儿童书籍封面设计
难易指数	★★★★★
技术要点	形状工具、钢笔工具、混合模式、图层样式、自由变换

案例效果

案例效果如图10-56和图10-57所示。

图 10-56

图 10-57

操作步骤

Part 1 制作书籍封面的背景

步骤 01 执行"文件>新建"命令，在弹出的"新建"窗口中设置"宽度"为3385像素，"高度"为2173像素，"分辨率"为72像素，"颜色模式"为RGB模式，"背景内容"为透明，设置"前景色"为蓝灰色，使用填充前景色组合键Alt+Delete填

充画面，如图10-58所示。为了方便后面的制作，可以先创建两条辅助线，以分割出封面、书脊和封底。使用快捷键Ctrl+R调出标尺，从左侧标尺上按住鼠标左键拖曳出两条辅助线，使辅助线左右两个区域相等，如图10-59所示。

图 10-58　　　　　　　图 10-59

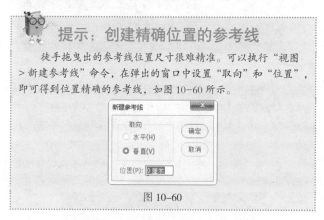

提示：创建精确位置的参考线

徒手拖曳出的参考线位置尺寸很精准。可以执行"视图>新建参考线"命令，在弹出的窗口中设置"取向"和"位置"，即可得到位置精确的参考线，如图10-60所示。

图 10-60

步骤 02　制作书的封面。先制作背景底色的蓝色云朵，制作之前在"图层"面板底部单击创建新组，单击组名设置为"蓝云"，将蓝色云朵的制作图层建立在该组内。单击工具箱中的"钢笔工具"按钮，在选项栏中设置"绘制模式"为"路径"，在画面底部单击确定路径起点，移动光标向上按住鼠标左键拖曳绘制路径，继续将光标放置在其他位置绘制路径，最后单击起点形成闭合路径，如图10-61所示。使用快捷键Ctrl+Enter将路径转化为选区，如图10-62所示。

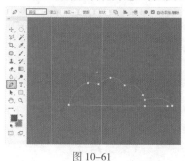

图 10-61　　　　　　　图 10-62

步骤 03　设置"前景色"为蓝色，使用快捷键Alt+Delete填充选区，如图10-63所示。接着制作蓝色云朵上的边线，单击工具箱中的"钢笔工具"按钮，在选项栏中设置"绘制模式"为"形状"，"填充"为无，"描边"为深青色，"描边宽度"为0.48点，"描边类型"为虚线，在画面中绘制形状路径，如图10-64所示。

图 10-63

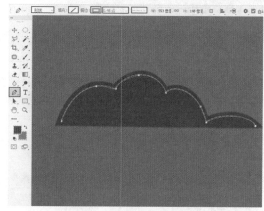

图 10-64

步骤 04　在"图层"面板中选择"蓝云"组，右击，执行"复制组"命令，复制出"蓝云拷贝"组。选择"蓝云拷贝"组，将其向右移动，使用自由变换组合键Ctrl+T调出定界框，对其进行缩放，按Enter键完成变换，如图10-65所示。使用同样的方法再复制一组蓝云，如图10-66所示。

图 10-65　　　　　　　图 10-66

步骤 05　在该拷贝的蓝云组内双击蓝云图层缩览图，在弹出的"拾色器"窗口中更改填充颜色为浅一些的颜色，如图10-67所示。效果如图10-68所示。

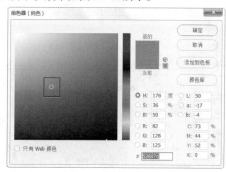

图 10-67

图 10-68

步骤 06 为云朵添加阴影，新建图层，单击工具箱中的"矩形选框工具"按钮，在画面云朵位置按住鼠标左键拖曳绘制矩形选区，如图 10-69 所示。单击工具箱中的"渐变工具"按钮，在选项栏中单击渐变色条，在弹出的"渐变编辑器"中编辑一个灰色系的半透明渐变，"渐变方式"为"线性渐变"，将光标定位在选区底部按住鼠标左键向上拖曳填充渐变，如图 10-70 所示。

图 10-69

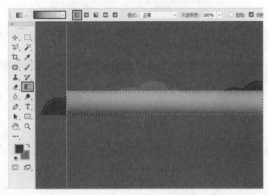

图 10-70

步骤 07 在"图层"面板中设置"混合模式"为"正片叠底"，"不透明度"为 50%，如图 10-71 所示。效果如图 10-72 所示。

图 10-71

图 10-72

步骤 08 单击工具箱中的"矩形工具"按钮，在选项栏中设置"绘制模式"为"形状"，"填充"为棕色，在画面中的底部按住鼠标左键拖曳绘制矩形，如图 10-73 所示。

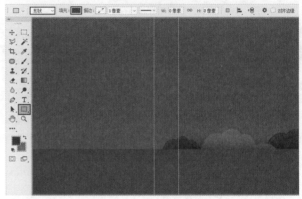

图 10-73

步骤 09 新建图层，单击工具箱中的"矩形选框工具"按钮，在画面右侧位置按住鼠标左键拖曳绘制矩形选区，如图 10-74 所示。单击工具箱中的"渐变工具"按钮，在选项栏中单击渐变色条，在弹出的"渐变编辑器"中编辑一个灰色到白色的渐变，"渐变方式"为"径向渐变"，将光标定位在选区内，按住鼠标左键向外拖曳填充渐变，如图 10-75 所示。

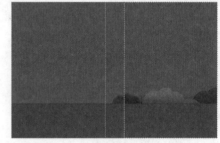

图 10-74

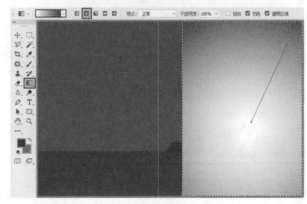

图 10-75

步骤 10 在"图层"面板中设置"混合模式"为"正片叠底"，如图 10-76 所示。右侧的页面呈现出四角压暗的效果，如图 10-77 所示。

图 10-76　　　　　　　　　图 10-77

步骤 11 使用同样的方法制作中间的压暗效果，如图 10-78 所示。然后使用同样的方法制作左侧的压暗效果，如图 10-79 所示。

图 10-78　　　　　　　　　图 10-79

步骤 12 对背景进行明暗调整。执行"图层>新建调整图层>曲线"命令，在弹出的"属性"面板中将光标定位在曲线上，单击添加控制点并向上拖曳，将光标移动到曲线上另一点单击添加控制点并向下拖曳，使曲线形成S形，增强画面对比度，如图 10-80 所示。效果如图 10-81 所示。

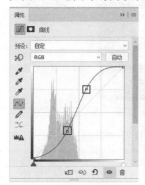

图 10-80　　　　　　　　　图 10-81

Part 2　制作书籍封面上的图形元素

步骤 01 制作浅色云朵。选择工具箱中的"椭圆形工具"按钮，在选项栏中设置"绘制模式"为"形状"，"填充"为浅灰色，然后在画面中按住Shift键拖动绘制一个正圆，如图 10-82 所示。接着使用同样的方法绘制另外一个小正圆，如图 10-83 所示。

扫一扫，看视频

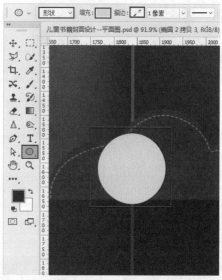

图 10-82

步骤 02 使用同样的方法绘制另外 4 个稍小的正圆，并填充亮灰色，如图 10-84 所示。

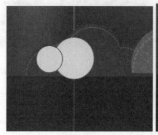

图 10-83　　　　　　　　　图 10-84

步骤 03 在"图层"面板中按住 Ctrl 键一次单击加选 6 个正圆图层，然后使用快捷键 Ctrl+G 进行编组。选择该图层组，执行"图层>图层样式>外发光"命令，设置"混合模式"为"正片叠底"，"不透明度"为30%，"颜色"为黑色，"方法"为"柔和"，"大小"为35像素，参数设置如图 10-85 所示。设置完成后单击"确定"按钮，效果如图 10-86 所示。

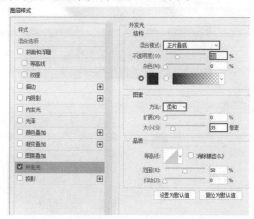

图 10-85

图 10-86

步骤 04 选择图层组，使用快捷键 Ctrl+J 将图层复制一份，然后使用快捷键 Ctrl+E 将复制的图层组进行合并。再将合并的云朵移动到画面的右侧，并适当地调整其大小，如图 10-87 所示。使用同样的方法制作白色的云朵并添加外发光图层样式，效果如图 10-88 所示。

图 10-87

图 10-88

步骤 05 单击工具箱中的"钢笔工具"按钮，在选项栏中设置"绘制模式"为"形状"，"填充"为黄色。在画面中的云朵上方绘制月亮的形状，如图 10-89 所示。选择"月亮"图层，执行"图层>图层样式>投影"命令，设置投影颜色为青蓝色，"混合模式"为"正片叠底"，"不透明度"为 50%，"角度"为 135 度，"距离"为 20 像素，"大小"为 25 像素，如图 10-90 所示。效果如图 10-91 所示。

图 10-89

图 10-90

图 10-91

步骤 06 制作将月亮挂起的蝴蝶结绳。单击工具箱中的"钢笔工具"按钮，在选项栏中设置"绘制模式"为路径。在画面中的月亮上方绘制路径，如图 10-92 所示。使用快捷键 Ctrl+Enter 将路径转化为选区，设置"前景色"为浅蓝色，新建图层并使用快捷键 Alt+Delete 填充选区，如图 10-93 所示。

图 10-92

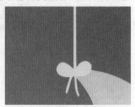

图 10-93

步骤 07 单击"钢笔工具"按钮，在选项栏中设置"绘制模式"为路径，在之前制作的蝴蝶结中绘制水滴形路径，如图 10-94 所示。使用快捷键 Ctrl+Enter 将路径转化为选区，按 Delete 键删除选区中的内容，如图 10-95 所示。使用同样的方法制作另一侧蝴蝶结的镂空效果，如图 10-96 所示。

图 10-94

图 10-95

图 10-96

步骤 08 为该蝴蝶结添加描边，执行"图层>图层样式>描边"命令，设置"大小"为 2 像素，"位置"为"内部"，"混合模式"为"正常"，"不透明度"为 100%，"填充类型"为"颜色"，"颜色"为深蓝色，单击"确定"按钮完成设置，如图 10-97 所示。效果如图 10-98 所示。使用同样的方法制作另一个蝴蝶结绳，如图 10-99 所示。

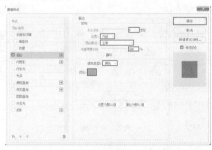

图 10-97

中文版Photoshop CC平面设计从入门到精通（微课视频 全彩版）

步骤 09 复制一个白色云朵，然后将其移动到月亮图层上，效果如图10-100所示。

图 10-98

图 10-99

图 10-100

步骤 10 在画面的顶部制作悬挂的星形。单击工具箱中的"矩形工具"按钮，在选项栏中设置"绘制模式"为"形状"，"填充"为灰色，在画面顶部按住鼠标左键拖曳绘制矩形，如图10-101所示。单击工具箱中的"自定形状工具"按钮，在选项栏中设置"绘制模式"为"形状"，"填充"为黄色，单击"形状"下拉按钮，在"形状"下拉面板中选择"五角星"，在画面顶部按住鼠标左键拖曳绘制五角星，如图10-102所示。使用同样的方法制作更多悬挂的五角星，如图10-103所示。

图 10-101

图 10-102

图 10-103

步骤 11 添加人物卡通素材。执行"文件>置入嵌入对象"命令，在弹出的"置入嵌入对象"窗口中选择素材1.png，单击"置入"按钮，并缩放到适当位置，按Enter键完成置入。执行"图层>栅格化>智能对象"命令，将该图层栅格化为普通图层，如图10-104所示。

步骤 12 制作卡通素材的投影，在"图层"面板中按Ctrl键单击图层缩览图，载入选区。新建图层，设置"前景色"为黑色，使用快捷键Alt+Delete填充选区，如图10-105所示。接着使用自由变换快捷键Ctrl+T调出定界框，右击，执行"扭曲"命令，将光标定位在控制点上，按住鼠标左键进行拖曳对其进行变形，如图10-106所示。

图 10-104

图 10-105

图 10-106

步骤 13 执行"滤镜>模糊>高斯模糊"命令,在弹出的"高斯模糊"窗口中设置"半径"为6像素,单击"确定"按钮完成设置,如图10-107所示。效果如图10-108所示。

图 10-107   图 10-108

步骤 14 将投影图层移动到卡通图层的下一层,如图10-109所示。将投影图层的"不透明度"设置为40%,如图10-110所示。效果如图10-111所示。

图 10-109   图 10-110   图 10-111

Part 3   制作书籍封面上的文字

步骤 01 在画面中添加文字。单击工具箱中的"横排文字工具"按钮,在选项栏中设置合适的字体、字号,设置"填充"为黄色,在画面中间位置单击输入文字,如图10-112所示。接着为文字制作投影,执行"图层>图层样式>投影"命令,设置"混合模式"为"正片叠底","投影颜色"为黑色,"不透明度"为75%,"角度"为120度,"距离"为2像素,"扩展"为0%,"大小"为2像素,单击"确定"按钮完成设置,如图10-113所示。效果如图10-114所示。

图 10-112   图 10-113   图 10-114

步骤 02 使用同样方法制作第二行文字,如图10-115所示。

步骤 03 制作书脊。在"图层"面板中选择黄色书名文字图层,右击,执行"复制图层"命令。选择拷贝图层,使用自由变换快捷键Ctrl+T调出定界框,对其进行选择并移动到适当位置,按Enter键完成变换,如图10-116所示。继续将第二行文字摆放在书脊上,如图10-117所示。

图 10-115   图 10-116   图 10-117

步骤 04 书的封面和书脊的内容已经制作完成。封底中的内容与封面内容有很多相同的元素,所以选择相同内容的图层进行复制和自由变换,并放置在适当位置即可。输入底部的文字,书籍封面的平面图就制作完成了,如图10-118所示。

图 10-118

Part 4   制作书籍的立体效果

步骤 01 使用快捷键Ctrl+Shift+Alt+E进行盖印,将书籍封面所有的图层盖印到一个图层中,如图10-119所示。

扫一扫,看视频

图 10-119

步骤 02 将背景 2.jpg 素材在 Photoshop 中打开，如图 10-120 所示。将素材 3.png 置入文档中，然后按 Enter 键确定置入操作，如图 10-121 所示。

图 10-120

图 10-121

步骤 03 回到平面图的文档中，选择盖印图层，然后选择工具箱中的"矩形选框工具"，在封面上方绘制一个矩形选区，再使用快捷键 Ctrl+C 进行复制，如图 10-122 所示。最后回到立体效果文档中，使用快捷键 Ctrl+V 进行粘贴，如图 10-123 所示。

图 10-122

图 10-123

步骤 04 使用自由变换快捷键 Ctrl+T 调出定界框，右击，执行"扭曲"命令，然后调整控制点的位置，如图 10-124 所示。变形完成后按 Enter 键确定变换操作。

图 10-124

提示：在变换的过程中可以降低不透明度

在进行扭曲变形时可以降低图层的不透明度，通过半透明的图层可以观察到下方书籍的位置，然后进行扭曲变形。

步骤 05 在"图层"面板中设置"混合模式"为"正片叠底"，如图 10-125 所示。效果如图 10-126 所示。

中文版Photoshop CC平面设计从入门到精通（微课视频 全彩版）

图 10-125 图 10-126

步骤 06 制作书脊部分。将书籍部分复制到立体效果文档中，如图 10-127 所示。同样使用自由变换快捷键 Ctrl+T 调出定界框，将其进行扭曲，使之与书脊部分形态相吻合，如图 10-128 所示。

图 10-127 图 10-128

步骤 07 右击执行"变形"命令，如图 10-129 所示。接着将光标定位在定界框底部的中间控制杆，按住鼠标左键向上拖曳对其变形，如图 10-130 所示。

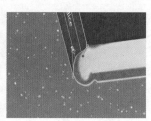

图 10-129 图 10-130

步骤 08 同样对另一侧的定界框进行调整，按 Enter 键完成调整，如图 10-131 所示。并在"图层"面板中设置"混合模式"为"正片叠底"，如图 10-132 所示。

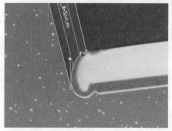

图 10-131 图 10-132

步骤 09 使用同样的方法制作另外一本立体书籍，效果如图 10-133 所示。最后使用黑色半透明"画笔工具"为两本立体书分别添加一些阴影。最终效果如图 10-134 所示。

图 10-133

图 10-134

读书笔记

Chapter 11
第11章

网页设计与淘宝美工

本章内容简介

　　对于平面设计师而言，网页设计是以网页宣传目的、受众人群等方面作为出发点，对网页中的颜色、字体、图片、样式进行美化的工作。优秀的网页设计能够充分地刺激用户感官，引发用户的愉悦感，从而产生信任感。本章主要学习网页设计的相关基础知识，并通过案例的制作进行网页设计与淘宝美工设计制图的练习。

优秀作品欣赏

11.1 网页设计概述

在平面设计的范畴内，网页设计就是通过合理的颜色、字体、图片、样式进行页面设计美化，尽可能给予用户完美的视觉体验。

11.1.1 什么是网页设计

网页是网站的基本元素之一，是最后呈现到用户面前的样子。当在浏览器中输入网址，经过一段计算机程序的运行，网页文件会被传送到计算机中，通过浏览器解释网页的内容并展示到用户眼前。对于平面设计师而言，网页设计是以网页宣传目的、受众人群等方面作为出发点，对网页中的颜色、字体、图片、样式进行美化的工作。优秀的网页设计能够充分地刺激用户感官，引发用户的愉悦感，从而产生信任感。图11-1和图11-2所示为优秀的网页设计作品。

图 11-1

图 11-2

[重点] 11.1.2 网页的基本构成部分

想要进行网页美化的工作，首先需要简单了解一下网页的主要组成部分。网页的构成部分较多，基本组成部分包括网页标题、网站标志、网页页眉、网页导航、网页的主体部分、网页页脚等。

* 网页标题：网页标题即网站的名称，也就是对网页内容的高度概括。一般使用品牌名称等，能帮助搜索者快速辨认出网站。网页标题要尽量地简单明了，其长度一般不能超过32个中文字，如图11-3所示。
* 网站标志：网站的标志即网站的Logo、商标，是互联网上各个网站用来链接其他网站的图形标志。网站的标志能够便于受众选择，也是网站形象的重要体现，如图11-4所示。
* 网页导航：网页导航是为用户浏览网页提供提示的系统，用户可以通过单击导航栏中的按钮快速访问某一个网页项目，如图11-5所示。

图 11-3

图 11-4

图 11-5

* 网页的主体部分：网页的主体部分即网页的主要内容，包括图形、文字、内容提要等，如图11-6所示。
* 网页页脚：网页页脚处在页面底部，通常包括联系方式、友情链接、备案信息等，如图11-7所示。

图 11-6

图 11-7

【重点】11.1.3　网页安全色

不同的浏览器在颜色显现方面会有所不同，为了解决这一问题，人们一致通过了一组在所有浏览器中都类似的颜色，这也就是Web安全颜色。Web安全颜色包含216种特定的颜色，这些颜色可以安全地应用于所有的Web中，而不需要担心颜色在不同应用程序之间的变化，如图11-8所示。

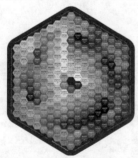

图 11-8

在使用Photoshop进行制图时，也需要注意安全色的选取。例如，在使用"拾色器"进行颜色的选取时，如果出现了 ，就表示当前所选的颜色并非"Web安全色"，单击该按钮会自动切换为相似的安全色，如图11-9所示。所以在选择颜色时，可以首先勾选"拾色器"窗口底部的"只有Web颜色"复选框，此时可选择的颜色均为安全色，如图11-10所示。

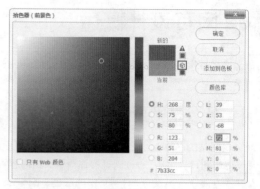

图 11-9

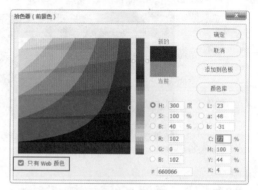

图 11-10

【重点】11.1.4　网页切片与输出

扫一扫，看视频

网页加载速度的快慢直接影响到用户体验，为了让图片快速加载下来，需要将一整幅网页图片分割成多个图片，然后进行上传，这个过程就叫作"切片"。

在Photoshop中可以使用"切片工具"进行切片，选择"切片工具"，按住鼠标拖动绘制，释放鼠标后即可创建切片，如图11-11所示。还可以先创建参考线，再选择工具箱中的"切片工具"，然后单击选项栏中的"基于参考线的切片"按钮，如图11-12所示。这样就可以创建切片了，如图11-13所示。

图 11-11

图 11-12   图 11-13

在编辑切片时可以选择工具箱中的"切片选择工具"，在切片上单击即可进行选择，如图11-14所示。单击工具箱中的"划分"按钮，在弹出的"划分切片"窗口中将切片进行划分，参数设置完成后单击"确定"按钮，如图11-15所示。划分的切片效果如图11-16所示。

图 11-14   图 11-15   图 11-16

使用"切片选择工具"选中切片后按住鼠标左键拖动可以移动切片的位置，拖动控制点可以对切片的大小进行调整，如图11-17所示。在使用"切片工具"创建切片后，除了刚刚创建的切片外还会生成自动切片，使用"切片选择工具"单击自动切片，图11-18中的"提升"按钮即可将自动切片转换为正常的切片，如图11-19所示。

图 11-17   图 11-18   图 11-19

对已经切片完成的网页执行"文件>导出>存储为Web所用格式(旧版)"命令，打开"存储为Web所用格式"窗口，在窗口右侧顶部单击"预设"下拉列表，在其中可以选择内置的输出预设，单击某一项预设方式，然后单击底部的"存储"按钮，如图11-20所示。接着选择存储的位置，如图11-21所示。

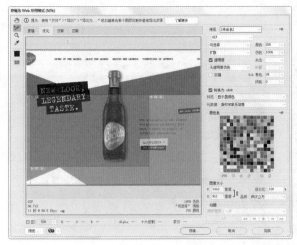

图 11-20

图 11-21

11.2 淘宝美工设计概述

当在线下逛商场的时候，往往会被装修风格个性、配色得体的店铺所吸引。同理，淘宝就是一个巨大的商场，由无数间店铺组成。当消费者"逛"网店时，网店的视觉效果往往会第一时间影响到用户的判断，所以网店装修的好坏会直接影响到店铺的销量。

11.2.1 什么是淘宝美工

那么谁来为网店"装修"呢？这就到了美工人员大显身手的时刻了。"淘宝美工"是淘宝网店页面编辑美化工作者的统称。日常工作包括网店页面的美化设计、产品图片处理以及商品上下线更换等工作内容。淘宝美工更像是介于网页设计师与平面设计师之间的工作。

互联网经济时代下，淘宝美工逐渐成为就业前景较好的职业，职位需求量大，而且工作时间有弹性、工作地点自由度大，甚至可以在家里办公，所以网店美工也逐渐成为很多设计师青睐的职业方向。不仅如此，一些小成本网店的店主，如果自己掌握了"网店美工"这门技术，也可以节约一部分开销。

> **提示：淘宝美工是一种习惯性的称呼**
>
> 其实，"淘宝美工"是一种习惯性的对电商设计人员的称呼，很多时候也会被称为网店美工、网店设计师、电商设计师。随着电商行业的发展，越来越多的电商平台不断涌现，淘宝、天猫、京东、当当等电商平台上都聚集着相当大量的网店，而且很多品牌厂商都会横跨多个平台"开店"。在任何一个电商平台经营店铺都少不了电商设计人员的身影，不同的平台对网店装修用图的尺寸要求可能略有区别，但是美工工作的性质是相同的。所以，针对不同平台的店铺进行"装修"时，首先需要了解一下该平台对网页尺寸及内容的要求，然后再进行制图。

11.2.2 淘宝美工设计师的工作

作为一个淘宝美工设计人员，都有哪些工作需要做呢？淘宝美工的工作主要分为两大部分。

（1）商品图片处理。摄影师在商品拍摄完成后会筛选一部分比较好的作品，设计人员会从中筛选一部分作为产品主图、详情页的图片。针对这些商品图片，需要进行进一步的修饰与美化工作，如去掉瑕疵、修补不足、矫正偏色，如图11-22和图11-23所示。

图 11-22

图 11-23

（2）网页版面的编排。其中包括网站店铺首页设计、产品主图设计、产品详情页设计、活动广告等排版方面的工作。这部分工作比较接近于广告设计以及版式设计的项目，需要具备较好的版面把控能力、色彩运用能力以及字体设计、图形设计等方面的能力。图11-24所示为网店首页设计作品。图11-25所示为产品主图。图11-26所示为产品详情页信息的版面。图11-27所示为网店广告设计作品。

图11-24

图11-25

图11-26

图11-27

11.3 撞色网页 Banner

文件路径	资源包\第11章\撞色网页Banner
难易指数	★★★★★
技术要点	新建填充图层、横排文字工具、剪贴蒙版、自定形状工具

案例效果

案例效果如图11-28所示。

图11-28

操作步骤

Part 1　制作背景图形

步骤 01 执行"文件>新建"命令，设置"宽度"为1280像素，"高度"为822像素，"分辨率"为72，"颜色模式"为RGB颜色，"背景内容"为透明的空白文件，如图11-29所示。

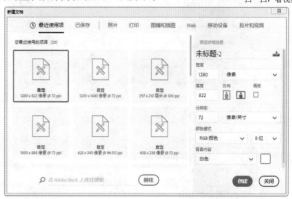

图11-29

步骤 02 绘制纯色图形。执行"图层>新建填充图层>纯色"命令，在弹出的"新建图层"窗口中单击"确定"按钮，在弹出的"拾色器"面板中选择一种浅蓝色，设置完成后单击"确定"按钮，此时该图层填充上了颜色，如图11-30所示。

图11-30

步骤 03 单击工具箱中的"多边形套索工具"按钮，在画面的左上角绘制四边形选区，如图11-31所示。执行"图层>新建填充图层>纯色"命令，设置"填充颜色"为粉红色，此时效果如图11-32所示。

图11-31

图11-32

步骤 04 新建图层，单击工具箱中的"自定形状工具"按钮，在选项栏中设置"绘制模式"为"像素"，设置"前景色"为白色，接着选择"形状"为心形，设置完成后绘制一个合适大小的心形，如图11-33所示。

图 11-33

步骤 05 将选区填充为白色，然后使用自由变换快捷键Ctrl+T调出定界框，再将"心形"调整到合适大小，旋转并摆放到相应位置，如图11-34所示。

图 11-34

步骤 06 以同样的方法制作其他图形，如图11-35和图11-36所示。

图 11-35   图 11-36

Part 2　制作标题文字

步骤 01 使用"横排文字工具"，在选项栏中设置合适的字体、字号，设置"颜色"为白色，在画面中输入文字，如图11-37所示。

扫一扫，看视频

图 11-37

步骤 02 选中该文字图层，执行"图层>图层样式>投影"

命令，设置投影颜色为深红色，"混合模式"为正片叠底，"不透明度"为35%，"距离"为8像素，"大小"为3像素，如图11-38所示。此时效果如图11-39所示。

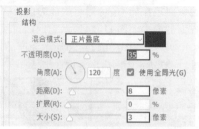

图 11-38

图 11-39

步骤 03 分别输入"幻""新"两个字，并倾斜排布，将这两个图层放置在同一图层组中，并为其添加相同的图层样式，如图11-40和图11-41所示。

图 11-40   图 11-41

步骤 04 置入素材1.jpg，摆放在"幻""新"二字的上方，旋转到合适角度，如图11-42所示。接下来选中该图层，执行"图层>创建剪贴蒙版"命令，效果如图11-43所示。

图 11-42   图 11-43

步骤 05 使用"矩形工具"，在主体文字下方绘制一个淡粉色的矩形，如图11-44所示。同样使用"横排文字工具"在此处输入多组文字，如图11-45所示。

图11-44

图11-45

步骤 06 丰富下方文字的细节，使用"直线工具"在底部一行文字处添加横纵两条分隔线，如图11-46所示。接下来使用"钢笔工具"在两端绘制两个装饰图形，如图11-47所示。

图11-46

图11-47

步骤 07 选中全部文字图层，使用自由变换快捷键Ctrl+T将光标定位到一角处，按住鼠标左键并拖动，旋转文字对象，如图11-48所示。最后将人物素材置入文档中，本案例制作完成。效果如图11-49所示。

图11-48

图11-49

11.4 网店产品主图

文件路径	资源包\第11章\网店产品主图
难易指数	★★★★★
技术要点	画笔工具、钢笔工具、图层样式、自由变换、混合模式、椭圆工具、图层蒙版、横排文字工具、曲线

案例效果

案例效果如图11-50所示。

图11-50

操作步骤

Part 1 制作背景

步骤 01 执行"文件>新建"命令，创建一个大小合适的空白文档。设置前景色为紫色，使用快捷键Alt+Delete进行前景色填充，效果如图11-51所示。

扫一扫，看视频

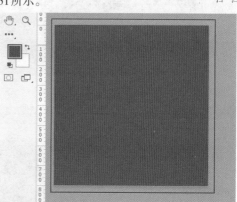
图11-51

步骤 02 在画面中增加一些色彩，让画面更加丰富。选择工具箱中的"画笔工具"，在选项栏中设置大小合适的较低不透明度的柔边圆画笔，设置前景色为淡紫色，设置完成后在画面中涂抹，让画面效果更加丰富，如图11-52所示。

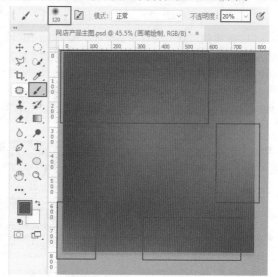
图11-52

步骤 03 选择工具箱中的"钢笔工具"，在选项栏中设置"绘制模式"为"形状"，"填充"为黄色，"描边"为无，设置完成后在画面下方位置绘制形状，如图11-53所示。接着使用同样的方法在已有形状上方继续绘制一个稍深一点的黄色形状，如图11-54所示。

375

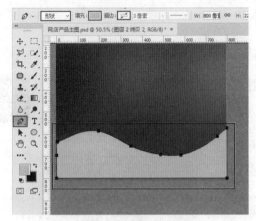

图 11-53

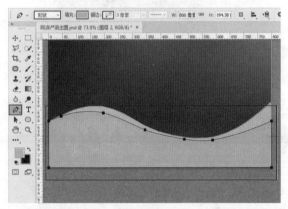

图 11-54

步骤 04 在橘色形状上进行图案叠加，丰富画面细节。选择该形状图层，执行"图层>图层样式>图案叠加"命令，在弹出的"图层样式"窗口中设置"混合模式"为"正常"，"不透明度"为22%，选择一种带有斜条纹的"图案"，"缩放"为100%，设置完成后单击"确定"按钮完成操作，如图11-55所示。效果如图11-56所示。

图 11-55　　　　　图 11-56

步骤 05 选择工具箱中的"矩形工具"，在选项栏中设置"绘制模式"为"形状"，"填充"为橘色，"描边"为无，设置完成后在画面中绘制矩形，如图11-57所示。

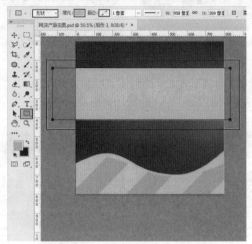

图 11-57

步骤 06 选择橘色矩形图层，使用自由变换快捷键Ctrl+T调出定界框，将光标放在定界框外按住鼠标左键进行旋转，如图11-58所示。操作完成后按Enter键完成操作。

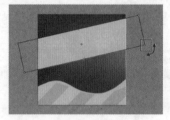

图 11-58

步骤 07 制作矩形周围的光效。执行"文件>置入嵌入对象"命令，将素材1.jpg置入文档中。将素材横向缩小、纵向拉长，然后再将其旋转到和矩形的边缘重合。操作完成后按Enter键完成操作并将该图层栅格化，如图11-59所示。

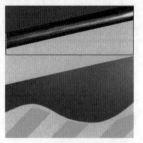

图 11-59

步骤 08 选择素材图层，设置"混合模式"为"滤色"，如图11-60所示。效果如图11-61所示。接着使用同样的方法制作矩形下方的光效。效果如图11-62所示。按住Ctrl键依次加选各个图层并将其编组命名为"背景"。此时网店产品主图的背景效果制作完成。

> **提示：如何使用外部的图案库**
>
> 执行"编辑>预设>预设管理器"命令，打开"预设管理器"窗口，设置预设类型为"图案"，然后单击"载入"按钮，载入PAT格式的素材，完成后在图案列表中就可以看到新载入的素材了。

中文版Photoshop CC平面设计从入门到精通（微课视频 全彩版）

图 11-60

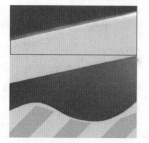

图 11-61

图 11-62

Part 2 制作产品主图

步骤 01 执行"文件>置入嵌入对象"命令，将拉杆箱素材2.png置入文档中。然后调整大小放在画面右边位置并将图层栅格化，如图 11-63 所示。

扫一扫，看视频

图 11-63

步骤 02 此时置入的素材颜色偏暗，需要提高亮度。执行"图层>新建调整图层>曲线"命令，创建一个曲线调整图层。在弹出的"属性"面板中将光标放在曲线中端向左上角拖动，然后使用同样的方法调整曲线下端的控制点，操作完成后单击面板底部"此调整剪切到此图层"按钮，使调整效果只针对下方图层，如图 11-64 所示。效果如图 11-65 所示。

图 11-64

图 11-65

步骤 03 选择工具箱中的"椭圆工具"，在选项栏中设置"绘制模式"为"形状"，"填充"为橘色，"描边"为白色，"大小"为5点，设置完成后在拉杆箱右上角位置按住 Shift 键的同时按住鼠标左键绘制一个正圆，如图 11-66 所示。选择白色描边正圆图层，使用快捷键 Ctrl+J 将其复制一份。然后选择复制得到的图层，在绘制状态下将"填充"更改为红色，如图 11-67 所示。

图 11-66

图 11-67

步骤 04 此时绘制的红色正圆有不需要的部分，需要将其隐藏。单击工具箱中的"多边形套索工具"按钮，在红色正圆上方绘制选区，如图 11-68 所示。在当前选区状态下选择红色正圆图层，单击"图层"面板底部的"添加图层蒙版"按钮，为该图层添加图层蒙版，将不需要的部分隐藏。画面效果如图 11-69 所示。

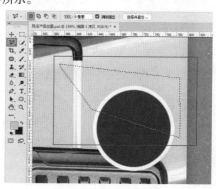

图 11-68

图 11-69

步骤 05 在正圆上方添加文字。选择工具箱中的"横排文字工具"，在选项栏中设置合适的字体、字号和颜色，设置完成后在红色正圆上方单击输入文字，如图 11-70 所示。文字输入完成后按 Ctrl+Enter 组合键完成操作。

图 11-70

步骤 06 选择文字图层，执行"窗口>字符"命令，在弹出的"字符"面板中单击"仿斜体"按钮，将文字进行倾斜设置，如图 11-71 所示。效果如图 11-72 所示。

图 11-71　　　　图 11-72

步骤 07 选择该文字图层，使用自由变换快捷键 Ctrl+T 调出定界框，将光标放在定界框外按住鼠标左键进行旋转，如图 11-73 所示。操作完成后按 Enter 键完成操作。然后使用同样的方法制作其他文字，效果如图 11-74 所示。

图 11-73　　　　图 11-74

步骤 08 选择红色文字图层，执行"图层>图层样式>描边"命令，在弹出的"图层样式"窗口中设置"大小"为 2 像素，"位置"为"外部"，"混合模式"为"正常"，"不透明度"为 100%，"颜色"为白色，设置完成后单击"确定"按钮完成操作，如图 11-75 所示。效果如图 11-76 所示。

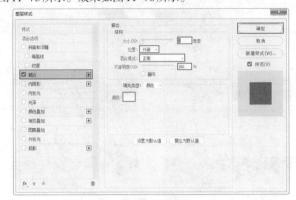

图 11-75

图 11-76

Part 3　制作主体文字和标志

扫一扫，看视频

步骤 01 制作标志。选择工具箱中的"矩形工具"，在选项栏中设置"绘制模式"为"形状"，"填充"为橘色，"描边"为无，设置完成后在画面上方位置绘制矩形，如图 11-77 所示。

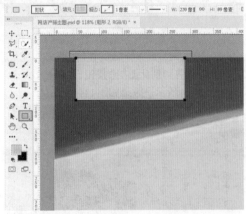

图 11-77

步骤 02 为标志背景叠加一个图案，让背景效果更加丰富。

选择该矩形图层，执行"图层>图层样式>图案叠加"命令，在弹出的"图层样式"窗口中设置"混合模式"为"正片叠底"，"不透明度"为21%，在"图案"下拉菜单中选择一种合适的图案，"缩放"为19%，设置完成后单击"确定"按钮完成操作，如图11-78所示。效果如图11-79所示。

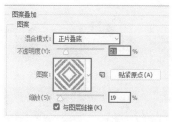 

图 11-78　　　　　　　　　图 11-79

文字输入完成后按快捷键Ctrl+Enter完成操作。

图 11-83

步骤 03 在标志背景上方添加文字。单击工具箱中的"横排文字工具"按钮，在选项栏中设置合适的字体、字号和颜色，设置完成后在标志背景上方单击输入文字，如图11-80所示。文字输入完成后按下Ctrl+Enter组合键完成操作。

图 11-80

步骤 04 选择该文字图层，在"字符"面板中单击"仿斜体"按钮，将文字进行倾斜设置，如图11-81所示。效果如图11-82所示。按住Ctrl键依次加选各个图层将其编组命名为"标志"。此时产品的标志制作完成。

图 11-81　　　　　　　　　图 11-82

步骤 05 制作主体文字。单击工具箱中的"横排文字工具"按钮，在选项栏中设置合适的字体、字号，"颜色"为紫色，设置完成后在画面左边位置单击输入文字，如图11-83所示。

步骤 06 选择该文字图层，在"字符"面板中设置"水平缩放"为90%，如图11-84所示。效果如图11-85所示。

图 11-84　　　　　　　　　图 11-85

步骤 07 为该文字制作倾斜效果。通常情况下对文字进行倾斜设置时，"字符"面板中的"仿斜体"按钮即可满足操作。但对文字倾斜程度要求较大时，可以通过"自由变换"中的"斜切"命令来制作。选择该"文字"图层，使用自由变换快捷键Ctrl+T调出定界框，右击，执行"斜切"命令，将光标放在定界框的中间位置，按住鼠标左键水平向右拖动，将文字进行倾斜设置，如图11-86所示。

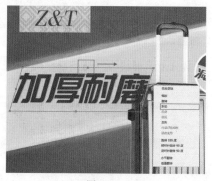

图 11-86

步骤 08 在当前自由变换状态下，右击，执行"旋转"命令，将光标放在定界框外按住鼠标左键进行旋转，使文字外部轮廓线与底部的橘色矩形边缘平行，如图11-87所示。操作完成后按Enter键完成操作。

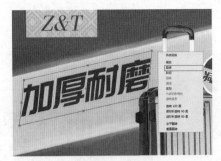

图 11-87

步骤 09 为该文字添加光效。执行"文件>置入嵌入对象"命令,将光效素材1.jpg置入到文档中。调整大小放在上方位置并将图层栅格化处理,如图11-88所示。

图 11-88

步骤 10 此时置入的素材有多余出来的部分,需要将其隐藏。选择光效素材图层,右击,执行"创建剪贴蒙版"命令创建剪贴蒙版,将不需要的部分隐藏,如图11-89所示。效果如图11-90所示。

图 11-89　　　　　　　图 11-90

步骤 11 选择光效素材图层,设置"混合模式"为"滤色",如图11-91所示。效果如图11-92所示。

图 11-91　　　　　　　图 11-92

步骤 12 执行"图层>新建调整图层>曲线"命令,创建一个曲线调整图层调整曲线形态,增强对比度。调整完成后单击面板底部的"此调整剪切到此图层"按钮,使调整效果只针对下方图层,如图11-93所示。效果如图11-94所示。

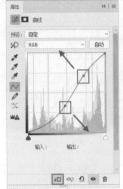

图 11-93　　　　　　　图 11-94

步骤 13 用制作主体文字的方法制作其他文字,将文字进行"斜切"操作并适当旋转,使其与主体文字平行。效果如图11-95所示。

图 11-95

步骤 14 此时输入的白色文字,由于颜色较淡在画面中不是很显眼,需要在该文字下方制作一个背景。单击工具箱中的"矩形工具"按钮,在选项栏中设置"绘制模式"为"形状","填充"为深灰色,"描边"为无,设置完成后在画面中绘制矩形,如图11-96所示。此时需注意调整图层顺序。

图 11-96

中文版Photoshop CC平面设计从入门到精通（微课视频　全彩版）

步骤 15 选择深灰色矩形图层，使用"自由变换"快捷键Ctrl+T调出定界框，右击，执行"斜切"命令，将矩形向右倾斜，如图11-97所示。再次右击，执行"旋转"命令将矩形进行旋转，使其与文字边缘轮廓平行，并适当移动位置，如图11-98所示。操作完成后按Enter键完成操作。

图 11-97 图 11-98

步骤 16 制作产品的价格文字效果。单击工具箱中的"矩形工具"按钮，在选项栏中设置"绘制模式"为"形状"，"填充"为紫色，"描边"为无，设置完成后在画面左下角位置绘制矩形，如图11-99所示。然后使用同样的方法对该矩形进行"斜切"和"旋转"操作。效果如图11-100所示。

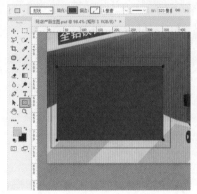 

图 11-99 图 11-100

步骤 17 在紫色矩形上方添加文字。单击工具箱中的"横排文字工具"按钮，在选项栏中设置合适的字体、字号和颜色，设置完成后在紫色矩形上单击输入文字，如图11-101所示。文字输入完成后按快捷键Ctrl+Enter完成操作。

图 11-101

步骤 18 选择"价格文字"图层，右击，执行"转换为形状"命令，将文字转换为带有路径的形状，如图11-102所示。效果如图11-103所示。

图 11-102 图 11-103

步骤 19 选择转换为路径的文字图层，单击工具箱中的"矩形工具"按钮，在选项栏中设置"绘制模式"为"形状"，"填充"为橘色-白色渐变，"描边"为紫色，"大小"为7点，如图11-104所示。

图 11-104

步骤 20 使用同样的方法对该文字进行"斜切"和"旋转"操作，使其与紫色矩形边平行，效果如图11-105所示。

图 11-105

步骤 21 使用同样的方法制作下方的图形和文字，如图11-106所示。案例完成效果如图11-107所示。

图 11-106 图 11-107

11.5 可爱风格网站活动页面

文件路径	资源包\第11章\可爱风格网站活动页面
难易指数	★★★★★
技术要点	钢笔工具、形状工具、横排文字工具、图层样式

案例效果

案例效果如图11-108所示。

图 11-108

操作步骤

Part 1　制作网页导航

步骤 01 执行"文件>打开"命令，打开背景素材1.jpg，如图11-109所示。

扫一扫，看视频

图 11-109

步骤 02 制作导航部分。选择工具箱中的"矩形选框工具"，在画面顶部绘制出矩形选框。新建图层，设置前景色为白色，使用快捷键Alt+Delete填充为白色，如图11-110所示。单击工具箱中的"画笔工具"按钮，设置前景色为粉色，选择一个圆形柔角的画笔。在画面顶部白色区域多次单击，绘制出大小不同的光斑。在绘制过程中可以使用快捷键"["缩小画笔，使用快捷键"]"放大画笔。效果如图11-111所示。

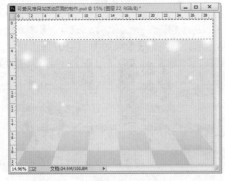

图 11-110

图 11-111

步骤 03 选择工具箱中的"钢笔工具"，设置"绘制模式"为"形状"，"填充"为粉色，在导航栏右上角绘制出平行四边形，如图11-112所示。选中该图层，执行"图层>图层样式>投影"命令，设置投影颜色为黑色，"混合模式"为"正片叠底"，"不透明度"为13%，"角度"为142度，"距离"为8像素，"大小"为29像素，如图11-113所示。此时效果如图11-114所示。

图 11-112

图 11-113　　　　　　　　图 11-114

步骤 04 单击"移动工具"按钮，按住Alt键的同时向左移动该图层，即可实现移动复制。多次进行移动复制，制作出横向的多个按钮，如图11-115所示。继续使用"钢笔工具"以及图层样式制作出另外两个形状不同的按钮，如图11-116所示。

图 11-115　　　　　　　　图 11-116

步骤 05 执行"文件>置入嵌入对象"命令,置入素材2.png,执行"图层>栅格化>智能对象"命令,摆放在导航栏左侧,如图11-117所示。单击工具箱中的"横排文字工具"按钮,在选项栏中设置合适的字体、字号、颜色。在卡通形象右侧单击,输入文字,如图11-118所示。

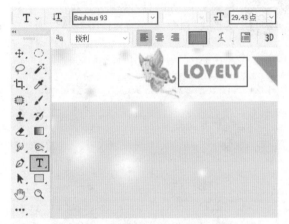

图 11-117

图 11-118

步骤 06 单击"横排文字工具"按钮,在之前粉色的文字下方单击,并在选项栏中设置合适的字体、字号、颜色,输入文字,如图11-119所示。

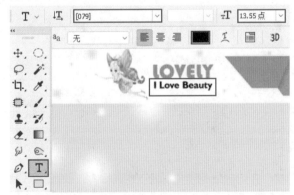

图 11-119

步骤 07 在导航栏的第一个按钮上输入一个较小的文字,如图11-120所示。执行"图层>图层样式>投影"命令,设置投影的"颜色"为粉紫色,"混合模式"为"正片叠底","不透明度"为50%,"角度"为142度,"距离"为8像素,"大小"为8像素,如图11-121所示。此时效果如图11-122所示。

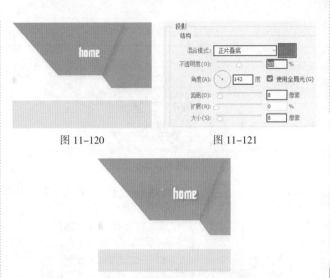

图 11-120　　　　　　　图 11-121

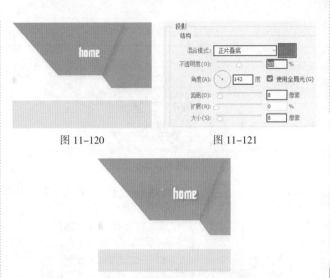

图 11-122

步骤 08 使用同样的方法制作导航栏上的其他文字,如图11-123所示。也可以将已经制作好的导航文字复制到其他按钮上,然后更改文字信息。

图 11-123

Part 2　制作网页主体图形

步骤 01 单击工具箱中的"椭圆工具"按钮,设置"绘制模式"为"形状","填充"为"渐变",设置渐变颜色为粉红色系的渐变,如图11-124所示。执行"图层>图层样式>投影"命令,设置投影颜色为红色,"混合模式"为"正片叠底","不透明度"为59%,"角度"为142度,"距离"为12像素,"大小"为40像素,如图11-125所示。效果如图11-126所示。

扫一扫,看视频

图 11-124　　　　　　　图 11-125

图 11-126

图 11-131

步骤 [02] 单击工具箱中的"椭圆工具"按钮,在选项栏中设置"绘制模式"为"形状","填充"为浅红色,如图11-127所示。复制多个圆形,移动到合适位置。效果如图11-128所示。

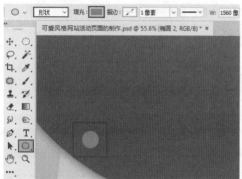

图 11-127

Part 3　制作主题字体

扫一扫,看视频

步骤 [01] 单击"横排文字工具"按钮,在画面中输入文字,如图11-132所示。执行"文字>转换为形状"命令,然后可以使用"钢笔工具"或"直接选择工具"等对文字上的锚点进行调整,改变字体形状。效果如图11-133所示。

图 11-132

图 11-128

步骤 [03] 单击工具箱中的"套索工具"按钮,绘制出选区并填充为不同颜色,如图11-129所示。然后执行"图层>图层样式>投影"命令,为其添加投影效果。设置"混合模式"为"正片叠底","不透明度"为53%,"角度"为142度,"距离"为12像素,"扩展"为9%,"大小"为21像素,如图11-130所示。效果如图11-131所示。

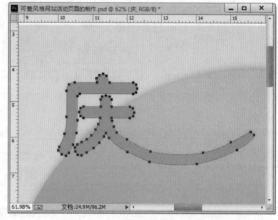

图 11-133

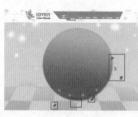

图 11-129

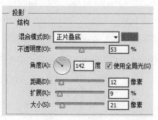

图 11-130

步骤 [02] 为设计好的字体添加图层样式,执行"图层>图层样式>内发光"命令,设置"混合模式"为"滤色","不透明度"为50%,"杂色"为0%,"方法"为"柔和","阻塞"为37%,"大

中文版Photoshop CC平面设计从入门到精通(微课视频 全彩版)

小"为22像素，如图11-134所示。效果如图11-135所示。

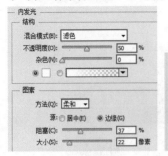

图11-134　　　　　　图11-135

步骤 03 使用同样的方法制作出其他的文字，如图11-136所示。接着使用"横排文字工具"和投影样式在艺术字上方添加一行带有投影效果的文字，如图11-137所示。

图11-136　　　　　　图11-137

步骤 04 单击工具箱中的"套索工具"按钮，沿文字外轮廓绘制选区，如图11-138所示。单击工具箱中的"渐变工具"按钮，在"渐变编辑器"中编辑红色系渐变，如图11-139所示。在艺术字图层下方新建图层，自上而下进行填充，如图11-140所示。

图11-138　　　　　　图11-139

图11-140

步骤 05 使用"横排文字工具"在艺术字下方输入一行文字，如图11-141所示。

图11-141

步骤 06 执行"文件>置入嵌入对象"命令，置入卡通素材3.png，执行"图层>栅格化>智能对象"命令，如图11-142所示。执行"图层>图层样式>投影"命令，设置"混合模式"为"正片叠底"，"不透明度"为50%，"距离"为11像素，"扩展"为6%，"大小"为13像素，如图11-143所示。效果如图11-144所示。

图11-142

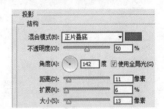

图11-143

图11-144

Part 4　制作栏目模块

步骤 01 单击"矩形选框工具"按钮，在圆形中央偏左侧的位置绘制出一个矩形选区，如图11-145所示。设置前景色为红色，新建图层，使用快捷键Alt+Delete填充为红色，如图11-146所示。

扫一扫，看视频

图 11-145

图 11-146

步骤 02 选择该图层，执行"图层>图层样式>投影"命令，设置"混合模式"为"正片叠底"，"不透明度"为50%，"角度"为142度，"距离"为21像素，扩展为0%，"大小"为16像素，如图11-147所示。效果如图11-148所示。

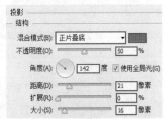
图 11-147

图 11-148

步骤 03 单击"椭圆工具"按钮，设置"绘制模式"为"形状"，"填充"为粉色，"描边"为"黄色"，"描边宽度"为3点，按住Shift键绘制出红色矩形上的正圆，如图11-149所示。执行"图层>图层样式>投影"命令，设置"混合模式"为"正片叠底"，"不透明度"为40%，"角度"为142度，"距离"为6像素，"扩展"为12%，"大小"为8像素，如图11-150所示。效果如图11-151所示。

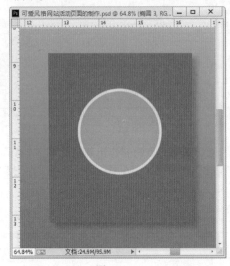
图 11-149

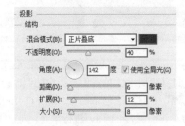
图 11-150

图 11-151

步骤 04 单击"自定形状工具"按钮，设置"绘制模式"为"形状"，"填充"为粉红色，"描边宽度"为2点，选择形状选取器中的"靶标2"形状，然后在圆形中绘制出图形，如图11-152所示。

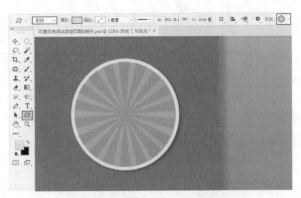

图 11-152

单击"椭圆工具"按钮,在圆形图形的下方绘制一个与矩形相同颜色的椭圆形,如图11-153所示。

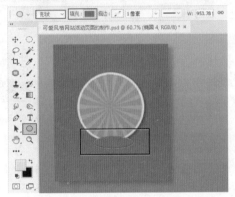

图 11-153

步骤 06 单击"圆角矩形工具"按钮,设置"绘制模式"为"形状","填充"为淡黄色。在圆形下方绘制一个圆角矩形,如图11-154所示。执行"图层>图层样式>投影"命令,设置"混合模式"为"正片叠底","不透明度"为64%,"角度"为142度,"距离"为7像素,"扩展"为0%,"大小"为7像素,如图11-155所示。效果如图11-156所示。

图 11-154

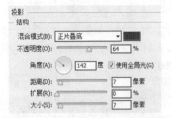

图 11-155

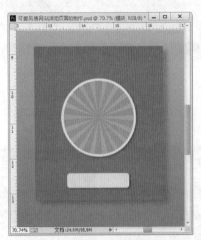

图 11-156

步骤 07 单击工具箱中的"钢笔工具"按钮,设置"绘制模式"为"形状","填充"为棕色,在圆角矩形上绘制一个三角形按钮,如图11-157所示。执行"文件>置入嵌入对象"命令,置入素材4.png,执行"图层>栅格化>智能对象"命令,如图11-158所示。

图 11-157

图 11-158

步骤 08 在模块上输入三组文字，并摆放在合适位置上，如图11-159所示。复制制作好的第一组模块，移动到右侧，删除其中的口红素材，并重新置入素材5.png，制作出另一个模块，如图11-160所示。

图 11-159　　　　　　　图 11-160

步骤 09 单击工具箱中的"横排文字工具"按钮，在栏目模块上方和下方输入大小不同的黄色文字，如图11-161和图11-162所示。

图 11-161　　　　　　　图 11-162

步骤 10 将这些文字放在一个图层组中，执行"图层>图层样式>投影"命令，设置"混合模式"为"正片叠底"，"颜色"为黄色，"不透明度"为62%，"角度"为142度，"距离"为5像素，"大小"为8像素，参数设置如图11-163所示。效果如图11-164所示。

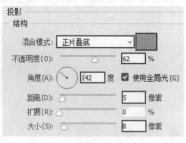

图 11-163

图 11-164

11.6　青春感网店首页设计

文件路径	资源包\第11章\青春感网店首页设计
难易指数	★★★★★
技术要点	混合模式、图层样式、不透明度、自由变换、钢笔工具、剪贴蒙版

案例效果

案例效果如图11-165所示。

图 11-165

操作步骤

Part 1　制作网店页面背景

扫一扫，看视频

步骤 01 执行"文件>新建"命令，创建一个空白文档。设置"前景色"为青色，使用前景色填充快捷键Alt+Delete进行填充，如图11-166所示。

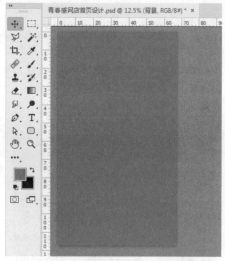

图 11-166

步骤 02 创建一个新图层，单击工具箱中的"画笔工具"按钮，在选项栏中打开"画笔预设"选取器，在下拉面板中选择一个"柔边圆"画笔，设置画笔"大小"为1500像素，设置"硬度"为49%，如图11-167所示。设置前景色为亮青色，选择刚创建的空白图层，在画面上方位置按住鼠标左键并拖动绘制，如图11-168所示。

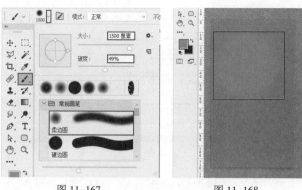

图 11-167　　　　　　　图 11-168

步骤 03 调整画笔大小,继续使用同样的方法在画面的下方位置进行绘制,如图 11-169 所示。

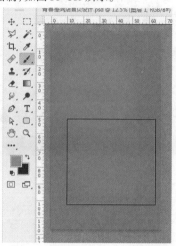

图 11-169

Part 2　制作店招

步骤 01 单击工具箱中的"矩形工具"按钮,在选项栏中设置"绘制模式"为"形状","填充"为黄色,"描边"为无。设置完成后在画面上方位置按住鼠标左键拖动绘制出一个矩形,如图 11-170所示。继续使用同样的方法绘制黄色矩形上方的浅蓝色矩形,如图 11-171 所示。

扫一扫,看视频

图 11-170

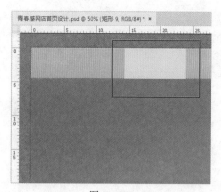

图 11-171

步骤 02 选中蓝色矩形,执行"编辑>变换>斜切"命令调出定界框,将光标定位在上方控制点上按住鼠标将其向右拖动,如图 11-172 所示。图形调整完毕之后按 Enter 键结束变换。

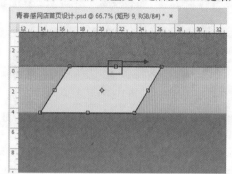

图 11-172

步骤 03 单击工具箱中的"横排文字工具"按钮,在选项栏中设置合适的字体、字号,文字颜色设置为青色,设置完毕后在画面中合适的位置单击鼠标建立文字输入的起始点,接着输入文字,文字输入完毕后按快捷键 Ctrl+Enter,如图 11-173 所示。

图 11-173

步骤 04 在文字上方制作一个粉色四边形,如图 11-174所示。在"图层"面板中选中粉色四边形图层,使用快捷键 Ctrl+J 复制出一个相同的图层,然后将其向右拖动,如图 11-175 所示。选中复制出的四边形,单击工具箱中的"任意形状工具"按钮,在选项栏中设置"填充"为黄色,如图11-176所示。

图 11-174

图 11-175

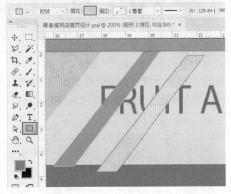
图 11-176

步骤 05 使用同样的方法制作出绿色四边形,将其摆放在合适的位置,如图11-177所示。

图 11-177

步骤 06 在"图层"面板中按住Ctrl键依次单击加选刚制作的三个四边形图层,右击,执行"创建剪贴蒙版"命令,如图11-178所示。画面效果如图11-179所示。

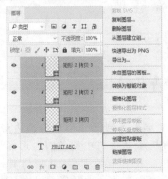
图 11-178

图 11-179

步骤 07 单击工具箱中的"矩形工具"按钮,在选项栏中设置"绘制模式"为"形状","填充"为黑色,"描边"为无。设置完成后在文字下方按住鼠标左键拖动绘制出一个矩形,如图11-180所示。单击"横排文字工具"按钮,输入黑色矩形上方文字,如图11-181所示。

图 11-180

图 11-181

Part 3 制作导航栏

扫一扫,看视频

步骤 01 使用制作黑色矩形的方法在画面中合适的位置制作长条白色矩形,如图11-182所示。

图 11-182

步骤 02 单击工具箱中的"钢笔工具"按钮,在选项栏中设

中文版Photoshop CC平面设计从入门到精通(微课视频 全彩版)

置"绘制模式"为"形状","填充"为无,"描边"为浅蓝色,"描边粗细"为4点,接着在白色矩形下方绘制一段直线,如图11-183所示。

图11-183

步骤 03 单击工具箱中的"横排文字工具"按钮,在选项栏中设置合适的字体、字号,文字颜色设置为黑色,设置完毕后在白色矩形上方单击鼠标建立文字输入的起始点,接着输入文字,文字输入完毕后按下Ctrl+Enter组合键,如图11-184所示。继续使用同样的方法输入后方文字,如图11-185所示。

图11-184

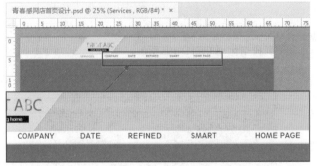

图11-185

步骤 04 单击工具箱中的"钢笔工具"按钮,在选项栏中设置"绘制模式"为"形状","填充"为无,"描边"为黑色,"描边粗细"为1点。设置完成后在画面中合适的位置绘制一段直线,如图11-186所示。

图11-186

步骤 05 在"图层"面板中选中竖线图层,使用快捷键Ctrl+J复制出一个相同的图层,然后按住Shift键的同时按住鼠标左键将其向右拖动进行水平移动的操作,如图11-187所示。继续使用同样的方法制作后方其他竖线,如图11-188所示。

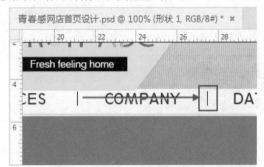

图11-187

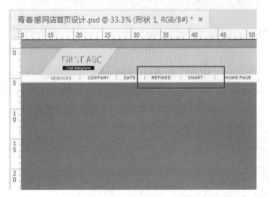

图11-188

Part 4 制作首页广告

步骤 01 执行"文件>置入嵌入对象"命令,将水花素材1.png置入到画面中,调整其大小及位置,如图11-189所示。然后按Enter键完成置入。在"图层"面板中右击该图层,在弹出的快捷菜单中执行"栅格化图层"命令。在"图层"面板中选中水花素材,设置面板中的"混合模式"为"划分"。效

扫一扫,看视频

果如图11-190所示。

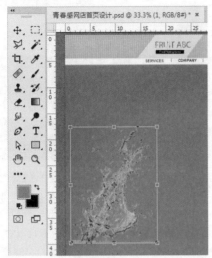

图 11-189

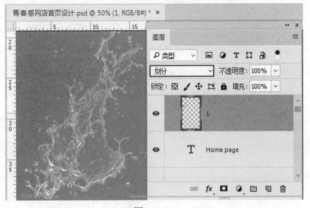

图 11-190

步骤 02 在"图层"面板中选中水花素材图层，使用快捷键Ctrl+J复制出一个相同的图层，然后将其向右移动，如图11-191所示。接着执行"编辑>变换>水平翻转"命令将复制出的水花素材翻转，效果如图11-192所示。

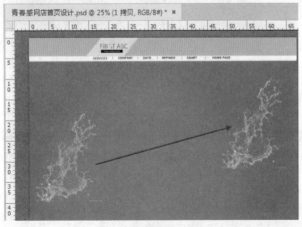

图 11-191

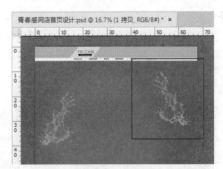

图 11-192

步骤 03 向水花中间位置置入水泡素材，调整其大小并将其栅格化，如图11-193所示。在"图层"面板中选中水泡素材，设置面板中的"混合模式"为"滤色"。画面效果如图11-194所示。

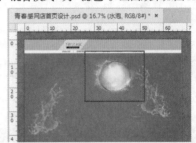

图 11-193

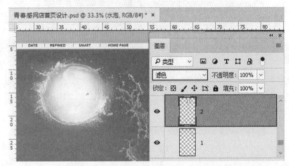

图 11-194

步骤 04 向画面中合适的位置置入棕榈叶素材，调整其大小并将其栅格化，如图11-195所示。

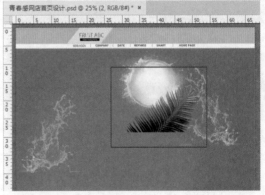

图 11-195

步骤 05 在"图层"面板中选中棕榈叶素材,使用快捷键 Ctrl+J复制出一个相同的图层,然后将其向左下方移动,如图11-196所示。选中复制出的棕榈叶素材,执行"编辑>变换>水平翻转"命令将其翻转,效果如图11-197所示。接着使用自由变换快捷键Ctrl+T调出定界框,将其放大一些,如图11-198所示。调整完毕之后按Enter键结束变换。

图 11-196

图 11-197

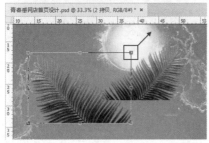

图 11-198

步骤 06 使用同样的方法将第三个棕榈叶制作出来并摆放在合适的位置,如图11-199所示。

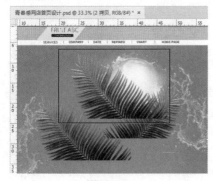

图 11-199

步骤 07 向棕榈叶上方置入黄辣椒素材,调整其大小并将其栅格化,如图11-200所示。

图 11-200

步骤 08 在"图层"面板中选中黄辣椒图层,执行"图层>图层样式>投影"命令,在"图层样式"窗口中设置"混合模式"为"正片叠底","颜色"为黑色,"不透明度"为72%,"角度"为152度,"距离"为5像素,"大小"为38像素,设置参数如图11-201所示。设置完成后单击"确定"按钮,效果如图11-202所示。

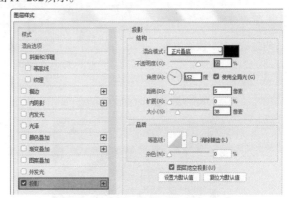

图 11-201

图 11-202

步骤 09 在"图层"面板中选中黄辣椒图层,使用快捷键 Ctrl+J复制出一个相同的图层,然后将其移动到右侧,执行"编辑>变换>水平翻转"命令将其翻转,接着使用自由变换快捷键Ctrl+T调出定界框,将其旋转和缩放,如图11-203所示。

调整完毕之后按Enter键结束变换。效果如图11-204所示。

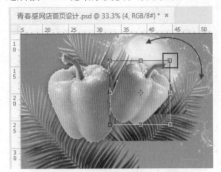

图 11-203

图 11-204

步骤 10 使用同样的方法将前方黄辣椒制作出来并摆放在合适的位置，保留投影效果，如图11-205所示。继续向画面中合适的位置置入叶子及花朵素材，调整其大小并栅格化，如图11-206所示。

图 11-205

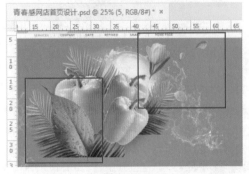

图 11-206

步骤 11 在"图层"面板中选中叶子图层，执行"图层>图层样式>投影"命令，在"图层样式"窗口中设置"混合模式"为"正片叠底"，"颜色"为黑色，"不透明度"为42%，"角度"为152度，"距离"为28像素，"大小"为54像素，设置参数如图11-207所示。设置完成后单击"确定"按钮，效果如图11-208所示。

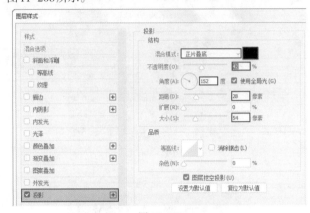

图 11-207

图 11-208

步骤 12 提亮叶子的亮度。执行"图层>新建调整图层>曲线"命令，在弹出的"新建图层"窗口中单击"确定"按钮。打开"属性"面板，在曲线中间调的位置单击添加控制点，然后将其向左上方拖动提高画面的亮度，单击 按钮使调色效果只针对下方图层，如图11-209所示。画面效果如图11-210所示。

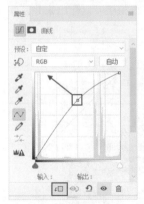

图 11-209

图 11-210

步骤 13 在"图层"面板中选中叶子图层,使用快捷键Ctrl+J复制出一个相同的图层,如图11-211所示。选择无"曲线"效果的叶子图层将其移动至黄辣椒图层的下方,然后回到画面中将其移动到右侧,接着使用自由变换快捷键Ctrl+T调出定界框,将其旋转至合适的角度,如图11-212所示。调整完毕之后按Enter键结束变换。

图 11-211

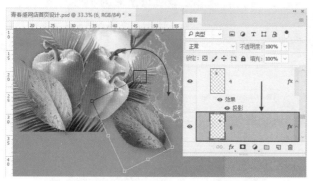

图 11-212

步骤 14 在选中右侧叶子的状态下,执行"编辑>变换>水平翻转"命令将其翻转,效果如图11-213所示。

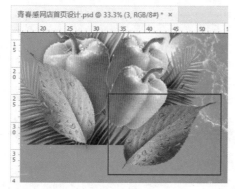

图 11-213

步骤 15 向画面中合适的位置置入花瓣素材,调整其大小并栅格化,如图11-214所示。将花瓣素材复制两份并移动到下方合适的位置,如图11-215所示。

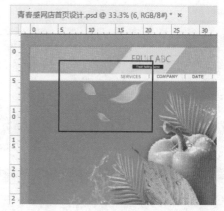

图 11-214

图 11-215

步骤 16 向画面中合适的位置置入橙子素材,调整其大小并栅格化,如图11-216所示。在"图层"面板中选中橙子图层,使用快捷键Ctrl+J复制出一个相同的图层,然后将其移动到左下方。效果如图11-217所示。

图 11-216

图 11-217

步骤 17 向画面中合适的位置置入人物素材并调整其大小,如图11-218所示。接着执行"图层>新建调整图层>曲线"命令,在弹出的"新建图层"窗口中单击"确定"按钮。打开"属性"面板,在曲线中间调的位置单击添加控制点,然后将其向左上方拖动提高画面的亮度,在曲线阴影的位置单击添加控制点,然后将其向左上方拖动一点,单击 按钮使调色效果只针对下方图层,如图11-219所示。画面效果如图11-220所示。

图 11-218

图 11-219   图 11-220

步骤 18 制作飘带。单击工具箱中的"钢笔工具"按钮,在
选项栏中设置"绘制模式"为"形状","填充"为黄色,"描边"
为无,设置完成后在画面中合适的位置单击鼠标绘制四边形,
如图 11-221 所示。

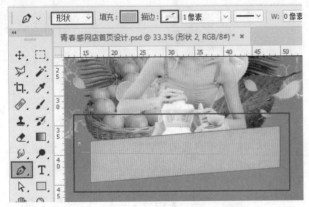

图 11-221

步骤 19 选中四边形,接着执行"编辑>变换>变形"命
令调出定界框,按住控制杆向下拖动调整四边形形状,如
图 11-222 所示。调整完毕之后按 Enter 键结束变换。

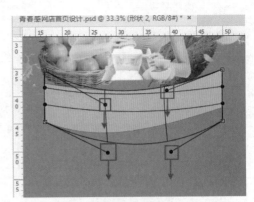

图 11-222

步骤 20 使用同样的方法将左侧暗黄色四边形绘制出来,如
图 11-223 所示。在"图层"面板中将"暗黄色四边形"图层移
动至"黄色变形四边形"图层下方,画面效果如图 11-224 所示。

图 11-223

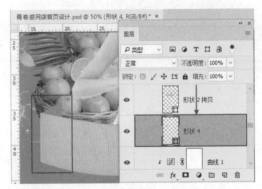

图 11-224

步骤 21 使用同样的方法将飘带的其他部分制作完成,如
图 11-225 所示。

图 11-225

步骤 22 向画面中合适的位置置入橙子素材，如图11-226所示。在"图层"面板中选中橙子图层，使用快捷键Ctrl+J复制出一个相同的图层，然后将其向右移动放置在合适的位置，如图11-227所示。

图 11-226

图 11-227

步骤 23 向画面中合适的位置依次置入柚子素材、柠檬素材及草莓素材，依次调整大小并栅格化，如图11-228所示。在"图层"面板中选中柠檬素材图层，使用快捷键Ctrl+J复制出一个相同的图层，然后将其移动到左侧合适的位置并缩小一些，如图11-229所示。

图 11-228

图 11-229

步骤 24 制作路径文字。单击工具箱中的"钢笔工具"按钮，在选项栏中设置"绘制模式"为"路径"，在黄色变形四边形上方沿着其边缘绘制一段路径，如图11-230所示。单击工具箱中的"横排文字工具"按钮，在选项栏中设置合适的字体、字号，文字颜色设置为白色，设置完毕后在路径上方单击鼠标建立文字输入的起始点，接着输入文字，文字输入完毕后按快捷键Ctrl+Enter，如图11-231所示。

图 11-230

图 11-231

步骤 25 制作标题文字。继续使用工具箱中的"横排文字工具"在画面中添加文字，如图11-232所示。在"图层"面板中选中刚制作的文字图层，接着使用自由变换快捷键Ctrl+T调出定界框，将其旋转至合适的大小，如图11-233所示。调整完毕之后按Enter键结束变换。

图 11-232

图 11-233

步骤 26 使用同样的方法输入下方小文字并将其旋转至合适的角度，如图 11-234 所示。

图 11-234

Part 5　制作产品模块

步骤 01 制作虚线装饰。单击工具箱中的"钢笔工具"按钮，在选项栏中设置"绘制模式"为"形状"，"填充"为无，"描边"为白色，"描边粗细"为 4 点，在"描边选项"下拉面板中选择合适的虚线，单击"更多选项"按钮，在弹出的"描边"窗口中设置"虚线"为 7，"间隙"为 7，设置完成后单击"确定"按钮，然后在画面中合适的位置绘制一段虚线，如图 11-235 所示。

扫一扫，看视频

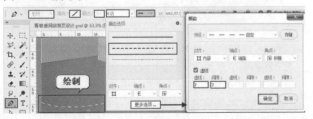

图 11-235

步骤 02 在"图层"面板中选中虚线图层，使用快捷键 Ctrl+J 复制出一个相同的图层，然后将其向上移动，效果如图 11-236 所示。继续使用同样的方法将画面中其他虚线绘制出来并放置在合适的位置，如图 11-237 所示。

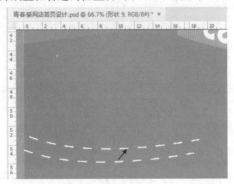

图 11-236

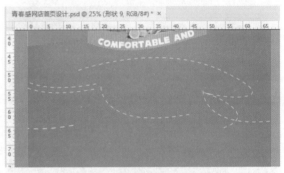

图 11-237

步骤 03 绘制箭头。单击工具箱中的"钢笔工具"按钮，在选项栏中设置"绘制模式"为"形状"，"填充"为无，"描边"为白色，"描边粗细"为 5 点，"描边类型"为直线。设置完成后在画面中合适的位置单击鼠标绘制折线作为箭头，如图 11-238 所示。

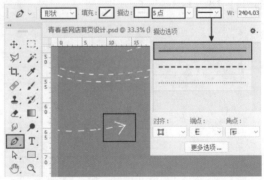

图 11-238

步骤 04 单击工具箱中的"矩形工具"按钮，在选项栏中设置"绘制模式"为"形状"，"填充"为白色，"描边"为无。设置完成后在画面中合适的位置按住鼠标左键拖动绘制出一个矩形，如图 11-239 所示。

中文版Photoshop CC平面设计从入门到精通（微课视频　全彩版）

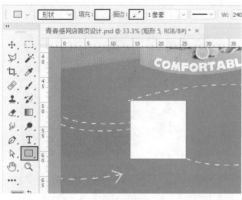

图 11-239

步骤 05 在"图层"面板中选中白色矩形图层,执行"图层>图层样式>投影"命令,在"图层样式"窗口中设置"混合模式"为"正片叠底","颜色"为黑色,"不透明度"为75%,"角度"为152度,"距离"为5像素,"大小"为16像素,设置参数如图11-240所示。设置完成后单击"确定"按钮,效果如图11-241所示。

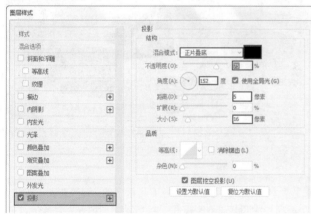

图 11-240

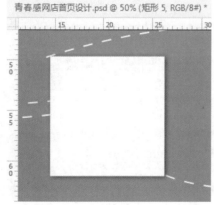

图 11-241

步骤 06 使用同样的方法绘制白色矩形上方的矩形,如图11-242所示。

步骤 07 向矩形上方置入西瓜素材,如图11-243所示。接着执行"图层>创建剪贴蒙版"命令,画面效果如图11-244所示。

图 11-242   图 11-243

步骤 08 使用"横排文字工具"输入白色矩形上方文字,如图11-245所示。

图 11-244   图 11-245

步骤 09 在"图层"面板中按住Ctrl键依次单击加选刚制作的两个矩形图层、文字图层及西瓜素材图层,然后使用编组快捷键Ctrl+G将加选图层编组并命名为1,如图11-246所示。在"图层"面板中选中1图层组,接着使用自由变换快捷键Ctrl+T调出定界框,将其旋转至合适的角度,如图11-247所示。调整完毕之后按Enter键结束变换。

图 11-246   图 11-247

步骤 10 在"图层"面板中选中1图层组,将其复制一份,将复制出的图层组命名为2,回到画面中将其向右下方移动,如图11-248所示。接着使用自由变换快捷键Ctrl+T调出定界框,将其旋转至合适的角度,如图11-249所示。调整完毕之后按Enter键结束变换。

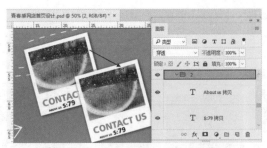

图 11-248

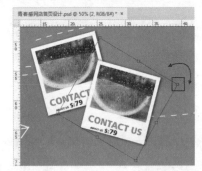

图 11-249

步骤 11 在"图层"面板的2图层组中选中西瓜图层,按De-lete键将此图层删除,然后置入橙子素材并旋转至合适的角度,如图11-250所示。调整完毕之后按Enter键结束变换。接着执行"图层>创建剪贴蒙版"命令,画面效果如图11-251所示。

图 11-250

图 11-251

步骤 12 在"图层"面板的2图层组中选中黑色文字图层,然后更改文字。效果如图11-252所示。

图 11-252

步骤 13 使用同样的方法将右侧两个模块制作出来,如图11-253所示。

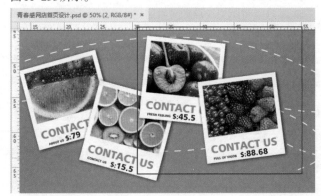

图 11-253

步骤 14 制作标题栏。单击工具箱中的"钢笔工具"按钮,在选项栏中设置"绘制模式"为"形状","填充"为黄色,"描边"为无,设置完成后在画面中合适的位置绘制四边形,如图11-254所示。

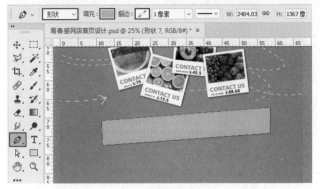

图 11-254

步骤 15 单击工具箱中的"横排文字工具"按钮,在选项栏中设置合适的字体、字号,文字颜色设置为白色,设置完毕后

中文版Photoshop CC平面设计从入门到精通(微课视频 全彩版)

在黄色四边形上方单击鼠标建立文字输入的起始点，接着输入文字，文字输入完毕后按快捷键Ctrl+Enter，如图11-255所示。接着执行"编辑>变换>斜切"命令调出定界框，将光标定位在右上方控制点上按住鼠标将其向上拖动，如图11-256所示。调整完毕之后按下Enter键结束变换。

图 11-255

图 11-256

步骤 16 使用同样的方法将白色文字下方小文字制作出来，如图11-257所示。

图 11-257

步骤 17 制作下方产品模块。单击工具箱中的"矩形工具"按钮，在选项栏中设置"绘制模式"为"形状"，"填充"为白色，"描边"为无。设置完成后在画面中合适的位置按住鼠标左键拖动绘制出一个矩形，如图11-258所示。

图 11-258

步骤 18 在白色矩形上方置入红色橙子素材，如图11-259所示。接着执行"图层>创建剪贴蒙版"命令，画面效果如图11-260所示。

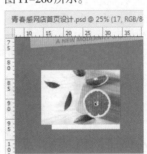

图 11-259　　　　图 11-260

步骤 19 在红色橙子下方位置制作黄色矩形，如图11-261所示。在"图层"面板中按住Ctrl键依次单击加选两个刚制作的矩形图层和红色橙子图层，将加选图层复制一份并按住Shift键将其向右移动。画面效果如图11-262所示。

图 11-261

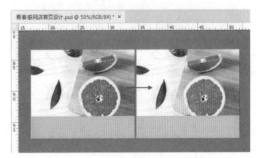

图 11-262

步骤 20 删除右侧红色橙子素材,然后向画面中合适的位置置入蓝莓素材并调整其大小,在"图层"面板中将蓝莓素材放置在右侧白色矩形图层的上方,接着执行"图层>创建剪贴蒙版"命令。画面效果如图11-263所示。

图 11-263

步骤 21 使用"横排文字工具"在相应位置添加文字,如图11-264所示。

图 11-264

步骤 22 在选中"横排文字工具"的状态下,选中文字中的数字,在选项栏中设置文字颜色为黄色,如图11-265所示。

图 11-265

步骤 23 向画面中合适的位置置入棕榈叶素材并摆放在左侧,如图11-266所示。

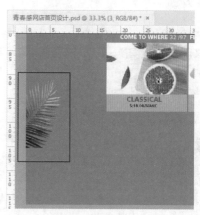

图 11-266

步骤 24 在"图层"面板中选中棕榈叶图层,执行"图层>图层样式>投影"命令,在"图层样式"窗口中设置"混合模式"为"正片叠底","颜色"为黑色,"不透明度"为24%,"角度"为152度,"距离"为87像素,"大小"为5像素,设置参数如图11-267所示。设置完成后单击"确定"按钮,效果如图11-268所示。

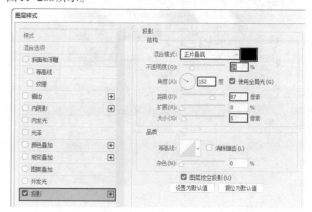

图 11-267

图 11-268

步骤 25 向画面右侧合适的位置置入冷饮素材并将其旋转至合适的角度,如图11-269所示。调整完毕之后按下Enter键结束变换。

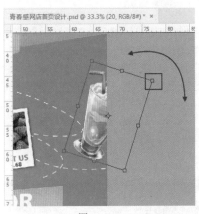

图 11-269

步骤 26 在"图层"面板中选中冷饮图层,执行"图层>图层样式>投影"命令,在"图层样式"窗口中设置"混合模式"为"正片叠底","颜色"为黑色,"不透明度"为10%,"角度"为152度,"距离"为44像素,"大小"为13像素,设置参数如图11-270所示。设置完成后单击"确定"按钮,效果如图11-271所示。

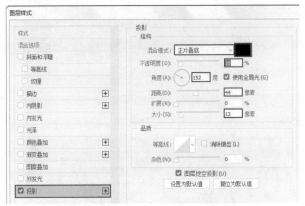

图 11-270

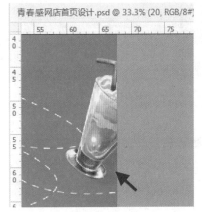

图 11-271

步骤 27 使用同样的方法将画面中其他素材置入进来,调整大小并放置在合适的位置,如图11-272所示。

图 11-272

步骤 28 使用"横排文字工具"输入下方白色文字,如图11-273所示。网页平面图制作完成,此时画面效果如图11-274所示。

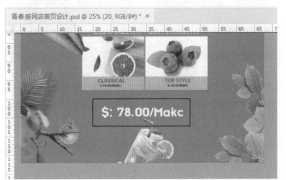

图 11-273

图 11-274

Part 6 　 制作展示效果

中文版Photoshop CC平面设计从入门到精通（微课视频 全彩版）

步骤 01 使用快捷键Ctrl+Alt+Shift+E盖印当前画面效果，得到一个图层，如图11-275所示。

扫一扫，看视频

图 11-275

步骤 02 打开计算机背景素材，如图11-276所示。单击工具箱中的"矩形工具"按钮，在选项栏中设置"绘制模式"为"形状"，"填充"为任意色，"描边"为无。设置完成后在计算机屏幕上方按住鼠标左键拖动绘制出一个与屏幕等大的矩形，如图11-277所示。

图 11-276

图 11-277

步骤 03 回到之前制作的网页文档中，在"图层"面板中选中合并的图层，使用快捷键Ctrl+C复制图层，打开计算机背景素材文件，使用快捷键Ctrl+V将此图层复制到计算机背景素材文档中，接着使用自由变换快捷键Ctrl+T调出定界框，按住Shift键的同时用鼠标左键按住角点并拖动将其缩小，如图11-278所示。调整完毕之后按Enter键结束变换。接着执行"图层>创建剪贴蒙版"命令，案例完成画面效果如图11-279所示。

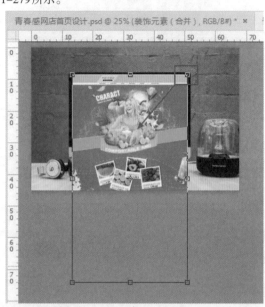

图 11-278

图 11-279

读书笔记

Chapter
12

第12章

视觉形象设计

本章内容简介

　　企业形象识别系统(CIS)由理念识别(MI)、行为识别(BI)、视觉识别(VI)三大模块组成。视觉识别是根据企业文化、企业产品进行一系列视觉方面的包装,以此区别于其他企业和其他产品,是企业的无形资产。本章主要学习VI设计的基础知识,并通过相关案例的制作进行VI设计制图的练习。

优秀作品欣赏

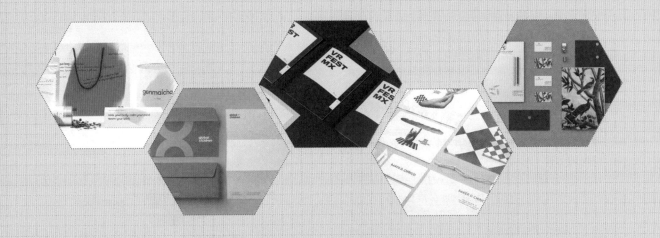

企业形象识别系统(CIS)由理念识别(MI)、行为识别(BI)、视觉识别(VI)三大模块组成。视觉识别是根据企业文化、企业产品进行一系列视觉方面的包装,以此区别于其他企业和其他产品,是企业的无形资产。

12.1.1 VI的含义

VI是CIS的重要组成部分,它是通过用视觉形象来进行个性识别。VI识别系统作为企业的外在形象,浓缩着企业特征、信誉和文化,代表其品牌的核心价值。它是传播企业经营理念、建立企业知名度、塑造企业形象的最快速的便捷途径,如图12-1和图12-2所示。VI设计主要内容包括基础部分和应用部分两大部分。

图 12-1

图 12-2

【重点】12.1.2 VI设计的主要组成部分——基础部分

基础部分是视觉形象系统的核心,主要包括品牌名称、品牌标志、标准字体、品牌标准色、品牌象征图形、品牌吉祥物以及禁用规则等。

- **品牌名称**:品牌名称即企业的命名。企业的命名方法有很多种,如以名字或名字的第一个字母命名,或以地方命名,或以动物、水果、物体命名等。品牌的名称是浓缩了品牌的特征、属性、类别等多种信息而塑造的名称。通常企业名称要求简单、明确、易读、易记忆,且能够引发联想,如图12-3所示。

- **品牌标志**:品牌标志是在掌握品牌文化、背景、特色的前提下利用文字、图形、色彩等元素设计出来的标识或符号。品牌标志又称为品标,与品牌名称都是构成完整的品牌的要素。品牌标志以直观、形象的形式向消费者传达了品牌信息,塑造了品牌形象,创造了品牌认知,给品牌企业创造了更多价值,如图12-4所示。

图 12-3

图 12-4

- **标准字体**:标准字体是指经过设计的,专用以表现企业名称或品牌的字体,也可称为专用字体、个性字体等。标准字体包括企业名称标准字和品牌标准字的设计,更具严谨性、说明性和独特性,强化了企业形象和品牌的诉求,并且达到视觉和听觉同步传递信息的效果,如图12-5所示。

图 12-5

- **品牌标准色**:品牌标准色是用来象征企业或产品特性的制定颜色,是建立统一形象的视觉要素之一,能正确地反映品牌理念的特质、属性和情感,以快速而精确地传达企业信息为目的。标准色的设计有单色标准色、复合标准色、多色系统标准色等类型。标准色设计主要体现企业的经营理念和产品特性、突出竞争企业之间的差异性、适合消费心理等,如图12-6所示。

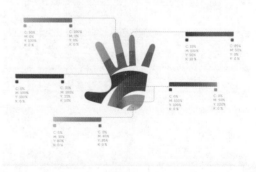

图 12-6

- **品牌象征图形**：品牌象征图形也称为辅助图形，是为了有效地辅助视觉系统的应用。辅助图形在传播媒介中可以丰富整体内容、强化企业整体形象，如图12-7所示。
- **品牌吉祥物**：品牌吉祥物是为配合广告宣传、为企业量身创造的人物、动物、植物等拟人化的造型。以这种形象拉近消费者的关系，拉近与品牌的距离，使得整个品牌形象更加生动、有趣，让人印象深刻，如图12-8所示。

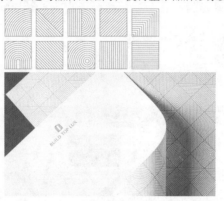

图 12-7

图 12-8

【重点】12.1.3　VI设计的主要组成部分——应用部分

　　"应用部分"是将基础部分中设定的规则应用到各个元素上，实现同一性、系统性，来加强品牌形象。应用部分主要包括办公事务用品、印刷品、广告媒体、产品包装、服装服饰、交通工具、内外部建筑、陈列展示、网络推广等几类。

- **办公事务用品**：办公事务用品主要包括名片、信封、便笺、合同书、传真函、报价单、文件夹、文件袋、资料袋、工作证、备忘录、办公用具等，如图12-9所示。
- **印刷品**：在企业视觉形象中，对于印刷品的要求主要是指设计编排的一致性，要以固定的配色方式、排版形式、印刷字体以及企业标志进行版面的编排，营造出统一的视觉形象。印刷品主要包括企业简介、商品说明书、产品简介、年历、宣传明信片等，如图12-10所示。
- **广告媒体**：主要包括各种报纸、杂志、招贴广告等媒介方式。采用各种类型的媒体和广告形式，能够快速、广泛地传播企业信息，如图12-11所示。

图 12-9　　　　　　　　　　图 12-10　　　　　　　　　　图 12-11

- **产品包装**：包括纸盒包装、纸袋包装、木箱包装、玻璃包装、塑料包装、金属包装、陶瓷包装等多种材料形式的包装。产品包装不仅保护产品在运输过程中不受损害，还起着传播销售企业和品牌形象的作用，如图12-12所示。
- **服装服饰**：统一的服装服饰设计不仅可以在与受众面对面服务领域起到辨识作用，还能提高品牌员工的归属感、荣誉感、责任感，以及工作效率的提高。VI设计中的服装服饰部分主要包括男女制服、工作服、文化衫、领带、工作帽、纽扣、肩章等，如图12-13所示。
- **交通工具**：包括业务用车、运货车等企业的各种车辆，如轿车、面包车、大巴士、货车、工具车等，如图12-14所示。

图 12-12

图 12-13

图 12-14

- 内外部建筑：VI设计的建筑外部主要包括建筑造型、公司旗帜、门面招牌、霓虹灯等。内部包括各部门标识牌、楼层标识牌、形象牌、旗帜、广告牌、POP广告等，如图12-15所示。
- 陈列展示：陈列展示是以突出品牌形象对企业产品或企业发展历史的展示宣传活动。它主要包括橱窗展示、会场设计展示、货架商品展示、陈列商品展示等，如图12-16所示。

图 12-15

图 12-16

- 网络推广：网络推广是VI设计中一种新兴的应用方面，包括网页的版式设计和基本流程等方面。主要包括品牌的主页、品牌活动介绍、品牌代言人展示、品牌商品网络展示和销售等，如图12-17所示。

图 12-17

12.2 企业 VI 设计

文件路径	资源包\第12章\企业VI设计
难易指数	★★★★★
技术要点	横排文字工具、钢笔工具、多边形工具、矩形工具

案例效果

案例效果如图12-18和图12-19所示。

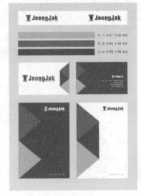

图 12-18

图 12-19

操作步骤

Part 1 标志

扫一扫，看视频

步骤 01 执行"文件>新建"命令，新建一个空白文档。设置"前景色"为灰色，按下快捷键Alt+Delete填充前景色，如图12-20所示。单击工具箱中的"矩形工具"按钮，在选项栏中设置"绘制模式"为"形状"，"填充颜色"为白色，然后在画面的左上角绘制一个白色矩形，如图12-21所示。

图 12-20

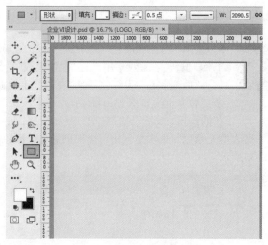

图 12-21

步骤 02 单击工具箱中的"横排文字工具"按钮,在选项栏中设置合适的字体、字号,设置"文本颜色"为红色,在画面上单击输入文字,如图 12-22 所示。使用同样的方法输入其他文字,并设置合适的字体、字号,将其摆放在较大文字的下方,如图 12-23 所示。

图 12-22

图 12-23

步骤 03 单击工具箱中的"多边形工具"按钮,在选项栏中设置"绘制模式"为"形状","填充颜色"为粉色,在设置菜单栏中勾选星形,设置"边"为3,在画面上绘制一个三角形状,如图 12-24 所示。继续绘制另外一个三角形,组合成 LOGO 形状,如图 12-25 所示。

图 12-24

图 12-25

步骤 04 选择浅粉色三角形图层,设置"混合模式"为"正片叠底",如图 12-26 所示。此时画面效果如图 12-27 所示。

图 12-26

图 12-27

步骤 05 单击"图层"面板下方的"创建新组"按钮 ▢ ,并将之前绘制的所有图层加选并拖到组中,将组命名为"彩色标志",如图 12-28 所示。选中该组,使用快捷键 Ctrl+J 进行复制,将复制出的组移动到右侧,并将其命名为"灰色标志",如图 12-29 所示。

图 12-28　　　　　　图 12-29

步骤 06 选中"灰色标志"图层组，执行"图层>新建调整图层>黑白"命令，在弹出的窗口中设置"预设"为"默认值"，单击"此调整剪切到此图层"按钮，如图12-30所示。此时标志变为灰度效果，效果如图12-31所示。

图 12-30　　　　　　图 12-31

步骤 07 执行"图层>新建调整图层>曲线"命令，在曲线上高光部分单击并向上微移，在阴影部分上按住鼠标左键并向下拖动，单击"此调整剪切到此图层"按钮，如图12-32所示。增强标志的黑白对比，此时画面效果如图12-33所示。

图 12-32　　　　　　图 12-33

Part 2　标准色

扫一扫，看视频

步骤 01 制作标准色。单击工具箱中的"矩形工具"按钮，在选项栏中设置"绘制模式"为"形状"，"填充颜色"为红色，接着在画面上绘制一个红色矩形，如图12-34所示。选中该矩形所在的图层，按下快捷键Ctrl+J复制图层，向上移动，并更改填充颜色。再次复制出一个图层并更改颜色，如图12-35所示。

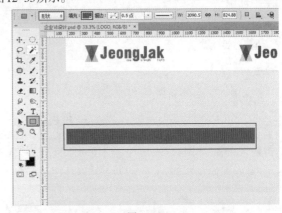

图 12-34

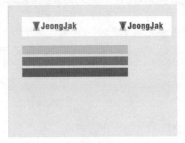

图 12-35

步骤 02 单击工具箱中的"横排文字工具"按钮，在选项栏中设置合适的字体、字号，设置"文本颜色"为深灰色，在画面上单击并输入文字，如图12-36所示。用同样的方法输入其他文字，如图12-37所示。

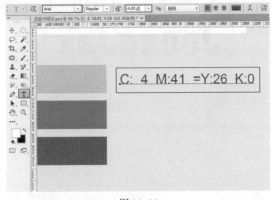

图 12-36

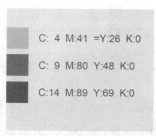

C: 4 M:41 =Y:26 K:0

C: 9 M:80 Y:48 K:0

C:14 M:89 Y:69 K:0

图 12-37

Part 3　名片

步骤 01 制作名片正面。单击工具箱中的"矩形工具"按钮,在选项栏中设置"绘制模式"为"形状","填充"为白色,在画面上绘制一个白色矩形,如图 12-38 所示。选中之前绘制的彩色标志图层组,复制图层组并移动到白色矩形的上方,如图 12-39 所示。

扫一扫,看视频

图 12-38

图 12-39

步骤 02 单击工具箱中的"钢笔工具"按钮,在选项栏中设置"绘制模式"为"形状","填充颜色"为红色,在名片右侧绘制三角形,如图 12-40 所示。使用同样的方法绘制其他图形,如图 12-41 所示。

图 12-40

图 12-41

步骤 03 制作名片背面。复制之前绘制的名片正面的白色矩形,移动到右侧,然后在"矩形工具"选项栏中设置"填充颜色"为红色,如图 12-42 所示。选中之前绘制的彩色标志图层组,复制图层组并移动到红色矩形的上方,将构成标志的几个部分的颜色更改为白色并等比例缩小,如图 12-43 所示。

图 12-42

图 12-43

步骤 04 单击工具箱中的"钢笔工具"按钮,在选项栏中设置"绘制模式"为"形状","填充颜色"为浅粉色,在左侧绘制三角形,如图 12-44 所示。使用同样的方法绘制其他图形,如图 12-45 所示。

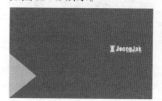

图 12-44

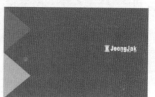

图 12-45

步骤 05 单击工具箱中的"横排文字工具"按钮,在选项栏中设置合适的字体、字号,设置文本颜色为白色,在画面中单击输入文字,如图 12-46 所示。此时效果如图 12-47 所示。

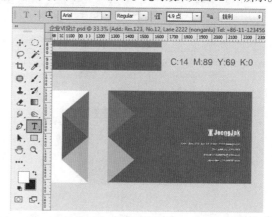

图 12-46

图 12-47

Part 4 画册封面

步骤 01 制作画册封面。单击工具箱中的"矩形工具"按钮，在选项栏中设置"绘制模式"为"形状"，设置"填充颜色"为红色，在画面上绘制一个红色矩形，如图 12-48 所示。复制之前绘制的白色标志并移动到画册封面的右上角，如图 12-49 所示。

扫一扫，看视频

图 12-48

图 12-49

步骤 02 单击工具箱中的"钢笔工具"按钮，在选项栏中设置"绘制模式"为"形状"，设置合适的填充颜色，然后在矩形左侧绘制两个三角形，如图 12-50 所示。

图 12-50

步骤 03 单击工具箱中的"横排文字工具"按钮，在选项栏中设置合适的字体、字号，设置文本颜色为白色，在画面中单击并输入文字，如图 12-51 所示。此时效果如图 12-52 所示。

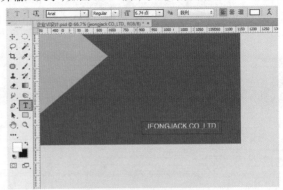

图 12-51

图 12-52

步骤 04 使用同样的方法绘制另一个画册封面，如图 12-53 所示。完整的 VI 方案效果如图 12-54 所示。

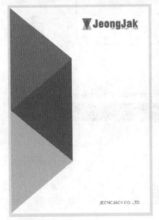

图 12-53

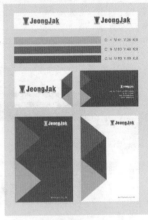

图 12-54

Part 5 VI方案展示效果

步骤 01 执行"文件>打开"命令，打开素材 1.jpg，如图 12-55 所示。加选绘制的名片正面图层，按下快捷键 Ctrl+Alt+E 盖印图层，然后将该图层拖动到打开的素材文件中，如图 12-56 所示。

扫一扫，看视频

中文版Photoshop CC平面设计从入门到精通（微课视频 全彩版）

图 12-55　　　　　　　　　图 12-56

步骤 02　选择名片图层，执行"编辑>变化>扭曲"命令，将名片的4个点分别拖到合适的位置，按Enter键完成变换，如图12-57所示。使用同样的方法制作其他的图形展示效果。最终效果如图12-58所示。

图 12-57　　　　　　　　　图 12-58

12.3　科技感企业 VI 设计

文件路径	资源包\第12章\科技感企业VI设计
难易指数	★★★★★
技术要点	横排文字工具、钢笔工具

案例效果

案例效果如图12-59 ~ 图12-61所示。

图 12-59　　　　　　　　　图 12-60

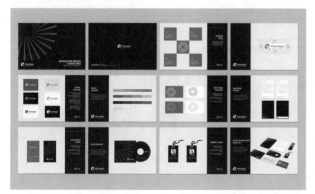

图 12-61

操作步骤

Part 1　企业标志设计

扫一扫，看视频

步骤 01　执行"文件>新建"命令，创建一个大小合适的空白文档。首先制作标志的主体图案，本案例中的标志图案是以字母Q为原型，通过对文字进行变形，并利用不同的颜色将标志图形分割为三个部分，呈现出整个标志。单击工具箱中的"横排文字工具"按钮，在选项栏中设置合适的字体、字号，"颜色"为白色，设置完成后在画面中单击输入文字，操作完成后按快捷键Ctrl+Enter完成操作，如图12-62所示。接着需要为字母Q进行适当的变形。选择"文字"图层，右击，执行"转换为形状"命令，将文字转换为形状。此时文字上出现可以进行操作的锚点。效果如图12-63所示。

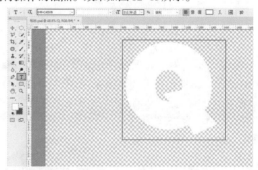

图 12-62

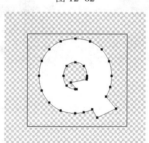

图 12-63

步骤 02　单击工具箱中的"直接选择工具"按钮，将光标放在锚点上按住鼠标拖动对字母进行适当的变形，效果如图12-64所示。接下来需要制作图形上的几个不同的分割区域。选择变形完成的字母图层，使用快捷键Ctrl+J将其复制一份，更改填充颜色为蓝色，如图12-65所示。

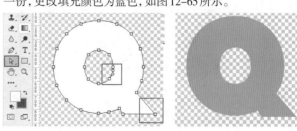

图 12-64　　　　　　　　　图 12-65

步骤 03 为了便于观察，可以将其他图层隐藏。选择蓝色的文字图层，单击工具箱中的"钢笔工具"按钮，在选项栏中设置"路径合并模式"为"减去顶层形状"，设置完成后在文字上方绘制出另外两部分路径，将这两部分隐藏，如图12-66所示。

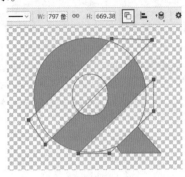

图 12-66

步骤 04 再次复制原始图形，更改颜色为深灰色，在选项栏中设置"路径合并模式"为"与形状区域相交"，然后绘制一个倾斜的图形，使灰色图形只保留中间的这个区域，如图12-67所示。将蓝色部分显示出来，如图12-68所示。此时标志图案制作完成。可以将制作好的标志图形部分进行编组，将其编组命名为"标志图案"。

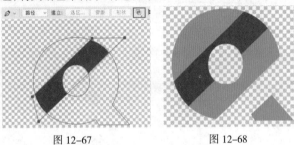

图 12-67　　　　　图 12-68

步骤 05 将背景填充为浅灰色。将标志图形复制一份放在矩形左边位置。接着单击"横排文字工具"按钮，在选项栏中设置合适的字体、字号和颜色，设置完成后在画面中单击输入文字，如图12-69所示。文字输入完成后按快捷键Ctrl+Enter完成操作。

图 12-69

步骤 06 单击工具箱中的"矩形选区工具"按钮，在标志文字字母i上方绘制选区，如图12-70所示。然后执行"图层>图层蒙版>隐藏选区"命令，此部分隐藏，如图12-71所示。

图 12-70

图 12-71

步骤 07 为字母i制作另外一种颜色的圆点。单击工具箱中的"椭圆工具"按钮，在选项栏中设置"绘制模式"为"形状"，"填充"为蓝色，"描边"为无，设置完成后在字母i上方按住Shift键的同时按住鼠标左键拖动绘制一个正圆，如图12-72所示。

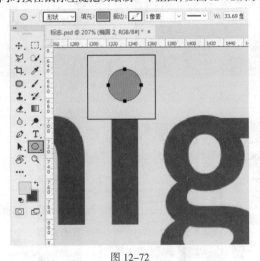

图 12-72

步骤 08 使用"横排文字工具"在已有文字下方位置单击输入文字。选择该文字图层，执行"窗口>字符"命令，在弹

中文版Photoshop CC平面设计从入门到精通（微课视频 全彩版）

出的"字符"窗口中单击"仿斜体"按钮将字体进行倾斜，如图12-73所示。效果如图12-74所示。

图 12-73　　　　　　　图 12-74

步骤 09 在标志主体文字右上角位置添加一个商标注册标记。单击工具箱中的"自定形状工具"按钮，在选项栏中设置"绘制模式"为"形状"，"填充"为灰色，"描边"为无，在形状下拉菜单中选择商标注册标记图形，设置完成后在主体文字右上角按住Shift键的同时按住鼠标左键绘制形状，如图12-75所示。

图 12-75

步骤 10 此时标志制作完成，效果如图12-76所示。将构成标志的图形编组，以备后面操作使用。接下来制作处于深色背景下的浅色标志。将背景填充为深灰色，将已有标志组进行复制，更改图形及各部分文字的颜色。效果如图12-77所示。

图 12-76　　　　　　　图 12-77

步骤 11 制作标志的黑白稿。复制标志组，将标志中的文字以及图形颜色全部更改为黑色，得到黑稿，如图12-78所示。再次复制标志，将背景填充为黑色，将标志中的文字以及图形颜色全部更改为白色，得到纯白稿，如图12-79所示。

图 12-78　　　　　　　图 12-79

步骤 12 将制作好的标志图形和文字部分进行复制，调整大小并摆放在合适的位置上，呈现出标志的不同组合方式，如图12-80所示。

图 12-80

Part 2　标准图案设计

步骤 01 新建等大文档，填充背景为浅灰色。单击工具箱中的"矩形工具"按钮，在选项栏中设置"绘制模式"为"形状"，"填充"为白色，"描边"为无，设置完成后在画面右上角位置绘制矩形，如图12-81所示。接着使用"钢笔工具"绘制一个细长的三角形，如图12-82所示。

扫一扫，看视频

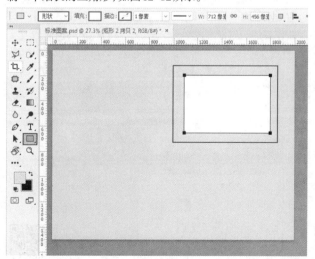

图 12-81

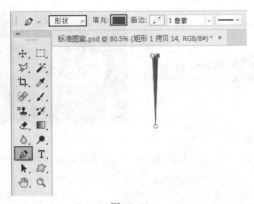

图 12-82

步骤 02 选择该图形图层，使用自由变换快捷键Ctrl+T调出定界框，将光标定位到下方图形外侧，按住Alt键单击，移动中心点的位置。接下来将光标移动到定界框的右上角，当光标变为旋转的状态时，按住Shift键的同时将图形顺时针旋转15°，如图12-83所示。操作完成后按Enter键完成操作。接着连续多次使用快捷键Ctrl+Shift+Alt+T，得到环绕一周的图形。效果如图12-84所示。

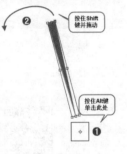

图 12-83

图 12-84

步骤 03 在图形下方添加文字。单击工具箱中的"横排文字工具"按钮，在选项栏中设置合适的字体、字号和颜色，设置完成后在白色矩形下方单击输入文字，如图12-85所示。复制制作好的一组标准图案，移动到其他位置，更改颜色以及文字，此时企业标志的标准图案制作完成。效果如图12-86所示。

图 12-85　　　　　图 12-86

Part 3　名片设计

扫一扫，看视频

步骤 01 执行"文件>新建"命令，新建一个名片尺寸的空白文档。新建图层，并填充为深灰色。

将之前制作好的标志摆放到当前文档中，调整大小放在画面上半部分，如图12-87所示。

图 12-87

步骤 02 单击工具箱中的"横排文字工具"按钮，在下方输入文字，选择文字对象，执行"窗口>字符"命令，在弹出的"字符"面板中设置合适的字体、字号和颜色，设置"字符间距"为300，然后单击面板底部的"全部大写字母"按钮，将全部字母设置为大写，如图12-88所示。效果如图12-89所示。

图 12-88　　　　　图 12-89

步骤 03 使用同样的方法在已有文字下方位置单击输入文字，在"字符"面板中设置"字符间距"为620，效果如图12-90所示。继续在下方单击输入更小一些的文字，如图12-91所示。

图 12-90　　　　　图 12-91

步骤 04 将之前制作好的标准图案拖曳到当前画面，调整大小放在文字左边位置。接着选中该图层组，使用快捷键Ctrl+E进行合并。单击工具箱中的"矩形选框工具"按钮，接着在图形上方绘制选区，如图12-92所示。

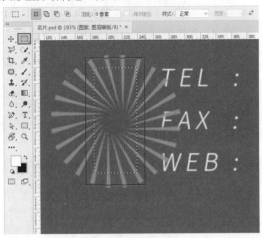

图 12-92

步骤 05 在当前选区状态下选择该图形图层，单击面板底部的"添加图层蒙版"按钮为该图层添加图层蒙版，将不需要的部分隐藏。画面效果如图12-93所示。按住 Ctrl 键依次加选更改图层并将其编组命名为"名片-正面"。

图 12-93

步骤 06 为画面增加纸张纹理效果，增强名片的立体真实感。选择编组的图层组，执行"图层>图层样式>斜面和浮雕"命令，在弹出的"图层样式"窗口中勾选"纹理"，在"结构"面板中设置"样式"为"内斜面"，"方法"为"平滑"，"深度"为100%，"方向"勾选"上"，"大小"为2像素，"软化"为0像素。接着勾选左侧的"纹理"，选择一种杂点效果的图案，如图12-94所示。设置完成后单击"确定"按钮完成操作，如图12-95所示。

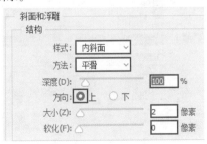

图 12-94

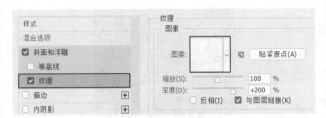

图 12-95

步骤 07 效果如图12-96所示。此时名片正面的平面效果图制作完成。选择该图层组并将其复制一份，然后将复制得到的图层组转换为智能对象，以备后面操作使用。接着制作名片背面，新建图层填充为深蓝色，将标志放在下方，如图12-97所示。

图 12-96　　　　　　　　　　图 12-97

步骤 08 将制作好的标准图案摆放在名片背面的左上角，如图12-98所示。选中图层组并使用快捷键Ctrl+E进行合并，接着设置该图层的"填充"为10%，如图12-99所示。效果如图12-100所示。

图 12-98　　　　　　　　　　图 12-99

图 12-100

步骤 09 为该图案添加图层样式，让画面的整体效果更加丰富。选择图案图层，执行"图层>图层样式>图案叠加"命令，在弹出的"图层样式"窗口中设置"混合模式"为"柔光"，"不透明度"为100%，选择带有岩石质感的"图案"，"缩放"为240%，如图 12-101 所示。接着启用"图层样式"左侧的"渐变叠加"图层样式，设置"混合模式"为"叠加"，"不透明度"为100%，"渐变"为灰白金属系渐变，"样式"为"线性"，"角度"为120度，"缩放"为93%，如图 12-102 所示。

图 12-101

图 12-102

步骤 10 启用"图层样式"左侧的"内阴影"图层样式，设置"混合模式"为"正片叠底"，"颜色"为黑色，"不透

明度"为80%，"角度"为-65度，"距离"为1像素，"阻塞"为0%，"大小"为5像素，"杂色"为0%，设置完成后单击"确定"按钮完成操作，如图 12-103 所示。效果如图 12-104 所示。

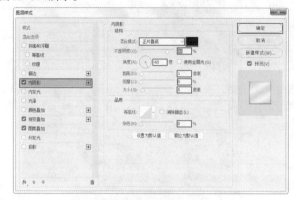

图 12-103

图 12-104

步骤 11 按住Ctrl键依次加选各个图层并将其编组命名为"名片-背面"。选择"名片-正面"图层组，右击执行"拷贝图层样式"命令，将"斜面和浮雕"图层样式拷贝，如图 12-105 所示。然后选择"名片-背面"图层组，右击执行"粘贴图层样式"命令，将图层样式粘贴到该图层组，如图 12-106 所示。效果如图 12-107 所示。此时名片背面的平面效果图制作完成。选择该图层组将其复制一份，然后将复制得到的图层组转换为智能对象，以备后面操作使用。

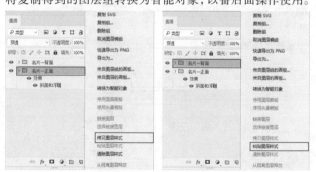

图 12-105   图 12-106

步骤 12 制作信纸、光盘和工作证。这些内容的制作方法非常相似，都需要多次调用之前制作好的标志以及标准图案。效果如图12-108 ~ 图12-110所示。

图 12-107

图 12-108

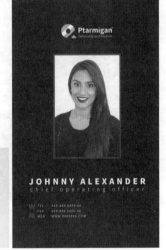

图 12-110

图 12-109

Part 4　办公用品展示效果

步骤 01 制作办公用品的展示效果。以光盘盒为例，主要是通过对制作好的办公用品平面图进行自由变换调整其形态，并适当添加投影等样式，增强其立体感。首先创建新文档，将背景填充为渐变的灰色。将制作好的光盘盒合 并为一个图层并拖曳到当前画面中，调整大小放在画面中，如图12-111所示。接着选择该图层，使用自由变换快捷键Ctrl+T调出定界框，右击，执行"变形"命令，对图层进行变形，使其呈现出物体摆放的效果，如图12-112所示。操作完成后

扫一扫，看视频

按Enter键完成操作。

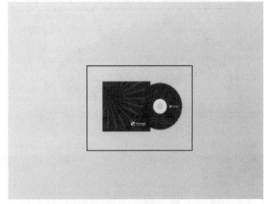

图 12-111

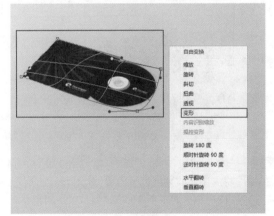

图 12-112

步骤 02 选择该图层，执行"图层>图层样式>投影"命令，在弹出的"图层样式"窗口中设置"混合模式"为"正片叠底"，"颜色"为黑色，"不透明度"为30%，"角度"为90度，"距离"为6像素，"扩展"为0%，"大小"为5像素，"杂色"为0%，设置完成后单击"确定"按钮完成操作，如图12-113所示。效果如图12-114所示。

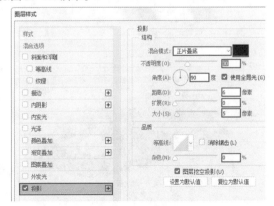

图 12-113

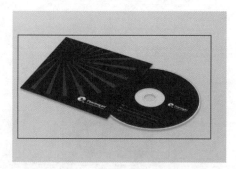

图 12-114

步骤 03 为光盘盒增加一些光泽感，在其一角处绘制四边形选区，并填充半透明的白色渐变，如图12-115所示。

图 12-115

步骤 04 选择该图层，右击执行"创建剪贴蒙版"命令创建剪贴蒙版，将周围不需要的部分隐藏，如图12-116所示。效果如图12-117所示。此时光盘的立体展示效果制作完成。

图 12-116

图 12-117

步骤 05 使用同样的方法对其他办公用品进行变形制作出展示效果，如图12-118所示。制作完成后按住Ctrl键依次加选各个图层将其编组命名为"办公用品"。然后选择该图层将其复制一份，并将复制得到的图层组转换为智能对象，以备后面操作使用。

图 12-118

Part 5　VI画册设计

步骤 01 制作VI画册的封面。执行"文件>新建"命令，新建一个空白文档，将背景填充为深蓝色。接着将标准图案摆放在画面左上角位置，如图12-119所示。

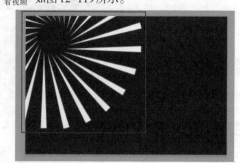

图 12-119

步骤 02 此时图案颜色在画面中过亮，需要降低图案的不透明度。选择该图层设置"不透明度"为20%，如图12-120所示。效果如图12-121所示。

图 12-120

图 12-121

步骤 03 将标志摆放在画面左下角位置，如图12-122所示。接着需要在画面右下角添加两组大小不同的文字，如

图12-123所示。

图12-122

图12-123

步骤 04 制作画册封底。复制构成封面的背景图层，将制作好的标志摆放在封底中央，并调整标志的大小和位置。效果如图12-124所示。使用"横排文字工具"，在画面左下角位置输入文字，并在"字符"面板中对文字进行相应的设置。效果如图12-125所示。分别对封面及封底部分进行编组，并依次执行"文件>存储为"命令，将画面存储为JPEG格式，以备后面操作使用。

图12-124

图12-125

步骤 05 制作画册内页版式。单击工具箱中的"矩形工具"按钮，在选项栏中设置"绘制模式"为"形状"，"填充"为浅灰色，"描边"为无，设置完成后在画面中绘制一个和背景等大的矩形，如图12-126所示。

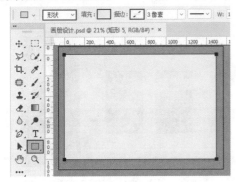

图12-126

步骤 06 制作右边的效果。单击工具箱中的"矩形工具"按钮，在选项栏中设置"绘制模式"为"形状"，"填充"为深蓝色，"描边"为无，设置完成后在画面右边位置绘制一个矩形，如图12-127所示。

步骤 07 单击工具箱中的"直线工具"按钮，在选项栏中设置"绘制模式"为"形状"，"填充"为蓝色，"描边"为无，"粗细"为7像素，设置完成后在深蓝色矩形上方位置按住Shift键的同时按住鼠标左键绘制一条水平的直线。然后将

该直线图层复制一份，向下移动至深蓝色矩形下方位置，如图12-128所示。

图12-127

图12-128

步骤 08 将标志摆放在右下角。使用"横排文字"工具，在右侧输入标题文字以及说明文字，对齐方式设置为右对齐，如图12-129所示。将构成模板的图层进行编组并命名为"模板1"，以备后面操作使用。使用同样的方法制作出另一侧页面的模板，如图12-130所示。

图12-129

图 12-130

步骤 09 多次复制模板文件并将之前制作好的标志、标准图案、办公用品等内容依次摆放在画册页面中，并更改合适的标题及说明文字，效果如图 12-131 ~ 图 12-138 所示。

图 12-131

图 12-132

图 12-133

图 12-134

图 12-135

图 12-136

图 12-137

图 12-138

中文版Photoshop CC平面设计从入门到精通（微课视频 全彩版）

Chapter 13
第13章

包装设计

本章内容简介

　　"包装"是指用来盛放产品的器物。现代包装的作用一方面是保护产品，保证在运输、买卖的过程中商品不会受损；另一方面具有传达产品信息、促进消费等内在作用。本章主要学习包装设计的相关基础知识，并通过案例的制作进行包装设计制图的练习。

优秀作品欣赏

13.1 包装设计概述

包装设计是一门综合学科,其中包括包装造型设计、包装结构设计以及包装装饰设计等,在平面设计中包装设计主要是对包装装饰设计。

13.1.1 认识包装

"包装"是指用来盛放产品的器物。现在包装设计的作用一方面是保护产品,保证在运输、买卖的过程中商品不会受损,另一方面具有传达产品信息、促进消费等内在作用。图13-1和图13-2所示为优秀的包装设计作品。

图 13-1 　　　　　　　　图 13-2

产品的包装主要具有以下三种功能。

* 保护功能:保护功能是包装最基本的功能。一件商品从生产到销售,其中要经过多次的运输与搬运。它所要经历的冲撞、振动、挤压、潮湿、日照等因素都会影响到商品。设计师在设计之前,首先要考虑到的就应该是包装的结构与材料,这样才能保证商品在流通过程中的安全。
* 便利功能:包装的设计在生产、流通、存储和使用中都具有适应性。包装设计应该站在消费者的立场上去思考,做到"以人为本",这样才能拉近商品与消费者的直接距离,从而增加消费者的购买欲望。
* 销售功能:好的包装可以让商品在琳琅满目的货架上迅速地引起消费者的注意,让消费者产生购买欲望,从而达到促进销售的目的。

13.1.2 包装的分类

包装形态各异、五花八门,其功能作用、外观内容也各有千秋。通过不同的性质可以将包装进行分类。图13-3和图13-4所示为优秀的包装设计作品。

图 13-3 　　　　　　　　图 13-4

* 按产品内容分:日用品类、食品类、烟酒类、化装品类、医药类、文体类、工艺品类、化学品类、五金家电类、纺织品类、儿童玩具类、土特产类等。
* 按包装材料分:不同的材料有不同的质感,所表达的情感也不同,而且不同材料用途和展示效果也不尽相同,如纸包装、金属包装、玻璃包装、木包装、陶瓷包装、塑料包装、棉麻包装、布包装等。
* 按包装的形状分:一个完整的产品包装包括内包装、中包装以及外包装。内包装(也叫单个包装或小包装),它是与产品接触最密切的包装,一般都陈列在商场或超市的货架上,所以在设计时更要体现商品性,以吸引消者;中包装主要是为了增强对商品的保护、便于计数而对商品进行组装或套装,如一箱啤酒是6瓶、一条香烟是10包等;大包装也称外包装、运输包装,其主要作用也是增加商品在运输中的安全,且便于装卸与计数。
* 销售包装:销售包装又称商业包装,可分为内销包装、外销包装、礼品包装、经济包装等。销售包装是直接面向消费的。因此,设计时需要符合商品的诉求对象,力求简洁大方、方便实用。
* 储运包装:也就是以商品的储存或运输为目的的包装。它主要在厂家与分销商、卖场之间流通,便于产品的搬运与计数。在设计时并不是重点,只要注明产品的数量、发货与到货日期、时间与地点等也就可以了。
* 特殊用品包装:用来包装一些特殊物品,如军需品。

【重点】13.1.3 包装设计的常见形式

包装形式多种多样,其常见形式有盒类、袋类、瓶类、罐类、坛类、管类、包装筐和其他类型的包装。

* 盒类包装:盒类包装包括木盒、纸盒、皮盒等多种类型,应用范围广,如图13-5所示。
* 袋类包装:袋类包装包括塑料袋、纸袋、布袋等各种类型,应用范围广。袋包装质量轻、强度高、耐腐蚀,如图13-6所示。

图 13-5 　　　　　　　　图 13-6

* 瓶类包装:瓶类包装包括玻璃瓶、塑料瓶、普通瓶等多种类型,较多地应用于液体产品,如图13-7所示。
* 罐类包装:包括铁罐、玻璃罐、铝罐等多种类型。

罐类包装刚性好、不易破损,如图13-8所示。

图13-7

图13-8

* 坛类包装:坛类包装多用于酒类、腌制品类,如图13-9所示。
* 管类包装:包括软管、复合软管、塑料软管等类型,常用于盛放凝胶状液体,如图13-10所示。

图13-9

图13-10

* 包装筐:多用于数量较多的产品,如瓶酒、饮料类,如图13-11所示。
* 其他类型的包装:包括托盘、纸标签、瓶封、材料等多种类型,如图13-12所示。

图13-11

图13-12

{重点} 13.1.4　包装设计的常用材料

包装的材料种类繁多,不同的商品考虑其运输过程与展示效果,所用材料也将不一样。在进行包装设计的过程中必须从整体出发,了解产品的属性,从而采用合适的包装材料及容器形态等。包装的常见材料有纸包装、塑料包装、金属包装、玻璃包装和陶瓷包装等。

* 纸包装:纸包装是一种轻薄、环保的包装。常见的纸类包装有牛皮纸、玻璃纸、蜡纸、有光纸、过滤纸、白板纸、胶版纸、铜版纸、瓦楞纸等多种类型。纸包装应用广泛,具有成本低、便于印刷和批量生产的优势,如图13-13所示。
* 塑料包装:塑料包装是用各种塑料加工制作的包装材料,有塑料薄膜、塑料容器等类型。塑料包装具有强度高、防滑性能好、防腐性强等优点,如图13-14所示。

图13-13

图13-14

* 金属包装:常见的金属包装有马口铁皮、铝、铝箔、镀铬无锡铁皮等类型。塑料包装具有耐蚀性、防菌、防霉、防潮、牢固、抗压等特点,如图13-15所示。

图13-15

* 玻璃包装:玻璃包装具有无毒、无味、清澈性等特点。但其最大的缺点是易碎且重量相对过重。玻璃包装包括食品用瓶、化妆品瓶、药品瓶、碳酸饮料瓶等多种类型,如图13-16所示。
* 陶瓷包装:陶瓷包装是一个极富艺术性的包装容器。瓷器釉瓷有高级釉瓷和普通釉瓷两种。陶瓷包装具有耐火、耐热、坚固等优点。但其与玻璃包装一样,易碎且有一定的重量,如图13-17所示。

图 13-16

图 13-17

13.2 食品纸袋包装设计

文件路径	资源包\第13章\食品纸袋包装设计
难易指数	★★★★★
技术要点	钢笔工具、画笔工具、图层样式、横排文字工具

案例效果

案例效果如图13-18所示。

图 13-18

操作步骤

Part 1 制作包装袋正面

步骤 01 执行"文件>新建"命令，创建一个大小合适的空白文档。首先制作包装袋的正面效果图。执行"视图>标尺"命令打开标尺，然后在左侧标尺上按住鼠标左键并拖动创建出多条参考线，将整个画面用参考线分成正反面和两个侧面四个区域，用以标示包装各个面，如图13-19所示。

扫一扫，看视频

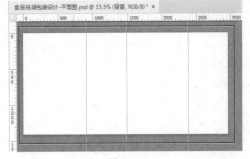

图 13-19

步骤 02 单击工具箱中的"矩形工具"按钮，在选项栏中设置"绘制模式"为"形状"，"填充"为白色，"描边"为无，设置完成后在画面右边要制作正面效果图的区域绘制矩形，如图13-20所示。接着执行"文件>置入嵌入对象"命令，将木纹理素材1.jpg置入到文档中。调整大小放在画面中白色矩形上方位置并将图层栅格化，如图13-21所示。

图 13-20

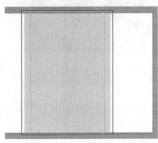

图 13-21

步骤 03 单击工具箱中的"钢笔工具"按钮，在选项栏中设置"绘制模式"为"路径"，设置完成后在素材的两个角绘制路径，如图13-22所示。然后单击选项栏中的"建立选区"按钮，将路径转换为选区。接着按下Delete键删除选区内的部分，如图13-23所示。

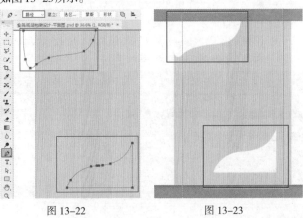

图 13-22   图 13-23

中文版Photoshop CC平面设计从入门到精通（微课视频 全彩版）

步骤 04 在素材图层下方位置新建一个图层，选择工具箱中的"画笔工具"，在选项栏中设置大小合适的柔边圆画笔，设置前景色为深土黄色，然后用同样的方式在素材的左上角涂抹，如图13-24所示。继续涂抹，效果如图13-25所示。

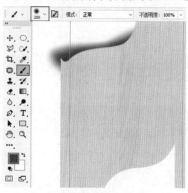

图 13-24

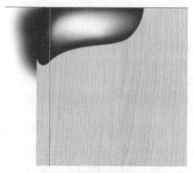

图 13-25

步骤 05 按住Ctrl键单击加选木纹理素材图层和使用画笔绘制的图层，然后单击鼠标右键执行"创建剪贴蒙版"命令，以矩形图层作为基底图层创建剪贴蒙版。如图13-26所示。效果如图13-27所示。

图 13-26　　　　　　　图 13-27

步骤 06 对背景进一步丰富。单击工具箱中的"钢笔工具"按钮，在选项栏中设置"绘制模式"为"形状"，"填充"为棕色，"描边"为无，设置完成后在素材左上角位置绘制形状，如图13-28所示。

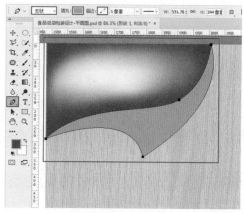

图 13-28

步骤 07 再次置入素材1.jpg，调整大小并将其适当旋转放在绘制的形状上方位置，然后将该素材图层进行栅格化处理，如图13-29所示。通过操作素材有多余出来的部分，选择该素材图层，右击，执行"创建剪贴蒙版"命令创建剪贴蒙版，将不需要的部分隐藏。效果如图13-30所示。

　　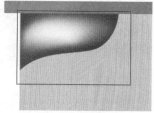

图 13-29　　　　　　　图 13-30

步骤 08 此时该形状在画面中效果不明显。选择绘制的形状图层，执行"图层>图层样式>投影"命令，在弹出的"图层样式"窗口中设置"混合模式"为"正片叠底"，"颜色"为黑色，"不透明度"为50%，"角度"为125度，"距离"为10像素，"扩展"为0%，"大小"为85像素，"杂色"为0%，设置完成后单击"确定"按钮完成操作，如图13-31所示。效果如图13-32所示。

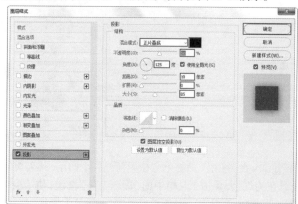

图 13-31

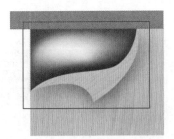

图 13-32

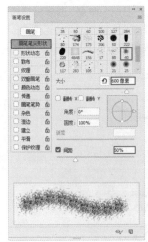

图 13-35　　　　　　　图 13-36

步骤 09　制作主体文字。单击工具箱中的"直排文字工具"按钮，在选项栏中选择一种毛笔字体，设置合适的字号和颜色，设置完成后在画面中单击输入文字，如图 13-33 所示。文字输入完成后按快捷键 Ctrl+Enter 完成操作。接着使用同样的方法在该文字旁边位置单击输入文字。效果如图 13-34 所示。

步骤 11　设置完成后在文字左边位置进行涂抹，使用"画笔工具"绘制图案。在绘制过程中可以由具体情况适当调整笔尖大小和间距，灵活地绘制，只要整体效果统一协调即可。效果如图 13-37 所示。

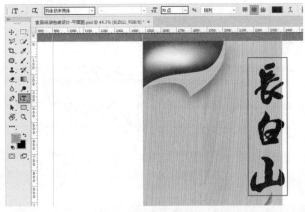

图 13-33

图 13-37

步骤 12　在用画笔绘制的图形上方添加文字。单击工具箱中的"横排文字工具"按钮，在选项栏中设置合适的字体、字号和颜色，设置完成后在画面中单击输入文字，如图 13-38 所示。文字输入完成后按快捷键 Ctrl+Enter 完成操作。然后使用同样的方法继续输入其他文字，效果如图 13-39 所示。

图 13-34

步骤 10　在"图层"面板上方位置新建一个图层，接着设置前景色为红色，单击工具箱中的"画笔工具"按钮，使用快捷键 F5 调出"画笔设置"窗口，然后单击"画笔笔尖形状"按钮，选择一种合适的笔尖形状，设置"大小"为 600 像素，"间距"为 50%，如图 13-35 所示。单击"形状动态"按钮，设置"大小抖动"为 40%，如图 13-36 所示。

图 13-38

中文版Photoshop CC平面设计从入门到精通（微课视频 全彩版）

图 13-39

步骤 13 使用"横排文字工具"，在已有文字下方位置绘制文本框，并在文本框中输入段落文字，如图 13-40 所示。

图 13-40

步骤 14 选择段落文字图层，执行"窗口>段落"命令，在弹出的"段落"面板中单击"居中对齐文本"按钮，设置段落文字的对齐方式，如图 13-41 所示。接着执行"窗口>字符"命令，在弹出的"字符"面板中设置"行距"为6，如图 13-42 所示。画面效果如图 13-43 所示。

图 13-41 图 13-42

图 13-43

步骤 15 接着需要将核桃素材置入到文档中。执行"文件>置入嵌入对象"命令，将核桃素材2.png置入到文档中，调整大小放在画面中并将图层栅格化。如图 13-44 所示。

图 13-44

步骤 16 选择置入的核桃素材图层，执行"图层>图层样式>投影"命令，在弹出的"图层样式"窗口中设置"混合模式"为"正片叠底"，"颜色"为深橘色，"不透明度"为50%，"角度"为125度，"距离"为25像素，"扩展"为0%，"大小"为20像素，"杂色"为0%，设置完成后单击"确定"按钮完成操作，如图 13-45 所示。效果如图 13-46 所示。

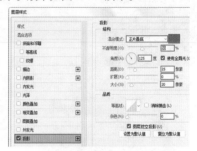

图 13-45

图 13-46

步骤 17 置入标志素材，摆放在页面左上角，如图 13-47 所示。

图 13-47

步骤 18 制作画面右下角的装饰效果。执行"文件>置入嵌入对象"命令，将素材3.jpg置入到文档中。调整大小和图层顺序放在画面右下角位置并将图层栅格化，如图13-48所示。

图 13-48

步骤 19 绘制一个选区，如图13-49所示。然后选择素材3.jpg图层，为该图层添加图层蒙版，将不需要的部分隐藏，如图13-50所示。画面效果如图13-51所示。

图 13-49　　　　　图 13-50

图 13-51

步骤 20 为素材3.jpg添加图层样式，增加画面的立体效果。选择该图层，执行"图层>图层样式>外发光"命令，在弹出的"图层样式"窗口中设置"混合模式"为"滤色"，"不透明度"为35%，"杂色"为0%，"颜色"为白色，"扩展"为17%，"大小"为16像素，"范围"为50%，"抖动"为0%，如图13-52所示。效果如图13-53所示。

图 13-52　　　　　图 13-53

步骤 21 启用左侧的"内阴影"图层样式，设置"混合模式"为"正片叠底"，"颜色"为黑色，"不透明度"为35%，"角度"为125度，"距离"为12像素，"阻塞"为0%，"大小"为7像素，"杂色"为0%，设置完成后单击"确定"按钮完成操作，如图13-54所示。效果如图13-55所示。此时画面右下角的装饰效果制作完成。

图 13-54

图 13-55

步骤 22 单击"横排文字工具"按钮，在选项栏中设置合适的字体、字号和颜色，设置完成后在画面左下角位置单击输入文字，如图13-56所示。然后在"字符"面板中设置"字间距"为-40，效果如图13-57所示。按住Ctrl键依次加选各个图层将其编组命名为"正面"，此时食品纸袋包装的正面平面效果图制作完成。效果如图13-58所示。

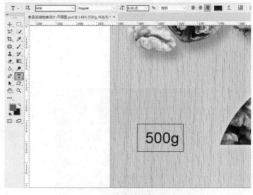

图 13-56

图 13-57 图 13-58

步骤 23 选择编组图层组,使用快捷键 Ctrl+J 将其复制一份。然后将复制得到的图形向左移动至制作包装袋正面平面效果图的区域,如图 13-59 所示。此时食品包装袋的两个正面平面效果图制作完成。

图 13-59

Part 2 制作包装袋侧面

步骤 01 侧面仍然使用正面相同的方法制作背景。接着将隐藏的正面图层组显示出来。选择正面图层组中的两个文字图层和核桃图层将其复制一份,接着将复制得到的图层移动至素材 1 图层上方。然后适当调整大小,将其摆放在素材 1 下方位置。效果如图 13-60 所示。按住 Ctrl 键依次加选各个图层,将其编组命名为"侧面 1",此时包装袋的一个侧面的平面效果图制作完成。

扫一扫,看视频

步骤 02 制作另一个侧面的平面效果图。选择制作完成的侧面效果图图层组,将组内的白色矩形和创建剪贴蒙版的素材 1 图层复制一份,放在"侧面 1"图层组上方位置。然后将复制得到的图形向左移动至两个正面效果图中间位置,如图 13-61 所示。

图 13-60

图 13-61

步骤 03 单击工具箱中的"矩形工具"按钮,在选项栏中设置"绘制模式"为"形状","填充颜色"为无,"描边颜色"为黑色,"描边粗细"为 0.5,设置完成后在画面中绘制一个矩形,如图 13-62 所示。

步骤 04 单击工具箱中的"直线工具"按钮,在选项栏中设置"绘制模式"为"形状","填充"为灰色,"描边"为无,单击"合并形状"按钮,"粗细"为 2 像素,设置完成后在描边矩形内部按住 Shift 键的同时按住鼠标左键水平地绘制直线,如图 13-63 所示。

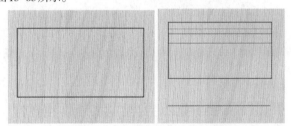

图 13-62 图 13-63

步骤 05 在绘制的矩形框中添加文字。单击工具箱中的"横排文字工具"按钮,输入多组文字。此时食品包装袋平面和侧面的平面效果图制作完成。效果如图 13-64 所示。按住 Ctrl 键依次加选各个图层,将其编组命名为"侧面 2"。执行"文件>存储为"命令,将平面效果图存储为 JPEG 格式以备后面操作使用。

图 13-64

Part 3 制作立体展示效果

步骤 01 执行"文件>新建"命令，新建一个大小合适的空白文档。接着设置"前景色"为灰调的淡黄色，设置完成后使用快捷键Alt+Delete进行前景色填充，如图13-65所示。

扫一扫，看视频

图 13-65

步骤 02 为画面背景的中间部位提高亮度。单击工具箱中的"画笔工具"按钮，在选项栏中设置较大笔尖的柔边圆画笔，设置"前景色"为浅一些的颜色，设置完成后在背景中间位置单击鼠标提高画面的亮度，如图13-66所示。

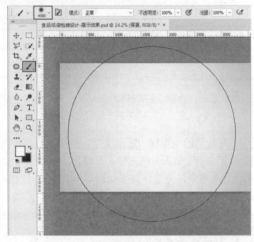

图 13-66

步骤 03 在背景图层上方新建一个图层，然后单击工具箱中的"矩形选框工具"按钮，在画面中绘制选区，如图13-67所示。

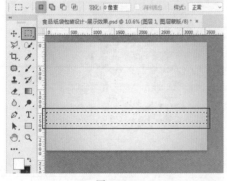

图 13-67

步骤 04 在当前选区状态下，设置"前景色"为卡其色，接着单击工具箱中的"渐变工具"按钮，在选项栏中选择"从前景色到透明渐变"，如图13-68所示。单击"线性渐变"按钮，设置完成后在选区内填充渐变，如图13-69所示。渐变填充完成后使用快捷键Ctrl+D取消选区。

图 13-68

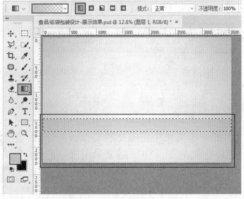

图 13-69

步骤 05 此时填充的渐变在画面中有多余的部分，需要将其隐藏。选择该渐变图层，单击面板底部的"添加图层蒙版"按钮为该图层添加图层蒙版。然后单击工具箱中的"画笔工具"按钮，在选项栏中设置合适的柔边圆画笔，设置"前景色"为黑色，设置完成后在画面中涂抹，将不需要的部分隐藏。图层蒙版效果如图13-70所示。画面效果如图13-71所示。

图 13-70

图 13-71

步骤 06 为背景叠加一个图片,为画面增加细节感。执行"文件>置入嵌入对象"命令,将素材4.jpg置入到文档中。调整大小使其充满整个画面并将素材图层栅格化,如图13-72所示。

图 13-72

步骤 07 选择素材图层,设置混合模式为"叠加",如图13-73所示。让素材和画面更好地融为一体。效果如图13-74所示。

图 13-73   图 13-74

步骤 08 选择素材图层,为该图层添加图层蒙版,然后单击工具箱中的"画笔工具"按钮,在选项栏中设置大小合适的柔边圆画笔,设置前景色为黑色,设置完成后在画面中四角的位置涂抹,将不需要的部分隐藏,如图13-75和图13-76所示。

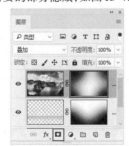

图 13-75

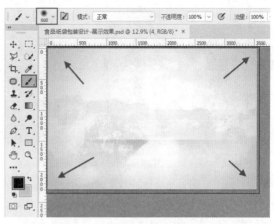

图 13-76

步骤 09 执行"文件>置入嵌入对象"命令,置入包装盒素材,如图13-77所示。接下来将之前制作好的正面部分复制到当前文档中,并设置图层混合模式为"正片叠底",如图13-78所示。

图 13-77   图 13-78

步骤 10 对该图层执行"编辑>自由变换"命令,右击,执行"变形"命令,然后调整正面的形态,使之与包装盒的正面相吻合,如图13-79所示。接下来导入包装盒的光泽素材7.png,将其摆放在包装盒正面两侧的位置,如图13-80所示。

图 13-79   图 13-80

步骤 11 使用同样的方法将侧面部分置入到当前文档,设置图层混合模式为"正片叠底",按照包装盒侧面形态进行扭曲变形,如图13-81所示。接着绘制侧面形态的选区,如图13-82所示。并以当前选区为图层添加图层蒙版,效果如图13-83所示。

图 13-81

图 13-82

图 13-83

步骤 12 制作包装盒的倒影效果。选中"正面"图层组,使用快捷键Ctrl+Alt+E进行盖印。接着选择该图层,使用自由变换快捷键Ctrl+T调出定界框,右击执行"垂直翻转"命令,将图层进行垂直翻转,并将图形向下移动使两个正面的底部边角对齐,如图13-84所示。右击,执行"变形"命令,对倒影图形进行变形使两个正面图形的底部边缘吻合,操作完成后按下Enter键完成操作。效果如图13-85所示。

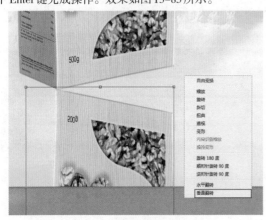
图 13-84

图 13-85

步骤 13 此时底部倒影画面颜色过亮而且有不需要的部分。选择倒影图层,为该图层添加图层蒙版。然后使用大小合适的柔边圆画笔,设置前景色为黑色,设置完成后在倒影位置

涂抹,将不需要的部分隐藏。图层蒙版效果如图13-86所示。画面效果如图13-87所示。

图 13-86

图 13-87

步骤 14 使用同样的方法制作侧面的倒影效果。效果如图13-88所示。按住Ctrl键依次加选各个图层和图层组,将其编组命名为"立体效果"。此时食品包装的立体展示效果制作完成。效果如图13-89所示。

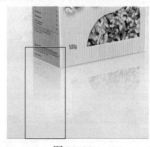
图 13-88

图 13-89

步骤 15 选择该图层组将其复制一份,然后选择复制得到的图层组,使用自由变换快捷键Ctrl+T调出定界框,将光标放在定界框外,按住Shift键的同时按住鼠标左键进行等比例缩小并调整位置,如图13-90所示。操作完成后按Enter键完成操作。

步骤 16 使用"移动工具"将平面效果图源文件中的主体文字图层和用画笔绘制的图案拖曳到当前画面,调整大小放在画面右边位置,如图13-91所示。

图 13-90

图 13-91

步骤 17 单击工具箱中的"竖排文字工具"按钮,在选项栏中设置合适的字体、字号和颜色,设置完成后在主体文字下方绘制文本框并在文本框中输入文字,如图13-92所示。文字输入完成后按快捷键Ctrl+Enter完成操作。此时食品纸袋包装的立体展示效果制作完成。效果如图13-93所示。

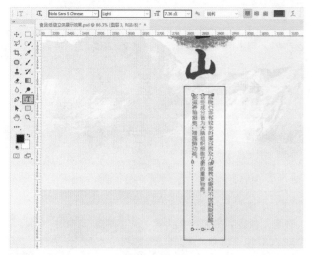

图 13-92

图 13-93

13.3 罐装饮品包装设计

文件路径	资源包\第13章\罐装饮品包装设计
难易指数	★★★★★
技术要点	3D功能、钢笔工具、图层蒙版

案例效果

案例效果如图 13-94 所示。

图 13-94

操作步骤

Part 1　制作包装平面图

步骤 01 制作罐装饮品的平面图。执行"文件 >打开"命令，在弹出的"打开"窗口中选择背景图案1.jpg，单击"打开"按钮，如图 13-95 所示。

扫一扫，看视频

步骤 02 制作画面顶部的装饰斑点边缘。单击工具箱中的"画笔工具"按钮，在其选项栏中单击"切换画笔面板"按钮，在弹出的"画笔"面板中设置"大小"为80像素，"角度"为0度，"圆度"为100%，"硬度"为100%，"间距"为77%，如图 13-96 所示。新建图层，设置前景色为淡淡的灰绿色。接着将光标定位在画面左侧，按住鼠标左键向右拖曳。绘制效果如图 13-97 所示。

图 13-95

图 13-96

图 13-97

步骤 03 在"图层"面板中按住 Ctrl 键单击该图层缩览图，载入该图层选区，然后将选区向上移动，如图 13-98 所示。按 Delete 键删除选区内的内容，得到一个波浪线的边缘，如图 13-99 所示。

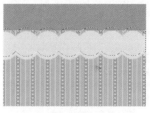

图 13-98

图 13-99

步骤 04 新建图层，设置前景色为深棕色，然后将光标定位在画面左侧，按住 Shift 键的同时按住鼠标左键向右拖曳。绘制效果如图 13-100 所示。单击工具箱中的"矩形选框工具"按钮，将光标定位在画面中深棕色图形上，

图 13-100

按住鼠标左键拖曳，绘制矩形选区，然后按Delete键删除选区内的内容，如图13-101所示。接着将其向上移动到画面边缘，如图13-102所示。

图 13-101　　　　　　　图 13-102

步骤 05 背景制作完成，下面制作画面中的主体内容。在制作之前，单击"图层"面板底部的"创建新组"按钮，新建一个名为"主体图"的图层组，下面制作的主体内容图层都建立在该组内。执行"文件>置入嵌入对象"命令，在弹出的"置入嵌入对象"窗口中选择素材2.jpg，单击"置入"按钮，按Enter键完成置入。执行"图层>栅格化>智能对象"命令，将该图层栅格化为普通图层，如图13-103所示。单击工具箱中的"矩形选框工具"按钮，将光标定位在画面中2.jpg的位置，按住鼠标左键拖曳，绘制椭圆选区，如图13-104所示。

图 13-103　　　　　　　图 13-104

步骤 06 选中该图层，单击"图层"面板底部的"添加图层蒙版"按钮，以当前选区建立图层蒙版，如图13-105所示。效果如图13-106所示。

图 13-105　　　　　　　图 13-106

步骤 07 在"图层"面板中设置该图层"不透明度"为85%，如图13-107所示。效果如图13-108所示。

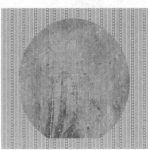

图 13-107　　　　　　　图 13-108

步骤 08 执行"文件>置入嵌入对象"命令，在弹出的"置入嵌入对象"窗口中选择素材3.jpg，单击"置入"按钮，按Enter键完成置入。执行"图层>栅格化>智能对象"命令，将该图层栅格化为普通图层，如图13-109所示。使用同样的方法只保留圆形区域，如图13-110所示。在"图层"面板中设置"不透明度"为85%，效果如图13-111所示。

图 13-109

图 13-110　　　　　　　图 13-111

步骤 09 单击工具箱中的"椭圆选框工具"按钮，在其选项栏中单击"从选区减去"按钮，在画面中按住鼠标左键拖曳绘制一个椭圆选区，再在选区中按住鼠标左键绘制另外一个稍小的椭圆选区，绘制完成后软件会自动减去第二次绘制覆盖的选区，得到一个弧形的选区，如图13-112所示。新建图层，设置前景色为白色，按Alt+Delete组合键填充选区。效果如图13-113所示。

图 13-112 图 13-113

 使用同样的方法制作另一条白色弧形，如图 13-114 所示。在"图层"面板中设置"不透明度"为85%，"填充"为85%。效果如图 13-115 所示。

图 13-114 图 13-115

步骤 11 制作标志形状。在"图层"面板底部单击"创建新组"按钮，新建一个图层组，下面要制作的标志图层将建立在该组内。单击工具箱中的"钢笔工具"按钮，在其选项栏中设置"绘制模式"为"路径"，在画面上部单击确定路径起点，向上移动光标，按住鼠标左键拖曳绘制路径。继续将光标放置在其他位置绘制路径，最后单击起点形成闭合路径，如图 13-116 所示。按快捷键Ctrl+Enter将路径转化为选区，如图 13-117 所示。新建图层，设置前景色为棕色，按快捷键Alt+Delete填充选区。效果如图 13-118 所示。

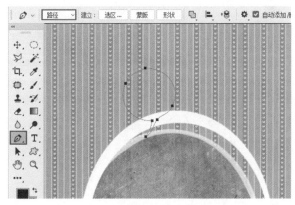

图 13-116

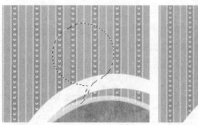

图 13-117 图 13-118

步骤 12 单击工具箱中的"椭圆工具"按钮，在其选项栏中设置"绘制模式"为"形状"，"填充"为无，"描边"为浅蓝色，"描边宽度"为58.46点，在画面中棕色形状中按住鼠标左键拖曳绘制圆环形状，如图 13-119 所示。单击工具箱中的"矩形工具"按钮，在其选项栏中设置"绘制模式"为"形状"，"填充"为浅蓝色，"描边"为无，在画面中圆环形状上按住鼠标左键拖曳，如图 13-120 所示。

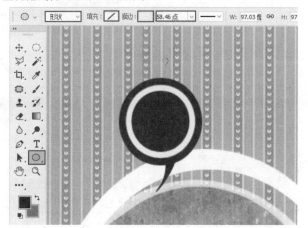

图 13-119

图 13-120

步骤 13 针对绘制出的矩形，按Ctrl+T组合键调出定界框，将光标定位在控制点上进行旋转，如图 13-121 所示。使用同样的方法制作出两个短的矩形并旋转，如图13-122所示。在"图层"面板中选择该标志形状组，并在"图层"面板顶部设置"不透明度"为80%。效果如图13-123所示。

图 13-121　　　　　图 13-122

步骤 14 制作棕色树。单击工具箱中的"钢笔工具"按钮，在其选项栏中设置"绘制模式"为"路径"，在画面中绘制路径，如图13-124所示。按快捷键Ctrl+Enter将路径转化为选区，如图13-125所示。新建图层，设置前景色为棕色，按快捷键Alt+Delete填充选区，如图13-126所示。

图 13-123

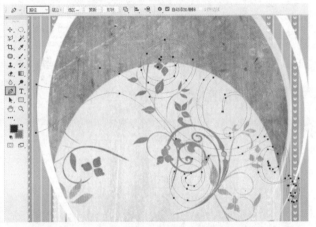

图 13-124

图 13-125　　　　　图 13-126

步骤 15 在画面中制作文字。单击工具箱中的"横排文字工具"按钮，在其选项栏中设置合适的字体、字号，"填充"设置为棕色，在画面中单击并输入文字，如图13-127所示。接着在文字图层上右击，在弹出的快捷菜单中执行"转换为形状"命令。效果如图13-128所示。

图 13-127

图 13-128

步骤 16 单击工具箱中的"直接选择工具"按钮，将光标定位在字母T边缘，按住鼠标左键拖曳框选字母T的全部锚点，如图13-129所示。接着将字母T向右移动，如图13-130所示。

图 13-129

图 13-130

步骤 17 选择字母T底部的锚点，向下移动；框选T底部的

中文版Photoshop CC平面设计从入门到精通（微课视频 全彩版）

控制点进行调整，如图13-131所示。使用同样的方法对其他字母进行调整，效果如图13-132所示。

图13-131　　　　　　　图13-132

步骤 18 制作主体图形周围的装饰。单击工具箱中的"多边形套索工具"按钮，在画面中的白色弧形周围单击确定起点，继续移动光标单击，最后在起点单击形成闭合选区，如图13-133所示。设置前景色为白色，按快捷键Alt+Delete填充选区，如图13-134所示。使用同样的方法在白色弧形周围制作更多形状，如图13-135所示。

图13-133

图13-134　　　　　　　图13-135

步骤 19 执行"文件>置入嵌入对象"命令，在弹出的窗口中选择素材5.jpg，单击"置入"按钮，按Enter键完成置入；接着执行"图层>栅格化>智能对象"命令，将该图层栅格化为普通图层，如图13-136所示。单击工具箱中的"魔棒工具"按钮，在其选项栏中设置"容差"为10；将光标定位在画面中白色背景区域，单击建立选

图13-136

区，如图13-137所示。按Delete键删除选区内的白色背景，如图13-138所示。

图13-137

图13-138

步骤 20 针对卡通小鸟的图层，按快捷键Ctrl+T调出定界框，将光标定位在控制点上，按住鼠标左键拖动进行旋转，并放置在树枝上适当位置，如图13-139所示。在画面中可以看到主体内容做完了。接着在"图层"面板中选择"主体图"组，右击，在弹出的快捷菜单中执行"复制组"命令；选择拷贝的"主体图拷贝组"，在画面中将其整体向右移动，如图13-140所示。

图13-139　　　　　　　图13-140

步骤 21 制作整体装饰。在"主体图"组中选择之前制作的棕色树，右击，在弹出的快捷菜单中执行"复制图层"命令。选择复制出的图层，将其向上移动到"主体图"组顶部，并在画面中向下移动，如图13-141所示。按快捷键Ctrl+T调出定界框，将光标定位在控制点上，按住鼠标左键拖动进行放大，如图13-142所示。

图 13-141   图 13-142

步骤 22 在画面中的树枝上制作文字。单击工具箱中的"钢笔工具"按钮,在其选项栏中设置"绘制模式"为"路径";在画面中树的位置单击确定起点,将光标向右移动,按住鼠标左键拖曳绘制路径;继续移动并按住鼠标左键拖曳,如图 13-143 所示。单击工具箱中的"横排文字工具"按钮,在其选项栏中设置合适的字体、字号,"填充"为黄色,在路径上单击并输入文字,如图 13-144 所示。

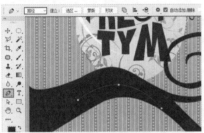

图 13-143

图 13-144

步骤 23 为文字添加描边。选中文字图层,执行"图层>图层样式>描边"命令,在弹出的"图层样式"窗口中设置"大小"为 3 像素,"位置"为"外部","混合模式"为"正常","不透明度"为 90%,"填充类型"为"颜色","颜色"为黑色,单击"确定"按钮,如图 13-145 所示。效果如图 13-146 所示。

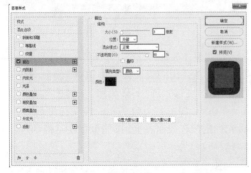

图 13-145

图 13-146

步骤 24 在"图层"面板中按住 Ctrl 键选择棕色树和路径文字图层,右击,在弹出的快捷菜单中执行"复制图层"命令,在弹出的对话框中单击"确定"按钮,完成复制。在选中复制出的图层的情况下,按快捷键 Ctrl+T 调出定界框,将光标定位在定界框中,右击,在弹出的快捷菜单中执行"水平翻转"命令,并将其向左平移,如图 13-147 所示。

图 13-147

步骤 25 单击工具箱中的"直排文字工具"按钮,在其选项栏中设置合适的字体、字号,单击"顶对齐文本"按钮,设置"填充"为深棕色,在画面中单击输入文字,如图 13-148 所示。使用同样的方法输入其他文字,如图 13-149 所示。

图 13-148

图 13-149

中文版Photoshop CC平面设计从入门到精通(微课视频 全彩版)

步骤 26 置入标志素材。执行"文件>置入嵌入对象"命令，在弹出的"置入嵌入对象"窗口中选择素材4.png，单击"置入"按钮，按Enter键完成置入。接着执行"图层>栅格化>智能对象"命令，将该图层栅格化为普通图层。至此，罐装饮品平面图就完成了，如图13-150所示。

图 13-150

Part 2　制作包装立体效果

步骤 01 创建一个新的文档来制作立体效果的饮料罐。这里使用到了Photoshop中的3D功能，在Photoshop中可以快捷地创建出饮料罐的3D模型，而且可以通过对模型材质的编辑，将制作好的平面图"贴"到3D模型中。首先创建空白文档，在空白文档中执行"3D>从图层新建网格>网格预设>汽水"命令，如图13-151所示。在弹出的提示对话框中单击"是"按钮，如图13-152所示。此时软件界面变为3D工作模式，同时画面中出现一个白色的饮料罐模型，如图13-153所示。

扫一扫，看视频

图 13-151

图 13-152

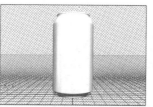

图 13-153

步骤 02 "图层"面板中原始的"背景"图层现在已经变为了3D图层，展开该图层，从中双击"标签材质-默认纹理"条目，如图13-154所示。打开一个带有网格的空白文件，如图13-155所示。

图 13-154

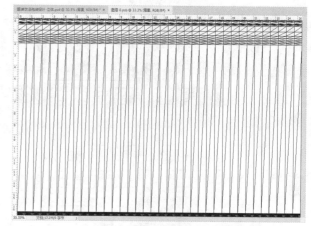

图 13-155

步骤 03 切换到之前制作好的平面图文档中，按快捷键Ctrl+A全选，再按快捷键Ctrl+Shift+C合并拷贝，回到3D文档中，按快捷键Ctrl+V进行粘贴，并缩放到合适大小，如图13-156所示。接着对标签材质文档执行"文件>存储"命令，并关闭该文档。

图 13-156

步骤 04 回到原始3D文档中，可以看到饮料罐上已经出现了之前制作好的平面图，但是此时画面向画面的并不是主体图形，需要对其进行旋转。执行"窗口>3D"命令，打开3D面板；在3D面板中选中"汽水"条目，然后在使用"移动工具"的状态下，单击选项栏中右侧的"旋转3D对象工具"按钮；在画面中按住鼠标左键水平拖动，如图13-157所示；将饮料罐沿水平方向旋转，如图13-158所示(注意：对3D对象进行操作时，一定要在"图层"面板中选中该3D图层)。

图 13-157

图 13-158

步骤 05 单击"移动工具"选项栏右侧的"滑动3D对象工具"按钮，在画面中按住鼠标左键水平拖动，并将饮料罐在画面中的显示比例缩小一些，如图13-159所示。

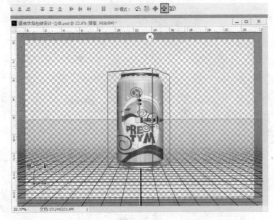

图 13-159

步骤 06 对3D模型的灯光进行设置。在3D面板中选择"无限光1"条目，如图13-160所示。执行"窗口>属性"命令，打开"属性"面板。在"属性"面板中设置"强度"为60%，取消选中"阴影"复选框，如图13-161所示。然后在视图中按住无限光的控制棒向右移动，调整光照方向，如图13-162所示。

图 13-160   图 13-161

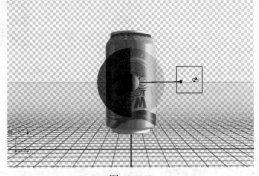

图 13-162

步骤 07 在3D面板中单击底部的"新建光源"按钮，在弹出的菜单中选择"新建无限光"命令，如图13-163所示。在3D面板中出现了新建的"无限光2"条目，单击该条目，如图13-164所示。同样在"属性"面板中设置"强度"为50%，并取消选中"阴影"复选框，如图13-165所示。

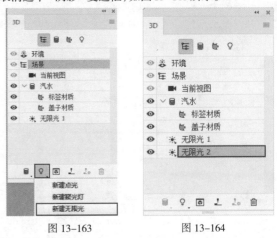

图 13-163   图 13-164

中文版Photoshop CC平面设计从入门到精通（微课视频 全彩版）

图 13-165

步骤 08 在视图中按住无限光的控制棒向左移动，调整光照方向，如图 13-166 所示。

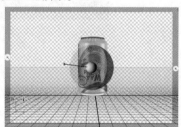

图 13-166

步骤 09 到这里饮料罐的 3D 模型部分就制作完成了。接下来按住 Ctrl 键单击该图层缩览图，载入选区，如图 13-167 所示。在 3D 面板底部单击"渲染"按钮，如图 13-168 所示。软件会花费一定的时间对饮料罐进行渲染，稍作等待，即可看到饮料罐的渲染效果，如图 13-169 所示。在确认 3D 模型编辑完成后，可以在该图层上右击，在弹出的快捷菜单中选择"栅格化 3D"命令，使之变为普通图层。

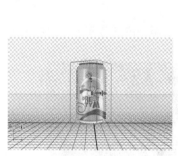

图 13-167

图 13-168

图 13-169

步骤 10 制作多种颜色的饮料罐展示效果。执行"窗口>工作区>基本功能（默认）"命令，恢复到常用的工作区状态，如图 13-170 所示。单击工具箱中的"渐变工具"按钮，在其选项栏中编辑一种墨绿色系的渐变，设置"渐变类型"为"径向渐变"。在饮料罐下方新建图层，按住鼠标左键拖动进行填充。效果如图 13-171 所示。

图 13-170

图 13-171

步骤 11 为立体的饮料罐制作投影。新建图层，单击工具箱中的"椭圆选框工具"按钮，在其选项栏中设置"羽化"为 30 像素，在画面中饮料罐底部按住鼠标左键拖曳绘制椭圆选区；设置前景色为黑色，按快捷键 Alt+Delete 填充选区，如图 13-172 所示。在"图层"面板中将阴影图层移到饮料罐图层下面。效果如图 13-173 所示。

图 13-172

图 13-173

步骤 12 为饮料罐调色。选中饮料罐图层,执行"图层>图层样式>曲线"命令,在弹出的"属性"面板中调整曲线形态,单击"此调整剪切到此图层"按钮,如图 13-174 所示。效果如图 13-175 所示。

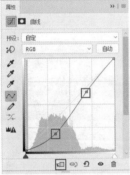

图 13-174

图 13-175

Part 3　制作包装展示效果

步骤 01 选择饮料罐、投影和曲线调整图层,右击,在弹出的快捷菜单中选择"复制图层"命令。在"图层"面板中选择底层的饮料罐和投影,按快捷键 Ctrl+T 调出定界框,在画面中将光标定位在四角的控制点处,按住 Shift 键的同时按住鼠标左键拖动,进行等比例缩放并向右移动,如图 13-176 所示。

扫一扫,看视频

图 13-176

步骤 02 对该饮料罐进行调色。执行"图层>新建调整图层>色相/饱和度"命令,在弹出的"属性"面板中设置"色相"为 -27,"饱和度"为 +38,单击"此调整剪切到此图层"按钮,如图 13-177 所示。效果如图 13-178 所示。

图 13-177

图 13-178

步骤 03 将主体图的部分还原回之前的颜色。在"图层"面板中单击"色相/饱和度"调整图层的图层蒙版缩览图,如图 13-179 所示。单击工具箱中的"画笔工具"按钮,在其选项栏中设置"大小"为 30 像素,"硬度"为 0%,然后设置前景色为黑色,在蒙版中主体图位置进行涂抹,如图 13-180 所示。

图 13-179　　　　　图 13-180

步骤 04 使用同样的方法制作出其他颜色的饮料罐,如图 13-181 所示。

图 13-181

中文版 Photoshop CC 平面设计从入门到精通(微课视频 全彩版)

UI设计

本章内容简介

　　UI的全拼为User Interface，直译就是用户与界面，通常理解为界面的外观设计，但是实际上还包括用户与界面之间的交互关系。可以把UI设计定义为软件的人机交互、操作逻辑、界面美观的整体设计。对于平面设计师而言，主要负责界面的视觉美化工作。本章主要学习UI设计的相关基础知识，并通过案例的制作进行UI设计制图的练习。

优秀作品欣赏

14.1 UI设计基础知识

与"美工"不同，UI设计是根据使用者、使用环境、使用方式等因素对界面形式进行的设计。一个好的UI设计不仅会给人带来舒适的视觉感受，还会拉近人与设备的距离。

14.1.1 认识UI设计

UI的全称为User Interface，直译就是用户界面，通常理解为界面的外观设计，但是实际上还包括用户与界面之间的交互关系。可以把UI设计定义为软件的人机交互、操作逻辑、界面美观的整体设计。UI设计主要应用在计算机客户端和移动客户端，其涵盖范围包括游戏界面、网页界面、软件界面、登录界面等多种类型。图14-1和图14-2所示为优秀的UI设计作品。对于平面设计师而言，主要负责界面的视觉美化工作。

图14-1　　　　　　　图14-2

提示：什么是用户体验

用户体验简称UE，一般是指在内容、用户界面、操作流程、交互功能等多个方面对用户使用感觉的设计和研究。这是一种"用户至上"的思维模式，完全是从用户的角度去研究、策划与设计，从而达到最完美的用户体验。UI与UE之间是互相包含、互相影响的关系。

【重点】14.1.2 不同平台的UI设计

UI设计的应用领域非常广泛，例如聊天软件、办公软件、手机App在设计过程中都需要进行UI设计。按照应用平台的不同，UI设计可以应用在C/S平台、B/S平台和App平台。

1. C/S平台

C/S的英文全称为Client/Server，也就是通常所说的PC平台。应用在PC端的UI设计也称为桌面软件设计，此类软件是安装在计算机上的。例如，安装在计算机中的杀毒软件、游戏软件、设计软件等。图14-3所示为应用在PC平台的软件。

图14-3

2. B/S平台

B/S的英文全称为Browser/Server，也称为Web平台。在Web平台中，需要借助浏览器打开UI设计的作品就是常说的网页设计。B/S平台分为两类：一类是网站，另一类是B/S软件。网站是由多个页面组成的，是网页的集合。访客通过浏览网页来访问网站。例如，淘宝网、新浪网都是网站。B/S软件是一种可以应用在浏览器中的软件，它简化了系统的开发和维护。常见的校务管理系统、企业ERP管理系统都是B/S软件。图14-4所示为网页设计作品。

图14-4

3. App平台

App的英文全称为Application，就是应用程序的意思，安装在手机或掌上电脑上。App也有自己的平台，时下最热门的就是iOS平台和Android平台。图14-5所示为手机软件UI设计。

图14-5

UI设计的职能大体分为3个方面：交互设计、图形设计和用户体验。

1. 交互设计

交互设计师主要研究人与界面的关系，工作内容就是设计软件的操作流程、软件结构与操作规范等。交互设计师需要进行原型设计，也就是绘制线框图。常用的软件为Word和AXURE，如图14-6所示。

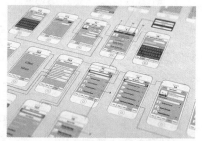

图 14-6

2. 图形设计

图形设计师也被称为界面设计师，在业内也会被称为"美工"。界面设计不仅仅需要美术功底，还需要定位使用者、使用环境、使用方式，并且为最终用户而设计，是纯粹的科学性的艺术设计。常用的软件有Photoshop、Illustrator等，如图14-7所示。

图 14-7

3. 用户体验

任何产品为了保证质量都需要进行测试，UI设计也是如此。这个测试和编码没有任何关系，主要是测试交互设计的合理性以及图形设计的美观性。用户体验师需要与产品设计师共同配合，对产品外观与交互性等进行改良。

提示：什么是产品经理

产品经理是整个团队中的核心。他们能够想象出怎样通过应用程序来满足用户需求，以及怎样通过他们设计的模式赢利。产品经理需要对内赢得高层领导的认可，对外得到用户的信赖。

14.1.4　UI设计的注意事项

一个App的整套UI设计方案通常由多个页面组成。由于工作量大，可能不止一人参与工作。由于需要注意的事项较多，可以由整个团队的领导者先制作出简单易懂、清晰明了的规范，这样可以节省团队时间、提高工作效率。图14-8和图14-9所示为一套UI设计作品中的不同页面。

图 14-8

图 14-9

在设计与制作的过程中要注意以下几个方面。

1. 颜色

在UI设计作品中，颜色有着非常重要的地位。不仅包括基础标准色（主色）、基础文字色，还应该包括全局标准色（背景色、分割线色值等），这些颜色都需要事先确定，并在以后的设计中进行统一。

2. 尺寸

尺寸包括设计图尺寸和间距尺寸。设计图尺寸就是UI设计作品的尺寸，在制图的过程中要统一一个尺寸。间距尺寸包括页边距、模块与模块之间的间距，这种全局的间距大小必须要一致。

3. 字体

整个设计作品中字体最好不要超出3种样式，一般在每个项目设计中使用一两种字体样式就够了，然后通过字体大小或颜色来强调重点文案。此外，还需要注意字间距、行间距、字体对比、字体颜色等问题。

4. 按钮

一个界面往往包括多个按钮，在设计的过程中，按钮的大小、色值、圆角半径以及按钮的默认、翻转等不同状态的效果都需要进行统一。

5. 整体风格

整个UI设计作品风格要统一，这样在浏览、翻阅时才能有连贯性。同一家公司的产品PC端和移动端的设计风格也要严格统一。

6. 投影

在设计系统中需要定义好投影关系。投影需要去定义不同的强度大小，以满足页面的需要。一般通过透明度和投影远近来定义。

7. 图文关系

图片和文字在界面中如何处理，多色调如何运用，黑色图片上放文字如何处理，白色图片上放文字如何处理……这些都需要详细定义。

14.2 手机游戏 App 图标

文件路径	资源包\第14章\手机游戏App图标
难易指数	★★★★★
技术要点	渐变工具、通道抠图、圆角矩形工具、图层样式、钢笔工具、椭圆工具

案例效果

案例效果如图14-10所示。

图 14-10

操作步骤

Part 1　制作图标背景

步骤 01 执行"文件>新建"命令，新建一个大小合适的空白文档。首先在背景中填充渐变，制作渐变背景。单击工具箱中的"渐变工具"按钮，在选项栏中设置"青色系渐变"，如图14-11所 扫一扫，看视频

示。单击"线性渐变"按钮，设置完成后在背景中填充渐变，如图14-12所示。

图 14-11

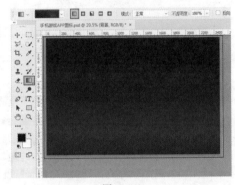

图 14-12

步骤 02 提高背景中间的亮度。执行"图层>新建调整图层>曲线"命令，创建一个曲线调整图层。在弹出的"属性"面板中将光标放在曲线中段，并按住鼠标左键向左上角拖动，如图14-13所示。效果如图14-14所示。

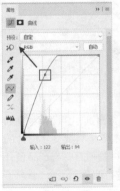

图 14-13 　　　　　 图 14-14

步骤 03 此时整个画面都变亮，选择该调整图层的图层蒙版，将其填充为黑色。然后单击工具箱中的"画笔工具"按钮，在选项栏中设置较大笔尖的柔边圆画笔，设置"前景色"为白色，设置完成后在背景中间位置单击鼠标提高亮度，如图14-15和图14-16所示。

图 14-15　　　　　　　　　图 14-16

步骤〔04〕单击工具箱中的"矩形工具"按钮，在选项栏中设置"绘制模式"为"形状"，"填充"为蓝色渐变，"描边"为无，设置完成后在画面中间位置按住Shift键的同时按住鼠标左键绘制一个渐变的正方形，如图14-17所示。

图 14-17

步骤〔05〕单击工具箱中的"椭圆工具"按钮，在选项栏中设置"绘制模式"为"形状"，"填充"为白色，"描边"为无，设置完成后在渐变正方形下方位置按住Shift键的同时按住鼠标左键绘制一个正圆，如图14-18所示。接着使用同样的方法绘制其他圆形。效果如图14-19所示。

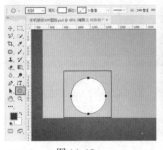

图 14-18　　　　　　　　　图 14-19

步骤〔06〕执行"文件>置入嵌入对象"命令，将云朵素材1.jpg置入到画面中，调整大小放在白色椭圆上方位置并将图层栅格化，如图14-20所示。

图 14-20

步骤〔07〕通过通道抠图法将云朵抠出来。除了将云朵素材图层之外的其他图层隐藏，然后选择云朵图层，执行"窗口>通道"命令，在弹出的"通道"面板中选择主体物与背景黑白对比最强烈的通道。经过观察，"红"通道中云朵与背景之间的黑白对比较为明显，如图14-21所示。

图 14-21

步骤〔08〕选择"红"通道，右击，执行"复制通道"命令，在弹出的"复制通道"面板中单击"确定"按钮，创建出"红 拷贝"通道，如图14-22所示。效果如图14-23所示。

图 14-22　　　　　　　　　图 14-23

步骤〔09〕为了将选区与背景区分开，需要增强对比度。选择"红拷贝"通道，使用快捷键Ctrl+M调出"曲线"窗口，在弹出的"曲线"窗口中单击"在图像中取样以设置黑场"按钮，如图14-24所示。然后在背影边缘处单击，背景变为黑色，如图14-25所示。此时需注意不要单击曲线窗口右边的"确定"按钮。

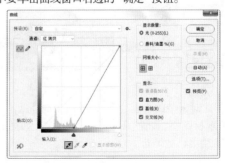

图 14-24

图 14-25

步骤 10 如果需要使云朵部分产生更加明显的效果,也可以使用减淡工具,适当减淡云朵部分,如图14-26所示。

图 14-26

步骤 11 单击"通道"面板下方的"将通道作为选区载入"按钮,如图14-27示。得到云朵的选区。如图14-28所示。

图 14-27   图 14-28

步骤 12 回到"图层"面板选择云朵图层,单击图层面板下方的"添加图层蒙版"按钮,为该图层添加图层面板,如图14-29所示。此时将云朵从背景中抠出,将隐藏的图层显示出来。效果如图14-30所示。

图 14-29   图 14-30

步骤 13 此时云朵的颜色过重,需要适当地降低不透明度。选择云朵素材图层,设置"不透明度"为60%,如图14-31所示。效果如图14-32所示。

图 14-31

图 14-32

步骤 14 将云朵调整为白色。执行"图层>新建调整图层>色相/饱和度"命令,创建一个色相/饱和度调整图层。在弹出的"属性"面板中设置"明度"为+100,设置完成后单击面板底部的"此调整剪切到此图层"按钮,使调整效果只针对下方图层,如图14-33所示。效果如图14-34所示。

图 14-33

图 14-34

步骤 15 选择云朵图层和相应的调整图层,将其复制两份。然后将复制得到的图形放在画面中的合适位置。效果如图14-35所示。然后选择最左边的云朵图层,设置"不透明度"为80%,选择最右边的云朵图层,设置"不透明度"为40%,效果如图14-36所示。按住Ctrl键依次加选各个图层,将其编组命名为"背景"。

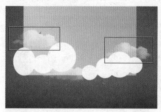

图 14-35

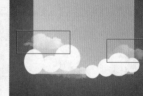

图 14-36

步骤 16 选择背景图层组,单击工具箱中的"圆角矩形工具"按钮,在选项栏中设置"绘制模式"为"路径","半径"为60像素,设置完成后在画面中按住Shift键的同时按住鼠标左键绘制一个正的圆角矩形路径,然后单击"建立选区"按钮将路径转换为选区,如图14-37所示。在当前选区状态下,选择"背景"图层组,单击"图层"面板底部的"添加图层蒙版"按钮,为该图层添加图层蒙版,将边缘不需要的部分隐藏。画面效果如图14-38所示。

图 14-37

图 14-38

步骤 17 为背景图层组添加图层样式,增加画面的立体感。选择背景图层组,执行"图层>图层样式>内阴影"命令,在弹出的"图层样式"窗口中设置"混合模式"为"正片叠底","颜色"为黑色,"不透明度"为35%,"角度"为180度,"距离"为0像素,"阻塞"为25%,"大小"为27像素,"杂色"为0%,设置完成后单击"确定"按钮完成操作,如图14-39所示。效果如图14-40所示。

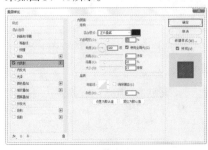

图 14-39   图 14-40

步骤 18 单击工具箱中的"圆角矩形工具"按钮,在选项栏中设置"绘制模式"为"形状","填充"为无,"描边"为黄色,"大小"为40像素,"半径"为60像素,设置完成后按住Shift键的同时按住鼠标左键绘制一个正的描边圆角矩形,如图14-41所示。

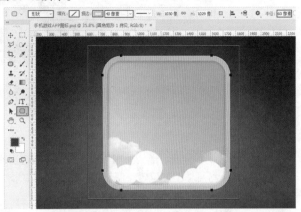

图 14-41

步骤 19 选择该描边圆角矩形,执行"图层>图层样式>内发光"命令,在弹出的"图层样式"窗口中设置"混合模式"为"滤色","不透明度"为50%,"杂色"为0%,"颜色"为白色,"源"勾选"边缘","阻塞"为4%,"大小"为27像素,"范围"为50%,"抖动"为0%,设置完成后单击"确定"按钮完成操作,如图14-42所示。效果如图14-43所示。

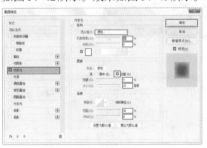

图 14-42   图 14-43

Part 2   绘制主体卡通图形

步骤 01 在画面中绘制小鸟。首先绘制小鸟的身体,单击工具箱中的"钢笔工具"按钮,在选项栏中设置"绘制模式"为形状,"填充"为蓝色渐变,"描边"为无,设置完成后在画面中绘制形状,如图14-44所示。然后使用同样的方法在绘制好的形状顶部和底部位置绘制形状丰富小鸟身上的细节。效果如图14-45所示。

扫一扫,看视频

图 14-44   图 14-45

步骤 02   绘制小鸟的翅膀。继续使用"钢笔工具",在选项栏中设置"绘制模式"为"形状","填充"为蓝色渐变,"描边"为无,设置完成后在小鸟身体上方位置绘制翅膀,如图14-46所示。然后使用同样的方法绘制另外一个翅膀和小鸟的尾巴。效果如图14-47和图14-48所示。

图 14-46   图 14-47   图 14-48

步骤 03   制作鸟嘴。首先制作鸟嘴的下半部分,单击工具箱中的"钢笔工具"按钮,在选项栏中设置"绘制模式"为"形状","填充"为棕色渐变,"描边"为无,设置完成后在小鸟身体右边位置绘制鸟嘴的下半部分,如图14-49所示。然后使用同样的方法绘制鸟嘴的上半部分,如图14-50所示。

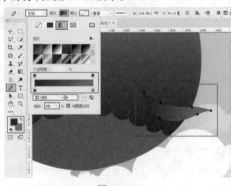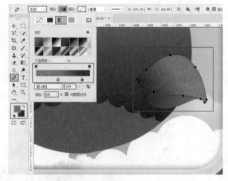

图 14-49   图 14-50

步骤 04   制作鸟嘴中间的阴影效果。继续使用"钢笔工具",在选择栏中设置"绘制模式"为"形状","填充"为深橘色,"描边"为无,设置完成后在鸟嘴中间位置绘制形状,如图14-51所示。

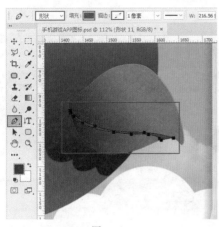

图 14-51

步骤 05 制作鸟嘴上半部分的高光效果。使用同样的方法在鸟嘴上方位置绘制形状，如图 14-52 所示。此时绘制的形状颜色过重，选择该形状图层，设置"不透明度"为 20%。效果如图 14-53 所示。按住 Ctrl 键依次加选各个图层，将其编组命名为"鸟嘴"。此时鸟嘴制作完成。

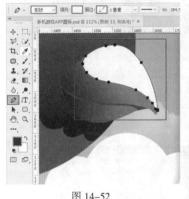

图 14-52

图 14-53

步骤 06 制作小鸟眼睛的外部立体轮廓。单击工具箱中的"椭圆工具"按钮，在选项栏中设置"绘制模式"为"形状"，"填充"为淡蓝色，"描边"为无，设置完后在鸟嘴上方位置绘制椭圆，如图 14-54 所示。

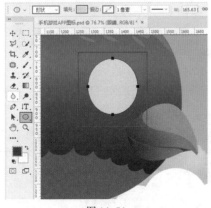

图 14-54

步骤 07 新建一个图层，设置"前景色"为蓝色，然后单击工具箱中的"画笔工具"按钮，在选项栏中设置大小合适的柔边圆画笔，设置完成后在淡蓝色椭圆中间位置单击鼠标，如图 14-55 所示。接着用同样的方法在该图形上方涂抹白色，并创建剪贴蒙版将不需要的部分隐藏。效果如图 14-56 所示。

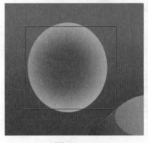 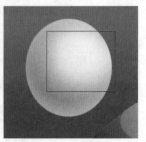

图 14-55   图 14-56

步骤 08 增加制作效果的立体感。继续绘制一个棕色的椭圆形和一个白色的椭圆形，如图 14-57 所示。按住 Ctrl 键依次加选各个图层将其编组命名为"眼睛"，此时小鸟的眼睛制作完成。使用同样的方法制作另一个眼睛，如图 14-58 所示。

图 14-57   图 14-58

步骤 09 制作小鸟的腿。首先制作在身体前面的一条腿，"填充"为棕色渐变，"描边"为无，设置完成后在身体下方位置绘制形状，如图 14-59 所示。然后使用同样的方法绘制另外一条鸟腿，效果如图 14-60 所示。因为两条腿在身体前后位置不同，所以在颜色上存在差别，在身体后边的腿的颜色一定比在身体前边照的颜色重。

图 14-59

图 14-60

步骤 10 制作小鸟翅膀的阴影。单击工具箱中的"钢笔工具"按钮,在选项栏中设置"绘制模式"为"形状","填充"为从黑色到透明渐变,"描边"为无,设置完成后在小鸟翅膀下方位置绘制与翅膀相匹配的倒置的阴影形状,如图 14-61 所示。此时绘制的形状颜色过重,需要适当地降低不透明度。选择该形状图层,设置"不透明度"为 50%。效果如图 14-62 所示。

图 14-61

图 14-62

步骤 11 使用同样的方法绘制眼睛下方、嘴下方以及腿上方的阴影,如图 14-63 ~ 图 14-65 所示。

图 14-63

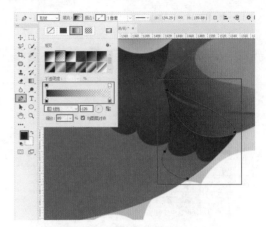

图 14-64

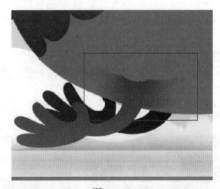

图 14-65

步骤 12 将这些图层放置在一个图层组中,此时效果如图 14-66 所示。

图 14-66

Part 3　制作角标

扫一扫,看视频

步骤 01 单击工具箱中的"圆角矩形工具"按钮,在选项栏中设置"绘制模式"为"形状","填充"为黄色,"描边"为无,"半径"为 60 像素,设置完成后在黄色边框左下角位置按住 Shift 键的同时按住鼠标左键绘制一个正的圆角矩形,如

图 14-67 所示。

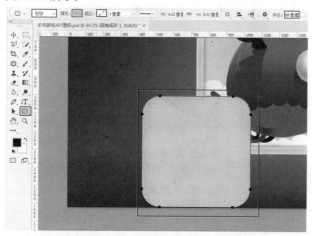

图 14-67

步骤 02 此时绘制的图形边缘有多余出来的部分,需要将其隐藏。选择黄色圆角矩形图层,按住 Ctrl 键的同时单击该图层的缩览图载入选区,如图 14-68 所示。接着在当前选区状态下选择黄色圆角矩形图层,为该图层添加图层蒙版,将不需要的部分隐藏。画面效果如图 14-69 所示。

图 14-68　　　　　图 14-69

步骤 03 为该图形添加图层样式,增加立体效果。选择该图层,执行"图层>图层样式>投影"命令,在弹出的"图层样式"窗口中设置"混合模式"为"正常","颜色"为黑色,"不透明度"为30%,"角度"为180度,"距离"为20像素,"扩展"为0%,"大小"为30像素,如图 14-70 所示。效果如图 14-71 所示。

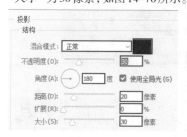 

图 14-70　　　　　图 14-71

步骤 04 启用图层样式左侧的"内发光",设置"混合模式"为"滤色","不透明度"为50%,"杂色"为0%,"颜色"为白色,"源"勾选"边缘","大小"为15像素,设置完成后单击"确定"按钮完成操作,如图 14-72 所示。效果如图 14-73 所示。

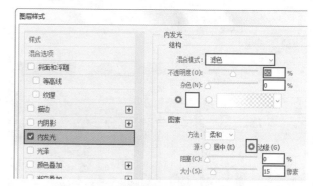

图 14-72

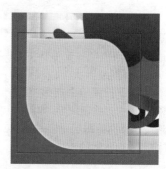

图 14-73

步骤 05 单击工具箱中的"圆角矩形工具"按钮,在选项栏中设置"绘制模式"为"形状","填充"为白色到透明到白色的渐变,"描边"为无,"半径"为90像素,设置完成后在黄色圆角矩形上方按住Shift键的同时按住鼠标左键绘制一个正圆角矩形,如图 14-74 所示。

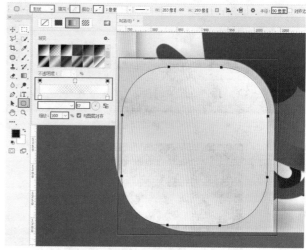

图 14-74

步骤 06 在"属性"面板中单击"将角半径值链接在一起"按钮,取消角半径值的链接,设置"左上角半径"和"右下角半径"值均为0像素,"左下角半径"值为150像素,"右上角半径"值为90像素,如图 14-75 所示。效果如图 14-76 所示。

图 14-75

图 14-76

成后按Enter键完成操作。

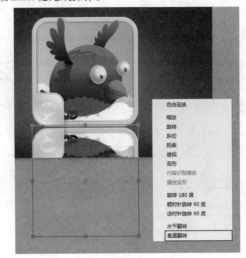

图 14-79

步骤 07 单击工具箱中的"自定形状工具"按钮，在选项栏中设置"绘制模式"为"形状"，"填充"为白色渐变，"描边"为无，在"形状"下拉菜单中选择"消息形状"，设置完成后在渐变圆角矩形上方绘制图形，如图14-77所示。按住Ctrl键依次加选制作图标的图层，然后使用快捷键Ctrl+G进行编组。此时游戏APP图标的主体部分制作完成。效果如图14-78所示。

步骤 09 选择该图层，为该图层添加图层蒙版，然后选择工具箱中的"画笔工具"，在选项栏中设置大小合适的柔边圆画笔，设置前景色为黑色，设置完成后在倒影位置涂抹。图层蒙版效果如图14-80所示。画面效果如图14-81所示。

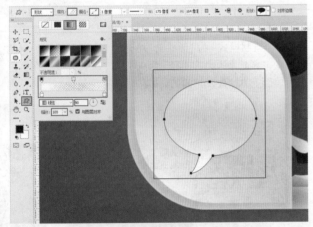

图 14-77

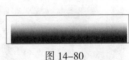

图 14-80

图 14-81

步骤 10 选择该图层，设置"不透明度"为80%。效果如图14-82所示。此时手机游戏APP的图标制作完成。

图 14-82

图 14-78

步骤 08 制作图标部分的倒影。选择图层组，使用快捷键Ctrl+Alt+E进行盖印。然后使用"自由变换"快捷键Ctrl+T调出定界框，右击，执行"垂直翻转"命令将图层垂直翻转，并向下移动至两个图层底部相吻合，如图14-79所示。操作完

14.3 手机 App 登录界面展示效果

扫一扫，看视频

文件路径	资源包\第14章\手机App登录界面展示效果
难易指数	★★★★★
技术要点	矩形工具、滤镜、图层样式、钢笔工具

中文版Photoshop CC平面设计从入门到精通（微课视频 全彩版）

案例效果

案例效果如图14-83所示。

图 14-83

操作步骤

步骤 01 执行"文件>新建"命令，新建一个大小合适的空白文档。使用"渐变工具"，为背景填充一个棕色系的渐变，如图14-84所示。

图 14-84

步骤 02 选择背景图层，执行"滤镜>杂色>添加杂色"命令，在弹出的"添加杂色"窗口中设置"数量"为8%，如图14-85所示。效果如图14-86所示。

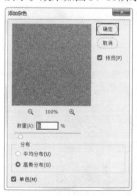

图 14-85　　　　　图 14-86

步骤 03 将手机登录界面的素材1.jpg置入画面中，调整大小放在画面中间位置并将图形进行旋转，如图14-87所示。在当前状态下右击，执行"扭曲"命令，将素材进行变形，增加摆放的立体感，如图14-88所示。操作完成后按Enter键完成操作，并将素材图层栅格化。

图 14-87

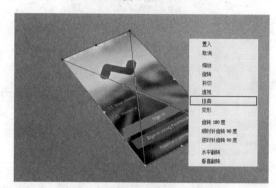

图 14-88

步骤 04 选择素材图层，执行"图层>图层样式>投影"命令，在弹出的"图层样式"窗口中设置"混合模式"为"正常"，"颜色"为黑色，"不透明度"为71%，"角度"为90度，"距离"为57像素，"扩展"为0%，"大小"为49像素，"杂色"为0%，设置完成后单击"确定"按钮完成操作，如图14-89所示。效果如图14-90所示。

图 14-89

图 14-90

步骤 05 为素材增加厚度。单击工具箱中的"钢笔工具"按钮，在选项栏中设置"绘制模式"为"形状"，"填充"为和素材颜色相仿的渐变，"描边"为无，设置完成后在画面中绘制形状，如图14-91所示。然后使用同样的方法绘制素材底部的形状，如图14-92所示。

图 14-91

图 14-92

步骤 06 此时手机APP登录界面的展示效果制作完成。效果如图14-93所示。

图 14-93

14.4 购物 App 启动页面

文件路径	资源包\第14章\购物App启动页面
难易指数	★★★★★
技术要点	选择并遮住、Camera Raw滤镜、曲线、圆角矩形工具、高斯模糊

案例效果

案例效果如图14-94所示。

图 14-94

操作步骤

Part 1 制作渐变色背景

扫一扫，看视频

步骤 01 执行"文件>新建"命令，在弹出的"新建文档"窗口中单击"移动设备"按钮，选择iPhone 6 Plus尺寸，然后单击"创建"按钮创建一个该格式的空白文档，如图14-95所示。效果如图14-96所示。

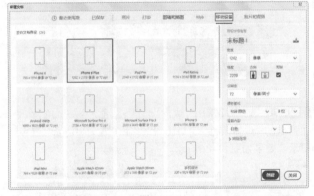

图 14-95

图 14-96

中文版Photoshop CC平面设计从入门到精通（微课视频 全彩版）

步骤 02 单击工具箱中的"矩形工具"按钮,在选项栏中设置"绘制模式"为"形状","填充"为淡红色,"描边"为无,设置完成后在画面中绘制一个和背景等大的矩形,如图14-97所示。

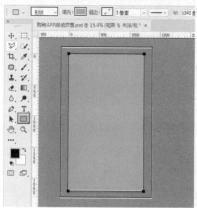

图 14-97

步骤 03 单击"矩形工具"按钮,在选项栏中设置"绘制模式"为"形状","填充"为淡红色到洋红色渐变,"描边"为无,设置完成后在画面左边绘制一个渐变矩形,如图14-98所示。

图 14-98

步骤 04 在弹出的"属性"面板中单击"将角半径值连接到一起"按钮,取消角半径值的链接。然后设置"右上角半径"为400像素,如图14-99所示。效果如图14-100所示。

图 14-99

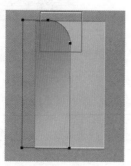

图 14-100

步骤 05 单击工具箱中的"矩形工具"按钮,在选项栏中设置"绘制模式"为"形状","填充"为洋红色,"描边"为无,设置完成后在画面右上角位置绘制矩形,如图14-101所示。

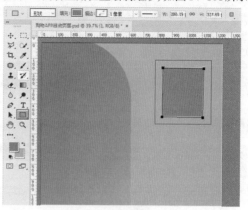

图 14-101

步骤 06 选择该矩形图层,使用自由变换快捷键Ctrl+T调出定界框,将光标放在定界框外按住鼠标左键进行旋转,并将该图形移动至画面的最右边位置,如图14-102所示。操作完成后按Enter键完成操作。使用同样的方法制作其他小矩形并进行旋转,为背景增加细节。效果如图14-103所示。

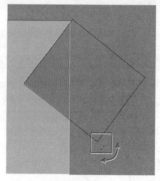

图 14-102   图 14-103

步骤 07 为背景添加文字。旋转工具箱中的"横排文字工具",在选项栏中设置合适的字体、字号和颜色,设置完成后在画面上方单击输入文字,如图14-104所示。文字输入完成后按快捷键Ctrl+Enter完成操作。

图 14-104

步骤 08 选择文字图层，执行"窗口>字符"命令，在弹出的"字符"面板中单击"仿粗体"按钮，将文字字母全部加粗，如图14-105所示。效果如图14-106所示。

图 14-105　　　　　　　图 14-106

步骤 09 为文字添加"投影"的图层样式，增加文字的立体感。选择文字图层，执行"图层>图层样式>投影"命令，在弹出的"图层样式"窗口中设置"混合模式"为"正常"，"颜色"为深红色，"不透明度"为27%，"角度"为90度，"距离"为46像素，"扩展"为0%，"大小"为40像素，"杂色"为0%，设置完成后单击"确定"按钮完成操作，如图14-107所示。效果如图14-108所示。

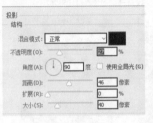

图 14-107　　　　　　图 14-108

步骤 10 此时画面的颜色较暗，需要提高亮度。执行"图层>新建调整图层>亮度/对比度"命令，创建一个亮度/对比度调整图层。在弹出的"属性"面板中设置"亮度"为29，"对比度"为-2，如图14-109所示。效果如图14-110所示。按住Ctrl键依次加选各个图层，将其编组命名为"背景"。此时启动界面的背景制作完成。

图 14-109　　　　　　　图 14-110

Part 2　主体人像的编辑处理

步骤 01 执行"文件>置入嵌入对象"命令，将人物素材1.jpg置入到文档中。调整大小放在画面右边位置并将图层栅格化，如图14-111所示。

扫一扫，看视频

图 14-111

步骤 02 此时人物素材带有背景，需要将人物从背景中抠出。选择人物素材图层，单击工具箱中的"快速选择工具"按钮，在选项栏中单击"添加到选区"按钮，设置大小合适的笔尖，设置完成后将光标放在人物上方，按住鼠标左键拖动绘制出人物的选区。此时人物头发部位的选区不够精准，所以单击选项栏中的"选择并遮住"按钮，如图14-112所示。

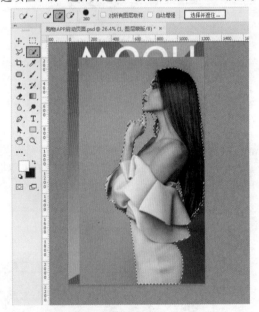

图 14-112

步骤 03 进入到选择并遮住窗口，设置"视图"为"黑白"，勾选"智能半径"，"半径"设置为20像素，在左侧工具箱中单击"调整边缘画笔工具"按钮，单击选项栏中的"扩展检测区域"按钮，然后设置笔尖为100像素，设置完成后在头发的位置按住鼠标左键拖动，调整选区的范围，如图14-113所示。

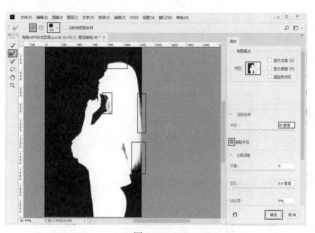

图 14-113

步骤 04 选区调整完成后单击"确定"按钮，随即会得到人物的选区。接着选择人物图层，单击"图层"面板底部的"添加图层蒙版"按钮，以当前选区添加图层蒙版，如图 14-114 所示。此时画面效果如图 14-115 所示。

图 14-114　　　　　　图 14-115

步骤 05 增加人物的清晰度，让人物整体的轮廓与对比更加清晰。选择人物图层，执行"滤镜>Camera Raw"命令，在弹出的 Camera Raw 窗口中单击"基本"按钮，设置"清晰度"为 +30，设置完成后单击"确定"按钮完成操作，如图 14-116 所示。

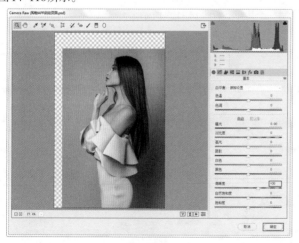

图 14-116

步骤 06 画面中人物颜色偏暗，需要提高亮度。执行"图层>新建调整图层>曲线"命令，创建一个曲线调整图层。在弹出的"属性"面板中首先对全图进行调整，将曲线向左上角拖动，如图 14-117 所示。接着选择"蓝"通道，将曲线向左上角拖动，调整完成后单击面板底部的"此调整剪切到此图层"按钮，使调整效果只针对效果调整图层，如图 14-118 所示。效果如图 14-119 所示。

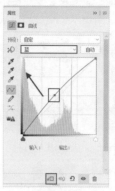

图 14-117　　　　　图 14-118　　　　　图 14-119

步骤 07 此时人物的衣服过亮，需要在蒙版中去除对衣服部分的影响。选择该调整图层的图层蒙版，将其填充为黑色，隐藏调色效果。然后使用大小合适的柔边圆画笔，设置前景色为白色，设置完成后在人物身体和头部进行涂抹显示调色效果，以达到提高亮度的目的。图层蒙版效果如图 14-120 所示。画面效果如图 14-121 所示。此时对人物的操作完成。

图 14-120　　　　　　图 14-121

Part 3　制作界面上的文字

步骤 01 单击工具箱中的"横排文字工具"按钮，在选项栏中设置合适的字体、字号和颜色，设置完成后在画面上方位置单击输入文字，如图 14-122 所示。文字输入完成后按快捷键

扫一扫，看视频

Ctrl+Enter完成操作。接着使用同样的方法在已有文字下方位置单击输入文字。效果如图14-123所示。

文字工具"按钮，在选项栏中设置合适的字体和字号，"颜色"为白色，设置完成后输入文字，如图14-127所示。文字输入完成后按快捷键Ctrl+Enter完成操作。

图 14-122

图 14-123

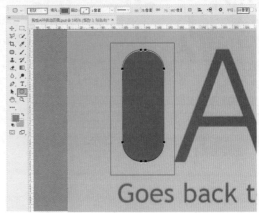

图 14-126

步骤 02 单击工具箱中的"矩形工具"按钮，在选项栏中设置"绘制模式"为"形状"，"填充"为蓝色，"描边"为无，设置完成后在文字下方位置绘制矩形，如图14-124所示。使用同样的方法继续输入其他文字，如图14-125所示。

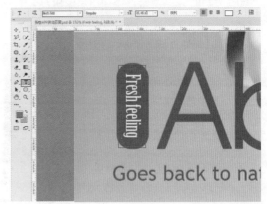

图 14-127

步骤 04 单击工具箱中的"矩形工具"按钮，在选项栏中设置"绘制模式"为"形状"，"填充"为洋红色，"描边"为无，设置完成后在洋红色文字中间位置绘制一个矩形条，如图14-128所示。接着使用同样的方法在文字下方位置再次绘制一个矩形，如图14-129所示。

图 14-124　　　　　　图 14-125

步骤 03 单击工具箱中的"圆角矩形工具"按钮，在选项栏中设置"绘制模式"为"形状"，"填充"为洋红色，"描边"为无，"半径"为34像素，设置完成后在洋红色文字左边位置绘制圆角矩形，如图14-126所示。接着单击工具箱中的"直排

图 14-128

中文版Photoshop CC平面设计从入门到精通（微课视频 全彩版）

图 14-129

步骤 05 单击工具箱中的"圆角矩形工具"按钮，在选项栏中设置"绘制模式"为"形状"，"填充"为黑色，"描边"为无，"半径"为60像素，设置完成后在画面右下角位置绘制一个圆角矩形。选择该图层，设置"不透明度"为30%，如图14-130所示。效果如图14-131所示。

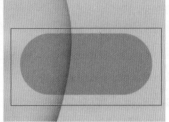

图 14-130　　　　　图 14-131

步骤 06 单击工具箱中的"横排文字工具"按钮，在选项栏中设置合适的字体、字号，"颜色"为白色，设置完成后在圆角矩形上单击输入文字，如图14-132所示。文字输入完成后按快捷键Ctrl+Enter完成操作。此时右下角的数字制作完成。

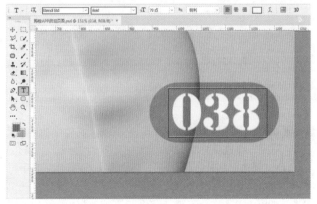

图 14-132

步骤 07 执行"文件>置入嵌入对象"命令，将状态栏素材2.png置入到文档中，调整大小放在画面最上方位置并将图层

栅格化，如图 14-133 所示。此时购物APP的平面展示效果制作完成。效果如图14-134所示。执行"文件>存储为"命令，将该画面存储为JPEG格式以备后面操作使用。

图 14-133　　　　　图 14-134

Part 4　界面设计方案展示效果

步骤 01 执行"文件>新建"命令，创建一个大小合适的空白文档。执行"文件>置入嵌入对象"命令，将存储为JPEG格式的平面效果图置入到文档中。然后将光标放在定界框外按住Shift键的同时按住鼠标左键将素材进行等比例放大，并进行适当旋转。操作完成后按Enter键并将素材图层栅格化。效果如图14-135所示。

扫一扫，看视频

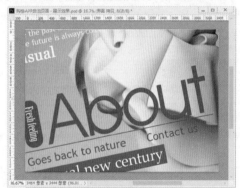

图 14-135

步骤 02 此时置入的素材作为背景清晰度过高，需要进行适当的模糊。选择素材图层，执行"滤镜>模糊>高斯模糊"命令，在弹出的"高斯模糊"窗口中设置"半径"为142像素，设置完成后单击"确定"按钮完成操作，如图14-136所示。效果如图14-137所示。

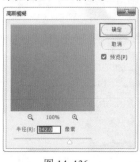

图 14-136　　　　　图 14-137

步骤 03 制作极简风格的手机模型。单击工具箱中的"圆角矩形工具"按钮，在选项栏中设置"绘制模式"为"形状"，"填充"为白色，"描边"为无，"半径"为100像素，设置完成后在画面右边位置绘制圆角矩形，如图14-138所示。

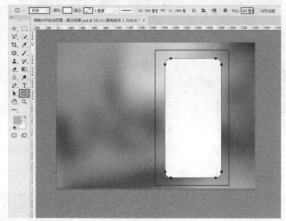

图 14-138

步骤 04 制作手机右侧的控制键。继续使用"圆角矩形工具"，在选项栏中设置"绘制模式"为"形状"，"填充"为白色，"描边"为无，"半径"为5像素，设置完成后在已有圆角矩形右边位置绘制一个小的圆角矩形，如图14-139所示。然后使用同样的方法制作其他的控制键，效果如图14-140所示。

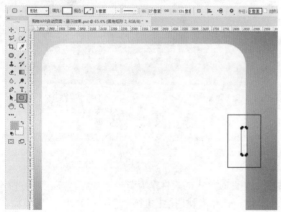

图 14-139

图 14-140

步骤 05 制作手机上方的摄像头。单击工具箱中的"椭圆工具"按钮，在选项栏中设置"绘制模式"为"形状"，"填充"为灰色，"描边"为无，设置完成后在画面上方按住Shift键的同时按住鼠标左键绘制一个正圆，如图14-141所示。继续使用"圆角矩形工具"，在选项栏中设置"绘制模式"为"形状"，"填充"为灰色，"描边"为无，"半径"为6像素，设置完成后在摄像头旁边位置绘制圆角矩形，作为手机的听筒，如图14-142所示。

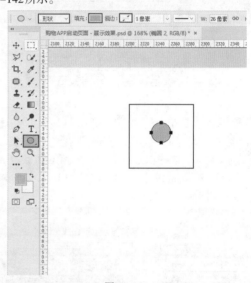

图 14-141

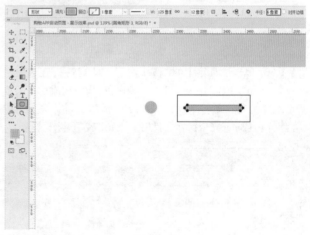

图 14-142

步骤 06 制作手机下方的返回键。单击工具箱中的"椭圆工具"按钮，在选项栏中设置"绘制模式"为"形状"，"填充"为白色，"描边"为灰色，"大小"为6像素，设置完成后在手机模型下方中间位置按住Shift键的同时按住鼠标左键绘制一个正圆，如图14-143所示。此时手机模型的外观制作完成。置入制作好的界面并摆放在合适的位置，如图14-144所示。按住Ctrl键依次加选各个图层将其编组。

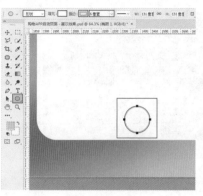

图 14-143   图 14-144

步骤 07 选择编组的图层组，执行"图层>图层样式>投影"命令，在弹出的"图层样式"窗口中设置"混合模式"为"正常"，"不透明度"为40%，"角度"为120度，"距离"为20像素，"扩展"为0%，"大小"为60像素，"杂色"为0%，设置完成后单击"确定"按钮完成操作，如图14-145所示。效果如图14-146所示。

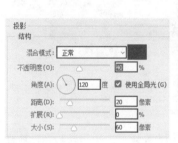

图 14-145   图 14-146

步骤 08 单击工具箱中的"矩形工具"按钮，在选项栏中设置"绘制模式"为"形状"，"填充"为蓝色，"描边"为无，设置完成后在画面左边按住Shift键的同时按住鼠标左键绘制一个正方形，如图14-147所示。接着需要在正方形上方及下方添加文字，此时购物APP的立体展示效果制作完成。效果如图14-148所示。

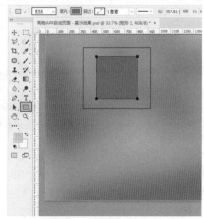

图 14-147

图 14-148

14.5 视频播放器 UI 设计

文件路径	资源包\第14章\视频播放器UI设计
难易指数	★★★★★
技术要点	椭圆选框工具、圆角矩形工具、矩形工具、图层样式

案例效果

案例效果如图14-149所示。

图 14-149

操作步骤

Part 1   播放器播放状态

步骤 01 执行"文件>新建"命令，创建一个空白文档。为了便于观察，可以先将背景填充为浅灰色。在"图层"面板中单击面板下方的"创建新组"按钮创建一个名为1的图层组。在 扫一扫，看视频 "图层"面板中单击1图层组，接着单击工具箱中的"圆角矩形工具"按钮，在选项栏中设置"绘制模式"为"形状"，"填充"为黑色，"描边"为无，"半径"为9像素，设置完成后在画面上方按住鼠标左键拖动绘制一个圆角矩形。效果如图14-150所示。

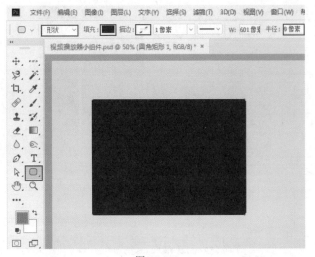

图 14-150

步骤 02 执行"文件>置入嵌入对象"命令，将人物素材1.jpg置入到画面中，调整其大小及位置后按Enter键完成置入。在"图层"面板中右击该图层，在弹出的快捷菜单中执行"栅格化图层"命令，如图14-151所示。接着执行"图层>创建剪贴蒙版"命令，画面效果如图14-152所示。

图 14-151

图 14-152

步骤 03 制作标志文字。单击工具箱中的"横排文字工具"按钮，在选项栏中设置合适的字体、字号，"文字颜色"设置为白色，设置完毕后在画面中合适的位置单击鼠标建立文字输入的起始点，接着输入文字，文字输入完毕后按快捷键Ctrl+Enter，如图14-153所示。继续使用同样的方法输入后方及下方文字，如图14-154所示。

图 14-153

图 14-154

步骤 04 制作播放进度条。单击工具箱中的"圆角矩形工具"按钮，在选项栏中设置"绘制模式"为"形状"，"填充"为深灰色，"描边"为无，"半径"为2像素，设置完成后在画面中合适的位置按住鼠标左键拖动绘制一个长条圆角矩形。效果如图14-155所示。

图 14-155

步骤 05 单击工具箱中的"圆角矩形工具"按钮，在选项栏中设置"绘制模式"为"形状"，单击选项栏中的"填充"，在下拉面板中单击"渐变"按钮，然后编辑一个灰色系的渐变颜色，设置"渐变类型"为"线性渐变"，设置"渐变角度"为0。接着回到选项栏中设置"描边"为无，"半径"为2像素，然后在刚绘制的长条圆角矩形上方按住鼠标拖动再绘制一个圆角矩形。效果如图14-156所示。

图 14-156

步骤 06 在"图层"面板中选中渐变圆角矩形图层，执行"图层>图层样式>斜面和浮雕"命令，在"图层样式"窗口中设置"样式"为"内斜面"，"方法"为"平滑"，"深度"为32%，"方向"为上，"大小"为1像素，然后设置"高光模式"为"滤色"，

"颜色"为白色，"不透明度"为36%，接着设置下方"阴影模式"为"正片叠底"，"颜色"为黑色，"不透明度"为38%，参数设置如图14-157所示。设置完成后单击"确定"按钮，效果如图14-158所示。

图 14-157

图 14-158

步骤 07 使用制作文字的方法输入进度条两侧的文字，如图14-159所示。

图 14-159

步骤 08 制作声音控制器。单击工具箱中的"钢笔工具"按钮，在选项栏中设置"绘制模式"为"形状"，"填充"为无，"描边"为白色，"描边粗细"为1像素。设置完成后在画面中合适的位置按住Shift键单击鼠标左键绘制出一条直线，如图14-160所示。

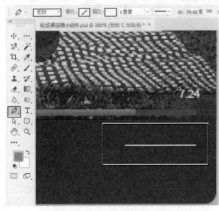

图 14-160

步骤 09 在"图层"面板中选中直线图层，设置面板中的"不透明度"为50%，如图14-161所示。此时画面中的效果如图14-162所示。

图 14-161

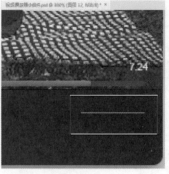

图 14-162

步骤 10 使用同样的方法制作另外两条粗细不同的直线，如图14-163所示。

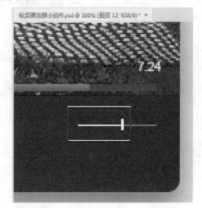

图 14-163

步骤 11 单击工具箱中的"圆角矩形工具"按钮，在选项栏中设置"绘制模式"为"形状"，"填充"为白色，"描边"为无，"半径"为9像素，在界面右侧按住鼠标左键拖动绘制一个圆角矩形。效果如图14-164所示。

图 14-164

步骤 12 向画面中置入黑白人像素材2.jpg,将其放置在合适的位置,调整合适的大小并栅格化,如图14-165所示。单击工具箱中的"椭圆选框工具"按钮,然后在人物素材上方按住Shift+Alt组合键的同时按住鼠标左键拖动绘制选区,如图14-166所示。

图 14-165　　　　　　　　图 14-166

步骤 13 在面板的下方单击"添加图层蒙版"按钮基于选区添加图层蒙版,画面效果如图14-167所示。

图 14-167

步骤 14 单击工具箱中的"横排文字工具"按钮,在选项栏中设置合适的字体、字号,"文字颜色"设置为黑色,设置完毕后在画面中合适的位置单击鼠标建立文字输入的起始点,接着输入文字,文字输入完毕后按快捷键Ctrl+Enter,如图14-168所示。继续使用同样的方法输入下方其他文字。此时播放器播放时的状态的展示图制作完成。效果如图14-169所示。

图 14-168

图 14-169

Part 2　播放器暂停状态

步骤 01 在"图层"面板中选中1图层组,使用快捷键Ctrl+J复制出一个相同的图层组,然后按住Shift键的同时按住鼠标左键将其全部向下拖动进行垂直移动的操作,如图14-170所示。

步骤 02 在"图层"面板中将复制出的1图层组展开,选中人物素材,设置面板中的"不透明度"为40%,如图14-171所示。此时画面如图14-172所示。

图 14-170　　　　　　　　图 14-171

图 14-172

步骤 03 执行"图层>新建调整图层>黑白"命令,在弹出的"新建图层"窗口中单击"确定"按钮。接着在"属性"面板中设置"红色"为40,"黄色"为60,"绿色"为40,"青色"

为60,"蓝色"为20,"洋红"为80,单击 按钮使调色效果只针对下方图层,如图14-173所示。画面效果如图14-174所示。

图14-173　　　　　　　　图14-174

步骤 04 制作暂停标志。单击工具箱中的"矩形工具"按钮,在选项栏中设置"绘制模式"为"形状","填充"为浅蓝色,"描边"为无。设置完成后在画面中合适的位置按住鼠标左键拖动绘制出一个矩形,如图14-175所示。在"图层"面板中选中浅蓝色矩形图层,使用快捷键Ctrl+J复制出一个相同的图层,然后按住Shift键的同时按住鼠标左键将其向右拖动进行水平移动的操作,如图14-176所示。

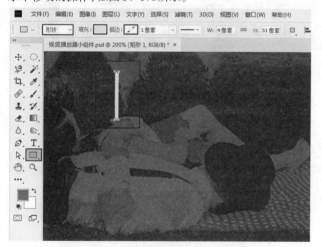

图14-175

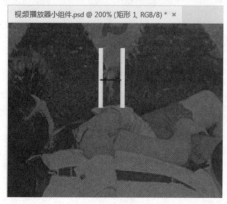

图14-176

步骤 05 至此下方播放器暂停状态的展示图绘制完成,如图14-177所示。

图14-177

Part 3　制作界面展示效果

步骤 01 首先除了将"背景"图层以外的图层隐藏,然后将前景色设置为黑色,使用前景色填充快捷键Alt+Delete进行填充,如图14-178所示。接着再次将素材1.jpg置入到文档中并将其栅格化,如图14-179所示。

图14-178

图14-179

步骤 02 选择该图层,在"图层"面板中设置该图层的不透明度为25%,如图14-180所示。此时画面效果如图14-181所示。

图 14-180   图 14-181

再单击工具箱中的"椭圆选框工具"按钮,设置"羽化"为3像素,在播放器的下方绘制一个椭圆选区,如图14-186所示。接着将选区填充为黑色。使用快捷键Ctrl+D取消选区的选择。此处的阴影制作完成,如图14-187所示。

步骤 03 执行"图层>新建调整图层>黑白"命令,在"属性"面板中单击 按钮,使调色效果只针对下方图层,如图14-182所示。此时画面效果如图14-183所示。

图 14-185

图 14-182   图 14-183

步骤 04 单击工具箱中的"矩形工具"按钮,设置绘制模式为"形状","填充"为黄色,然后在画面的底部绘制一个矩形,如图14-184所示。接着置入平板电脑素材3.png并复制出另外一个,将其摆放在合适的位置,如图14-185所示。

图 14-186

图 14-187

图 14-184

步骤 05 显示之前隐藏的播放器图层,将其摆放在平板电脑上。接下来制作阴影。在黄色矩形图层上方新建一个图层,

步骤 06 在画面中相应位置添加文字,案例完成效果如图14-188所示。

图 14-188

Photoshop CC 常用快捷键速查表

文件菜单	
新建...	Ctrl+N
打开...	Ctrl+O
在 Bridge 中浏览...	Alt+Ctrl+O
打开为...	Alt+Shift+Ctrl+O
关闭	Ctrl+W
关闭全部	Alt+Ctrl+W
关闭并转到 Bridge...	Shift+Ctrl+W
存储	Ctrl+S
存储为...	Shift+Ctrl+S
恢复	F12
导出为...	Alt+Shift+Ctrl+W
存储为 Web 所用格式（旧版）	Alt+Shift+Ctrl+S
文件简介...	Alt+Shift+Ctrl+I
打印...	Ctrl+P
打印一份	Alt+Shift+Ctrl+P
退出	Ctrl+Q

编辑菜单	
还原/重做	Ctrl+Z
前进一步	Shift+Ctrl+Z
后退一步	Alt+Ctrl+Z
渐隐...	Shift+Ctrl+F
剪切	Ctrl+X
拷贝	Ctrl+C
合并拷贝	Shift+Ctrl+C
粘贴	Ctrl+V
原位粘贴	Shift+Ctrl+V
贴入	Alt+Shift+Ctrl+V
搜索	Ctrl+F
填充...	Shift+F5
内容识别缩放	Alt+Shift+Ctrl+C
自由变换	Ctrl+T
再次变换	Shift+Ctrl+T
颜色设置...	Shift+Ctrl+K
键盘快捷键...	Alt+Shift+Ctrl+K
菜单...	Alt+Shift+Ctrl+M
首选项>常规...	Ctrl+K
色阶...	Ctrl+L
曲线...	Ctrl+M
色相/饱和度...	Ctrl+U
色彩平衡...	Ctrl+B
黑白...	Alt+Shift+Ctrl+B
反相	Ctrl+I
去色	Shift+Ctrl+U
自动色调	Shift+Ctrl+L
自动对比度	Alt+Shift+Ctrl+L
自动颜色	Shift+Ctrl+B
图像大小...	Alt+Ctrl+I
画布大小...	Alt+Ctrl+C

图层菜单	
新建图层	Shift+Ctrl+N
新建通过拷贝的图层	Ctrl+J
新建通过剪切的图层	Shift+Ctrl+J
快速导出为 PNG	Shift+Ctrl+'
导出为...	Alt+Shift+Ctrl+'
创建/释放剪贴蒙版	Alt+Ctrl+G
图层编组	Ctrl+G
取消图层编组	Shift+Ctrl+G
隐藏图层	Ctrl+,
排列>置为顶层	Shift+Ctrl+]
排列>前移一层	Ctrl+]
排列>后移一层	Ctrl+[
排列>置为底层	Shift+Ctrl+[
锁定图层...	Ctrl+/
合并图层	Ctrl+E
合并可见图层	Shift+Ctrl+E

选择菜单	
全部	Ctrl+A
取消选择	Ctrl+D
重新选择	Shift+Ctrl+D
反选	Shift+Ctrl+I
所有图层	Alt+Ctrl+A
查找图层	Alt+Shift+Ctrl+F
选择并遮住...	Alt+Ctrl+R
羽化选区	Shift+F6

滤镜菜单	
上次滤镜操作	Alt+Ctrl+F
自适应广角...	Alt+Shift+Ctrl+A
Camera Raw 滤镜...	Shift+Ctrl+A
镜头校正...	Shift+Ctrl+R
液化...	Shift+Ctrl+X
消失点...	Alt+Ctrl+V

3D菜单	
3D>显示/隐藏多边形>选区内	Alt+Ctrl+X
3D>显示/隐藏多边形>显示全部	Alt+Shift+Ctrl+X
渲染 3D 图层	Alt+Shift+Ctrl+R

视图菜单	
校样颜色	Ctrl+Y
色域警告	Shift+Ctrl+Y
放大	Ctrl++
缩小	Ctrl+-
按屏幕大小缩放	Ctrl+0
100%	Ctrl+1
显示额外内容	Ctrl+H
显示目标路径	Shift+Ctrl+H
显示网格	Ctrl+'
显示参考线	Ctrl+;
标尺	Ctrl+R
对齐	Shift+Ctrl+;
锁定参考线	Alt+Ctrl+;

窗口菜单	
动作	Alt+F9
画笔	F5
图层	F7
信息	F8
颜色	F6

Photoshop CC 常用工具速查表

工 具	快捷键	工 具	快捷键
移动工具	V	背景橡皮擦工具	E
画板工具	V	魔术橡皮擦工具	E
矩形选框工具	M	渐变工具	G
椭圆选框工具	M	油漆桶工具	G
单行选框工具	无	3D材质拖放工具	G
单列选框工具	无	模糊工具	无
套索工具	L	锐化工具	无
多边形套索工具	L	涂抹工具	无
磁性套索工具	L	减淡工具	O
快速选择工具	W	加深工具	O
魔棒工具	W	海绵工具	O
裁剪工具	C	钢笔工具	P
透视裁剪工具	C	自由钢笔工具	P
切片工具	C	添加锚点工具	无
切片选择工具	C	删除锚点工具	无
吸管工具	I	转换锚点工具	无
3D 材质吸管工具	I	横排文字工具	T
颜色取样器工具	I	直排文字工具	T
标尺工具	I	直排文字蒙版工具	T
注释工具	I	横排文字蒙版工具	T
计数工具	I	路径选择工具	A
污点修复画笔工具	J	直接选择工具	A
修复画笔工具	J	矩形工具	U
修补工具	J	圆角矩形工具	U
内容感知移动工具	J	椭圆工具	U
红眼工具	J	多边形工具	U
画笔工具	B	直线工具	U
铅笔工具	B	自定形状工具	U
颜色替换工具	B	抓手工具	H
混合器画笔工具	B	旋转视图工具	R
仿制图章工具	S	缩放工具	Z
图案图章工具	S	默认前景色/背景色	D
历史记录画笔工具	Y	前景色/背景色互换	X
历史记录艺术画笔工具	Y	切换标准/快速蒙版模式	Q
橡皮擦工具	E	切换屏幕模式	F